U0340848

"十二五"国家科技支撑计划课题

村镇绿色小康住宅技术集成

赵士永　强万明　付素娟　编著

中国建材工业出版社

图书在版编目（CIP）数据

村镇绿色小康住宅技术集成 / 赵士永，强万明，付素娟编著. — 北京：中国建材工业出版社，2017.3
ISBN 978-7-5160-1789-0

Ⅰ. ①村… Ⅱ. ①赵… ②强… ③付… Ⅲ. ①农村住宅-生态建筑-建筑设计 Ⅳ. ①TU241.4

中国版本图书馆 CIP 数据核字（2017）第 041046 号

内 容 简 介

本书对华北地区农村现状进行了调研及数据分析，内容涵盖华北地区新农村绿色生态居住区规划技术、村镇绿色小康住宅关键技术、农村绿色能源开发利用技术、农村垃圾处理与污水处理技术等。

全书内容翔实，体系完整，图文并茂，可供从事村镇绿色小康住宅技术研究与应用的科研人员、设计人员和施工人员参考学习，广大村镇管理工作人员也将从阅读本书中受益。

村镇绿色小康住宅技术集成

赵士永　强万明　付素娟　编著

出版发行：中国建材工业出版社

地　　址：北京市海淀区三里河路 1 号

邮　　编：100044

经　　销：全国各地新华书店

印　　刷：北京雁林吉兆印刷有限公司

开　　本：787mm×1092mm　1/16

印　　张：20.75

字　　数：500 千字

版　　次：2017 年 3 月第 1 版

印　　次：2017 年 3 月第 1 次

定　　价：**86. 80 元**

本社网址：www.jccbs.com　本社微信公众号：zgjcgycbs

本书如出现印装质量问题，由我社营销部负责调换。联系电话：(010)88386906

前 言

　　建设社会主义新农村是我国现代化进程中量大面广的重大历史任务。积极稳妥地探索适合我国国情和农民生活特点的绿色建筑适宜技术，是建设社会主义新农村的一项重要内容，同时也是逐步提高广大农民生活质量、改善人居环境的时代要求。农村新型社区建设在各地正普遍展开，其建设速度和建设规模前所未有，但社区的绿色小康住宅建设模式尚没有一个科学和系统的标准，亟须在绿色建筑适宜技术方面提供设计方案支撑。村镇绿色小康住宅建设模式的制定既是当务之急，也是长远大计。

　　我国是能耗大国，工业能耗、建筑能耗、交通能耗为社会三大主要能耗，其中建筑能耗约占社会总能耗的1/3，而且建筑能耗比例还在持续上升。建筑运行用能总量必然与建筑总规模同步增长，这将给我国能源供应带来巨大压力。随着新农村建设的深入发展，农民的生活水平不断提高，农村生活居住能耗占建筑总能耗的比重越来越大，与城市的建筑节能工作相比，在农村推广建筑节能是一项艰巨的任务。一方面农村地区的建筑节能技术和绿色建筑发展拥有广阔空间，我国农村的民用建筑面积约占全国总民用建筑面积的60％以上，而且每年还在持续加大农村社区住宅建设力度；另一方面，目前多数新建农村社区仍属于地方政府与村落联合自筹自建，有些地区甚至尚未纳入国家建筑节能标准的强制管理范围。因此，在建设中产生许多问题，需要从理论和实践的结合上研究和解决。

　　对于新农村建设，应从生态平衡出发，走可持续发展的道路，既为居民提供舒适持久的生活环境，又做到合理利用和充分保护自然资源。走绿色建筑之路，已成为促进新农村建设发展的必然趋势。华北地区经过几千年的发展，形成了具有独特魅力的文化，而日趋变化的农村则更能展现传统和现代化的交融和矛盾。就现实情况分析，农村建筑存在着一系列的缺陷，随着社会的发展，改善农村的居住条件，科学制定农村的建筑体系管理，因地制宜地发展农村节能村镇绿色小康住宅，加快美丽乡村建设，建设资源节约型和环境友好型社会，切实推进"安全实用、节能减废、经济美观、健康舒适"的村镇绿色小康住宅技术推广应用，已成为当今华北地区新农村建设的重要研究课题之一。

本书对华北地区农村现状进行了调研及数据分析，内容涵盖华北地区新农村绿色生态居住区规划技术、村镇绿色小康住宅关键技术、农村绿色能源开发利用技术、农村垃圾处理与污水处理技术等。全书内容翔实，体系完整，图文并茂，为包括华北地区在内的各地新农村建设、人居环境优化等提供在规划、设计、各项主要技术等方面具有针对性和实用性的具体指导，有助于引导当地充分合理地利用自然资源，改善人居环境，优化住宅功能，同时注重环境保护，强调生态平衡与可持续发展，实现绿色小康村镇建设梦想。

本书可供从事村镇绿色小康住宅技术研究与应用的科研人员、设计人员和施工人员参考学习，广大村镇管理工作人员也将从阅读本书中受益。

本书在编写过程中参考了一些已出版的文献资料，在此向作者表示感谢！

由于本书涉及的专业多、知识面广，受作者水平和学科知识面所限，书中难免存在缺陷与不当之处，我们真诚希望广大专家、读者批评指正。

编　者

2017 年 2 月

目 录

CONTENTS

第1章 绪 论

1.1 研究背景和意义

1. 研究背景

为深入贯彻《国家中长期科学和技术发展规划纲要（2006—2020年）》和"十二五"农村科技发展规划的总体精神，实施好"十二五"农村领域国家科技计划，实现社会主义新农村建设的宏伟目标，建设资源节约型、环境友好型社会和发展循环经济，改善农村民生，构建和谐新农村，针对华北地区农村建设的特点，结合绿色生态规划、建筑节能、可再生能源的利用、农村污水处理与循环利用等技术，开展了适合华北地区的新农村绿色生态居住建筑的技术研究，以推进农村绿色建筑的发展，加快实现农村现代化，建设生产发展、生活富裕、生态良好的社会主义新农村。

住房城乡建设部预测结果显示，2020年前，我国每年城镇新建建筑的总量将持续保持在10亿立方米/年左右，到2020年新增城镇居民建筑面积将达到100～150亿立方米。建筑运行用能总量必然与建筑总规模同步增长，这将给我国能源供应带来巨大压力。与城市的建筑节能工作相比，在农村推广建筑节能是一项艰巨的任务。一方面农村地区的建筑节能技术和绿色建筑发展拥有广阔空间，我国农村的民用建筑面积约占全国总民用建筑面积的60%以上，而且每年还持续加大农村社区住宅建设力度；另一方面，目前多数新建农村社区仍属于地方政府与村落联合自筹自建，有些地区甚至尚未纳入国家建筑节能标准的强制管理范围。因此在建设中产生许多问题，需要从理论和实践的结合上研究和解决。

在推进和谐新农村建设时面临许多困难，农村住宅建设是建设新农村不可或缺的一项主要内容，创造宜人的居住空间，已成为新农村住宅建设的一大亮点。不仅起点要高、标准要高、质量要高，而且还应该充分体现节约资源和建筑节能的新理念。只有依照绿色建筑的思想推进未来的新农村民居建设，才能在节能环保方面取得显著成效，才更利于达到新农村建设的要求。因此，在新农村住宅建设中应大力提倡绿色建筑。

我国是能耗大国，工业能耗、建筑能耗、交通能耗为社会三大主要能耗，其中建筑能耗约占社会总能耗的1/3，而且建筑能耗比例还在持续上升。随着新农村建设的深入发展，农民的生活水平不断提高，农村生活居住能耗占到建筑总能耗的比重越来越大，所以研究推广切实可行的绿色农房建设适宜技术，是当前新农村建设的重要课题。对于新农村建设，应从生态平衡出发，走可持续发展的道路，既为居民提供舒适持久的生活环境，又做到合理利用和充分保护自然资源。走绿色建筑之路，已成为促进新农村建设发展的必然趋势。华北地区经过几千年的发展，形成了具有独特魅力的文化，而日趋变化的农村则更能展现传统和现代化的交融和矛盾。就现实情况分析，华北农村建筑存在着一系列的缺陷。随着社会的发展，改善农村的居住条件，科学制定农村的建筑体系管理，因地制宜地发展农村节能绿色小康住宅，加快河北省美丽乡村建设，建设资源节约型和环境友好型社会，切实推进"安全实用、节能减废、经济美观、健康舒适"的绿色农房技术推广应用，已成为当今华北地区新农村建设的重要研究课题之一。

农村住房是否生态、环保，不仅关系到能否缓解我国能源危机、环境危机与可持续发展，也关系到农民居住环境的舒适性，故发展绿色农房具有重大的现实意义。但如果没有相应的技术支撑和行动指南，绿色农房只能是纸上谈兵，不能有效地实现节约能源、降低能耗及提高农居环境舒适性的目标和宗旨。另外，由于我国农村地区的住房大多没有经过规范的设计，建造方式粗放且技术落后，同时忽略对绿色建材及可再生能源的利用，导致室内热舒适度差，人居环境品质较低。通过对绿色农房技术的研究，可以为农村住房的设计、建造和维护提供有益的技术参考，从而创造出同环境相生互动的绿色居住空间。

2. 研究意义

建设社会主义新农村是我国现代化进程中量大面广的重大历史任务。积极稳妥地探索适宜我国国情和农民生活特点的绿色建筑适宜技术，是建设社会主义新农村的一项重要内容。同时也是逐步提高广大农民生活质量，改善人居环境的时代要求。华北地区农村新型社区建设在各地正普遍展开，其建设速度和建设规模前所未有，但社区的绿色农房建设模式尚没有一个科学和系统的标准，亟须在绿色建筑适宜技术方面提供设计方案支撑。绿色农房建设模式的制定既是当务之急，也是长远大计。针对这些问题，本书开展了以下几个方面的研究，具有重大的理论意义和现实意义。

华北地区新农村绿色生态居住区规划技术研究与集成：华北传统村镇社区集约化空间布局技术；公共服务设施级配优化规划技术；村镇基础设施配置与规划技术；村镇生态景观设计技术。

村镇绿色小康住宅关键技术研究与集成：村镇绿色小康住宅建筑风貌与布局；村镇建材本土化资源利用开发研究；绿色农房新型建筑体系；村镇住宅建筑节能技术；村镇住宅建筑采暖技术；村镇绿色小康住宅的绿色施工技术；村镇绿色建筑评估体系。

农村绿色能源开发利用技术研究与集成：太阳能光热利用与建筑一体化技术；太阳能光电利用技术；沼气池冬季综合保温增温技术。

农村垃圾处理与污水处理技术研究与集成：农村生活垃圾处理技术；农村污水处理与综合利用技术；农村最佳环境管理实践模式研究。

本书将为社会主义新农村建设、人居环境优化建立全新的综合发展模式，引导当地农民充分合理地利用自然资源，改善人居环境，优化住宅功能。同时注重环境保护，强调生态平衡与可持续发展，以科技创新为主要手段，将华北地区村镇建设推进到一个新的阶段。

1.2 研究概况

1.2.1 国外研究状况

国外对绿色农房的研究开展较早，1973 年石油危机爆发，能源危机问题得到关注，并重新开始对农村住宅建筑进行可持续发展定位，通过制定相应的节能标准及实施具体的工程实践，全面推进农村住宅的绿色化发展进程。

在技术标准方面，德国于 2001 年制定了《建筑节能保温及节能设备技术规范》，该规范规定所有新建筑均要达到低能耗房屋的标准，并鼓励建设者采取有效的新技术来降低建筑的总能耗量。美国于 2005 年颁布了《能源政策法案》，鼓励新建建筑采用太阳能、风能、生物质能等多种清洁可再生能源。2007 年英国出台了《可持续住宅规范》，从节地、节水、建材等角度为住宅建筑提供了多种技术措施。

在技术策略方面，荷兰由于自然资源相对贫乏，从 20 世纪 70 年代初，便开始注重农村住房的可持续发展问题，从住房对环境的负面影响及住房对公共卫生的不利影响等多重角度出发，尝试多样化的实施方法和技术手段来提高建筑的可持续性，如充分利用太阳能、地热能等可持续能源以降低能耗，收集利用废水及雨水以节约水资源，注重材料的回收利用以降低对新材料的需求，通过改善采暖或通风以提高室内舒适度。美国特别重视可再生能源的开发利用，鼓励农村居民在建筑屋顶安装太阳能系统，并注重房屋构件的预制化生产，以节约能源、减少对环境的影响。德国一直都非常重视并致力于研究农村的居住环境，主要通过优化围护结构构造，利用被动式技术及采用节能设备来实现提高农村住宅的舒适度。日本注重农村住宅的规划选址，提出"建筑节能与环境共存设计"，并利用地热能、太阳能、风能等来减少建筑对环境产生的影响。与发达国家的绿色农村住宅相比，为适应经济发展水平，发展中国家更加注重对传统技术的应用，通过采取被动式技术策略及本土化生态建材，来降低能耗、满足人的舒适性需求。如印度建筑师查尔-科里亚，创建了"管式住宅"，是印度农村最初的被动式节能建筑，提出"形式追随气候"理论；埃及建筑师哈桑-法塞，对埃及的传统建筑总结，从建筑形态、建筑定位、空间设计、建筑外表面材料肌理、材料颜色和开敞空间设计等方面，提出了相应的节能技术策略，为贫困的农村居民提供了廉价而又节能的住宅。

国外的发达国家要求绿色农房既要与当地的地域特征和传统的乡村风情相呼应，又要保证建筑的实用性、经济性与舒适性。奥地利、瑞士、德国等欧洲国家，面临新住宅区用地限制等因素，对农房实现部件化以解决问题。韩国和日本两国与我国在农村、农业等方面上有许多的共通之处，基本是通过长期的国家政策以及政府的扶持，从而实现农房的现代化和可持续化的发展。

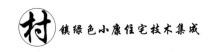

1.2.2　国内研究状况

我国对绿色农房技术的研究工作起步较晚，但随着建设社会主义新农村政策的提出，我国的农村住宅得到了快速发展，针对农村地区农房的绿色技术研究也有很大进展。

在技术标准方面，2009 年，为促进节能技术在农村住房建设中的应用，住房城乡建设部出台了《严寒和寒冷地区农村住房节能技术导则》，为严寒和寒冷地区农村住房的节能设计、建造及维护管理提供了技术指南。随后，陕西省、河北省先后制定了与本省实际情况相适宜的农村住房节能技术导则。2013 年 12 月住房城乡建设部出台了《绿色农房建设导则》，为绿色农房的推广提供了方法和技术策略。

在技术策略方面，有些学者们根据农村住房中存在的问题对相应的技术策略做了研究，涉及的内容主要有改善农村住宅室内热舒适度的节能技术研究及农村住宅围护结构节能技术研究等。解明镜着重从自然通风这一被动式技术角度，研究了改善湘北地区农村住房热环境的具体措施。刘晋对重庆农村住宅室内热环境情况做了调研，并针对存在的问题，结合重庆的气候特征和地域特征，提出从加大室内自然通风和改善外围护结构两方面的技术措施来改善室内热环境。高元鹏通过主观调研和理论计算推导出了寒冷地区农村住宅室内热舒适度的最佳指标，并在此基础上提出了适用于农村地区的节能技术策略及节能评价体系。周春艳根据东北地区农村住宅围护结构材料和构造的特点，针对墙体、屋顶、门窗、地面分别提出了相应的节能技术措施，并从地域性、环境影响性及经济性三个角度建立了围护结构节能技术适宜性评价体系。

为克服农村住宅绿色技术应用中出现的单一及雷同现象，许多研究者从适宜性技术角度出发对不同地区的农村住房做了研究。杨令根据鄂东北地区农村住宅能耗及室内舒适度现状的调研，指出该地区节能设计的重点在于夏季隔热，并从选址规划、平面布局及围护结构保温隔热性能改善方面提出了相应的技术策略。董洪庆针对关中地区农村住房的炊事能源、采暖方式及热环境现状，从空间形态、构造形态、炊事采暖、绿化遮阳等方面提出了具体的节能技术措施。王蒽淋对江西省农村用地、家庭生活、住宅建筑形式、住宅能源利用及水资源利用情况做了详细调研，并结合所在区域的地域特征，从建筑布局、围护结构构造、水的生态循环及天然建造材料应用方面提出了相应技术策略。张瑞娜从气候适应性角度出发，对北方农村住宅的围护结构、采暖方式、新能源利用等方面的适应性技术策略做了研究，并提出了几种基于不同技术的农宅模式。

可再生能源利用技术作为缓解能源危机的重要方法，近年来成为农村住房节能设计的热点研究领域。刘文合探讨了太阳能、生物质能等新能源利用技术与农房设计本身的结合方式，并提出了新能源利用技术与其他建筑技术的亲和模式与策略。田卓励从采暖角度入手，对被动式太阳房设计及建造策略展开了研究。王凯中从平面布局、建筑材料、建造方式对寒冷地区农村住宅进行了优化设计，并结合主动式太阳能采暖和被动式本阳能采暖技术，研究了太阳能与建筑一体化设计的途径。陈涛根据湖北地区农村住宅能耗现状，探讨了沼气技术的应用对农村建筑节能的中压作用。唐泉、宣蔽从太阳能、生物质能及雨水资源三个方面，探讨了太阳能光伏、光热供能技术，沼气、垃圾资源化利用技术，雨水收集及中水回用技术在新农村住宅中的具体应用。

1.3 华北地区特点

1. 地形特点

华北地区包括北京市、天津市、河北省、山西省、山东省大部、河南省北部和内蒙古局部地区。全国地形图如图 1-1 所示。

图 1-1 全国地形图

该区域基本为平原和山区地形，气候以干旱、多风、冬季寒冷为主要特征。华北地区地处中纬度地带，环流的季节性变化明显。本地区夏季气温高，与亚热带不相上下，温暖期较长，降水与温暖同期，利于喜温作物的生长。冬季较长且气温低，但一般喜凉作物可以越冬。

2. 气候分区

华北地区为中国七大地理分区之一（华东地区、华南地区、华中地区、华北地区、西北地区、西南地区、东北地区），位于北纬 32°～42°，东经 110°～120°，大致以≥10℃积温 3200℃（西北段为 3000℃）等值线、1 月平均气温 −10℃（西北段为 −8℃）等值线为界。

从全国二级气象地理区划上，华北地区南北向分为南部、中部、北部，东西向分为东部、西部。其中，华北南部包括山西、河北两省南部和河南、山东两省黄河以北地区；华北北部指恒山和燕山山脉以北的山西和河北两省北部地区；华北中部为恒山和燕山山脉以南至华北南部以北的京、津和山西、河北两省中部地区；华北东侧、西侧则以太行山山脉及延长线将华北划分成东西两部分。

在全国建筑热工设计分区中，狭义的华北地区大部分位于寒冷地区，山西北部、河北张家口北部、承德北部部分地区位于严寒C区；广义的华北地区则包含内蒙古地区所处的严寒A区、B区，见图1-2。从全国建筑热工设计分区考虑，为了使本课题研究的针对性更强，本课题所述华北地区为狭义的华北地区，即包括北京市、天津市、河北省、山西省，地表面积共37.38万平方千米。

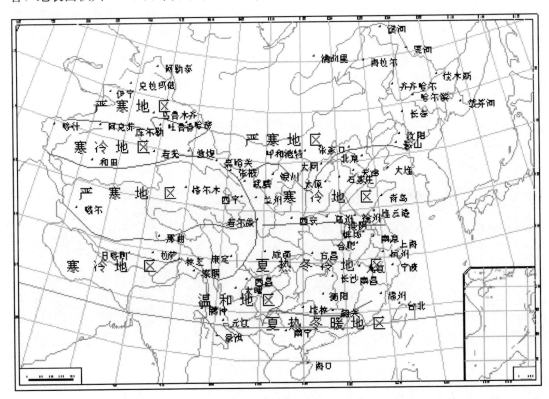

图1-2 全国建筑热工设计分区图

3. 气候特征

华北地区冬季较长且寒冷干燥，四季分明，年较差及日较差都较大。年日平均气温低于或等于5℃的天数占全年的25%～40%，年最高温度高于或等于35℃的天数占全年的22%，极端最高温度为35～44℃，平原地区的极端最高温度大多可超过40℃，年平均日较差为7～14℃。

华北地区一般为干旱少雨地区。年平均相对湿度为50%～70%，年降雨天数为60～100d，年降水量为300～1000mm，年降雪天数为15d以下。

华北地区的太阳辐射较强。年太阳总辐射照度为150～190W/m²，年日照时数为

2000～3200h，年日照百分率为 40%～60%。较强的太阳辐射加剧了夏季高温的影响，并大大增强了地表的蒸发率，使得在不降雨的日子，空气的湿度迅速降低。

4. 能源特点

华北地区矿产资源、可再生能源等资源均非常丰富，地表地貌多样，平原、盆地、丘陵、山地、高原等各种地貌类型皆有，而水资源相对不足。

（1）传统资源

华北地区矿种比较全，山西省为煤炭之乡，已发现的矿种共 120 多种，探明储量的有 70 多种，尤其煤、煤层气、铝土矿、铁矿、铜矿、金红石、冶金用白云岩、耐火黏土、水泥用灰岩、熔剂用灰岩、芒硝、石膏、硫铁矿等更为丰富。

华北地区的天津、河北不仅濒临渤海，且可随港出海，涉及中国海域及世界大洋。渤海是中国最大的内海，整个海底为大陆架所封闭，海底坡度平缓，埋藏着丰富的石油和天然气资源。沿海的生物资源比较丰富，浅海滩涂是晒制海盐、海水养殖的良好场所，海水化学资源、海底矿产及海洋能源都待开发利用，海洋空间资源包括海港、旅游、储藏、通讯等已在开发利用。

华北地区的水资源由于工农业等用水日益增加而过度开发，地下水位下降，地表水量减少，深感水资源不足。由于供需差额过大，超度开发地下水，造成地下水位急剧下降，地下漏斗区增多，缺水状况越来越严重。

（2）地热能

华北地区地热资源分布广泛，资源丰富，主要集中于北京、天津、河北中南部地区、山西忻州和临汾两大盆地，蕴藏较为丰富的地下热水资源。北京市地热能利用量约为 47.5 万吨标准煤，地源热泵采暖面积已达 1500 万平方米以上。天津地区地热资源属于非火山沉积盆地中、低温热水型地热，水温多为 30～90℃，具有埋藏浅、水质好的特点，已发现的 10 个具有勘探和开发利用价值的地热异常区，面积 2434km²。河北省地热资源总量相当于标准煤 418.91 亿吨，地热资源可采量相当于标准煤 93.83 亿吨。山西地热资源以中低温热水为主，按温泉放热量大于 $300×1013J/a$ 的全国省区排名次序，山西排第 7 位。

目前，地热能多被用于地热发电、地热温泉等地热能的大型利用项目，不适用于农村住宅单户开发利用。

（3）太阳能

太阳是地球的生命之源，同时也是能量之源，地球上的风能、水能、生物能以及潮汐能都来源于太阳，即使是石油、煤、天然气等石化燃料，从根本上来说，也是远古时期以来储存在地球下面的太阳能，所以广义上的太阳能包涵范围十分大，狭义上来说，太阳能一般是指利用太阳辐射进行光热、光电和光化学转换的过程。

我国是太阳能资源比较丰富的国家之一。根据太阳年辐射量，中国气象科学研究院将我国的太阳能资源分布划分为 4 个资源带，见表 1-1、图 1-3。由图 1-3 可见，华北地区纬度较高，河北北部、山西北部位于资源丰富区，太行山区、河北东南部、山西南部位于资源一般区。

表 1-1　中国太阳能资源分布的基本情况

类型	资源带	年辐射量 （MJ/m²）	日照小时数 （h）	主要分布地区
I	资源 丰富	≥6700	2800～3300	宁夏北部、甘肃北部、新疆东南部、青海西部和西藏西部
II	资源 较丰富	5400～6700	3000～3200	河北北部、山西北部、内蒙古南部、宁夏南部、甘肃中部、青海东部、西藏东南部和新疆南部
III	资源 一般	4200～5400	2200～3000	山东东南部、河南东南部、河北东南部、山西南部、新疆北部、吉林、辽宁、云南及陕西西北部、甘肃东南部、广东南部、福建南部、江苏北部、安徽北部、天津、北京和中国台湾西南部
IV	资源 缺乏	<4200	1400～2200	湖南、湖北、广西、江西、浙江、广东北部、陕西南部、江苏南部、安徽南部以及黑龙江、中国台湾北部

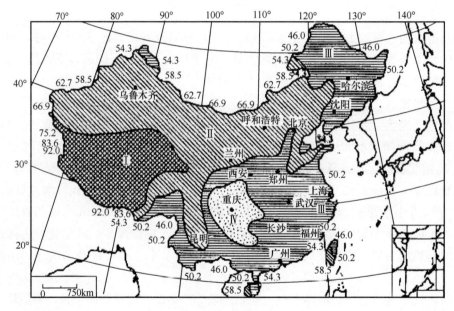

图 1-3　中国太阳能资源分布图

（4）生物质能

生物质是指利用大气、水、土地等通过光合作用而产生的各种有机体，即一切有生命的可以生长的有机物质通称为生物质，它包括植物、动物和微生物。依据来源的不同，可以将适合于能源利用的生物质分为林业资源、农业资源、生活污水和工业有机废水、城市固体废物和畜禽粪便等五大类。

河北、山西两省至今仍属于农业大省，秸秆、薪柴资源十分丰富，秸秆用于炊事、采暖已经有了悠久的习惯。

1.4 华北地区农村现状调研及数据分析

本书采用资料、文献调研和实地现场调研相结合的方式进行了农村现状的调查研究。

通过收集相关的国家政策和有关法规，参考相关的文献，制定了实地调研的问卷调查表，对华北地区 13 个城市、60 个村镇的农村生活现状进行了调查，调研的内容主要涉及农村规划现状、住宅建筑风貌、布局和节能技术、房屋抗震性能、可再生能源利用和垃圾、污水处理现状。本次调研结果能够有效地为本书指明研究方向，通过相关数据有针对性地进行相关研究，提出解决措施和方案。调研地点分布见表 1-2。

表 1-2 农村现状调研住宅分布汇总表

省份	调研地点	户数
河北省	石家庄市高邑县北焦村	3
河北省	石家庄市高邑县花园乡东堤村	3
河北省	石家庄市新乐市承安镇新街铺村	3
河北省	石家庄市鹿泉区上庄镇小宋楼村	3
河北省	石家庄长安区南村	3
河北省	石家庄辛集市垒头乡范家庄村	3
河北省	石家庄栾城县柳林屯乡范台村	3
河北省	石家庄深泽县大家庄	3
河北省	石家庄市深泽县赵八乡侯村	3
河北省	石家庄市赵县前大章乡后大章村	3
河北省	石家庄市赵县赵州镇董村	3
河北省	石家庄晋州市小樵镇泉渡村	3
河北省	石家庄市鹿泉上庄镇大车行村	3
河北省	石家庄市赵县赵州镇南门村	3
河北省	石家庄市平山县平山镇东冶村	3
河北省	石家庄市赞皇区清河县嘉应寺村	3
河北省	石家庄市赞皇县清河乡冯家村	3
河北省	石家庄市行唐县贾木村	3
河北省	石家庄市井陉县贾庄乡贾庄村	3
河北省	沧州市盐山县韩集镇小李村	3
河北省	沧州市盐山县小庄镇五家沟村	3
河北省	沧州市盐山县孟店乡流洼寨村	3
河北省	沧州市献县垒头乡刘于村	3
河北省	沧州市河间市束城镇西王村	3
河北省	邢台市柏乡县南滑一村	3
河北省	邢台市南宫市西丁乡大刘村	3
河北省	邢台市宁晋县换马店镇西村	3
河北省	邢台市任县天口乡马家庄村	3

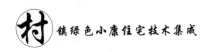

续表

省份	调研地点	户数
河北省	邢台市南宫县紫冢乡张侯疃村	3
河北省	邢台市南宫县大屯乡大屯村	3
河北省	邢台市任县天口乡田玉庄村	3
河北省	保定市定州市杨家庄乡药刘庄村	3
河北省	保定市清苑区清苑乡中冉村	3
河北省	保定市定兴县张家庄乡张家庄村	3
河北省	保定市望都县黑堡乡安庄村	3
河北省	保定市顺平县腰山镇才良村	3
河北省	保定市阜平县王林口乡西庄村	3
河北省	邯郸市鸡泽县曹庄乡李马昌村	3
河北省	邯郸市大名县红庙乡西秦庄	3
河北省	邯郸市涉县神头乡后宽村	3
河北省	邯郸市武安市淑村镇新铺上村	3
河北省	衡水市武邑县审坡乡杜村	3
河北省	衡水市景县降河流镇大代庄村	3
河北省	唐山市乐亭县南翠坨村	3
河北省	唐山市乐亭县钟庄村	3
河北省	唐山市玉田县窝洛沽镇东厂村	3
河北省	唐山市古冶区卑家店乡李庄子村	3
河北省	承德市平泉县茅兰沟乡雹神庙村	3
河北省	承德市宽城县峪耳崖镇北大杖子村	3
河北省	承德市承德县磴上乡坡西沟村	3
河北省	承德市承德县磴上乡杨家沟村	3
河北省	秦皇岛市抚宁县榆关乡肖庄村	3
山东省	济宁市泗水县高峪乡	3
山东省	济宁市梁山县小路口乡闫即里村	3
天津市	蓟县下仓镇安各庄	3
天津市	蓟县渔阳镇吴庄村	3
河南省	南阳市镇平县贾宋镇湾李村	3
山西省	长治市壶关县龙泉乡西街村	3
山西省	长治市壶关县晋庄乡池则掌村	3
山西省	长治市壶关县龙泉乡龙潭沙村	3
共计		180

1.4.1 农村规划现状调研

1. 国家政策、标准调研

通过查阅网站和相关资料，了解农村规划的政策、规范、标准，为问卷调查的开展提供依据，同时为本课题开展奠定基础。主要政策、规范、标准如下：

图1-4 问卷调查场景图

《中华人民共和国城乡规划法》；

《村庄和城镇规划建设管理条例》；

中华人民共和国建设部《镇规划标准》GB 50188；

《社会主义新农村村庄规划建设指导手册》；

《河北省村庄和集镇规划建设管理实施办法》；

《河北省村镇规划技术规定》；

《河南省社会主义新农村村庄建设规划导则》；

《河南省村镇规划建设管理条例》；

《山西省村庄建设规划编制导则》；

《山西省村庄治理技术细则》；

《山西省新农村建设规划创优标准》；

《陕西省农村村庄规划建设条例》；

《浙江省村镇规划建设管理条例》；

《成都市社会主义新农村规划建设管理办法》；

《成都新农村规划建设技术试行细则》；

《内江市新农村农房规划建设管理实施细则》；

《郫县社会主义新农村规划建设管理实施细则》；

《海南省村庄规划编制技术导则》（试行）；

《武汉市村庄建设规划设计技术导则》；

《福建省村庄规划编制技术导则》；

《江西省村庄建设规划技术导则》；

《山东省村庄建设规划编制技术导则》；

《重庆市村规划技术导则》（2009年试行）；

《关于加强社会主义新农村建设村庄规划工作指导意见的通知（河北省建设厅）》；

中共中央国务院关于农业和农村工作若干重大问题的决定，1998；

中共中央国务院关于推进社会主义新农村建设的若干意见，中发（2006）1号；

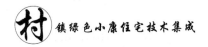

中共中央国务院推进重庆市统筹城乡改革和发展的意见，国发（2009）3号；

……

2. 调研数据分析

（1）布局模式

如图1-5所示，在调研的44个平原村庄中，只有2个村庄的布局模式为带状布局，其余42个村庄的布局模式均为街巷式。在这42个街巷式布局的平原村庄中，村庄的规模较大，都是上百户的大村庄，有一些村庄甚至超过了一千户。由于平原对村庄建设的地形制约不大，所以平原地区村庄形态的规划具有很大的自主性。村庄形态常由一条街和沿街毗邻排列的建筑构成，随着村庄规模的扩大，为了不使街道延伸过长以方便相互联系，建筑一般沿巷道纵深发展，形成了有街巷构成的网络布局。在这2个带状布局的平原村庄中，村庄均为沿河流展开布局，形成了沿河流分布的状态。

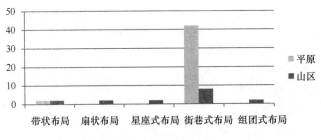

图1-5 农村布局模式

在调研的16个山区村庄中，其中布局模式为带状布局、扇状布局、星座式布局和组团式布局的村庄各有2个，街巷式布局的村庄有8个。这次调研显示，由于山区村庄一般分布在沿山岭坡麓地带，以及较高的河谷阶地和交通方便之地。山区地势复杂，气候多变，耕地紧张，通常不适合大规模的聚居，村落选址也有一定的难度，由于地势起伏不平，耕地零星分散，山区村庄布局形式多样，带状、扇状、街巷式或星座式布局在山区村庄布局中都有体现。

（2）公务服务设施

从图1-6和图1-7中可以发现，无论是平原农村还是山区农村，诊所的拥有率都较高，在调研的农村中，95％的平原农村和81％的山区农村有自己的诊所，给村民的治病

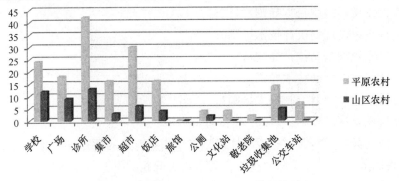

图1-6 不同地区公共服务设施数量统计

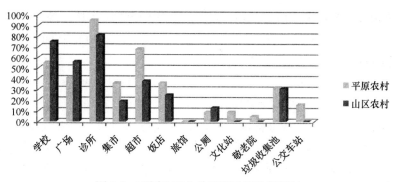

图 1-7 不同地区公共服务设施比例统计

就医带来了很大的方便；平原农村中学校和广场的拥有比例分别为 55％和 41％，分别低于山区农村的 75％和 56％；但是集市、超市和饭店在平原农村的占有率远远高于山区农村，分别为 36％、68％和 36％，而山区农村只有 19％、38％和 25％；无论是平原农村还是山区农村，都较缺乏旅馆、公厕、文化站、敬老院、垃圾收集池、公交车站这些公共服务设施，在调研的 60 个农村中，没有一个农村建设有旅馆，16 个山区农村中都没有文化站、敬老院和公交车站，由于山区农村特殊的地理位置及经济条件，造成公共服务设施种类在山区农村中的严重缺乏，对出行造成了一定的不方便。

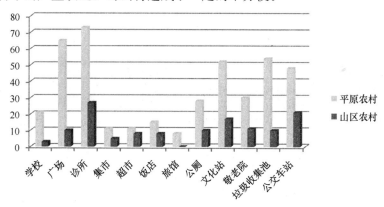

图 1-8 需要增加的公共服务设施统计

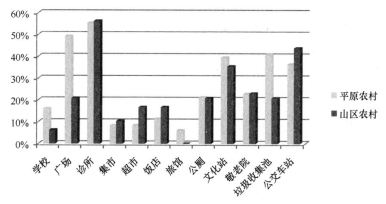

图 1-9 需要增加的公共服务设施比例统计

本次调研对 180 户村民分别进行了问卷调查，其中有 132 户村民处于平原农村，有 48 户村民处于山区农村。在平原农村和山区农村中，分别有 55% 和 56% 的村民希望在农村增加诊所等医疗设施，虽然诊所在农村的普及率已较高，但是随着现在老年化速度加快以及部分村庄面积较大，村民希望在农村中建立多处诊所，使得农民就医看病更加方便快捷；在平原农村和山区农村中，只有 6% 和 0% 的村民希望在村中增加旅馆等住宿设施，由于在农村中，村民对旅馆的需求不大，因此即使旅馆在农村的占有率不高，但是村民也没有增加旅馆这方面的意愿；由于公厕、文化站、敬老院、垃圾收集池、公交车站在农村中的占有率均较低，因此不论是平原地区还是山区，村民均表示希望增加相应的公共服务设施建设。

在平原农村中，有 24 个村庄建设有学校，其中有 16 个村庄的学校向其他村子辐射，占建设有学校的村庄的 67%（图 1-10）；在山区农村中，有 12 个村庄建设有学校，其中有 6 个村庄的学校向其他村子辐射，占建设有学校的村庄的 50%（图 1-11）。在调研的村子中，平原地区学校的辐射率较高，辐射数量较多，部分村子学校的辐射范围扩展至十几个村；山区由于其特殊的地理位置，村子分布比较松散，学校辐射范围相对较少。在调研的村子当中，有的村子距离县城或者乡镇距离较近，没有重复设置学校，当地儿童就地上学，避免了重复建设学校等公共设施。有部分村子在当地设置了学校，学校较为简陋，设施不全，给当地儿童上学造成了巨大的隐患，如图 1-12 所示。

图 1-10　平原村庄学校辐射范围　　　　图 1-11　山区村庄学校辐射范围

图 1-12　石家庄深泽某村学校

（3）道路交通

在 44 个平原农村中，有 19 个村子的主干道宽度≤5m，有 22 个村子的主干道宽度在 5～10m 之间，有 3 个村子的主干道宽度在 10～15m 之间，其中 50% 的村子的主干道宽度为 5～10m 之间；在 16 个山区农村中，有 11 个村子的主干道宽度≤5m，有 4 个村子的主干道宽度在 5～10m 之间，有 1 个村子的主干道宽度在 10～15m 之间，其中 69% 的村子的主干道宽度≤5m（图 1-13、图 1-14）。

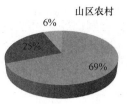

图 1-13 平原农村主干路宽度统计   图 1-14 山区农村主干路宽度统计

山区农村的道路不同于平原农村，山区道路有自己的特点：窄、弯曲、尽端路多、道路密度低、路况差，山区道路一般充分利用地形，设计规划道路的宽窄和布局。在调研的村子中（图 1-15～图 1-17），山区农村的道路明显比平原农村道路较窄，干道以土路面和砂土路面为主，大部分的公路宽度只有 3.0～4.5m，只能单车单向行驶，部分公路宽 5～6m，可满足双向通行；部分山区道路由于是上山或盘山公路，公路线性较差，每条线路不但弯路多，而且急弯也不在少数，如河北省邯郸市涉县神头乡后宽村；山区的乡村公路由于地形限制，其公路起伏坡度较大，道路纵坡普遍大于规定值。

图 1-15 沧州市盐山县韩集乡   图 1-16 沧州市盐山县韩集乡
小李村主干路（平原农村）   小李村支路（平原农村）

图 1-17 河北省邯郸市涉县神头乡后宽村道路（山区农村）

在调研的 60 个农村中（图 1-18～图 1-20），村庄的基本路网类型主要有三种，分别为方格网式、自由式和混合式，此外路网的基本类型还有放射环式，在本次调研中，无村落采用放射环式道路网布置。河北省保定市清苑县清苑镇中冉村采用方格式道路网布置，平原农村多采用这种道路布置方式，方格式道路网适用于地势平坦的村庄，其优点在于用地规整，紧凑经济，道路线型平直，有利于建筑物的布置和方向的识别，而其缺点也是显而易见的：这种形式交通分散，道路主次功能不明确，交叉口数量多，影响行车通畅；河北省邯郸市涉县神头乡后宽村采用自由式道路网布置，结合地形起伏，弯曲自然，无一定几何形状，适用于山区和丘陵地带的村庄，其优点是能充分结合地形，生动活泼，有效节省工程量和建设资金，其缺点在于道路弯曲，方向多变不利于建筑物和管线的布置；河北省沧州市盐山县孟店乡流洼寨村采用混合式道路网布置，混合式路网更加灵活多变，能够适应多种条件，根据本地的地形条件和现状道路情况，本着实事求是的原则，选择合适的形式综合进行使用，力求在结合中最大限度地发挥其优势避免其缺点；此外，还有放射环式道路网，这种形式的路网一般以村庄的公共中心为中心，向外发散道路，并在其外围敷设一条或几条环形道路，形成整个村庄如蛛网般的道路系统，一般适用于面积较大的村庄。其优点在于保证了公共中心与各功能区联系的直接与通畅，路线有曲有直，适应地形方面强于方格网式，其缺点在于易造成中心的交通拥堵，易划分出不规则地块，不利于建筑物的布置和方向的识别。

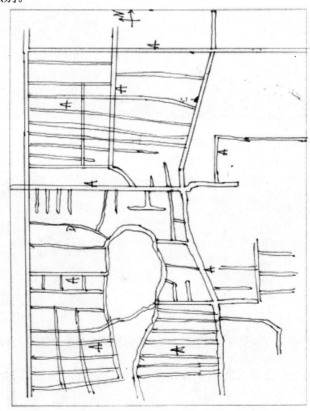

图 1-18　河北省保定市清苑区清苑镇中冉村道路地形手绘图（方格网式）

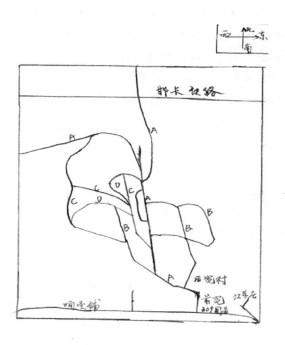

图1-19 河北省邯郸市涉县神头乡后宽村道路地形手绘图（自由式）

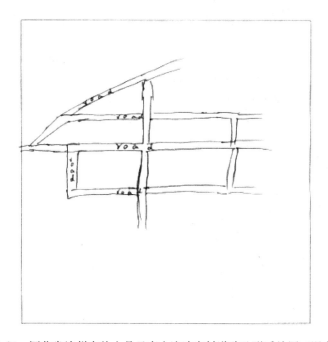

图 1-20 河北省沧州市盐山县孟店乡流洼寨村道路地形手绘图（混合式）

在这次调研中，我们也对农民对本村的道路宽度满意度进行了调查，如图1-21和图1-22所示。

在 132 户平原农村的调研中，有 23 户村民觉得"道路较宽，通行方便"，有 82 户村

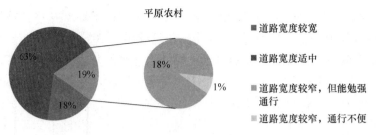

图 1-21　平原农村道路宽度满意度统计

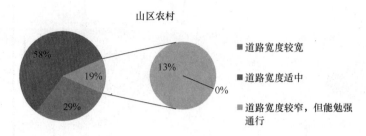

图 1-22　山区农村道路宽度满意度统计

民觉得"道路宽度适中"，有 23 户村民觉得"道路宽度较窄，但能勉强通行"，有 2 户村民觉得"道路宽度较窄，通行不便"，在调查的对象中，有 81% 的村民对本村道路宽度较为满意，有 19% 的村民对本村道路宽度不满意；在 48 户山区农村的调研中，有 14 户村民觉得"道路较宽，通行方便"，有 28 户村民觉得"道路宽度适中"，有 6 户村民觉得"道路宽度较窄，但能勉强通行"，有零户村民觉得"道路宽度较窄，通行不便"，在调查的对象中，有 87% 的村民对本村道路宽度较为满意，有 13% 的村民对本村道路宽度不满意。随着城镇化的发展，农村建设迅猛发展，道路交通也是首当其冲，农村的道路条件得到了很大的改善，但是在调研中发现，农村的主干路修缮得较为良好，但是巷子的小路以及乡间小路还是较差，很多村庄只有进村的一条路是柏油或水泥路，其他都是土路甚至没有路，天晴的时候尘土飞扬，下雨的时候就会变得泥泞不堪，难以通行。40% 的村庄雨天出行难，晴天是车拉人，雨天是人拉车。同时村庄内部部分道路由于使用时间久远，长期得不到修缮治理，村镇内道路老化问题严重，路面坑洼不平，雨天积水不能及时排出，出行不便。

（4）照明设施

如图 1-23 和图 1-24 所示，在调研的 44 个平原农村中，有 32 个农村安装了路灯，安装率达到了 76%；在调研的 16 个山区农村中，有 9 个农村安装了路灯，安装率达到了 56%。

图 1-23　平原农村路灯安置统计　　图 1-24　山区农村路灯安置统计

如图 1-25 和图 1-26 所示，在 32 个安装了照明设施的平原农村中，路灯间距≤30m 的有 12 个，路灯间距在 30～50m 的有 14 个，路灯间距在 50～100m 的有 5 个，路灯间距在 100～150m 的有 1 个，其中 44％的平原农村的路灯间距为 30～50m 之间，经过数据统计，平原农村中路灯间距以 50m 居多；在 9 个安装了照明设施的山区农村中，路灯间距小于等于 30m 的有 4 个，路灯间距在 30～50m 的有 2 个，路灯间距在 50～100m 的有 2 个，路灯间距在 100～150m 的有 1 个，其中 45％的山区农村的路灯间距≤30m，经过数据统计，山区农村中路灯间距以 30m 居多。

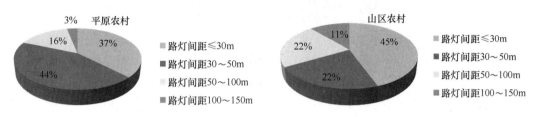

图 1-25　平原农村路灯间距统计　　　　图 1-26　山区农村路灯间距统计

在这次调研中，我们也对农民对本村的路灯照明满意度进行了调查，如图 1-27 和图 1-28 所示。

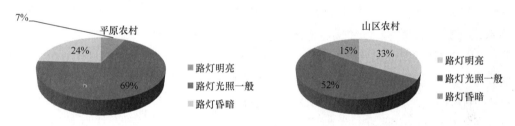

图 1-27　平原农村路灯亮度统计　　　　图 1-28　山区农村路灯亮度统计

在平原农村中，有 24％的村民反映路灯光照较为昏暗，给出行带来了不便；在山区农村中，有 15％的村民反映路灯光照较为昏暗，给出行带来了不便。由于农村路面的不平整以及偏僻等因素，因此农村居住区照明应首先能确保行人安全步行、识别彼此，能正确确定方位和防止不安全因素。在农村照明设施的规划建设中，应考虑到农村生活方式、道路宽度、建筑高度及形式等因素，对农村照明在灯具设置距离、位置、高度和光线强度等方面具体问题具体对待。在农村道路上，由于主干路、支路、巷路等不同道路对照明设施的要求不同，因此应区别对待，以免造成在同一个村庄中，部分道路过于明亮，部分道路黑暗的现象存在。在这次调研中，大多数农村从效率和维修方面考虑，多采用 5～12m 高的杆头式汞灯照明器，根据农村居住区道路路幅宽度大小可采用双边对称布置，路幅小于 7m 的可单边（单排）布置。

（5）通信及电力工程

网络线路及通信设施设备，是农村生活的基础设施之一，也是村民的重要物质基础。它在完善农村功能、提升地位、提高地方经济，以及满足人民日益增长的信息化需求等方面发挥了重要作用。通过对平原农村和山区农村的调研数据统计（图 1-29）可以看出，平原农村在通信设施的建设程度上要高于山区农村，无论是平原农村还是山区农村，通信设施的覆盖率都高于50％，应加大山区地区的通信设施覆盖率，使有线电视、广播网络根据村村通的建设要求尽量全面覆盖，有线广播电视线路与村庄通信电缆统一联合建设。

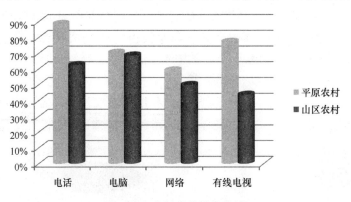

图1-29　农村通信设施统计

在调研的60个农村中，有12个村庄在夏天时有限电要求，大部分月份集中在七八月份，这段时间在农村属于用电高峰期，部分村庄的电力设备在该时间段内无法满足村民的正常需求。在调研的村子中，大部分村子的电力线路走线不合理，存在诸多电力安全隐患和影响村容村貌的乱拉乱接现象；村内变压器布局不合理，变压器容量已经不能满足村庄的用电需求，且变压器周边存在一定的安全隐患，如图1-30所示。

图1-30　线路与树枝交错穿插

（6）给水工程

在调研的60个农村中，大部分的村子采用集中供水或者自打水井（图1-31），没有村

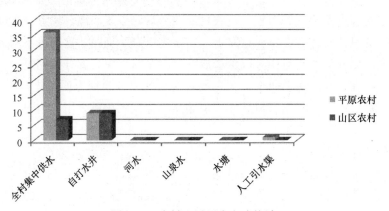

图1-31　农村生活用水方式统计

子采用河水、山泉水、水塘的方式。在平原地区，农村生活用水方式主要采用集中供水，占平原农村数量的 82%，有 18% 的农村采用自打水井的方式给水，如山东省济宁市泗水县高峪乡采用集体供水与人工引水渠相结合的方式给水；在山区农村生活用水方式中，集中供水和自打水井都普遍存在，集中供水的村子占山区农村数量的 44%，有 56% 的农村采用自打水井的方式给水，有个别山区农村饮水极为困难，村民因地制宜地采用收集雨水作为生活用水的主要来源，如山西省长治市壶关县晋庄乡池则掌村就是利用雨水进行供水的。

如图 1-32 和图 1-33 所示，在平原地区，水井深度都较深，59% 的农村水井深度在100m 以上；在山区，水井深度相对平原地区而言较浅，25% 的农村水井深度在 100m 以上。

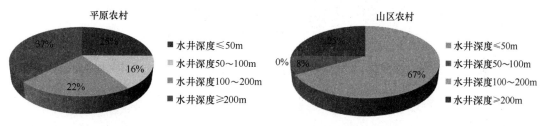

图 1-32　平原农村水井深度统计　　　　　图 1-33　山区农村水井深度统计

在调研的村子中，32% 的村子的给水设备建于 2000 年之前，32% 的村子的给水设备建于 2000～2010 年之间，36% 的村子的给水设备建于 2010 年之后。在调研的村子中，根据当地老百姓的反映，有 26% 的村子经常停水，部分村庄实施限时供水，这种情况在 7、8 月份出现最为频繁。由于供水时间较短，同一时段集中取水量大，导致距离水塔较远的家里水压小、水量不足，有时甚至出现全天无水现象，严重影响正常生活。部分村庄受限时供水影响，水量小且不稳定，特别是距离镇区较远的村庄。调研中某农户反映"每天只有早晨供水，有时水流很小，想存水也接不了多少水，经济条件较好的家庭就买矿泉水，供水不足对生活造成很大影响。"这给当地村民生活带来了极大的不方便。

如图 1-34 所示，在调研的村子中，有68% 的村子的饮水合格率≥95%，有 32% 的村子的饮水合格率＜95%。经过调查，部分村子水质不好的原因主要有以下几个方面：有 21% 的农村由于工业废水污染导致饮水不合格，有 34% 的农村由于生活垃圾污染导致饮水不合格，有 32% 的农村由于水质本身问题导致饮水不合格，有 21% 的农村由于化肥农药污染导致饮水不合格。

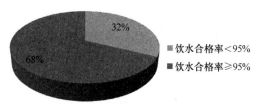

图 1-34　农村饮水合格率

（7）排水工程

如图 1-35 和图 1-36 所示，在调研的村子中，大部分村子没有排水管网，只有 15% 的村子建有排水管网，7% 的村子排水系统采用了雨污分流制。

调查中发现，大部分村庄生活污水没有经过处理就排放或渗漏，有明沟排水系统或已年久失修，或已堵塞，或者根本不存在。村庄农户厕所仍然使用传统的旱厕，村庄里的养

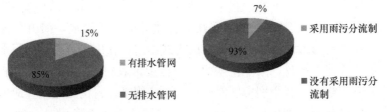

图 1-35　农村排水管网统计　　　　图 1-36　农村雨污分流制统计

殖场没有对畜禽粪便进行无害化、减量化和资源化处理，也没有相应的设施，生产污水直接渗漏到养殖场里或流到场外排水沟内。而家庭养殖户的生产污水与生活污水，则混流随意排放出院，流到街道上。多数农户的人畜粪便堆积在院内或道路上（图 1-37、图 1-38）。污水通过渗透的方式排放掉，造成农村地表水、地下水和土壤的污染。

图 1-37　农户随意将污水排至街道　　　　图 1-38　排水管道附近脏乱差

（8）环境卫生

如图 1-39 和图 1-40 所示，在调研中发现，在平原农村中，34％的农户选择将垃圾丢弃在家附近的垃圾收集池内，22％的农户选择将垃圾扔在自家的垃圾桶中，积攒到一定程度后统一丢弃，16％的农户选择将垃圾扔在自家附近公用的垃圾桶内，6％的农户将垃圾扔在垃圾转运站内，有 22％的农户选择了其他，根据调研结果，这部分农户大多将垃圾随意丢弃在自家附近，村子的大坑处或者河堤处等空地，自发地形成了垃圾堆放点，垃圾堆放点处较脏乱差；在山区农村中，11％的农户选择将垃圾丢弃在家附近的垃圾收集池内，26％的农户选择现将垃圾扔在自家的垃圾桶中，26％的农户选择将垃圾扔在自家附近公用的垃圾桶内，0％的农户将垃圾扔在垃圾转运站内，有 37％的农户选择了其他。经调

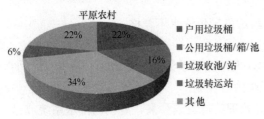

图 1-39　平原农村垃圾收集方式　　　　图 1-40　山区农村垃圾收集方式

研发现，由于相关卫生设施配置的落后，在山区农村中，垃圾随意丢弃现象比平原地区更加严重。村子垃圾堆放图像如图 1-41 所示。

图 1-41　村子垃圾堆放图像

（a）垃圾桶；（b）垃圾池；（c）村子大坑处；（d）街头处

在这次农村调研的过程中发现，虽然部分农村修建了楼房，修缮了路面，建立了路灯，居住环境明显改善，但农村的垃圾处理仍然处于原始状态。大多数农村没有垃圾箱、垃圾站等垃圾集中接收的设施，有的村子虽然设立了垃圾桶，但是由于垃圾桶位置不方便，造成了垃圾桶处于半荒废状态；村庄内畜禽粪便随处可见，生活垃圾随意抛扔，塑料袋、废纸、柴草等满街都是，每遇刮风，塑料袋、废纸片、草屑等更是满天飞。

在这次调研中发现，许多当地村民已经习惯于将垃圾随意地丢弃于宅前屋后以及"六边"：公路边、铁道边、溪河边、村边、田边、池塘边，大片的生活垃圾暴露堆放，既污染水源，又有碍观瞻。在农村，一些大型牲畜（如猪、牛、羊等）及人的粪尿大都运往田地以作肥料，但在此之前一般使用泥土掩盖后堆积在院墙内外，等很长时间后才能运到田里。到了夏季，这些露天的人畜粪便经过暴晒发酵，臭气熏天，严重污染生活环境。

通过统计资料可以发现（图 1-42），76% 的村庄将垃圾集中收运至村外大坑，17% 的村子将垃圾集中收运至村镇填埋场，7% 的村庄将垃圾集中收运至县级填埋场。在实际调研中发现，有部分村庄建设有垃圾填埋场，但是由于后期维护管理费用过高，不得不停止使用，处于停用状态（图 1-43）。在调研的 60 个村子中，大部分村庄没有向村民征收垃圾处理费，只有 5 个村子收取了该部分费用。

（9）生态环境

在调研的过程中，平原地区农村主要种植的植物种类有：杨树（速生杨、小叶杨、黄杨）、柳树、槐树、松柏、冬青、银杏、法桐；山区农村主要种植的植物种类有：杨树（速生杨）、槐树（龙爪槐）、柳树、松柏、月季、法桐以及核桃树、枣树等当地果树。平

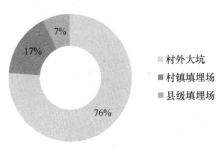

图 1-42　农村垃圾集中收运去向统计　　图 1-43　停用的垃圾填埋场

原农村的绿化覆盖率小于山区农村的绿化覆盖率。

　　在调查中发现，华北地区各村庄的大型乔木都有，但是大部分村庄的拥有数量不多，乔木的品种很单一，大部分村庄仍然是"柳树站岗，杨树当家，槐树说算"的"老三样"格局。较少村庄拥有绿地，且很多草坪已成荒草地，管理状况较为混乱。大部分村庄的绿化风格极为类似，都是"一条路，两行树"的模式，树龄老化、自然生长、管理不善的现象普遍存在；有个别村庄栽培大量的时尚花木，种植大片单一草坪，造成苗木成本增高、管理困难，再加上管理不善，导致大量花卉、树木生长不良，有绿无景（图 1-44、图 1-45）。

图 1-44　河北省石家庄某村绿化（平原农村）　图 1-45　河北省保定某村绿化（山区农村）

　　（10）农村生态居住区规划意见

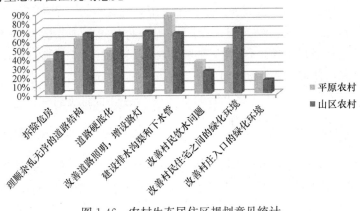

图 1-46　农村生态居住区规划意见统计

从问卷调查中可以发现（图 1-46），在农村整治问题中，理顺道路结构、道路硬底化、改善道路照明、建设排水沟渠和下水管、改善村民住宅之间的绿化环境这五个问题是广大村民急需解决的主要问题。在平原农村中，这五项问题分别占的比例为 62%、49%、54%、88%、51%；在山区农村中，这五项问题分别占的比例为 67%、67%、69%、67%、72%。

1.4.2 农村住宅现状调研

（1）住宅整体情况

在调研的村庄中（图 1-47 和图 1-48），不同层数的住宅在平原农村和山区农村中所占的比例大致相同。在平原农村中，59% 的住宅是一层住宅，41% 的住宅层数为两层及两层以上，有两户住宅为三层住宅；在山区农村中，56% 的住宅是一层住宅，44% 的住宅层数为两层。

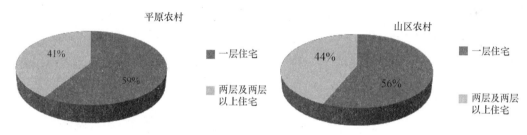

图 1-47　平原农村住宅层数　　　　　图 1-48　山区农村住宅层数

在调研过程中（图 1-49 和图 1-50），平原农村中 20% 的住户的建筑面积＜100m²，30% 的住户的建筑面积在 100～150m² 之间，15% 的住户的建筑面积在 150～200m² 之间，12% 的住户的建筑面积在 200～300m² 之间，23% 的住户的建筑面积＞100m²；山区农村中 33% 的住户的建筑面积＜100m²，27% 的住户的建筑面积在 100～150m² 之间，19% 的住户的建筑面积在 150～200m² 之间，11% 的住户的建筑面积在 200～300m² 之间，10% 的住户的建筑面积＞100m²。在农村中，建筑面积为 100～150m² 的住宅占较大比重，平原农村住宅平均建筑面积大于山区农村住宅平均建筑面积。

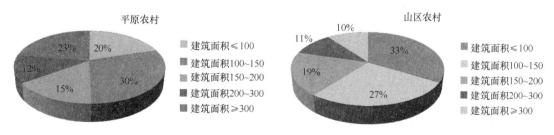

图 1-49　平原农村建筑面积统计（m²）　　　　图 1-50　山区农村建筑面积统计（m²）

在这次抽样调查中，对不同年代的农村住宅均进行了抽样调查，按照不同年代的住宅在现在农村中所占的比例进行选取，选取的住宅具有一定的普遍性和代表性（图 1-51 和图 1-52）。调研统计发现，房屋的建造年代以 1990 年以后居多。不同房屋的建造年代表现

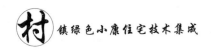

出不同时期人们的住宅需求和空间要求。

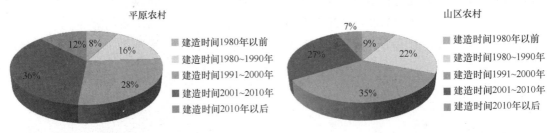

图 1-51 平原农村住宅建造时间   图 1-52 山区农村住宅建造时间

本次调研还对农村建筑物层高进行了调查，农村住宅的层高从 2.8～3.9m 浮动，3m 和 3.6m 层高居多，新建的房屋层高已经达到 3.9m。通过与村民的交谈，发现住宅层高逐年增加的原因除了基本的采光、通风的要求外，很大一部分是风水学上的原因和夸富的心态，出现互相攀比的现象。建筑层高还与建造年代有很大的关系，建造年代较早的建筑，建筑层高在 2.8～3m 浮动。建造年代较晚的建筑，建筑层高基本在 3.3～3.9m。多数住户的能够接受的住宅最低层高是 3m。

（2）住宅屋顶形式

在农村住宅中，屋顶形式以平屋顶居多，有部分屋顶形式为双坡屋顶，单坡屋顶的形式较少，大部分农户没有进行屋顶的改造。如图 1-53 和图 1-54 所示，在平原地区，75% 的住宅屋顶形式是平屋顶，24% 的屋顶形式是双坡屋顶，只有 1% 的住宅采用了单坡屋顶形式；在山区地区，55% 的住宅屋顶形式是平屋顶，35% 的屋顶形式是双坡屋顶，10% 的住宅采用了单坡屋顶形式。

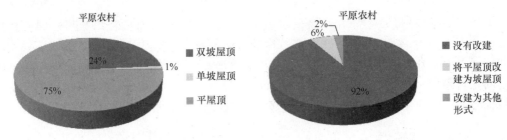

图 1-53 平原农村住宅屋顶形式

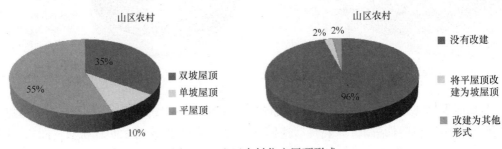

图 1-54 山区农村住宅屋顶形式

据了解，在调研的农村中有 62% 的农村有在屋顶上晾晒和放置粮食的习惯（图 1-55），因此该地区的住宅多为平屋顶形式。现在农作物成熟后多由联合收割机收割，收割完成后可直接卖给企业，省却晾晒、贮存阶段，所以农民为了自家住宅美观大方，新建建筑屋顶类型更加灵活，有坡屋顶、平屋顶及檐口形式。

（3）厕所类型

图 1-55　沧州某村屋顶储存粮食

如图 1-56 和图 1-57 所示，在华北农村，大部分住户仍然采用旱厕这种传统的厕所形式，旱厕在平原农村和山区农村的使用率分别为 86% 和 98%。在平原农村，有 5% 的住户使用室外冲水马桶，有 9% 的住户使用室内冲水马桶；在山区农村的调研过程中，使用冲水马桶的住户很少，在调研的农户中，只有一户采取了室内冲水马桶设施。

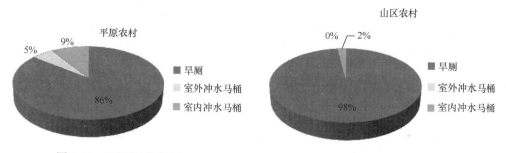

图 1-56　平原农村厕所类型　　　　　图 1-57　山区农村厕所类型

如图 1-58 和图 1-59 所示，在调研过程中，大部分村民表达了希望改进厕所的意愿，部分村民不希望将旱厕建设成冲水马桶这样的清洁厕所，主要原因是村民觉得"不知道改造费用花费多少钱，改造后的厕所太浪费水"，村民在习惯了旱厕的情况下，觉得是否改建成清洁型厕所无所谓。

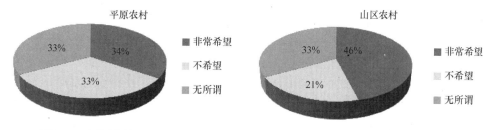

图 1-58　平原农村厕所改造意愿　　　　图 1-59　山区农村厕所改造意愿

（4）理想住宅形式

从统计的数据可以发现，大部分村民希望住上独门独院式两层住宅（图 1-60 和图 1-61）。无论平原地区还是山区，农民普遍倾向于独门独户住宅（图 1-62 和图 1-63），这种住宅类型是每户独门独院，建筑四面临空，居住和生产环境相独立，接地性好，互相干扰少，能从多方向获得采光通风，能够满足其养猪、储粮、晒谷、农具堆放、夜间纳凉等使用要求，同时独门独户式住宅有利于保持农户的私密性。据调研，有84%的村民选择将自己家的交通工具停放在院里，因此对于华北地区村民来说，他们更倾向于独门独院式两层住宅。

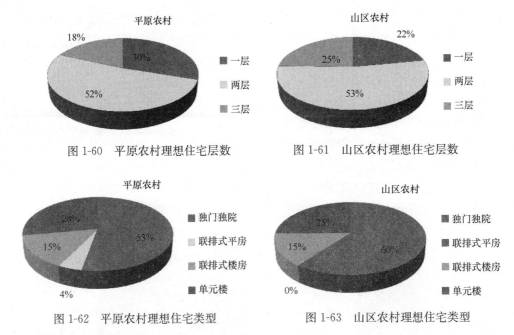

图 1-60 平原农村理想住宅层数　　　图 1-61 山区农村理想住宅层数

图 1-62 平原农村理想住宅类型　　　图 1-63 山区农村理想住宅类型

（5）住宅的结构形式

农村住宅结构形式见表1-3。

表 1-3 农村住宅结构形式统计

类型	平原农村		山区农村	
	个数	比例	个数	比例
土坯结构	6	4%	3	6%
砖木结构	22	17%	9	19%
砖混结构	94	71%	26	54%
钢筋混凝土结构	11	8%	10	21%

从表1-3可看出，在农村住宅中，砖混结构为主要的结构形式。有较少一部分住宅的结构形式为土坯结构，在平原地区和山区中分别占4%和6%，这类农村住宅质量差、建造年代久、抗震能力很低，除少数外，大多已不再使用。

部分住宅为砖木结构，在平原地区和山区中分别占17%和19%，这类建筑物多建于80年代和90年代，山墙为370mm厚砖墙，后纵墙为240mm或370mm厚砖墙，基本上不开门窗，前纵墙的门窗洞口大。木屋架的一端支承在后纵墙上，一端支承在前纵墙的木柱上，或支承在前纵墙的砖柱上。这类农村住宅的特点是前、后纵墙的抗侧刚度悬殊、没有任何抗震构造措施、抗震能力低。

在新建的住宅中，有一小部分村民开始采用钢筋混凝土结构的住宅，主要是框架结构。这种类型的住宅抗震性能好，结构安全，空间布局较为灵活，村民可以根据自己的意愿灵活采用不同形式的布局。

（6）建筑材料

如图 1-64 所示，在平原农村和山区农村中，分别有 36％和 24％的住宅采用预制板，采用预制板的住宅整体性较差，抗震性能差，但是由于农村住宅大部分是当地施工队自己施工，因此部分施工队由于为了施工方便，部分村民为了省钱，在新建的部分住宅中仍然有采用预制板构件的，给农村住宅带来了极大隐患。

本次调研对农村住宅墙体材料进行了调查（图 1-65），在调查的过程中发现，2010 年以前建设的农村住宅大部分以黏土烧结砖为主要的材料，无使用空心砌块或蒸压灰砂砖的住宅，近几年新修建的住宅，个别住户采用了新型墙体材料，大部分还是以黏土烧结砖为主要的墙体材料，如图 1-65 所示。

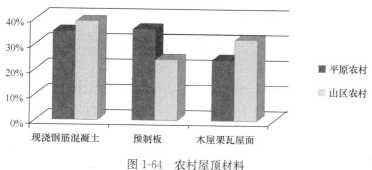

图 1-64　农村屋顶材料

针对农村较少采用混凝土空心砌块等材料的原因进行了调研，发现大部分村民由于对这方面不了解，出于经济考虑而没有采取新型的墙体材料，部分村民表示"别人都没用这个的，谁知道用着行不行啊"，对新型墙体材料在农村的宣传不足导致了大多数村民仍然使用黏土烧结砖作为主要的建筑材料，如图 1-66 所示。86％的村民表示希望采用新型墙体材料，小部分村民因为担心价格问题表示仍然采用黏土烧结砖。

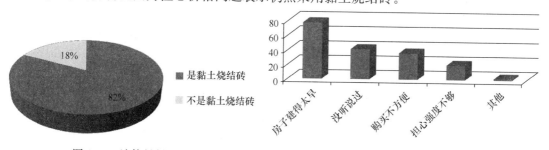

图 1-65　墙体材料调查　　　　　　图 1-66　墙体材料选择原因调查

（7）砌体结构抗震措施

如图 1-67 所示，通过调查发现，大部分村民的住宅没有设置圈梁和构造柱，只有部分新建的住宅设置了圈梁和构造柱等抗震措施。但是在实地考察中发现，农村的建筑水平较低，构造柱配筋不足，箍筋加密区不符合规范要求，构造柱箍筋弯钩的角度、长度、箍筋扣的摆放位置达不到规范要求；分层浇筑时，柱根部圈梁处杂物没清扫、混凝土振捣不密实，造成构造柱根部出现严重露筋及缝隙夹渣层；构造柱与砖墙体的水平拉结钢筋施工不规范，拉结钢筋沿墙高度设置的位置不均匀，或间距过大；拉结钢筋下料长度不够、伸入纵横墙内的长度少于 1m；拉结筋的平面位置不符合设计要求等，使构造柱在地震力作用下很难有效发挥其抗震作用，使农村住宅存在了极大地隐患。

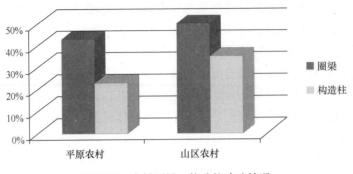

图 1-67　农村圈梁、构造柱建造情况

（8）外墙

本次调研平原农村 87％住宅层数为一层，山区农村 85％住宅层数为一层，以目前几种典型户型为例，其体形系数均在 0.7 以上，超出城市多层住宅 1 倍。体形系数越大，说明单位建筑空间热散失面积越大，能耗就越高。农村建筑一般无保温措施，能耗高、舒适度差。如图 1-68 调研数据显示，从外墙材料上看，平原农村 370mm 厚实心红土砖墙占 77％，240mm 厚砖墙占 19％，土坯墙占 4％；山区农村 370mm 厚实心红土砖墙占 84％，240mm 厚砖墙占 10％，毛石墙占 6％。土坯房和毛石房多为老年人居住，没有经济能力翻盖新房，或是无人居住的废弃房。

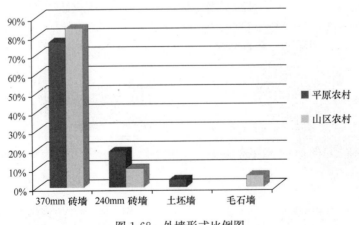

图 1-68　外墙形式比例图

通过外墙散失的热量占到整个围护结构总能耗的 25％～28％，其材料的选取和性能对整个空间热环境有重大的影响。对于建造年代偏久，墙体结构发生变化的建筑物可以考虑重新建设；对于新建建筑可以加设保温板，加设保温板从类型上分为外保温、内保温、夹芯保温。调研发现，农村住宅墙体保温多为外保温，加设外保温方式有在外墙敷设聚苯板或岩棉板、刷涂胶粉聚苯颗粒、"干挂"聚苯乙烯泡沫塑料板等。

（9）建筑门窗

在建筑围护结构的墙体、屋面、门窗三大围护结构部件中，门窗的绝热性能最差，是影响室内热环境和建筑节能的主要因素。从门型材上看，木制门窗使用率远远高于铝合金门窗和塑钢门窗，平原农村木制门的使用率为 58％，山区农村木制门使用率为 76％；平原农村铝合金门使用率为 39％，山区农村铝合金门使用率为 24％；塑钢门使用率较低，山区农村还未有使用，平原农村仅为 3％。从窗型材上看，木窗依然是使用率最高的型材，平原农村和山区农村使用木质窗分别为 54％和 76％；铝合金型材平原农村和山区农村使用率分别为 41％和 24％；平原农村使用塑钢窗的用户仅占 5％，山区农村还未有用户使用塑钢型材窗。从窗户透光材料上看，单层玻璃由于其价格低、加工简单方便，其使用率较双层玻璃高，平原农村和山区农村使用单层玻璃的比例分别是 63％和 82％；使用双层玻璃的比例分别是 37％和 18％。具体使用情况如图 1-69～图 1-74 所示。

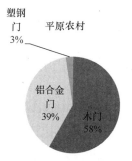

图 1-69　平原农村住宅门型材使用比例

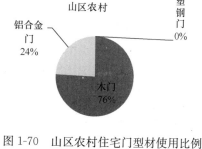

图 1-70　山区农村住宅门型材使用比例

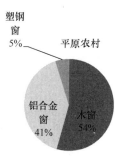

图 1-71　平原农村住宅窗户型材使用比例

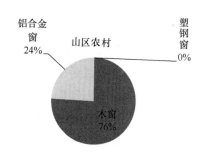

图 1-72　山区农村住宅窗户型材使用比例

图 1-73　平原农村住宅窗户玻璃类型比例

图 1-74　山区农村住宅窗户玻璃类型比例

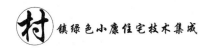

农村建筑为增加室内采光和得热，南立面的窗墙比一般在50%以上，由于外窗玻璃传热系数大，保温性能差，建筑能耗增加。

（10）屋面

经过对60个村庄进行调研发现，接近90%的住宅屋面没有保温层，10%的住宅敷设有简单的保温层，保温材料多为炉渣或苇板。屋面作为一种建筑物外围护结构，所造成的室内外传热耗热量大于任何一面外墙或地面的耗热量。因此提高屋面的保温隔热性能，可有效地抵御室外冷、热空气的热量传递，减少空调采暖能耗，是改善室内热环境的有效途径。据调研，平原农村多平屋顶，山区农村多坡屋顶，坡屋顶较平屋顶保温隔热效果好，可根据当地居民生活习惯进行"平改坡"或在平屋顶上加设保温层。目前屋面节能方法非常丰富，包括：保温屋面、架空通风屋面、倒置式屋面等。

（11）住宅热环境

表1-4 住宅热环境中存在问题比例

类型	平原农村	山区农村
解决内墙结露发霉等状况	11%	16%
改善房屋自然通风效果	23%	20%
增强室内自然采光效果	19%	22%
改善室内温度	30%	23%
改善室内湿度	16%	18%
其他	1%	1%

从表1-4可以看出农户对于室内热环境中最需要解决的问题是改善室内温度。根据调研结果显示，华北地区农宅室内比较舒适的温度在15℃左右，明显低于我国北方城镇采暖水平。之所以出现这种现象，主要是由于不同生活习惯导致的不同穿衣习惯。农村居民需要经常进出室内外，而频繁进出居室的同时并不会频繁更换衣服，因此应该以室内外温度差不过大为宜。另外，农户对寒冷的忍受能力普遍较强，所以一旦出现农户反映室内冷或是过冷的时候，就说明室内温度确实已经到了很低的程度。

平原农村和山区农村分别有16%和18%的农户想要改善室内湿度。室内湿度与室外空气湿度、房间门窗开关状况、门窗关闭后其缝隙大小、室内是否有散湿设备等情况有关。适宜的室内湿度在40%～60%之间，过高或过低都会使人感到不舒服。

在调研中，平原农村有23%的农户、山区农村有20%的农户感觉自家房屋自然通风效果不好；平原农村19%的农户、山区农村22%的农户觉得需要增强室内自然采光效果。为了改善室内采光和通风，很多农户将自家窗户面积增大，严重超出《居住建筑节能设计标准》中窗墙比的限值。改善室内通风与采光，不仅与住宅周围是否有较高建筑物、树木遮挡、室内外遮阳有关，更多的是受到主观因素的影响。如图1-75和图1-76所示，分析发现，建筑年代久一点的房屋其窗户可开启面积略小，且因年代久远窗户积灰透光性降低，为加强冬季保温性在窗外粘贴塑料布等原因造成通风、采光性能差；新建建筑多采用铝合金或塑钢门窗，窗户可开启面积大，通风、采光性能较好。

图 1-75 旧建筑窗户

图 1-76 新建筑窗户

平原农村和山区农村分别有 11％和 16％的农户想要改善室内内墙结露发霉的状况，结露是空气中的水分子在温度低时附着在物体表面上的液态水。这种结露不仅造成室内潮湿，长时间影响下还会引起墙面发霉变黑或装饰材料发霉、翘曲变形。室内结露现象多发生在室内顶棚、建筑外围护结构的墙壁内侧及混凝土梁柱内侧，采暖房间与非采暖房间的隔断墙。造成室内结露的原因较多，主要包括以下几类：室内湿度大；建筑设计结构不合理，主要体现在由于墙体构造不合理，热桥过多，热桥部位的热阻未达到要求，使墙体内表面温度低于露点温度等。还有 1％的农户想要解决屋顶漏雨状况，可敷设防水层或板来解决。

1.4.3 农村用能特点现状调研

1. 农村能源使用情况

由调研数据可以看出，煤炭在农村能源种类消耗中占很大比例，平原农村和山区农村分别是 55％和 56％，农村居民家庭能源消费基本上以商品能源为主，生物质能比例正在逐渐减少。煤炭、液化气、电力等商品能源由于能量密度大、使用方便，在居民经济能力承受的情况下快速进入农村居民家庭。农村秸秆存在收集困难、能量密度低、储存占地大等缺点，且现在提倡秸秆还田，农作物收割后秸秆直接粉碎还田，使得秸秆在农村家庭能源消费中占的比重逐渐减小。每户年平均能源消费支出在 3000 元左右，各种能源利用所占比重如图 1-77 所示。

（1）采暖用能情况

农村住宅用能主要包括：采暖、炊事、照明、各类家电、生活热水用能。农村家庭能源消耗大部分用于冬季采暖，农村居民家庭中安装有取暖设备的接近 100％，家用燃煤炉是一种主要的冬季采暖方式，在平原农村使用率为 75％，在山区农村为 60％。经济条件较好的地区也有一些采用空调或电暖气等进行取暖的家庭。通过调研发现已有小部分村庄实现集中供暖，这些村庄多数为城郊村庄，例如：河北省石家庄市新乐市承安镇新街铺村，河北省河间市束城镇西王村，山西省长治市壶关县龙泉乡西街村等村庄。随着经济水平的提高和对室内布置环境要求的提高，火炕已经逐步被取代，现在还在使用的也都是老年人。图 1-78 为采暖方式使用统计。

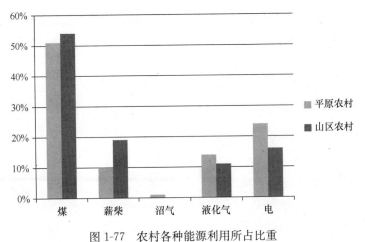

图 1-77　农村各种能源利用所占比重

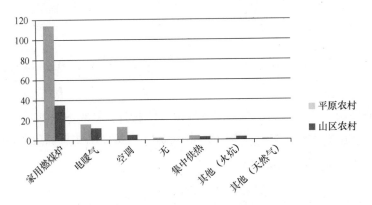

图 1-78　农村住宅采暖方式使用统计

家用燃煤炉由于自身结构及封火燃烧的方式所限，炉体散热、排烟、不完全燃烧等热损失都很大，采暖效率低。农村住宅一般采用间歇供暖，室内舒适度低，通过统计，62％家庭冬季室内温度平均为 13℃，26％家庭室内温度在 15℃ 及以上，12％家庭室内温度在 10℃ 左右，甚至更低。这种耗能高，但舒适度差的供暖方式让近 78％的用户觉得采暖负担重（图 1-79）。

农村家庭能源消费大部分用于冬季采暖，采暖能源消耗量成为能源消费的主要负担，而造成农村居民采暖能源消耗量大的原因是建筑没有采取节能措施。因此对农村既有建筑进行节能改造应该是解决农村冬季采暖，进而解决农村能源问题的关键，不仅可以大大降低农村居民的冬季采暖负担，还可以极大地提高农村建筑室内舒适度。

（2）炊事用能

炊事用能是农宅中除采暖用能外的另一主要能源消

图 1-79　家用燃煤炉照片

耗形式。从图 1-80 和图 1-81 可看出农村家庭炊事用能呈现多样化的趋势，农村厨房中的普遍现象是"多管齐下"，有烧柴的大灶，有烧煤的炉子，还有相对清洁的液化气炉具、电炊事、沼气灶等。这种现象也反映出农户目前对炊事用能方式进行选择时的两难状态，农户虽然知道一些用能设备的优势，如沼气灶燃料免费且清洁高效，但由于受到发酵原料和天气等因素的制约，供应量可能不足；液化气灶、电炊事因其使用方便快捷在炊事用能比重逐渐增大，但燃料费用较高；煤、柴灶虽污染严重，但还有部分农户使用。

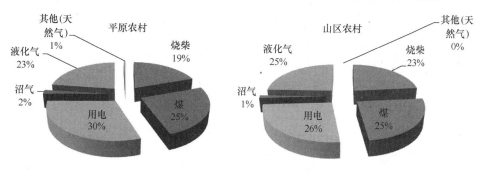

图 1-80　平原农村炊事用能比例　　　　图 1-81　山区农村炊事用能比例

（3）生活热水

生活热水的使用方式主要有：洗澡、洗漱及洗刷炊具。洗漱用水在生活热水占的比重最大，平原农村和山区农村生活热水用于洗漱比例分别为 40％和 43％。具体使用比例见表 1-5。

表 1-5　生活热水使用比例表

类型	平原农村	山区农村
洗澡	22％	29％
洗刷炊具	38％	28％
洗漱	40％	43％

热水用能与炊事用能有交叉，不少家庭采用燃煤炉或大锅烧热水用于冬季洗漱、洗刷炊具；通过太阳能热水器获得生活热水主要用于夏季洗澡；电热水器制得生活热水多用于冬季洗澡。图 1-82 为村民制取生活热水方式统计图，从图中可以看出通过燃煤获得生活热水仍然是村民获取生活热水的主要方式。

（4）空调用能

由图 1-83 和图 1-84 可以看出，平原农村和山区农村分别有 58％和 52％居民使用电扇降温，空调使用率在平原农村高于山区农村，分别为 37％和 17％，农户夏季纳凉方式主要还是依靠电扇吹风，不过使用空调降温的农户也占很大的比重。"家电下乡"政策的颁布和实施，使一些家电方便了老百姓的生活。由于一般情况下农村地区夏季室外温度要低于相邻的城市地区，通过开窗降温并辅以电扇，在大多数地区、大多数情况下即可获得可以接受的室内热环境而不需要空调。如果打破农户长期所依赖的传统降温习惯和健康生活模式，有可能导致农村用电量的急剧增长，不仅会增加农民的经济负担，加重本来已经十

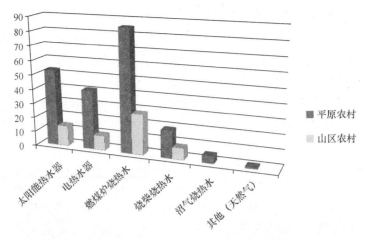

图 1-82　制取生活热水方式统计图

分脆弱的农村地区电网负担，更可能会影响到我国的电力供应，对农户、对国家都是弊远远大于利。

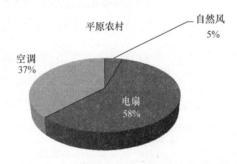

图 1-83　平原农村夏季纳凉方式比例图

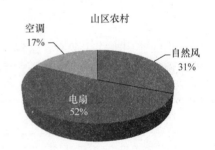

图 1-84　山区农村夏季纳凉方式比例图

2. 农村太阳能设备使用情况结果

（1）太阳能设备使用情况

如图 1-84 调研数据显示，平原农村太阳能设备拥有率为 66%，山区农村太阳能设备拥有率为 50%。通过太阳能设备获取的热水主要用于夏季洗澡。太阳能是一种取之不尽的

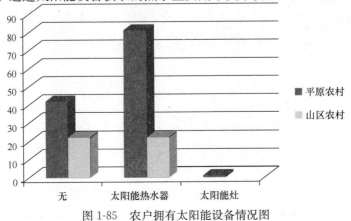

图 1-85　农户拥有太阳能设备情况图

的清洁能源，华北地区具有良好的太阳能使用条件，可以用来满足采暖、生活热水、炊事等多项要求。华北地区太阳能年辐射总量约为 1625～1855kWh/m²，通过太阳能制取热水每户年可节约标准煤 0.5～0.6t。太阳能生活热水系统是目前常见的经济可行的太阳能热利用方式之一，据调研，住宅日常能耗的 20%～30% 用于生活热水。一个典型的家用太阳能系统可以提供 40%～60% 的家庭生活热水。

（2）太阳能热水器使用效果及存在问题

从表 1-6 可以看出平原农村 95% 的用户和山区农村 100% 的用户对太阳能热水器使用情况感到满意。表 1-7 可以看出平原农村 71% 的用户，山区农村 58% 的用户觉得太阳能热水器非常合算并愿意购买；平原农村 20% 的用户，山区农村 36% 的用户想买但是经济有限；平原农村 6% 的用户，山区农村 3% 的用户感觉不合算但是生活所需仍要购买，只有 3% 的农户感觉不合算，不愿意购买。表 1-8 反映了太阳能热水器在使用过程中存在的问题，主要是受天气影响、效果不好、不美观等问题。随着新农村文明形象工程建设，太阳能热水器凭借其节能、环保、容水量大、运行费用低的优点已经纳入工程建设的一部分。例如河北省沧州市肃宁尚村镇西何庄村在地方政府的支持下，实现了太阳能热水器的集体安装。农村经济发展水平决定了民众的生活正在走向充裕的热水时代，将有越来越多的农民享受到太阳能热水器带来的便捷（图 1-86）。

图 1-86　太阳能热水器

表 1-6　使用太阳能热水器满意程度

满意程度	平原农村	山区农村
非常满意	14%	19%
基本满意	81%	81%
不满意	5%	—

表 1-7　太阳能热水器购买意愿

是否合算	平原农村	山区农村
合算，非常愿意	71%	58%
合算，想买但经济有限	20%	36%
不合算，生活所需仍要购置	6%	3%
不合算，不愿意	3%	3%

表 1-8　太阳能热水器使用存在问题

存在问题	平原农村	山区农村
效果不太好	30%	35%
成本太高	5%	15%
受天气影响	30%	17%
不美观	25%	23%
不安全	10%	10%

3. 农村沼气池使用情况调研结果

（1）沼气池惠民政策

如图 1-87 和图 1-88 所示，调研结果显示平原农村有 75％的村民、山区农村有 78％的村民不知道建沼气池政府的补贴政策。据调研，一口 8～10m³ 的传统混凝土 A、B 型沼气池，年产沼气可达 400m³ 左右，可供 3～4 口之家一日三餐炊事之用，同时还可以节约 1.5t 木材或 3t 蜂窝煤，节约电 100kWh。沼气池用户每年/户能减少 12kg 二氧化硫和 2t 二氧化碳的排放。村内应加强宣传沼气为人们生活带来的便利和效益，让人们对沼气有一个更深更全面的认识，使得大家积极参加沼气的建设项目。

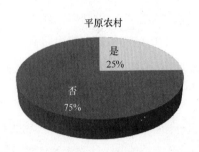
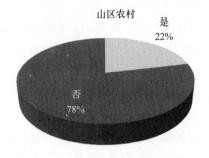

图 1-87　平原农村是否知道沼气惠民政策　　　图 1-88　山区农村是否知道沼气惠民政策

（2）是否建有沼气池

从图 1-89 看，在农村沼气池的建设数量还很低，平原农村和山区农村分别有 10％和 3％的居民建有沼气池。由于部分农户经济相对困难，加之技术力量薄弱，宣传发动不到位，补助政策和沼气池基本知识讲解不透不深，选点规划和服务存在死角，致使在沼气池建设中难以形成较大的规模，布局分散，沼气池入户率也较低。

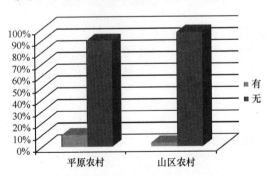

图 1-89　农户是否建有沼气池比例图

图 1-90 显示平原农村接近 50％的农户不想建设沼气池，山区农村不想建设沼气池农户较平原农村少，但也达到 40％。农户不想建沼气池的原因是：一方面随着养殖业园区化和规模化发展，农村劳动力大量转移，农村旧庄点改造和农民新居建设力度加大，农民生产生活方式发生了根本性的改变，散养户越来越少，沼气池原料投放不足，加上建材和人工费用的增加，造成农村沼气发展出现"过剩"现象；另一方面，随着国家对"三农"扶持力度的进一步加大，电磁炉、省柴节煤炉、电饭煲进入到广大农户家庭里，加上农网改造城乡同价，农户对沼气解决用能的依赖程度明显下降，主观上放弃建池。

（3）建沼气池的原因

从图 1-91 中可以发现，无论是平原农村还是山区农村，满足日常需要是建设沼气池的首选原因。随着人们节能环保意识的增强，减少污染是建设沼气池的第二个因素。在平原农村有 8% 的村民是因为政府要求建设的沼气池，说明当地政府扶持、宣传沼气池建设，但是宣传不到位，还没有从"要我建"转变成为"我要建"。

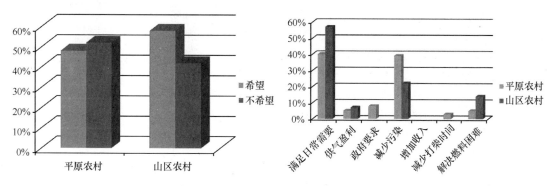

图 1-90　农户是否希望建有沼气池比例图　　　图 1-91　农村建设沼气池原因比例图

（4）建沼气池存在问题

从图 1-92 和图 1-93 来看，平原农村对于建设沼气池最关注的问题是担心容易坏，其次是缺乏技术指导；山区农村最关注的问题是缺乏技术指导，其次是资金短缺及没有土地。沼气池的修建和使用需要一定的资金，建设一个 $8 \sim 10 m^3$ 的沼气池大约需要 2000 元左右。国家和地方政府的补助有限，因而严重影响了沼气池建设的速度和质量。

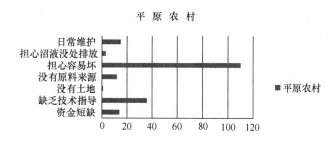

图 1-92　平原农村居民对建设沼气池存在问题

（5）沼气池在用、停用及原因

图 1-94、图 1-95 和图 1-96 可以看出许多沼气用户已经停止使用沼气池，出现这种状况的原因是：①安全问题，由于农户对沼气池安全管理操作没有充分了解，没有技工负责后期管理服务等原因，出现过因不正确操作沼气池所致伤人事件，导致农户对使用沼气池产生抵触心理；②产气不稳定，夏季气温高适宜发酵沼气，沼气用不完还需要排放；冬季气温低，沼气池产气率低，甚至不产气；③缺少原料，新型农业的发展使得养殖业越来越集中化，户式散养越来越少，沼气粪源的缺乏也就成为一个限制问题；④管理问题，沼气的围护需要劳动力，而农村多是留守儿童和老人，这也是限制沼气使用的一个原因，村里也比较缺乏沼气服务站，致使有些沼气池出现问题时得不到及时解决而闲置报废。

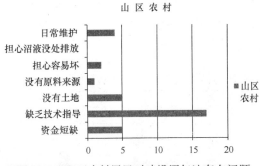

图1-93 山区农村居民对建设沼气池存在问题

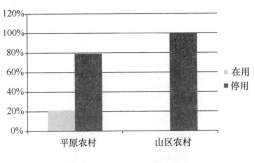

图1-94 沼气池使用状况

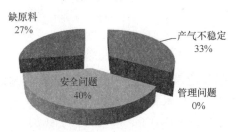

图1-95 平原农村沼气池停用原因

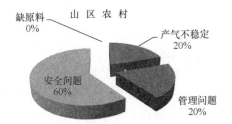

图1-96 山区农村沼气池停用原因

1.4.4 农村生活污染处理现状调研

1. 生活方式调查结果

为了解不同类型农村村民生活方式对环境污染的影响,调研组针对生活用水量、厨房做饭、厕所类型、采暖方式等基本生活习惯问题进行了询问统计,问卷结果如下。

(1)生活用水

农村生活用水量因季节不同而存在显著差异,表现在夏季平均用水量远高于冬季平均用水量,村民用水量统计见表1-9。

表1-9 河北省农村村民用水量统计　　　　　　　　　　　　　　　(L/cap·d^{-1})

类型	平原农村	山区农村	城郊农村
夏季用水	60	38	47
冬季用水	37	21	34

(2)厨房用能

做饭能源利用方式如图1-97所示。从中可以看出,不同区域村民做饭利用能源的方式各异。平原和山区分别有25%和44%的用户烧柴做饭,而城郊用电做饭的农户较多,占 40％以上。燃煤量在不同类型农村所占比例相近，在 24％～30％之间，平原、山区和城郊农村，年燃煤量平均值分别为 2176、2365 和 1441kg/人·年$^{-1}$，折合煤渣为 652.8、710 和 432kg/人·年$^{-1}$。值得注意的是，用沼气做饭，在农村中应用很少。

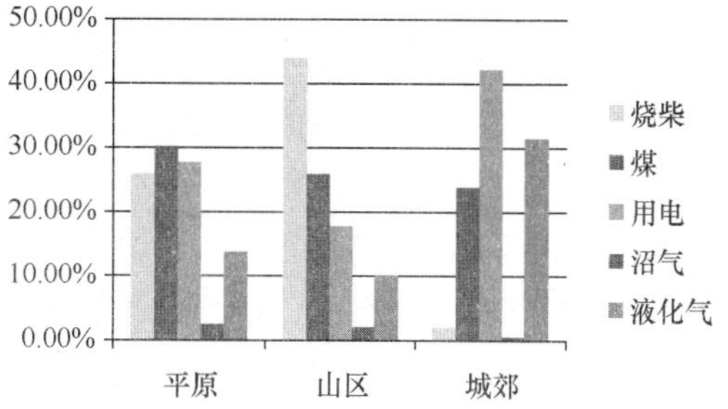

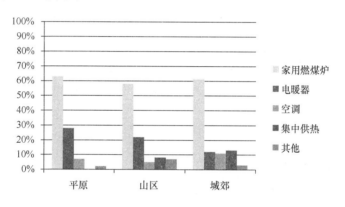

图 1-97　河北省农村做饭能源利用方式

（3）采暖用能

各不同类型农村采暖方式相近，主要取暖方式是蜂窝煤与小锅炉燃煤，占 50％以上；其余多采用空调、电暖器、集中供热等。采暖方式如图 1-98 所示。

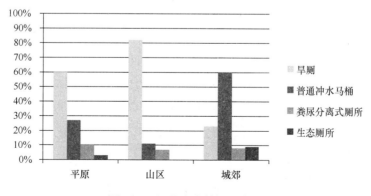

图 1-98　河北省农村采暖方式

（4）厕所类型

不同类型农村厕所使用形式不同，具体形式如图 1-99 所示。可见，河北省平原、山区和城郊农村的厕所类型多以旱厕为主，其比例分别为 60％、92％和 60％；而城郊农村普通冲水马桶占多数，其比例为 60％，而旱厕占 20％。粪尿收集仍然是污水处理面临的难题。

图 1-99　河北省农村厕所类型

2. 生活垃圾的产生与处置现状

（1）生活垃圾产生量统计

农村生活垃圾是农村居民在生活过程中产生的综合废弃物，主要包含可回收垃圾（如纸类、塑料、金属等）、厨余垃圾（剩菜、剩饭、果皮等）、轻质包装垃圾（无回收价值的方便面袋、酸奶盒、泡沫饭盒等）、无机垃圾（如煤渣、扫地尘土、碎玻璃等）、建筑垃圾和危险类垃圾（如废旧电池、过期药品、油漆桶等）。问卷调查结果显示，见表1-10，各类型垃圾产量为：厨余垃圾＞无机垃圾＞建筑垃圾＞危险垃圾＞可回收垃圾＞轻质包装垃圾，其中可回收垃圾占主要部分，平原、山区和城郊农村分别达到56％、65％和49％。

表1-10 河北省农村各类垃圾平均产生量　　　　　　　（kg/cap·月$^{-1}$）

类型	平原	山区	城郊
可回收垃圾	2.08	1.33	1.58
厨余垃圾	39.01	34.43	28.21
轻质包装垃圾	1.73	1.55	5.47
无机垃圾	13.29	10.23	7.64
小计	56.11	47.54	42.9
折合 kg/cap·d^{-1}	1.87	1.58	1.43
建筑垃圾	8.97	1.67	8.33
危险类垃圾	5.94	3.33	5.43

（2）生活垃圾处置现状

河北省不同类型垃圾的处理情况统计如图1-100所示。

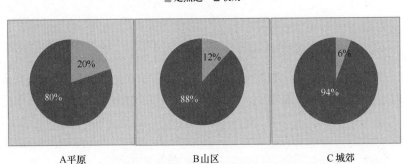

图 1-100 河北省可回收垃圾处置情况统计

农村常见的可回收垃圾有废纸（如报纸、书本纸等）、塑料（如矿泉水瓶、硬塑料等）、金属（如易拉罐、废弃的农具等）和布料（如废弃衣服、桌布、布包等）。从图1-100可以看出，小贩上门收购是可回收垃圾进行回收收集的主要途径，而定期送收购点的农户比例很少，主要是由于村里没有建设收购点和村民主动性差。

农村家庭处置厨余垃圾的方式多样，常见形式有养殖、做农肥、沼气池化解、进垃圾站和随意丢弃。从图1-101可以看出，随意丢弃和直接喂养牲畜的占60％以上，是厨余垃圾的主要去向。平原和山区厨余垃圾进沼气池和做农肥的农户不足10％，城郊农村也仅有 19％。厨余垃圾的收集和利用问题比较难解决。

轻质包装垃圾产量在农村较少，但是由于塑料成分比较多，极易造成二次污染。从图 1-102 可以看出，平原、山区和城郊农村选择将包装垃圾同生活垃圾混合进行处置的分别占 82％、76％、和 91％，没有进行分类处置。

无机垃圾主要是煤渣、扫地尘土等，产量与农户燃料结构和生活习惯有关，秸秆和煤块燃料使用比例较大的农户，无机垃圾产生量相应较大，使用灌装液化气等清洁能源的农户，无机垃圾产生量较小。从图 1-103 可以看出，无机垃圾在平原、山区和新农村大坑填埋率分别为 74％、26％和 80％，而在山区 48％的无机垃圾送入垃圾填埋场。

针对建筑垃圾的处理，从图 1-104 可以

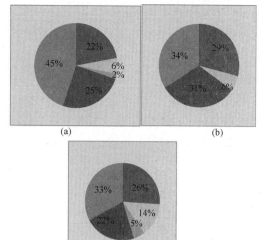

图 1-101　河北省厨余垃圾处置情况统计
（a）平原；（b）山区；（c）城郊

看出，平原、山区和城郊农村进入大坑填埋的分别占 52％、15％和 49％，用于建筑材料的仅占 7％、21％和 24％。

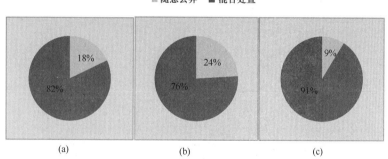

图 1-102　河北省轻质包装垃圾处置情况统计
（a）平原；（b）山区；（c）城郊

针对危险废物的处理，从图 1-105 可以看出平原、山区和城郊农村选择随意丢弃的分别占 54％、55％和 61％，而非选择集中处理。原因多为没有收集处理相关垃圾的有效、便捷途径。

归结原因，当询问"村里是否建有垃圾集中收集点和垃圾转运站"时，平原、山区和城郊农村均表示 81％、90％和 60％的村落没有建立垃圾收运点。可见，河北省农村生活垃圾多处于粗排放状态，没有建立垃圾收运基础设施和村民垃圾分类投放意识不强是造成河北省农村垃圾污染的直接原因。

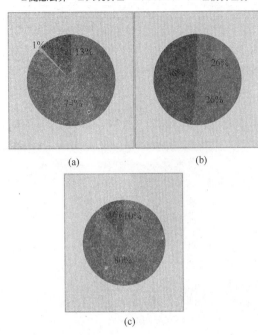

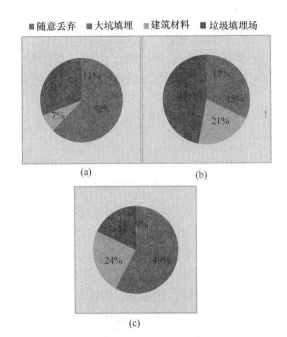

图 1-103　河北省无机垃圾处置情况统计
（a）平原；（b）山区；（c）城郊

图 1-104　河北省建筑垃圾处置情况统计
（a）平原；（b）山区；（c）城郊

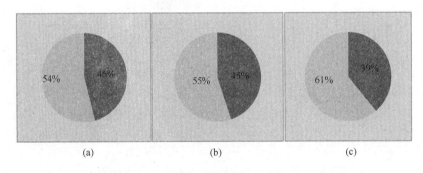

图 1-105　河北省危险废物处置情况统计
（a）平原；（b）山区；（c）城郊

3. 生活污水的产生与处置现状

农村生活污水是指村庄居民在日常活动中排放的污水，包括居民厕所（粪便、尿液、冲厕污水）、盥洗（洗澡、洗衣、洗涤等，多含洗涤剂）和厨房排水（洗菜、刷锅）等，调研对象不包括专业养殖户、农产品加工、工业园区及乡镇企业等生产污水。

（1）生活污水产生量统计

调查分析结果表明，山区村庄由于经济条件相对较差，污水量最小为 $26L/cap \cdot d^{-1}$。城郊农村人口较集中的村城镇化很明显，污水量普遍较大，污水量为 $47L/cap \cdot d^{-1}$。平原区村庄的经济条件稍好，污水量介于二者之间。由于气候的变化，冬季污水排放量均低于夏季。平原农村和山区农村厨房污水量约占总污水量的 50%，而城郊农村污水中主要为厨房污水和洗涤污水，二者比列相当，约占总污水量的 80%。污水排放情况详见表1-11 和图 1-106。

表 1-11　河北省农村村民污水排放量统计　　　　　　　　　　　(L/cap · d⁻¹)

类型	平原农村	山区农村	城郊农村
夏季排水	34	26	47
冬季排水	20	15	29

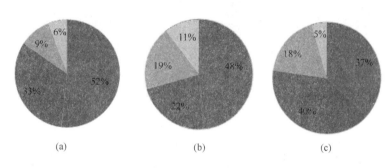

图 1-106　河北省农村村民污水排放比例

(a) 平原；(b) 山区；(c) 城郊

（2）生活污水处理现状

华北农村生活污水治理起步较晚，多数村庄没有排水渠道和污水处理系统，生活污水仍沿用传统随意排放的模式，粪便和尿液进入旱厕，生活杂排水直接泼洒道路或倾入河道；雨水沿道路边沟或路面排至就近水体。农村生活污水已成为威胁我国农村生态环境的主要污染源。为此本章开展的华北农村生活污水处理方式调查，对这一现象的普遍存在进行了描述，问卷结果统计如图 1-107 所示。平原、山区和城郊农村对生活污水进入排水管网者分别占到 8%、3% 和 28%，其中，山区农村没有建立集中污水处理设施，造成随意排放比例最高，而城郊农村多临近城市污水收集管网，且建有集中污水处理措施，污水随意排放得到有效控制。

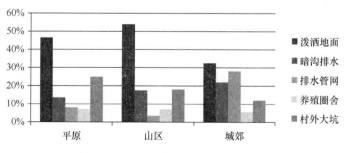

图 1-107　河北省农村村民污水排放去向

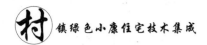

　　从图 1-108 可以看出，平原、山区、城郊农村选择通过"泼洒地面"等就地消纳污水的比例分别占 47％、54％和 33％，是农村生活污水主要去向。厨房和洗涤污水去向主要是泼洒地面、经排水暗沟自流和户外大坑，厕所污水约 50％排入粪坑，平原和城郊农村约 15％的农户排入暗沟。

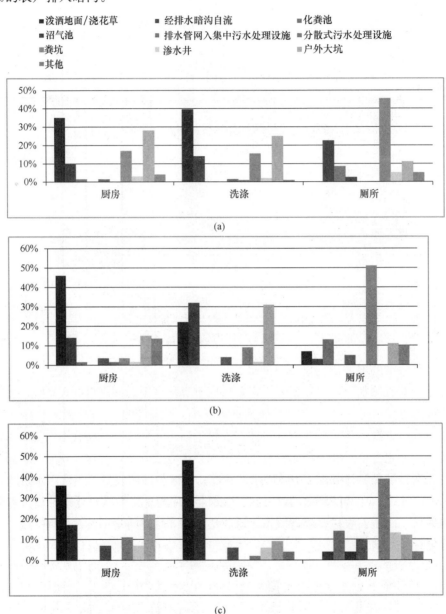

图 1-108　河北省农村村民厨房、洗涤、厕所污水排放去向
(a) 平原；(b) 山区；(c) 城郊

4. 沼气池的建设与使用现状

　　沼气池作为一种农户用生活污水预处理设施，可将将餐厨垃圾与人畜粪便、作物秸秆

进行处理，产生的沼气作为可再生能源利用，沼渣可与农业种植相结合。

调查结果显示如图 1-109 和图 1-110 所示，华北平原、山区和城郊农村的沼气池覆盖率分别为 26％、15％、和 28％，仍处于较低的水平。对已有沼气池的类型分析，平原和城郊农村中简易沼气池占 60％以上，山区农村中以简易和双瓮式为主，二者占总数的50％以上。

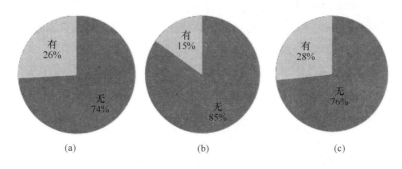

图 1-109　河北省沼气池覆盖率

（a）平原；（b）山区；（c）城郊

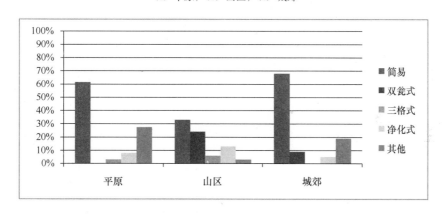

图 1-110　河北省农村化粪池类型

5. 村民对改善生活环境的迫切意愿

为了解村民对自己家乡环境的评价程度以及环保意识强弱，统计了当地村民对居住地"空气、地表水、地下水的满意程度"以及总评价。各得票数如图 1-111 所示。

从问卷调查结果可以看出，平原、山区和城郊对当地空气满意度仅为 11％、31％和0％，对当地地表水满意度仅为 8％、7％和 0％，对当地地下水满意度仅为 13％、50％和0％，总体环境印象满意度分别为 3.8％、25％和 0％。其余均选择了"一般"和"污染严重"。可以看出针对河北省村民对自己家乡环境质量的满意度调查均处于较低水平，村民已经深刻认识到环境污染对自己家乡各环境要素的侵害。

同时，在与村民的交谈中，也都表现出对改善自己家乡环境的迫切愿望。当问及"如您家附近有垃圾分类箱，您是否愿意将自家垃圾分类投入分类箱"时，各类型农村 80％以上均表示愿意配合，为改善当地环境做出切实有效的举措。

尽管村民对沼气池的认识不甚深刻，但都相信这是改善农村环境的有力措施，当问及

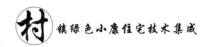

"是否愿意建设沼气池"时，平原、山区和城郊分别有80％、97％和90％的村民表示愿意建设，期待早日使用。

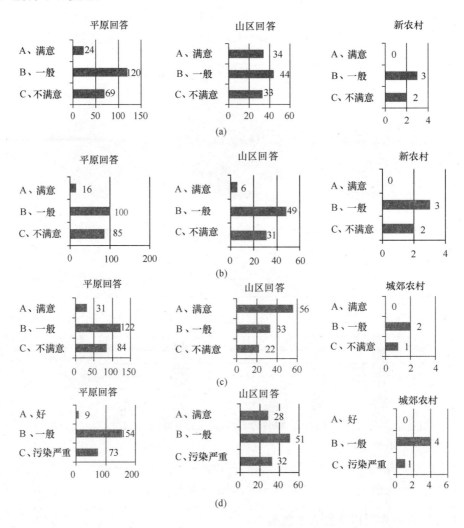

图1-111 河北省农村环境总体印象调查

（a）空气满意度调查；（b）地表水满意度调查；（c）地下水满意度调查；（d）总体满意度调查

第2章 华北地区新农村绿色生态居住区规划技术

2.1 村镇社区集约化空间布局技术

2.1.1 村镇集约化空间布局研究背景

村镇集约化空间布局是以村镇总体规划、土地利用规划及相关法定规划为导向，以构建村镇宜居环境和高效利用土地为核心，在尊重农民意愿的基础上，保证宜居环境与景观的前提下，为实现区域经济、社会和生态效益最大化为目标而对村镇土地进行整合的过程，往往通过优化土地资源配置，使村镇土地利用逐步趋于合理，提高土地集约利用程度。

通过对北京市、天津市、河北省、内蒙古自治区的28个县的县域城镇化土地利用情况调研表明：2007~2012年总体城镇化率由35.32%上升至38.21%，城镇建设用地总面积由1105.99km²增长为1520.73km²，增幅为37.5%，城镇人均建设用地面积由280m²/人增长为349m²/人，远超《镇规划标准》(GB 50188)中规定的人均建设用地面积指标；调研地区2007~2012年农村人口数量（户籍人口）由792.82万人减少为789.28万人，减少了3.54万人，农村居民点面积由2249.31km²增长为2509.19km²，增加了259.88km²，农村人均居民点面积由284m²上升至318m²。

华北传统乡村结构与居住形态大多是建立在自给自足的农业型经济基础之上的，所以传统农耕方式的分散性特点，决定了整个乡村结构和聚落分布的分散性。大多数村庄依路、临河、靠田布点，比较零乱、分散，由于过去缺少统一规划，村民随意选址建房，家庭作坊式的小工厂与住房交叉布局、结构混乱，见缝插针式的建筑物非常普遍。由于农村居民点建筑容积率低，给农村居民点内部交通设置、基础设施用地的配置增加了很多困难，阻碍了居民点内部结构的优化。

随着农村经济的繁荣和农民收入的提高，农民对于住房的要求越来越高，建房规模也越来越大，但是由于早期农村建设缺乏科学规划，布局不合理，对于土地的集约利用、耕地的保护意识不强，农民在新建住房时大都选在了原来村庄的外围，沿着交通方便的道路旁边或者地理位置好的地方建房，大多占用的都是村庄的耕地。原来的老宅旧院就遗留在村内，这样就造成了大多数村庄出现了"空心村"的现象。农村建设用地迅速扩张，又缺乏有效的管理、规划，这些都是与村镇空间集约化利用相悖。

长期以来，我国农村土地的利用主要采取外延式粗放化发展模式。这种利用模式，不仅导致了农村土地利用规模的盲目扩张、农村土地利用的低效化、耕地资源的大量流失和

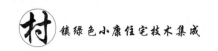

区域范围内土地资源系统的破坏，而且也违背了土地的经济规律，进而制约了社会经济的全面发展。

很长时间以来，大家把目光都锁定在了城镇建设用地上，而忽略了对农村集约化空间的利用。2008年国家下发《国务院关于促进节约集约用地的通知》，强调指出要强化农村土地管理，稳步推进集体建设用地节约集约利用。目前，关于农村建设用地集约化的相关制度还很少，对集约化布局对象也不明确，因此，加强我国农村居民点土地集约利用研究极为重要。

通过对农村集约化空间布局的研究，将改变农村居民点居住模式，节约大量土地，解决农村城镇化土地利用矛盾的问题。同时，将整理所得的居民用地与城镇建设用地等量置换，为城镇建设拓展了空间，促进了城乡经济的统筹协调发展。

2.1.2 村镇空间布局的现状与问题

（1）农村居民点缺乏统一规划，用地结构不合理

我国农村大多数是由原始村庄发展而来，村镇社区未经过规划设计，乱占耕地，盲目建设，用地结构很不合理。在华北地区，分散的村庄规模极大地增加了公共设施和生活基础设施的建设长度，建设成本与环境保护治理成本急速增加，造成了土地的不经济利用，村庄达不到规模效益，既浪费了土地又阻碍了农村的发展；对于只具有居住功能的居民点来说，将严重制约农民居住条件的改善和生活质量的提高。

（2）"空心村"现象普遍存在，土地利用率低

我国法律规定了宅基地属于村民集体所有，农民无偿使用，不得转让。这种对宅基地无偿使用的制度在保护了农民利益的同时，也带来了一些问题：由于农村宅基地的无偿使用，导致农村大量闲置宅基地产生，且其闲置类型多种多样，包括建新房不拆旧型、老宅基地过剩型、继承宅基地型、迁出宅基地型、储备宅基地型等多种类型。

（3）乡镇企业过于分散，工业用地利用率低

改革开放政策和农村联产承包制的推行，使农民获得了对自身自由的支配，非农产业高收入的吸引使农村非农产业成为不可阻挡之势，并在全国范围之内普遍出现了"村村点火，处处冒烟"的分散式乡村工业化格局。乡镇工业遍地开花造成了土地资源的浪费、乡村环境的污染和退化，从而带来了小城镇建设布局的不合理。据统计，全国乡镇企业在县镇的有1%，在建制镇的占7%，其余的92%绝大多数在农村。乡镇企业普遍占地规模过大，超过工业用地的正常标准，再加上乡镇企业布局分散，不成规模，缺乏统一规划，土地集约利用程度较低。

2.1.3 村镇空间布局破碎的原因

（1）自然因素及人文因素的影响

土地作为一种自然资源，具有有限性和位置固定的特点。农村土地集约利用与区域土地资源状况直接相关，即土地资源的稀缺程度是农村土地集约利用的最直接资源型影响因素。当土地总量和区域土地供给量充足时，易导致土地的粗放型利用；相反，土地资源稀

缺时易导致土地利用向集约化方向发展。

土地利用集约化程度也受到自然环境条件的制约。自然环境条件是区域环境中最基本的因素，包括地质、地形、水文、气候、矿藏、动植物等条件的状况及特征。就地形条件来说，在平原地区，用地布局较为集中，建筑密度较高，人均占地面积较小；反之，在山区和丘陵地区，用地布局较为分散。

（2）小农经济影响下的农村地区空间破碎

虽然家庭承包责任制大大地鼓舞了农业生产的积极性，并在相当程度上推动了农业经济发展。但是，它最终没有改变以家庭为单位，以农户为主体的低效的小农经济模式。我国在 20 世纪 70 年代末推行家庭联产承包责任制，规定按人口平均或按劳力平均分配土地，目前，我国耕地不足 15 亿亩，而承包的农户已经达到 2 亿户，户均经营耕地不到 8 亩，并且有 76.5% 的村庄在分配土地时还采用好、中、差的搭配方法，使我国耕种土地规模的破碎程度加剧。由于我国农业生产水平较低，根据农户与耕地的配比关系和受耕作半径的约束，势必出现农村居民点散布于广大耕地中的空间模式。而各自为政、追求自身利益以及自私的小农心理，导致了劳动力的就业转移与居住空间转移不同步，出现了很多村庄空心化现象。同时农村居民点的人均建设用地还在不断增加，而且增加幅度是同期城镇人均建设用地的 2 倍。如此，农村居民点土地利用的粗放式扩张，进一步分割了农业生产空间。根据以上分析，可将小农经济对耕地破碎化的影响过程，诠释为三级空间破碎过程，即根据村庄集体所有对耕地进行划分，出现一级空间破碎；以农户占用为依据，对耕地再划分，出现二级空间破碎；由于居民点扩散，对耕地造成随机侵占，导致三级空间破碎。

农业生产空间的破碎和农户小规模生产经营，不仅不利于农业的规模化、机械化生产，而且由于农户把握市场的能力、承担风险的能力不足，以及掌握技术的滞后，使小规模农业发展更无法在全球化市场中取得竞争优势，最终延缓了我国农业产业化和现代化的发展步伐。

（3）乡镇企业对农村空间破碎的影响

乡镇企业是我国自下而上，推进乡村自主城市化的主力军。乡镇企业依托原有乡镇集中发展起来后，吸纳了大量的非农劳动力，并出现了为工业生产和职工生活服务的第三产业，促进了相当一部分农民转化为城镇居民，并不断聚居形成小城镇。而 20 世纪 90 年代中期出现的乡镇企业产业集群，又使专业市场商品交易规模不断扩大，致使小城镇的规模与质量得到提升。20 年来，乡镇企业吸纳了 1 亿多剩余劳动力，使他们从边际生产率低的农业部门转移到边际生产率较高的非农部门。同时，小城镇也得到突飞猛进的增长，至 2001 年我国的建制镇增长了近 10 倍，总数达到 20374 个。1978～2003 年，全国建制镇平均每年增加 831 个，乡镇企业无疑成为我国"离土不离乡"的乡村城镇化的主要推动力之一。然而，由于乡镇企业规模小、发展力低、自身的集聚力有限，对第三产业的拉动力小，因此，尽管建制镇数量增长快，但从规模上尚不能达到很好发挥规模效应的能力。世界银行有关专家在《1984 年世界发展报告》中提出：城镇只有达到 15 万人的规模时，才会出现聚集效应。我国的许多研究也认为，小城镇的镇区人口至少要达到 3 万人以上，才能开始合理发挥城镇功能。但从我国建制镇的规模来看，1999 年末平均每个镇区只有 1449 户，5118 人，而且，镇区人口在 3000 人以下的建制镇达到了 46.7％，12000 人以上的镇仅占 8.1％，与 3 万人的合理规模的目标还相差甚远。同时，由于乡镇企业源于农村手工作坊和社队企业，其与村庄有着密不可分的联系，在村庄集体经济利益的驱使以及低廉土地成本的诱导下，乡镇企业很快分散到广大农村地区。这种分散一方面进一步削弱了乡镇企业有限的城市化推动力，放慢了已有建制镇的发展速度；另一方面，乡镇企业的分散无疑为村庄在工业化时代的分散布局找到长久依托，使农村空间进一步碎化，并形成"村村点火，处处冒烟"的景象。由于乡镇企业高能耗、低技术、污染重的特点，使其以散点的方式侵蚀农村地区生态环境和资源。

（4）基础设施的自由态蔓延加剧农村空间的破碎

由于农村地域空旷对管网布置约束性小，所以管网走线随意，呈自由搭接状态。在此基础上，各类管网自成系统并交错叠合，将农村用地划分得七零八碎。但由于管网本身对空间的划分并不像实墙体那么强硬，所以往往让人忽视它们对空间的分割作用，而实际上当我们将各种基础设施所必需的防护空间实体化后，将会发现用地已被划分得极为破碎。在不利于农村空间的整合和有序开放的同时，作为生存的依托，基础设施本身具有很强的空间带动力，因此基础设施的自由化蔓延构成的紊乱网络，无疑为村庄的自由分散布局提供了新的平台，最终导致了农村地区整体空间的紊乱。

此外，由于基础设施建设往往缺乏统筹，处于滞后于农村地区需求的状态。如此一来，一方面基础设施建设无法满足现状农村地区的实际需求；另一方面，基础设施的混乱随意布局加剧了农村空间的破碎，滋长了村庄的随意扩张，对基础设施提出更高的需求，农村地区基础设施建设陷入了低效建设的恶性循环中。因此，在农村地区空间整合的过程中，综合考虑城、乡双重发展需求，对基础设施进行归并、整合和集约化建设亦是不可规避的重要内容之一。

2.1.4 村镇集约化空间布局原则

村镇集约发展必须建立在重视村镇自身条件的基础上，考虑其特色因素的保护（如林盘等），进行土地整理和空间归并，建立不同空间之间的联动关系，形成各尽其责、相互支持的良性关系，统筹安排各项设施。其空间规划原则如下：

（1）依据国民经济和社会发展规划，结合本地经济发展情况，充分考虑自身条件（自然环境、地形地貌、资源条件和历史沿革等），统筹兼顾，综合安排村镇的各项建设；

（2）节约用地，确定合理规模；

（3）科学选址，安排住宅、工矿企业、公共设施、公益事业等布局，缩并零散的自然村落，逐步建成相对集中、设施配套的区域；

（4）紧凑布局，少占耕地和林地，考虑特色林盘保护；

（5）与原有村镇在社会网络、道路系统、空间形态等方面良好衔接，有机协调。

2.1.5 村镇集约化空间布局技术

村庄空间集约利用模式应根据村庄的区位条件、自然环境和自然资源条件、社会经济条件等方面因素进行综合确定。目前我国的村庄集约利用模式主要有两种，分别为"三集中"集约利用模式和"分散式"集约利用模式。

1）"三集中"集约利用模式

"三集中"集约利用模式最早由上海市土地局等部门于 1985 年提出，"三集中"的含义为"耕地向种田能手集中、工业向园区集中、居住向城镇集中"。根据华北村镇地区特点，本节将"三集中"含义修改为"农业空间集约化、工业空间集约化、生态用地空间集约化"。

（1）农业空间集约化

农业用地的规模化和集约化应与农民向城镇和社区转移、工业向城镇园区转移相同步。将转移置换出的土地，以及原有的闲置、弃置用地进行土地整理，降低农业用地的破碎程度。同时，对各自为政的基础设施体系进行整合，进一步实现农业用地空间的完整性，为农业规模化发展提供空间基础。

鼓励农业企业化发展，提倡农民以入股等方式，将耕地集中到行业能手和农业企业家手中，对耕地进行规模经营，从根本上改变现有农业经营主体破碎导致的农业空间破碎，实现农业用地从空间到经营上的规模化。在规模保障的基础上进行机械化的高效生产，提高农业用地的生产效率。

此外，农业用地的集约化还体现在农业的空间布局上，农业的空间布局主要遵循生态条件导向和区位导向。

生态条件导向指根据气候、土壤、水资源等自然生态条件，选择适宜生长的农作物进行种植，准确把握生态条件特征，避免不必要的损失。

区位导向主要根据与城镇核心区的区位关系指导农业产业布局，常见的是环城镇核心区的圈层空间布局模式：第一圈层：环城镇农业圈，与城镇经济紧密联系，对城镇中心区的服务性最强，将形成高投入高产出的农业区域，以创汇农业、高新农业和观光农业为发展方向；第二圈层：近郊生态农业圈层，担负为城镇提供生态保障、食品安全保障和观光休闲场所功能，发展果品、蔬菜等营养丰富但却容易腐烂的食品；第三圈层：远郊现代农业圈层，利用广阔的干扰性小的用地条件，主要发展对区位要求相对较低的粮食、棉花和畜牧业等，建立起无公害农产品、绿色食品和农业名特优新品种的培育和规模生产基地。选择适宜的生态环境和合适的区位，进行与其相匹配的农业产业发展，将达到事半功倍的效果，实现农业的集约化发展。

（2）工业空间集约化

散落在城郊农村地区的工业用地向城镇、园区聚集，取缔非法的工业项目，并对郊区众多的工业园区进行归并和整合，其规模化和集约化主要体现在：

① 具有一定规模的工业园区，能够提供必要的配套设施和规范的管理，既提高了投入的经济性，又改善了生产环境，有利于工业发展的升级换代，降低对区域环境的不利影响；

② 对进入工业园区的企业制定准入办法：根据园区自身的定位，对企业产值、规模、类型等方面进行考核，为园区的持续发展注入动力；

③ 针对城郊工业园区泛滥的情况，按照产业集群的原则，对众多园区进行分类、归并和整合。通过关联产业的相互带动和促进，不断地为园区注入活力，并在更大的范围内产生聚集效应，增强园区的区域竞争力。

④ 生态用地空间集约化

各类生态用地空间的集约化主要依赖人为划定保护控制范围，配合各种管理措施来实现，在此范围内防止建设用地对生态用地的侵蚀，减少建设用地对生态用地的分割，包括各项基础设施、工矿用地对生态用地的破坏，来维护生态系统正常运作所需要的生态空间类型、规模和布局。

通过引入经营的概念，将生态效益与社会、经济效益相结合，通过叠加休闲度假、公园、教育研究基地等多种功能实现生态空间的集约化发展。

"三集中"集约利用模式实施背景是工业化高速发展，重点在于工业向园区集中的前提下，带动农民向城镇居住集中，农田规模化经营。实施途径主要是通过整合散、乱、小的村镇工业，致使工业进入园区，带动农民转化为城镇人口，从而推动城镇化加速发展。该集约利用模式的实质是产业的升级致使村庄空间集约化。

2）"分散式"集约利用模式

"分散式"集约利用模式是将居民点实行有限度的集中和分散。这种利用模式是在分析村庄空间现状和发展要求的基础上，将村庄分为保留型和撤并型。一般保留型村庄是经济相对发达，规模相对较大，资源相对较丰富的村庄，撤并型村庄则相反。通过将撤并型村庄逐步搬迁至保留型村庄内，实现农民在村庄空间内部有限地集中居住，而在村庄空间体系上是有限地分散，以达到在区域内形成"大分散小集中"的村庄空间格局。

"分散式"集约利用模式中的农民还是向村庄集中，它的内涵是农民居住的自然环境未发生变化，只是居住状况向现代化与生态化发展，农民还是农民。它是通过农民向条件好的不同村庄集中，实现农民的集中居住，提高农民的生活水平，改善其生活状况。"分散式"集约利用模式是将农民向不同等级村庄集中，以使农民集中居住，实现村庄空间集约化利用。

3）空间集约利用模式的选择

两种空间集约利用模式都有自己的优势和特点，本节通过对这两种不同规划模式的优缺点进行对比分析，建立适用于不同村镇地区集约化利用模式。

（1）"三集中"集约利用模式

优点：

① 集约利用农村建设用地：农民向城镇集中后，农村建设用地向城镇建设用地转变，为城镇化建设提供了大量可发展用地。

② 有效改善农民生活环境质量：农民向城镇集中后，农民变成市民，享受城镇完善的公共设施服务。

③ 推进城镇化进程：农民向城镇集中后，大量农民脱离耕地变为城镇人，促进了城镇化发展。

④ 促进农业规模化发展：农民向城镇集中后，分散、规模小的村庄被撤并，农田得

到集中利用，农业的规模化和机械化得到发展。

缺点：

① 乡村人文和自然景观遭到破坏：农民向城镇集中后，势必会存在大拆大建、对原有乡村自然景观漠视等现象，这些都会对原有乡村社会结构和自然景象产生破坏。

② 村镇地区的工业发展较为发达：该模式实施的首要条件就是农业生产不是农民的主要经济来源，第二产业是其主要收入，而且第二产业需达到一定规模，致使工业向园区集中，带动了农民向城镇集中。

（2）"分散式"集约利用模式

优点：

① 一定程度地集约利用村庄建设用地：该规划模式是在分析村庄现状后，将村庄分为保留型和撤并型，将撤并型村庄居民逐步迁向保留型村庄集中居住。

② 一定程度地改善农村居住环境：部分村镇居民向保留型村庄集中，使保留型村庄村民达到一定的规模，增加相应的基础设施建设，村民可以享受基础设施和公共服务设施。

③ 保护了乡村人文和自然景观：村民的集中居住只是减少了村庄数量，没有改变土地和社会属性，保留了乡村社会结构和自然景象。

缺点：

① 分散程度和集中程度难以把握：在规划的过程中，对村庄采取保留还是撤并，是在村庄现状的基础上进行定性分析得出的，对保留村庄和撤并村庄的数量及规模等在定量分析上比较难把握。

② 不能有效推进农村城镇化：虽然村民采取一定程度的集中居住，但居住用地的性质没有发生改变，还是属于农村建设用地，而且农村的身份也没有发生改变，不能有效地推进农村城镇化。

（3）适用范围

"三集中"集约利用模式的居民收入不依赖于农业。当工业化达到一定程度，会产生工业集聚的现象，从而带动农民居住的集中和农田的集中，所以该规划模式比较适合于工业化程度比较高、经济比较发达的地区。

"分散式"集约利用模式对村镇地区的工业化程度没有太高要求，属于农民居住内部的整合，所以该规划模式比较适合相对经济欠发达地区。随着当地村镇经济的发展，"分散式"集约利用模式可以过渡到"三集中"集约利用模式。

2.1.6　村镇社区居民点集约化空间布局技术

华北村镇地区居民点呈现出多、小、散的状态，严重降低了土地的使用效率。村镇居民社区集中居住模式能够较大程度地避免农村住宅的自建自住，居民点多、小、散及用地粗放的情况。本节从布局形式、用地技术指标两方面进行节地考虑，提出更有效的集约化土地利用方式，保证农村可持续发展及土地的有效利用。

1）村镇社区集约化布局形式

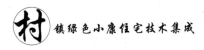

根据村庄类型和特点，华北村镇社区布局可以分为两种类型，分别为组团式布局和联排式布局，本节分别针对这两种布局类型提出相应的集约化技术措施。

（1）组团式布局

组团式布局应根据现有资源进行集中式整合分析，以其不同类型资源为主题，形成居住组团围绕资源生产发展建设的集约利用模式，既能保护社区周边有价值的自然资源，也能集约利用土地。组团式布局可以分为以下四种类型：

① 围绕农田的集约化布局：以农业产业为主，建筑组团与周围山体植被、建筑群以及广阔的农田环境相互协调；

② 依靠山体的集约化布局：依靠良好的景观环境，进行未来景观体系建设，开发山林徒步体验、部分果林采摘等产业；

③ 道路两侧集约化布局：依靠便捷的交通，以小商品、农产品展示为主，发展餐饮休闲住宿等住区配套产业；

④ 临河的集约化布局：临水处适宜休闲、娱乐、放松，可精细化组团，精致农家休闲。

（2）多层联排式布局

在这两种布局模式中，多层联排式布局能更为有效地提高土地集约利用率。在村镇居民集中居住区域，在保证日照和防灾、疏散等要求的前提下，应提倡采用多层联排式住宅。针对华北地区村镇特点，本节分别针对村镇小区容积率和建筑密度控制指标限值给出了建议值，见表2-1和表2-2。

表 2-1 村镇小区容积率限值

住宅类型	近郊小区	远郊小区
多层	1.1	1.05
低层	0.8	0.6

表 2-2 村镇小区建筑密度限值

住宅类型	近郊小区	远郊小区
多层	0.25	0.22
低层	0.35	0.32

2）村镇社区集约化技术指标体系

（1）宅基地的合理尺寸

村镇宅基地是指村镇修建住宅占地，包括村镇居民建设住宅用地及院落等。宅基地是村镇居住建筑用地的主要组成部分，承载着村镇居民生活生产需求，是村镇居民的根本利益和确实需求。村镇人均宅基地面积和宅基地的布置方式不仅反映村镇土地利用集约化程度，也影响着村镇其他用地的布局和利用方式，是体现村镇土地是否可持续利用的重要方面。

本节对华北村镇地区的宅基地的限制给出了建议值，如下所示：

城市郊区及乡（镇）所在地的村庄，每户面积不宜超过 166m²；平原地区的村庄，每户面积不宜超过 200m²；村庄建在盐碱地、荒滩地上的，可适当放宽，但不宜超过 266m²；山地丘陵区的村庄，村址建在平原地上，每户面积不宜超过 133m²；在山坡薄地上的，可适当放宽，但不宜超过 266m²。

（2）村镇社区人均居住用地指标

规划布局较好、设施较齐全、环境绿化宜人的村镇社区，折算人均居住用地面积在 50～75m² 左右，按照村镇规划标准居住用地比例测算，亦与上述数据接近。推荐人均居住用地控制指标见表 2-3。

表 2-3　村镇社区人均居住用地控制指标 　　　　　　　　　（m²）

住宅类型	近郊小区	远郊小区
多层	40～50	50～60
低层	25～35	35～45

2.1.7　村镇集约化空间布局的对策与建议

（1）完善村镇规划体系，促进居民点集约利用

① 编制切合实际的村庄建设规划，进一步完善村镇居民点发展规划，明确中心镇和中心村布局。

② 利用农村宅基地审批制度，引导新增宅基地向中心镇和中心村集中，杜绝新建居民点散乱分布的局面再度发生。

③ 加强村镇规划管理，发挥"龙头"制约作用。新增村镇建设用地必须符合土地利用总体规划且纳入年度用地计划，加强建设用地总量的控制，努力实现规划"龙头"的制约作用。

（2）建立农村宅基地的退出、盘活和流转机制

① 积极开展整村拆迁、异地新建试点工程，引导农民退宅还耕，通过经济补偿、宅基地置换、纳入城镇养老体系等方法，鼓励农民退还宅基地。

② 在符合土地利用规划的前提下，将置换的宅基地和节约的土地，通过统一有形的土地市场，以公开规范的方式转让土地使用权，建立农村集体非农建设用地的盘活机制。

③ 有选择地开展村镇宅基地流转试点，经拥有宅基地所有权行政村的村民大会同意后，有条件、有范围地实行有偿流转机制。

（3）强化制度约束，加强对农村宅基地的管理

① 严格控制村庄外延扩张，新建建筑必须在规划确定的建设范围内。

② 建立村镇宅基地管理新机制，将旧宅基地交由集体统一支配，并建立农村宅基地建房的房产证登记制度，明确产权，严格宅基地管理。

（4）制定居民点用地标准，严格审批条件

① 要本着集约用地的原则，按照实事求是、因地制宜的方针制定用地标准，规范农村宅基地的指标体系。村民住宅建成后，土地管理部门工作人员应当到现场检查验收，是否按照批准的面积和要求使用土地。

② 严格村镇宅基地审批条件。每户村民只能申请一处宅基地，坚决贯彻"一户一宅"的法律规定；对新建住宅，无论是异地新建，还是原地改建，均要符合土地利用总体规划和村庄建设规划；定期对宅基地使用情况进行巡回检查和监督，加强宅基地的动态监管。

（5）采取科学措施，加强村镇居民点的整治

① 对村镇实行统一规划，推动住宅建设合理用地，强化农村基础设施建设，对住宅、道路周边活动区实行公共基础设施共享原则，改善居民居住环境，提高土地的资产价值。

② 采取多种模式进行"城中村"改造，合理安置空心村改造中的弱势群体。

（6）重视生态价值，增强土地保护意识

集约用地的目的不仅仅是节约土地，实现经济目的，还必须满足土地资源的生态要求，使生态系统动态平衡并取得最佳生态效益，使土地这个生态经济系统要素配置合理、结构优化、功能高效，提高生态系统服务功能价值。

有序推进村镇土地管理制度改革，开展村镇土地整治，城乡建设用地增减挂钩要严格限定在试点范围内，周转指标纳入年度土地利用计划统一管理。农村宅基地和整理节约土地仍归农民集体所有，确保城乡建设用地总规模不变，确保复垦耕地质量，维护农民利益。

2.2 村镇公共服务设施级配优化规划技术

2.2.1 村镇公共服务设施现状

公共服务设施是指具有非竞争性和非排他性特征的主要由政府部门提供的公共产品，包括行政管理、教育、医疗、文化体育和社会服务设施等。农村公共服务设施是相对城市公共服务设施而言，是指为满足农村社会的公共需要，为农村社会公众提供范围较广泛的、非盈利的公共产品劳务和服务行业的总称。

本节通过对华北村镇地区的公共服务设施进行调研，发现主要存在以下三方面的问题：

（1）公共服务设施分布呈现差异性

各类公共服务设施的空间分布呈现不均衡状态：大多数村庄的村委会、卫生所、幼儿园、小学和文化娱乐设施数量较少，多呈点状分布。其中村委会、卫生所、文化娱乐设施多位于村中心，而小学、幼儿园由于占地相对较大，多位于村镇边缘。

不同村庄的商业规模差异导致商业设施的空间分布也有所区别：镇驻地的村庄，商业设施规模相对较大，村内一般设有商业街，商店多沿商业街布置，除此之外，村内还零星分布着商店，因此这类村庄的商业设施多是"点状＋线状"相结合的空间分布特征；由于普通村庄商店数量较少，多零星分布在村庄内，呈现出空间不均衡的态势。

（2）公共服务设施覆盖率低

目前农村公共服务设施中，除了行政管理机构和个体经营的小型商店在村庄的覆盖率

较高外，学校、卫生院、体育休闲场所等国家政策大力支持的公益性服务设施目前的覆盖率并不是很理想，而像垃圾填埋场、污水处理场、养老院、托儿所等国家政策支持有限的服务设施的覆盖率更低。

由于农村地区范围广、村庄分布不集中，绝大多数公共服务设施仅能够为本村居民提供服务，这就使没有公共服务设施的村庄无法得到相关服务，即便能够获得服务，由于受到场地设施条件限制，服务质量也受到一定影响。

（3）公共服务设施配置类型不全

① 城乡教育水平和教育设施差距较大。城乡二元经济的存在，村镇经济的落后，导致村镇的教育水平一直处于落后阶段，师资力量匮乏，教学设施配置不齐全。

② 医疗水平低，卫生设施短缺。除中心村配置了以本村村民为服务对象的小型医疗站点外，缺乏基层卫生保健点，医疗机构严重缩水，设施短缺。

③ 文化体育设施不足。绝大多数农村没有配置文化娱乐场所，只有不足 10％的中心村设置供村民日常活动、交流的户外活动场地。居民劳作之余的消遣方式主要是聚众聊天，有时存在聚众赌博的不良现象，严重破坏了村容、村风。

④ 社会保障不到位。村镇社会保障制度建设处于起步阶段，村镇居民保障水平低于城市居民，村镇养老院、福利院建设缺失，村镇养老保障制度不健全。

2.2.2　村镇公共服务设施问题产生的根源

（1）缺乏村镇公共服务设施规划指导方面的标准与规范

长久以来，公共服务设施的相关规范与标准都是以城市和建制镇为准制定的，对村镇公共服务设施规划指导方面的规范、标准相对欠缺，没有具体的规划标准和配置要求；对建设村镇公共服务设施的指导不具体。相关规范、标准的欠缺使得村镇在公共服务设施建设中缺乏依据，对村镇公共服务设施的建设内容和规模不明确。

（2）缺乏公共服务设施建设资金

资金是影响公共服务设施建设水平的首要因素。目前，国家对农村的扶持政策中很重要的部分是财政投入，其中包括中央财政和地方财政。由于我国农村经济水平相对较低，农村建设发展所需的资金也主要依靠财政和农村自有经济收入，很难通过商业方式进行市场融资。然而政府拨款毕竟是有限的，没有能力承担并供给全部村庄的公共服务设施，因此只能依靠村庄自建。而村庄经济差异较大，经济基础较好的村庄，有能力支持公共服务设施建设，而经济情况较差的村庄通常不会将公共服务设施建设纳入本村财政预算中。

（3）政治、文化因素的影响

随着美丽乡村建设在华北地区的开展，各个地区出现了一些示范工程，决策者容易从满足政绩考核或者领导偏好对新农村公共服务设施的建设做出决策，从而影响了公共服务设施面积的配置指标；社会层面，长期以来我国存在着重城镇轻农村的思想，使得国家财政资金更多地投向城市和工业的发展，而忽略了农村经济建设和公共产品的提供，缺乏系统规划、城乡统筹的公共服务设施规划建设；文化层面，村民的素质与接受教育程度相对于城市居民较低，对生活的环境以及公共服务设施的配置意识匮乏，只对居住的房屋加以

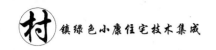

重视，忽视了公共服务设施的建设。

2.2.3　村镇公共服务设施配置影响因素

公共服务设施配置标准应该有两个层次：一是配置与否，不同类型的村庄都应该有相应的配置内容或者空间分布；二是配置规模，即不同类型的设施在不同村庄配置时应有相应的标准。将这两者统一起来，即是探究公共服务设施配置的影响因素。

（1）空间分布规律

公共服务设施应该有一定的空间分布规律，这种分布规律既能从现实中挖掘出来，也可以从理论上指导公共服务设施的配置。但是，这个规律有一个前提，即区域内公共服务设施配置级别应与人口规模（受服务人口）相对应。这方面的研究主要是基于社会调查，即本书进行的调查研究，并采用空间数据处理的手段展开。

（2）未来发展潜力

公共服务设施配置应注重实际，包括村庄本身发展前景、区位状况、在中心体系中的中心性等，并应注重村庄未来发展规模，在实际应用时应该建立在科学的可持续的村镇规划体系的基础上。

（3）村庄类型与等级

不同的村庄类型会带来侧重点不同的公共服务设施体系。首先，村庄的经济发展水平影响到农民的需求水平、消费能力以及村庄集体组织的供给能力；第二，按照城乡关系区位，可以将村庄分为边缘型、郊区型和一般型村庄。不同空间区位影响到公共服务设施配置的共享可能性、等级规模以及种类。另外，不同的村庄建设类型也对公共服务设施的布局有特定的要求。比如将现有村庄分为改建扩建型和新建型两种类型，其中改建扩建型村庄规划要在加强公共服务设施综合配套的同时，处理好新、旧村之间以及村庄、乡镇和城市之间的关系；新建型村庄要通过合理的用地布局的安排，打造有序的村庄空间布局结构。

（4）服务的目标群体

公共服务设施配置的标准应该是极大程度地满足村民日益增长的物质文化和精神文化需求，但不同的村民群体有不同的需求。不同地域村庄发展不一样，经济水平决定了村庄居民的生活水平。生活水平越高对公共服务需求量越大，对公共服务需求的层次也越高，这就要求公共服务设施配置选用高标准。

服务当量（即服务的需求量或公共服务设施的供给量）与特殊人群、人口结构（老年人和青少年人口比重）呈正相关关系，特殊人群越多，社会问题也越多，需要的服务当量也越多，进而对社会救助设施的需求也会越多，在社区规划时应根据社区的居住群体来考虑提供相关的服务。周志清在研究城郊结合区域时也认为在公共服务设施规划建设中，在一般居民的基本生活需求满足的同时，也应该注重少数残疾人、儿童、老人等弱势群体的需求满足，这种理念同时也适合其他类型的农村地区。

由于不同的目标群体有不同的需求，村庄类型分化也比较明显，因此，在村庄规划，尤其是进行公共服务设施配置时应多考虑公众参与。因此本节进行了后续的调查研究，对一些改建的示范村进行了跟踪调研。

（5）服务半径与服务规模

多数公共服务设施都有一定的服务半径，服务半径内的人口数量决定了公共服务设施的规模大小。设置合理的服务半径，一方面应考虑居民利用设施的便利程度；另一方面应考虑设施运营的经济和社会效益。

张仁桥认为，公共设施空间配置中需关注效率与公平的权衡，而效率目标是指在一定的预算约束下，配置一定数量和规模的公共设施，使得居民使用公共设施的出行总距离或总成本最小化。也有学者提出了步行社区的概念，这种理念认为社区内部主要是步行空间，应该成为人们交往、休闲、健身的场所，人们步行 10～15 分钟应该可以享受基本的公共服务。

许多公共服务设施具有明显的规模效应。规模越大，就越容易配置各类专业化设备、器具和人员，服务水平就越容易得到保障，否则就会出现专业设备利用率不高，服务水平上不去的现象。由于部分村庄人口规模较小，不足以支撑许多公共服务设施的临界规模，一些基层村的规模在 1000 人以下，有的甚至低于 600 人，因此可以中心村为核心配置公共服务设施。

（6）成本的考虑

乡村地区基本公共服务设施的建设与拆迁成本较高，因此在进行调整与布局的过程中应对原有设施的服务质量、设施规模、使用频率等进行准确评估。新建的基本公共服务设施要尽可能基于原有的设施进行改善，减少大拆大建的行为。设施配置应具有最小规模和最经济规模，不满足最小配置规模或者超出最经济规模都会导致设施运营成本过高。

2.2.4 村镇公共服务设施规划的一般方法

目前，我国村镇公共服务设施规划的方法主要有四种，分别为"按使用功能配置公共服务设施""按村镇等级配置公共服务设施""按运营方式配置公共服务设施"和"按千人指标配置公共服务设施"。

（1）按使用功能配置公共服务设施

按照使用功能对公共服务设施进行分类，是公共服务设施配置的工作基础。一些学者认为，从实现城乡基本公共服务均等化以及村镇建设逐步推进的角度来讲，按使用功能所划分的公共服务设施类型不仅仅适合于城市，也同样适用于村镇地区。然而通过调研发现，在城市和乡村地区应用同样分配方式配置的公共服务设施，其服务水平和质量具有较大的差异，因此不能简单地将城市的公共服务设施照搬照抄到农村地区。

（2）按村镇等级配置公共服务设施

村镇公共服务设施配置是引导村镇建设发展的重要杠杆，因此村镇规划技术中最常见的方法是首先按照村镇规模将其划分为中心镇、一般镇、中心村、基层村，然后根据村镇等级规模规定设施配置的指标。这种公共服务设施的规划方法作为一种简便的指标分配方式，目前仍旧被很多省市导则所沿用。

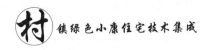

（3）按运营方式配置公共服务设施

随着社会主义市场经济的发展，随着对转变政府职能要求的认识，在许多省的村庄规划标准和导则中都已明确将公共服务设施按照运营方式分为公益性设施和经营性设施两类。前者多为基层政府或村集体主导规划建设，区位分布、规模等级等都预设了相应的标准；而对后者则很少有强制性的要求，主要引导用市场的力量来补充村镇公共服务，指标也多作为参考之用。即便是公益性设施，在不同发展阶段、不同发展基础的村镇也是复杂多样的。

（4）按千人指标配置公共服务设施

在对公共服务设施从"使用功能""村镇等级""运营方式"等角度进行分类的基础上，用"千人指标"来计算公共服务设施的配置水平。"千人指标"的确定应当在经验赋值的同时，将地域的差异性和村镇发展的动态性也考虑进去。在细化公共服务设施类型和指标的同时，规划使用的"千人指标"是将服务范围中的村镇人口视为一种均质的人口，需求的内容和有效需求的状态是同质化的。在这种技术的假设中，缺乏从区域的视角对公共服务共享的研究和考虑，缺乏对居民使用设施实际情况的观察和分析。

2.2.5　村镇公共服务设施的级配优化原则

（1）因地制宜，从实际出发

村镇公共服务设施的配置要从本地实际出发，充分考虑本地的建设规模、人口密度、自有资源和特点，采取适用的配置标准。

（2）集中布置

在土地资源限制的条件下，新村聚居点公共服务设施在满足服务半径及可达性的同时，应尽量布置在村民居住相对集中的地区或几个聚居点相对集中的地区，同时考虑到公共服务设施级别之间的互补，应将各类设施尽量集中布置。如行政管理设施、文体科技设施、商业设施结合中心绿地或广场进行布置，形成新村聚居点公共中心，为村民休闲娱乐、体育健身、交流集会等提供便利。

（3）集约高效

新村聚居点公共服务设施面积配置并不是将公共资源无限度地投入到各种公共服务设施的建设中。在有限的资源下做到全方位、全类型的公共服务设施均等化并不现实，如何在有限的资源条件下使公共服务设施高效配置，满足全民共享共有，成为新农村建设重点。但是高效配置并不应仅仅着眼于当前，既要充分考虑近期需求，又要充分考虑到人口老龄化和城镇化的长期发展整体趋势，适应农村地区的未来发展变化。

（4）以人为本

公共服务设施的载体是人，一切服务均是为人服务，因此应遵循以人为本的原则。在村镇这个群体中，村民是主要的受益人，村镇公共服务设施的配置应符合村民的意愿与需求。以民为准，合理配置，帮助村民改善最基本的、最急需的公共服务设施建设，让公共服务设施的服务全面化、效益最大化。

2.2.6　村镇公共服务设施级配优化指标构建

1. 村镇公共服务设施分级配置

按照"农村公共服务设施配置影响因素"中的"乡村类型与等级"的要求，本节对华北地区村庄规模等级进行了划分。

根据《镇规划标准》（GB 50188）中的规定，按照人口数量将村镇规模划分为特大、大、中、小型四级，见表 2-4。

表 2-4　《镇规划标准》中村镇规划规模分级

规划人口规模分级	镇区	村庄
特大型	＞50000	＞1000
大型	30001～50000	601～1000
中型	10001～30000	201～600
小型	≤10000	≤200

本节根据华北村镇规模大小，将镇区划分为中心镇和一般镇，将村庄划分为中心村和基层村，本节中推荐的村镇规模等级划分见表 2-5，具体的村镇规模等级应根据当地情况决定。

表 2-5　村镇规划规模等级划分

类型	镇区		村庄	
	中心镇	一般镇	中心村	基层村
特大型	＞50000	—	＞1000	—
大型	30001～50000	—	601～1000	—
中型	16000～30000	10000～16000	300～600	200～300
小型	3500～10000	＜3500	≤200	＜100

本节将村镇公共服务设施按照使用功能分为行政管理、教育机构、文体科技、医疗保健、商业金融、集贸设施和社会保障七类，并根据村镇规模等级对公共服务设施进行了分级配置，见表 2-6。

表 2-6　村镇公共服务设施分级配置表

设施类别	项目	中心镇	一般镇	中心村	基层村
行政管理	党政机关、社会团体	●	●	●	●
	公安、法庭、治安管理	●	●	/	/
	经济、中介机构	●	○	○	/
教育机构	幼儿园、托儿所	●	●	●	●
	小学	●	●	●	○
	中学	○	/	/	/
	职教、成教、培训、专科院校	○	/	/	/

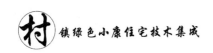

续表

类别	项目	中心镇	一般镇	中心村	基层村
文体科技	文化娱乐设施	●	●	●	○
	体育设施	●	●	○	○
	图书科技设施	●	○	○	○
	宗教类设施	○	○	○	○
医疗保健	医疗保健设施	●	●	●	●
	防疫与计生设施	●	●	/	/
	疗养设施	●	○	○	○
商业金融	旅馆、饭店、旅游设施	●	●	○	/
	商店、药店、超市设施	●	●	●	○
	银行、信用社、保险机构	●	●	/	/
	理发、洗衣店、劳动服务设施	●	●	○	○
	综合修理、加工、收购点	●	●	○	○
集贸设施	一般商品市场、蔬菜市场	●	●	/	/
	燃料、建材、生产资料市场	○	○	/	/
	畜禽、水产品市场	○	○	/	/
社会保障	敬老院和儿童福利院	●	●	●	/
	公共墓地	●	●	○	○

注：●—应建的设施；○—有条件可建的设施；/—一般不建的设施。

2. 村镇公共服务设施配置的生活圈模式

按照"农村公共服务设施配置影响因素"中的"服务半径与服务规模"的要求，本节采用生活圈模式对农村公共服务设施配置进行研究。公共服务设施配置的生活圈模式以居民利用设施的出行规律为依据，以可达性为约束条件，通过圈层的形式组织农村地域的公共服务设施系统。公共服务设施按照生活圈特征可以划分为社会生活圈层、时间生活圈层和功能生活圈层，本节以时间生活圈层为研究对象，对公共服务设施进行分级配置。

"生活圈"通常分为四个圈层，其中，基本生活圈和一次生活圈是居民日常出行步行可达的范围，与居住和生活联系最为紧密；二次生活圈是借助交通工具的短出行达到的范围；三次生活圈的空间范围基本可以覆盖县域。这样，单个生活圈以人为中心，以出行距离为半径，由内向外、自下而上地构成圈层。在生活圈的中心配置公共服务设施，多个生活圈相互组合、叠加，就形成了类似于中心体系的公共服务地域系统。其中，基本生活圈中心应当满足居民的日常需求，提供最基本的福利设施；高等级的生活圈中心提供更为多样和专业化的公共服务（表2-7）。

表 2-7　生活圈理论模式

生活圈	交通方式	出行时间（min）	服务半径（km）	服务重点	服务单元
基本生活圈	步行	15	0.5～1	针对老人、幼儿的福利设施	村镇社区/行政村
一次生活圈	步行	30～60	2～3	诊所、基础教育等公益设施	中心村/镇
二次生活圈	自行车	30～45	4～8	较高等级的综合性服务设施	中心村/镇
三次生活圈	机动车	30～45	20～25	高等级广域服务设施	中心镇/县城

生活圈模式具有如下特征：第一，以可达性为基本依据，限制了服务设施的最大服务半径，使居民获得公共服务的机会均等；第二，以县域为分析单元，全面统筹、整体规划；第三，突出基层公共服务体系的作用，避免了重城轻乡的问题；第四，可拓展性强，可以调整相关参数，描述不同地区的发展水平和设施需求条件。这样，农村规划以生活圈为基本框架确定各级服务中心，就可以将需求和供给在空间上联系起来，实现公共服务设施的有效配置。

公共服务设施生活圈划分的主要依据是居民出行时间、范围大小与居民的出行习惯、交通方式有着直接的关系。使用频率越高的公共服务设施，居民对其可达性要求越高，愿意花费的路程时间越短，故其布局应更接近居民点形成的生活圈的内圈层，如幼儿园、小学、文体活动场地等；而使用频率较低的公共服务设施，偶尔让居民远距离出行亦在心理承受范围以内，可以布局在生活圈的外圈层，如综合型医院、大型体育设施、文化馆等。

本节按照时间生活圈层将华北地区村镇的"公共服务设施生活圈"分为五个圈层：

（1）初级生活圈

初级生活圈应覆盖所有居民点的日常生活空间范围，以基层居民点为中心，出行时间在步行方式 15min 以内的区域为初级生活圈。按平均步行速度 2km/h 计算，初级生活圈的半径范围为 500m 左右，相当于村镇一个街区的大小范围，主要布局设施有药店以及小型健身娱乐设施等。

（2）基础生活圈

以基层居民点为中心，出行时间在步行方式 15～30min 的区域为基础生活圈。按平均步行速度 2km/h 计算，基础生活圈的半径范围为 0.5～1km，相当于大部分村镇主街的长度。这类公共服务设施在规模较小的村镇布置 1 个即可，这类设施主要包括幼儿园、小学、卫生院、老年活动中心和休闲活动广场等。

（3）基本生活圈

按照划分原则，以基层居民点为中心，出行时间在 30min～1h 内的区域为基本生活圈。这里没有规定具体的交通方式，在步行 30min 的情况下，基本能够涵盖村镇全部范围；在使用公交车出行的情况下，在 1h 的出行时间内使用者只能到达离村镇最近的中心区，因为小村镇的分布大多为非连续地域。因此基本生活圈范围是村镇范围加上最近中心区的非连续空间范围，这类设施主要包括初级中学、卫生院、综合型医院、图书馆和体育馆等。

（4）日需生活圈

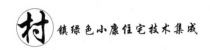

这类生活圈是以基层居民点为中心，出行时间在 1～1.5h 的区域范围内，基本上居民选择这类设施时能保证当日往返。这类设施只能为村镇居民提供 1 次/日的使用频率，较长的出行时间难以保证设施的频繁使用。日需生活圈的范围主要在县域中心或 30km 以内的中心城市，该圈层内的设施主要包括高级中学、职业学校、文化中心和综合型大医院等。

（5）机会生活圈

在非每日都需要使用的情况下，以基层居民点为中心，出行时间在 1.5h 以上的区域范围所构成的圈层即为机会生活圈。使用者的特征体现为不强行要求于当日往返，或没有固定使用频率，比如大型文化中心，村镇居民可能会偶尔使用也可能从不使用。机会生活圈包含的地域范围主要为离村镇较远，距离在 30km 以上的中心县城。

3. 村镇公共服务设施级配优化指标

（1）教育设施

教育设施作为公益性公共服务设施是城乡发展的重要组成部分。20 世纪 80 年代到 90 年代，在农村几乎村村有小学甚至初中，校舍建筑与普通民宅形态相差无几。然而，由于我国计划生育政策的有效实施，从 90 年代后期开始中小学数量及生源迅速减少，形成了学校布点多、办学规模小、教学设施难以配套、教学资源浪费的状态，严重制约着办学质量和效益的提高。2001 年《国务院关于基础教育改革与发展的决定》中指出应"因地制宜地调整农村义务教育学校布局"，按照小学就近入学、初中相对集中、优化教育资源配置的原则，合理规划和调整学校布局。本节对村镇教育设施的分级配置和配置标准进行了研究，并给出了相应的技术指标。

① 分级配置与规划选址

按照提高教学质量、方便学生入学、保证学生安全的原则，应在镇区以上城镇设立中学，中心村以上村镇设立小学，基层村设立学前教育设施；距中心村小学距离较远的基层村可设立小学分校或初级小学，安排低年级小学生就近入学。

中、小学校和幼儿园应选在交通方便、地势平坦、空气清新、阳光充足、环境安静，不危及学生、儿童安全的地段，不应与集贸市场、公共娱乐场所、医院传染病房、看守所等不利于学生学习和身心健康，以及危及学生安全的场所毗邻。学校教学区与铁路的距离不应小于 300m，主要入口不应开向公路，与城镇干道或公路之间的距离不应小于 80m。

② 配置技术指标

教育设施的配置必须与居住人口规模和服务半径相适应，其布局应符合服务半径的要求，对幼儿园、小学、初中不应超出其服务半径。本节对教育设施的配置指标给出了推荐值，见表 2-8。

（2）医疗卫生设施

村镇医疗卫生设施是为广大农村居民提供基本医疗卫生服务的设施，是我国落实各种医疗卫生政策和新型农村合作医疗制度的载体。针对当前许多乡镇卫生院的医疗设备非常缺乏，仅依靠一些简单医疗器械进行诊疗的状况，本节建立以县级医院为龙头、乡镇卫生院为骨干、村卫生室为基础的三级医疗卫生服务网络。乡镇卫生院负责提供公共卫生服务和常见病、多发病的诊疗综合服务，并对村卫生室进行业务管理和技术指导工作。

表 2-8　教育设施配置指标推荐表

名称		一般规模		服务规模（万人）	最佳服务半径（m）	配置标准	
		建筑面积（m²）	用地面积（m²）			建筑面积（m²/生）	用地面积（m²/生）
幼儿园	6班	1500	1800	<0.8	350	10	12
	9班	2025	2250	0.8~1.2		9	10
	12班	2400	2700	1.2~1.6		8	9
	18班	3150	3600	1.6~2.4		7	8
	室外活动场地	—	≥60	—	—	—	1.5
小学	18班	6100	14580	<1.2	500	7.5	17
	24班	7560	17280	1.2~1.6		7	16
	30班	8775	18900	1.6~2.0		6.5	14
	36班	9720	21060	2.0~2.5		6.0	13
初中	18班	7650	15300	<2.7	1000	8.5	17
	24班	9600	19200	2.7~3.6		8	16
	30班	11250	22500	3.6~4.5		7.5	15

注：幼儿园应独立设置，有独立的院落和出口，并有全园共享的游戏场地，室外游戏场地面积按 1.5 m²/生，绿地面积按 2 m²/生；人口不足 1.2 万人的独立地区宜设 18 班小学，室外活动场地满足 8m²/生。

① 分级配置与规划选址

村镇医疗卫生设施应按照综合医院、乡镇卫生院和村卫生室三级配置：综合医院主要设置在镇区人口 5 万以上的中心镇区；乡镇卫生院设置于本镇区或乡驻地；中心村设置村卫生所；基层村设置标准化卫生室。

乡镇卫生院、防疫站、计划生育服务中心宜集中设置；村卫生室宜布置在村庄适中位置，与村民中心或村委会统一布置。按照方便群众、合理配置卫生资源的原则，一般一个中心村设置一个村卫生室，人口少的临近村庄可以联合设置卫生室，村卫生室服务范围以步行 30min 能到达为宜。偏远地区和人口较多的中心村可适当增设服务网点，乡镇卫生院所在的中心村可不设置村卫生室。

医疗卫生设施的选址应方便群众、交通便利，满足突发灾害事件的应急医疗需求，处于居住集中区下风位置，与少年儿童活动密集场所保持一定距离，并远离易燃、易爆物品的生产和储存区，远离高压线路及其设施。

② 配置技术指标

乡镇卫生院按其床位规模，划分为无床卫生院（10 床以下）、10~29 床卫生院和 30床以上卫生院三种规模类型。乡镇卫生院建设标准按照 2 床/千人设置，床位宜在 100 床以下。无床位的卫生院基本建筑面积为 400m²；1~19 床的卫生院在无床位的基本面积基

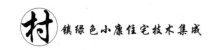
础上按每床增加建筑面积 25m²；20～99 床的卫生院直接用床位指标计算，每床核定建筑面积 48m²。

中心村卫生室业务用房在 120～160m²，占地面积不少于 250m²；人口 2000 以上的基层村，业务用房建筑面积不少于 100m²，占地面积 200m² 左右；人口 1000～2000 人的基层村，业务用房建筑面积不少于 80m²，占地面积不少于 160m²；人口 1000 人以下的基层村，业务用房建筑面积不少于 60m²，占地面积不少于 120m²。

本节对医疗卫生设施的配置指标给出了推荐值，见表 2-9。

表 2-9　医疗卫生设施配置指标推荐表

名称		一般规模 （m²/处）		服务规模 （万人）	服务半径 （m）	配置标准
		建筑面积	用地面积			
综合 医院	200 床	16000	23000	4～6	1500	用地面积 115m²/床， 建筑面积 80m²/床
	500 床	40000	57500	10～12		
乡镇卫生院		≥400	≥1400	3～6	全乡镇	用地面积 115m²/床， 建筑面积 48m²/床
村卫生室		60～160	120～250	0.05～0.6	全村	诊疗室、治疗室、观察室、 药房、值班室等

（3）文化体育设施

村镇文化体育设施是我国农村开展群众文化体育工作的重要场所。受经济发展水平的制约，我国村镇文体设施的建设水平（特别是经济欠发达地区）仍不能满足农民群众的基本文化需求，也与建设社会主义新农村的要求不相适应。现有村镇的文化体育设施不能满足当地居民的文化生活需要，因此本节基于丰富农村文化体育生活，提高居民生活品质的要求，对村镇文化体育设施的配置进行了研究。

① 分级配置与规划选址

中心镇文化设施包括青少年宫、老年活动中心、科技信息中心、图书馆、展览馆、文化站等；一般乡镇文化设施包括活动中心、科技信息服务站、图书馆、文化站等；中心村文化设施包括文化活动中心、信息服务中心、图书馆等；基层村设置文化活动室、图书馆等。

中心镇体育设施包括体育场、体育馆等；一般乡镇体育设施包括室内体育活动中心和室外活动场地；中心村、基层村一般不单独设置体育场地，体育活动设施与村民委员会、村民广场、绿化用地综合布置。

文化体育设施应选址在村镇中心位置，并配建广场、绿地、停车场等，也可与其他公共服务设施集中布置，形成村镇活动中心。

② 配置技术指标

村镇文化体育设施的配置指标可参见表 2-10。

表 2-10　文化体育设施配置指标推荐表

级别	文化设施规模（m²/千人）		体育设施规模（m²/千人）	
	建筑面积	用地面积	建筑面积	用地面积
中心镇	200～400	600～1000	100～300	500～800
一般镇	150～300	300～870	80～200	250～700
中心村	60～80	160～250	40～50	100～150
基层村	60～80	160～250	40～50	100～150

（4）集贸设施

集贸设施是指由市场经营管理者经营管理，在一定时间间隔、一定地点，周边村镇居民聚集进行农副产品、日用消费品等现货商品交易的固定场所。集贸设施是村镇居民日常生活重要场所，作为商品交易的场所在村镇商品流通中起着桥梁作用。

① 分级配置与规划选址

集贸市场一般选择在有利于人流和商品集散的场所，不应占用公路、车站、码头、桥头等交通量较大的路段，同时不应布置在文化、教育、医疗机构等人员密集场所的出入口附近或妨碍消防车辆通行的地段。其中重型建筑材料市场、钢材市场、牲畜市场等影响村镇环境和易燃易爆的商品市场，应设置在村镇的边缘地带，并满足卫生和安全防护的要求。

② 配置技术指标

集贸设施用地面积可按照赶集人数人均 1.5m² 或每个摊位 3～5m² 确定，并安排好大集临时占用的场地，休集时应考虑设施和用地的综合利用。集贸市场应配置 1 处公共厕所、1 处垃圾收集点以及一定的机动车和非机动车停放场地。

其中村镇日常使用的菜市场应基本满足 800m 的服务半径步行距离，步行时间控制在 10min 为宜；人口密度较低、菜市场无法覆盖的地区应增设卖菜的地点，服务半径不大于 500m，可结合公共建筑或居住底层门面设置。

（5）社会保障设施

我国人口老龄化具有发展迅速、规模巨大、持续时间长的特点，到 2020 年我国老年人口将达到 2.48 亿，老龄化水平达到 17.17％。许多年老体弱、患有慢性病或残疾的老年人，由于白天家中无人照顾，不仅生活质量低下，而且面临诸多不安全的风险因素。《中共中央、国务院关于加强老龄工作的决定》中明确指出"建立以家庭养老为基础、社区服务为依托、社会养老为补充的养老机制"。因此，建立完善与社会主义市场经济体制要求以及经济社会发展水平相适应的社会救助工作体系、社会服务福利体系，努力实现有效的社会救助、优质的福利服务，切实保障人民群众的基本生活权益是村镇未来发展的必然需求。

① 分级配置与规划选址

本节中村镇社会保障设施主要指敬老院、老年公寓、儿童福利院等。社会保障设施应按照中心镇、一般镇、中心村和基层村进行分级配置，其设置水平与居住人口规模和基层

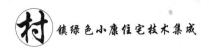

行政区划相适应。敬老院等老龄设施应选择建在村镇环境条件好、市政设施完善、交通便利的地段；儿童福利院是为社会上遗弃儿童和孤儿设置的生活福利设施，应靠近居住区。

②配置技术指标

敬老院可按照2床/千人的标准进行设置，建筑面积按照15～20m²/床，占地面积按照25～30m²/床设置；儿童福利院可按照建筑面积50m²/千人，占地面积按照60m²/千人设置。

2.2.7 村镇公共服务设施机制保障体系

（1）完善村镇公共服务设施配置体系

村镇公共服务设施配置体系的完善是公共服务设施规划得以约束与规范的先决条件。目前，我国公共服务设施以城市相关标准居多，能够直接用于指导村镇公共服务设施建设的标准少之又少，村镇公共服务设施配置标准体系的建立与完善还明显不足。为了更好地给予华北村镇公共服务设施宏观把握与指导，使我国华北村镇公共服务设施的配置日臻完善，应强化理论研究工作与实践工作，并在普适性与针对性并存的原则下研究制订相关标准，建立完善村镇公共服务设施标准体系，以便更好地指导华北农村公共服务设施的规划和建设。

（2）开拓公共服务设施建设融资渠道

由于华北部分村镇地区经济水平较差，没有足够的财政资金来实现公共服务设施的覆盖，因此，在对村镇进行公共服务设施配置时，需针对资金限制问题制定对策。为解决这一问题，除了需对政府资金的投入使用建立由中央到地方的监督制度外，还需在政府的主导作用下，鼓励企业及个人积极参与村镇公共服务建设，拓宽资金渠道。这样既可以减轻政府财政的负担，又可引导企业拓宽业务范围，优化企业战略投资。尤其对可选建公共服务设施而言，可借由此产生的经济效益招商引资，以改善当地居民的生活质量，打造政府企业个人共同建设的村镇公共服务设施多元化格局。

（3）加强公共服务设施的维护管理工作

将公共服务设施运行维护纳入目标管理，政府相关部门应制定完善管理法规条例，创建农村公共服务设施责任制，分级负责、包干，形成明确的分工及问责机制，以促进农村公共服务设施投入效益的最大化。在引导村民积极参与自我服务、自我管理的基础上，应把阶段性集中建设与日常管理结合起来，建立和完善村规民约，落实好公共服务设施的管理与维护制度，将公共设施的维护与改善村民生活习惯结合起来。在规章的执行过程中，应明确村理事会和村内有威信的老党员、老教师、老干部的监督主体地位，充分发挥其监督效应，督促落实各项制度，形成良性的长效管理机制。

2.3 村镇基础设施配置与规划技术

2.3.1 村镇基础设施配置现状

农村基础设施建设是建设社会主义新农村的重要任务，功能完善的基础设施是实现农村经济社会发展的先决条件，是农村地区乃至全国实现可持续发展的基础。

长期以来，由于经济和自然地理条件等原因，我国农村基础设施建设长期滞后于城市基础设施配套工程的发展，城乡二元结构严重制约整个农村的发展，使得在农村建设投入总量上严重不足，农村基础设施发展薄弱的局面一直持续到 21 世纪初仍没有显著改善。

2012 年 11 月，党的十八大报告提出"推进生态文明，建设美丽中国"的目标，指出"城乡发展一体化是解决'三农'问题的根本途径。要加快完善城乡一体化体制机制，促进城乡生产要素平等交换和公共资源均衡配置。"为农村基础设施建设开辟了新的发展方向。

2013 年中央一号文件提出要加强农村基础设施建设，推进农村生态文明建设，建设美丽乡村。美丽乡村建设的重要内容就是村容整洁，而村容整洁则是对完善、提升农村基础设施和村庄整治的具体要求。

尽管近年来国家加大了在村庄建设方面的投入，农村基础设施建设有了快速发展，但是在投入与需求之间面临着巨大的差距，加上村庄规划和建设缺乏技术指导，盲目建设和发展的现象较为突出，农村的发展依然跟不上整个社会经济发展的形式。因此本节从基础设施规划和配套建设两方面对农村基础设施的现状进行了研究和分析。

（1）农村基础设施规划存在的问题

① 基础设施缺乏统筹规划

从目前我国村镇建设发展现状分析，部分村庄规划未考虑农村生活特色，新建的农村社区住宅照搬了城市住宅卫生设施的模式，却很少建立起有效的与之相关的粪污处理设施，既造成可用资源的浪费，又造成环境恶化。新改建扩建村镇机械套用城市模式，基础设施建设成本高，规划建设的各设施单元间未形成系统规范的运行及管理体系，建成后效果差等一系列问题较为突出。

② 基础设施的供给数量不足，设施陈旧落后

基础设施规划建设的滞后及不合理导致了农村生活用能消耗巨大，废水、垃圾污染严重，传统的生活习惯、清洁设施的匮乏加之缺乏合理的系统治理规划，导致居住环境中污水、生产生活固体垃圾、粪污等成为主要的污染源。使得很多农村人居环境低于健康居住标准，直接影响农村居民的生活品质。

③ 基础设施资金来源单一

实行分税制以来，大多数乡镇一级的财力十分有限，很多乡镇政府沿袭传统的城市建设体制，削弱了政府在村镇基础设施建设方面的作用。按照国家相关政策规定，政府并非法人和实体，不能成为独立的融资主体，既不能向银行融资，也缺乏还贷保证。乡镇企业虽然是独立的融资主体，但因企业规模小、效益差，缺乏良好的信誉度，也难以向银行融资。因此村镇建设资金筹措渠道较为单一。

（2）农村基础设施配套建设存在的问题

① 道路设施

农村道路主要指通往行政村或自然村之间的道路。村中的道路硬化比例较小，很多村庄只有进村的一条路是柏油或水泥路，其他都是土路甚至没有路，天晴的时候尘土飞扬，

下雨的时候就会变得泥泞不堪，难以通行。40％的村庄雨天出行难，晴天是车拉人，雨天是人拉车。同时村庄内部部分道路由于使用时间久远，长期得不到修缮治理，村镇内道路老化问题严重，路面坑洼不平，雨天积水不能及时排出，出行不便。

② 给水设施

由于工程环境改变，人为因素污染，设备老化，缺少必要的水净化处理设备、消毒设施和除砂、防浑浊设施，以及给水水源的安全防护距离不符合相关规范等问题，而导致饮水不安全。部分村庄采取了定时供水及家庭自备井，这种情况造成了村民饮水不便，甚至有些村庄由于地质地貌等自然环境的限制存在饮水困难的状况。

③ 排水设施

村镇内传统排水设施由于年久失修出现损毁，大部分村内排水沟渠被当作垃圾填充和污水排放场地，堵塞排水系统又滋生蚊虫污染环境；村内道路由于失修坑洼不平，排水系统大部分损坏；村镇内新建住宅区缺少排水系统，雨水横流；村外原有河道水渠大量被开垦作为耕地，新修道路填埋原有河道，造成河道断流。

④ 环境卫生设施

许多农村没有集中的生活垃圾堆放点，村集体也不负责处理垃圾，由各户随意填埋，造成环境污染。即便经过简易处理，也往往是填埋在没有经过地质条件论证的土坑里，村庄内基本没有经过环境保护工程设计的生活垃圾填埋场。

针对以上现状，本节对村镇基础设施规划进行了优化布局研究，将农村基础设施按照功能、类型的不同进行了划分，并根据人口数量、经济条件、区位条件、用地规模四方面因素分别对不同类型的基础设施进行了研究，建立了华北村镇基础设施级配优化规划技术。

2.3.2 村镇基础设施配置分类

从生产、生活和生态三方面将村镇基础设施划分为生产基础设施、生活基础设施和生态基础设施。

（1）生产基础设施（表2-11）

表2-11 生产基础设施内容表

项目	内容
道路交通设施	道路设施；停车场；车站；桥梁设施
能源通信设施	电力设施、燃气设施（煤气、天然气、液化石油气）、燃油设施（加油站、输油管道）、电信设施
产业配套设施	培训服务站、农田水利设施

生产基础设施是以农业为主的农村产业服务的基础设施，是保证农村经济合理、高效、协调、平稳运行，保障以农业生产为主的产业发展的设施。

生产基础设施的作用在于支撑农业发展，降低生产成本，提升农业生产的效率；改造传统农业，实现产业升级；将现代文明引入农村。生产基础设施是农村经济系统的一个重要组成部分，应该与农村经济的发展相协调。农村生产性基础设施将服务于农村产业发展的前、中、后各个阶段。

农业基础设施覆盖的范围十分广泛，主要包括两方面内容：一是农业生产过程中所必需的，但不直接参与生产的一些物质生产条件，如公共水利设施、农用灌溉设施、运输销售设施、通信、道路、电网、贮藏等；二是为保证农业生产过程的正常运行所提供的一系列公共服务，它侧重于提供农业生产所需要的社会条件，特别是能提高农业生产力或农民素质的社会条件，如农业技术推广机构、农业教育培训机构与设施、农业试验或研究机构与设施、农村医疗卫生系统、农业信息与咨询机构等。前者一般被称为农业物质基础设施，后者被称为农业社会基础设施。

（2）生活基础设施（表 2-12）

表 2-12 生活基础设施内容表

项目	内容
安全防灾设施	消防设施、防洪设施、防震设施
供水配套设施	集中型农村供水配套设施、分散型供水设施

生活基础设施的主要内容包括：供水配套设施和安全防灾设施。防灾和饮水设施关系到基本生存，确保水源安全和农民身体健康，是规划中要解决的最迫切、最突出的问题。

（3）生态基础设施（表 2-13）

表 2-13 生态基础设施内容表

项目	内容
水处理与保护设施	排水沟渠、水源地保护、污水处理措施
环境改善设施	垃圾收集设施、垃圾处理设施、公厕
生态保护设施	庭院绿化、整体林带、景观的斑块、基质、廊道

生态基础设施这一概念是 20 世纪 90 年代中期，在生态环境不断恶化、水土流失日益加剧的背景下提出来的。农村生态基础设施包括环境污染综合治理生态工程、水土流失综合治理生态工程、风沙区荒漠化防治生态工程等。就村庄而言，生态基础设施的功能主要表现在污染物处理和生态保护两方面。

2.3.3 村镇基础设施配置的影响因素

（1）人口数量

因为基础设施首先是为一定数量的当地居民服务的，所以人口数量对于村庄基础设施规划是决定性因素。人口因素首先在量的方面决定了一些基础设施的规模总量，比如用水量、排水量、用电量、用气量、用热量等；其次，人口的密集程度也决定了一些基础设施的种类、规模与投资，比如人口密集地区使用集中供水比较经济，人口分散地区使用分户式供水比较合适。人口数量决定村庄规模，在规划中主要依据人口规模来确定村庄基础设施的配置项目和建设标准。

（2）经济条件

农村基础设施规划在一定层面上受到了经济和社会发展程度的制约，在其他条件相同的情况下，经济水平较高、社会发展比较完善的村庄往往更加重视基础设施的建设和规划。因此在规划时应根据村庄的经济发展水平对主要指数进行调整,使之与村庄的经济和社会发展水平相适应。例如,经济发展水平较高的村庄可以集体建设污水处理设施,建立雨污分流设施,改善工作生活环境;经济发展较差的村庄,要求规划时应充分考虑当地村民的收入情况和社会发展情况。

(3) 区位条件

村庄区位条件会在很大程度上影响其规划内容,不同区位的村庄,其基础设施的规划内容也会出现较大差别。离城镇较近的村庄,其自身的配套设施也许并不完善,但由于靠近城镇,可以享有城镇的基础设施,良好的区位条件使村民生活比较便利;相对独立或离城镇较远的村庄,其村民只能依靠村庄自身的基础设施来满足日常生活生产的需求,因此基础设施的规划项目和内容变化会较大,生产生活成本就相对较高。

(4) 用地规模

农村基础设施受到农村用地规模的影响,农村用地规模是反映村庄土地资源的一个重要指标。用地规模较大的村庄,其人口规模若很小,则人均土地资源较丰富,相对基础设施可以占用土地面积较大一些;相反,当村庄用地规模较小,则要求相应基础设施占地小一些,布置紧凑一些。用地规模大小决定了基础设施的工艺、技术、造价与管理等。

2.3.4 村镇基础设施配置原则

(1) 统筹区域,以城带乡

我国城市实行的是市带县、城带乡体制,城市政府理所应当承担市行政区内农村地区村庄基础设施任务。实行基础设施区域统筹,可以防止城乡基础设施空间布局混乱无序、盲目建设、重复建设的现象出现,发挥城市对农村的辐射作用,加快新农村的建设进程。

村庄作为我国行政体系中最基本的社会单位,不是孤立存在的,是存在于小城镇的社会、经济、文化、生态空间范围内,所以应通过小城镇促进农村的建设发展,充分发挥小城镇这个重要基点的辐射带动作用。

(2) 尊重民意,农民参与

农村规划在实施手段方面与城市规划不同。农村基础设施规划不仅仅是一种政府行为,它离不开农民的支持,这在于基础设施规划的利益主体是广大的农民,村庄基础设施规划只有得到农民的广泛认同,才有实施的价值,因此村庄规划必须坚持以人为本、公众参与的原则,这不仅体现在主观认识上,更重要的是要落实到规划方法上。

(3) 试点带动,不均衡发展

在当前规划中,很多地方都强调以村为单位,但是每一个村在当地的发展条件不同,发展潜力不同,带动作用也不同,以村为单位,无主次的批量生产,只会劳民伤财。这就需要县级以上地方政府对区域内乡镇村庄进行统筹安排,通过规划有重点地选择新农村作为建设示范点,充分发挥这些示范点的带动作用,实现适合自身农村规划建设的新模式。

(4) 注重效益,门槛限制

华北地区拥有众多人口规模偏小的自然村,居民点分布散落,无法实现基础设施规划配置应有的效益,维护费用相对较高。因此忽视规模效益和维护费用,盲目进行基础设施建设，将会出现无法正常运转、浪费资源的情况，因此农村基础设施建设应该分级配置，共建互享。

2.3.5　村镇基础设施配置技术指标

1. 生产基础设施

1）道路交通

（1）村庄道路等级

本节中的村庄道路主要是指村庄居民点内部供行人及各种运输工具通行的道路，即村庄内部道路。不同于一般主要供汽车行驶并具备一定技术标准和设施的城市道路和乡村公路，村内道路主要用于村民日常步行和各类车辆使用，故村庄道路的建设技术标准低于公路。

本节将村庄道路按使用功能分为主要道路、次要道路和宅间路三级（图2-1）。主要道路是将村庄内各条道路与村庄入口连接起来的道路，以车辆交通功能为主，同时兼顾步行和村民人际交流的功能；次要道路是村内各区域与主要道路的连接道路，在担当交通集散功能的同时，承担步行和人际交流的功能；宅间路是村民宅前屋后与次要道路的连接道路，以步行为主。

（a）
（b）
（c）

图 2-1　不同等级道路形式

（a）主要道路；（b）次要道路；（c）宅间路

（2）道路宽度与坡度设计

本节根据村庄道路等级的划分，对不同等级道路的宽度和坡度进行了要求，以方便华北地区当地村民的出行。

村庄主要道路主要用于村庄连接外界的通道，道路宽度一般为 7～12m。交通型主要道路宽度建议采用上限，以便车辆通行；一般主要道路宽度建议采用下限，以限制车辆行驶速度，人行道则可以根据实际情况选择建设。横坡可采用双向坡面，坡度为 1%～3%，当道路纵坡坡度较小时可取上限，当道路纵坡坡度较大时可取下限。由于主要道路的交通量相对较大，因此路面结构不宜过薄，可采用沥青路面结构或水泥混凝土路面结构。主要道路断面形式如图 2-2 所示。

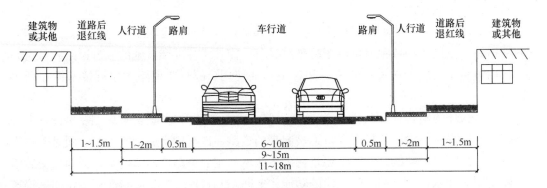

图 2-2　主要道路断面形式

村庄次要道路主要用于村庄主要道路与宅间路连接的入户通道，道路宽度一般为 4～9m，人行道可根据实际情况选择建设。横坡可根据路面宽度采用双向坡面或单向坡面，坡度为 1%～2%，路面宽度＞4m 时一般采用双向坡面。村庄次要道路主要解决村内交通，荷载较小，可根据村庄经济状况采用不同结构厚度的水泥混凝土路面。次要道路断面形式如图 2-3 所示。

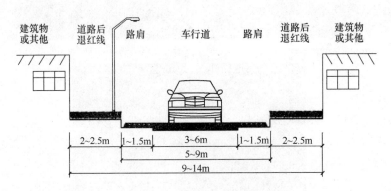

图 2-3　次要道路断面形式

宅间路主要用于村庄次要道路与住户之间的连接通道，宅间路一般较窄，道路宽度可根据现状具体情况确定，一般采用单向坡面，横坡度为为 1%～2%。宅间路为村民出入的主要通道，荷载非常小，可选用与村内传统路面风格相协调的传统路面材料，采用块石、卵石、石板、石子等地方天然材料，也可根据实际条件采用混凝土路面结构。如果宅间路相对村内主要道路和次要道路较低，排水不畅时可考虑设置透水路面。宅间路断面形式如图 2-4 所示，常用铺装面材规格见表 2-14，不同样式宅间路如图 2-5 所示。

表 2-14 宅间路常用铺装面材规格 （mm）

材料类别	一般规格
石板	可加工为各种几何形状，厚度：20～30（人行）、40～60（车行）
料石（条石、毛石）	可加工为各种几何形状，长宽 > 200，厚度 > 60
小料石	长宽 90，厚度 25～60
页岩	大小不一
卵石（碎石）	鹅卵石直径 15～60，豆石直径 3～15
水泥混凝土	现浇，设置伸缩缝
水泥方（花）砖	方形、矩形、异形，长宽 250～500，厚度 50～100
花砖（广场砖、仿石砖）	方形、矩形、异形，长宽 100～300，厚度 12～20

（3）道路缘石半径

转角的缘石半径是影响交叉口通行能力的一个重要因素。为使各种右转弯车辆能以一定的速度顺利地转弯行驶，交叉口转弯处车行道边缘应做成圆曲线或多圆心曲线，以适应车轮运行轨迹，这种车行道边缘通常称为路缘石或缘石，其曲线半径称为路缘石或缘石半径。缘石半径过小，会引起右转弯车辆降速过多或导致右转弯

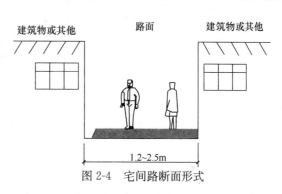

图 2-4 宅间路断面形式

车辆向外侵占直行车道，从而引起交通事故。据统计，街道交叉口车速为路段车速的 50% 左右，因此村镇道路交叉口的车速，主要道路用 20～25km/h，一般道路用 15～20km/h。对于华北村镇地区而言，主要道路的缘石半径可取 5～10m（特殊路段可放大至 15m），次要道路的缘石半径可取 2～5m，宅间路宜为 1.5～3.0m。

（4）人行便道（图 2-6）

人行便道是道路中用路缘石或护栏及其他类似设施加以分隔的专供行人通行的部分，一般位于车行道的两侧。人行便道的宽度可根据人流大小取行人带宽度的倍数，通常每条行人带的宽度为 0.75～1.00m，通行能力为 800～1000 人/h。

大多数人行便道是水泥混凝土路面，砖块和石块也是人行便道路面的常用材料。多用的人行便道（可供自行车通行）往往铺有柏油等材料，专用人行便道大多采用碎石、木头、橡胶和其他材料。

（5）道路边沟（图 2-7）

边沟是为汇集和排除路面、路肩及边坡的流水，在路基两侧设置的水沟。边沟设置于挖方地段和填土高度小于边沟深度的填方路段，其形式可分为 L 形、梯形、碟形、三角形、矩形或 U 形边沟，又可分为明沟和加设盖板的暗沟等多种形式，多为石块砌成，与路缘石结合为一整体。

图 2-5　不同样式宅间路

（a）卵石道路；（b）杂石道路；（c）片石道路；（d）彩色水泥砖道路

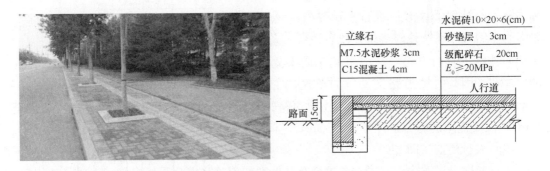

图 2-6　人行便道彩色水泥砖铺设

图 2-7　道路边沟（左图为明沟，右图为暗沟）

（6）停车场

随着农村机动车保有量的不断增加，停车场的规划设计显得尤为重要。在进行机动车停车场布置时，应按照停车方便、安全、经济、生态的原则，结合村庄的布局结构形态，综合确定停车设施的数量、种类和位置。

村内公共停车场的设置应利用村庄闲散空地，结合村庄入口，设置车辆集中停放场地；在不影响道路通行的前提下，也可适当放宽道路断面，采取路边停车的方式。停车场应覆盖服务不同的区域范围，服务半径一般不宜大于 150m。同时每一个公共停车场不宜过大，村内地面停车率不应大于 10％，这样既可以满足村民对于机动车停车的需求，又方便村民出行。

停车场通常采用嵌草砖、水泥砖铺砌，当停车场兼做广场时可采用水泥砖铺砌（图 2-8）。

图 2-8　利用闲散空地作为停车场（左图为嵌草砖停车场，右图为水泥砖停车场）

村内公共停车场的布置可以分为平行停、垂直停和斜角停三种方式（图 2-9），这三种停车方式的尺寸和规格见表 2-15。

表 2-15　停车场的一般尺寸

所需尺寸	停车方式		
	平行停	垂直停	斜角停
单行停车道的宽度（m）	2.5	7	7
双行停车道的宽度（m）	6	14	14
单向停车时两行停车道之间的通行道宽度（m）	4	5	5
一辆车所需面积（m²）（包括通道）			
小型、微型车	22	22	26
中型车	30	30	34
大型车	40	36	38
每 100 辆车所需停车场面积（hm²）			
小型、微型车	0.3	0.2	0.3
中型车	0.35	0.25	0.35
大型车	0.4	0.3	0.4

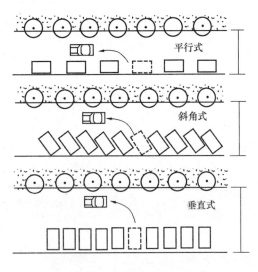

图 2-9 车辆的三种停车方式

2）供电工程

（1）电源的选择

村镇的供电应满足村镇各部门和居民用电的使用要求。村镇电源主要有发电站和变电所两种类型，其中变电所是目前华北村镇采用较多的供电方式。

变电所的选址将决定投资数量、效果、节约能源的作用以及今后的发展，所以应着眼于提高供电的可靠程度，减少运行中的电能损失，降低运行和投资的费用，同时还要考虑工作人员的运行操作安全、养护维修的方便等。变电所的选址应符合以下要求：

① 接近村镇用电负荷中心，以减少电能损耗和配电线路的投资；

② 变电所用地要不占或少占农田，选择地质、地理条件适宜，不易发生塌陷、泥石流、水害等地质灾害的地方；

③ 交通运输便利，便于装运主变压器等笨重设备，但与道路应有一定间隔；

④ 临近工厂、设施等，应不影响变电所的正常运行，尽量避开易受污染、爆破等影响的场所，并满足自然通风的要求；

（2）线路的布置

电力线路按布置方式可分为架空线路和电缆入地敷设两大类（图 2-10）。架空线路是将导线和避雷线等架设在露天的线路杆塔上；电缆入地敷设则直接埋设在地下或敷设在地沟中。村镇电力线路多采用架空方式，该方式的建设费用相对较低，施工周期短，施工维护及检修较为方便。

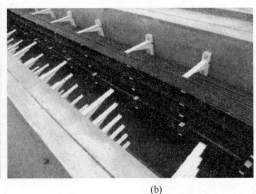

(a)　　　　　　　　　　　　　　　　(b)

图 2-10　线路布置

（a）架空线路；（b）电缆入地敷设

在村镇供电规划中，电力线路的布置应满足用户的用电量，保证各级负荷用户对供电可靠性的要求，保证供电的电压质量以及在未来负荷增加时有发展的可能性。因此电力线路的布置应遵循下列原则：

① 村庄电力电线宜采用同杆并架的架设方式；

② 村庄电力电线不应穿过危险仓库等地段，并应避开易受洪水淹没、河岸塌陷、滑坡的地区；

③ 村庄电力电线应减少交叉、跨越，避免对弱电的干扰；

④ 村庄变电站或开闭所出线宜将工业线路和农业线路分开设置；

⑤ 农村低压线路的干线宜主要采用绝缘电缆架空方式敷设，有特殊保护要求的村庄可采用电缆埋地敷设。

2. 生活基础设施

1）给水工程

村镇供水主要包括生活用水、生产用水、消防用水和绿化用水四种，本节中的给水工程主要指生活饮用水供水工程。

（1）给水形式

农村生活饮用水供水工程的给水方式主要有集中式给水和分散式给水两种类型。

集中式给水是城市给水管网的延伸系统，适合全区域统一给水，包括多水源给水系统、分压式给水系统以及村级独立给水系统；分散式给水是指用户直接从水源取水，未经任何设施或仅有简易设施的供水方式，包括深井手动泵给水系统、引泉池给水系统（引蓄水池给水系统）和雨水收集给水系统。

采用集中式给水工程的优点是水量和水质保证率高，便于统一运行管理，缺点是专业技术要求高，制水成本相对较大。分散式给水工程建设的优势在于建设灵活，一般来说单个项目投资较低，从建设到使用维护对人员的专业技术要求相对较低，但是此类项目往往布局分散，难以统一管理，水量和水质保证率相对较低。不同供水方式的适用范围见表2-16 和表2-17。

表 2-16　不同给水方式的适用范围

适用条件	集中式给水工程	分散式给水工程
地理位置	距城镇较近或人口密集地区	偏远地区
水源条件	水源集中、水量充沛、水质较好	水源分散、水量较小
地形条件	平原地区	山区和丘陵地区
用户条件	居民点集中	居民点分散
经济条件	较好地区	相对贫困地区

表 2-17　常见分散式给水系统的适用范围

系统种类	适用条件
手动泵给水系统	地下水源的水质较好，但居住户数少，人口密度低，居住分散，电源没有保证
引泉池给水系统（引蓄水池给水系统）	有泉水的山区农村，或当地水资源缺乏但有季节水源的地区
雨水收集给水系统	干旱缺水或苦咸水地区，没有适于引用的淡水资源，远距离输水没有条件

（2）水源保护

根据调查研究，山前冲积洪积平原区域含水层水质良好，矿化度一般小于 1g/L；中部冲积洪积平原位于华北中部南北广大区域，地下水半咸水、咸水分布比较广泛，半咸水区矿化度 3g/L＜M≤5g/L，咸水区矿化度＞5g/L；滨海冲积平原位于冀东沿海区域，咸水区大量分布，矿化度可达 20～30g/L，深度可达 300～350m。为了保障村民饮用水水质，在半咸水、咸水分布区必须使用 350m 以下的深层水。

水源是村镇发展以及居住区生存的命脉，水质的好坏直接影响到人民的生命健康。因此，对水源的保护是给水工程的重要内容。本节建立了水源保护区二级保护措施。

水井一级保护区是以井为中心，半径 50m 范围区域。该保护区内，严禁建设与取水设施无关的建筑物、构筑物，禁止倾倒、堆放工业废渣及城市垃圾、粪便和其他有害废弃物；二级保护区是一级保护区外 10km 强径流区。该区域内禁止建设对水体有严重污染的项目，已建成的污染企业要限期治理、转产或搬迁。

（3）给水管网

给水管网的作用是将水从净水厂或取水构筑物输送到用户，是供水系统的重要组成部分，并与其他构筑物（如泵站、水池或水塔等）有着密切联系。

给水管网一般由输水管（由水源至水厂以及水厂到配水管的管道）和配水管（把水送至各用户的管道）组成。输水管道不宜少于两条，但从安全经济方面考虑也可采用一条；配水管按其布置形式可分为树枝状和环状两大类。

树枝状配水管网的优点是节省管材、投资少、构造简单，但是供水的可靠性较差，一处损坏则下游各段全部断水，同时各支管尽端易形成"死水"，恶化水质。这种管网适用于地形狭长、用水量不大、用户分散以及用户对供水安全要求不高的情况。

环状配水管网供水可靠，管网中无死端，保证了水能经常流通，水质不易变坏，但管线总长度较大，造价高，适用于连续供水且要求较高的村镇。

居住区供水管材应有利于减少二次污染、减少漏水，具有寿命长、较强抗负荷能力等要求，因此推荐使用聚乙烯（PE）管、硬聚氯乙烯（PVC-U）管、球墨铸铁管等管材（图 2-11）。管道的规格和型号可根据表 2-18 选用。

2）供热系统

目前，华北村镇居住区的供热采暖都是采用以户为单位的住户独立供暖的方式，即每户利用煤炉作为燃烧设备，以煤为燃料进行取暖。这种采暖方式使得居民生活极不方便，

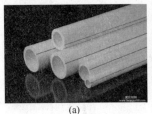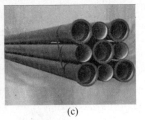

（a）　　　　　　　（b）　　　　　　　（c）

图 2-11　供水管材

（a）聚乙烯（PE）管；（b）硬聚氯乙烯（PVC-U）管；（c）球墨铸铁管

还造成了环境污染，室内温度并没有达到理想水平。广大村镇居住区目前还没有实现类似城市居住区所采用的以热电厂为热源的集中供热方式。

表 2-18　管道选择表

管径 (mm)	供水户数	推荐管材	管径 (mm)	供水户数	推荐管材
DN25	1～3	PE 等塑料管、复合管	DN100	75～160	PE 等塑料管、复合管、球墨铸铁管
DN32	3～6		DN125	160～300	
DN40	6～10		DN150	300～500	
DN50	10～20		DN200	500～900	
DN75	20～75	PE 等塑料管、复合管、球墨铸铁管	DN300	900～2600	

为了最大限度地提高资源的利用效率和减少污染物的排放，比较合理的供暖方式是分散型集中供暖，有条件的地区可采用集中供暖。分散型集中供暖是指一个村镇中的相对集中的若干用户共用一个热水锅炉；集中供暖是指整个村镇，甚至相邻的几个村镇共同建造一个相应规模的供热厂用来供暖。对于分散型集中供暖而言，热水锅炉的选址应考虑以下几方面的要求：

① 应尽量靠近热负荷中心，以缩短供暖管道长度，减少压力损失和热损失，减少工程投资。

② 应尽量布置在地势较低处，以利于蒸汽系统的凝结水回收和热水系统的排气，但地面标高要高于洪水位 0.5m 以上。

③ 应尽量设于交通、水、电供应方便的地方，以利于燃料的贮运和灰渣的清除，便于供电和给排水。

④ 应尽量设于冬季主导风向的下方，避免烟尘对村镇居住区环境的污染。

⑤ 应有较好的朝向、自然通风和采光。

3. 生态基础设施

1）排水工程与污水处理

（1）排水体制

排水体制为村镇内雨（雪）水和生活污水的排放方式，可分为分流制和合流制两种方式。

① 分流制可以分为完全分流制和不完全分流制两种形式。

完全分流制将生活污水和雨水分为两个系统，用管渠分开排放，污水流至污水处理厂后经处理排放。该排水体制适用于规模较大、经济条件较好的村镇居住区。

不完全分流制是只设置污水排水系统，而雨水沿边沟、水渠等进行排放。该排水体制节省投资，先解决了污水排放系统，可日后再加以完善，适合华北村镇目前现状，但地势平坦、村镇规模较大、易造成积水的地区不宜采用。

② 合流制可以分为直泄式合流制、全处理合流制和截流式合流制三种形式。

直泄式合流制是将雨水、生活污水不经处理混合在同一管渠内，就近直接排入水体，这样的排水体制将造成水质的严重污染。

全处理合流制是将雨水、污水全部排放至污水处理厂，这种方式投资较大，效果不如分流，很少采用。

截流式合流制是在进河流前设置截流干管，当雨量小时雨水和污水通过截流干管都进入水处理厂；当降雨量大时，超出管道负荷的雨水通过溢流管溢入河中排走。截流式合流制是直泄式合流制的一种改进型式，适用于大多数华北村镇的排水现状，但是中远期仍应逐步改造为分流制。

（2）污水处理

① 直接排入城市管网

对于城市周边的村镇，由于可以与城市共享排水管网，因此，居住区排水管网实际是作为城市排水管网的一部分，使得村镇居住区的污水排入城市市政污水管道，进入城市污水处理厂处理。

② 污水单独处理系统

在村镇远离城镇且无法接入城市排水管网的地方，生活污水可采用人工湿地、地下土壤渗滤、生态塘、生物转盘、生物接触氧化、膜生物反应器、厌氧生物滤池、庭院式无动力污水处理设备、土壤净化槽、微动力净化槽等符合村庄实际的处理方式，经济条件较好的村庄可建设小型污水处理设施处理污水。

利用人工湿地进行污水处理时，宜设置围堤和防渗层，种植水生植物，进行水产和水禽养殖，形成人工生态系统，依靠塘内生长的微生物处理污水。该方式可单户、单村建设，也可多户或多村联合建设，通过人工建造和控制运行的、与沼泽地类似的地面，利用土壤、植物、微生物、人工介质的协同作用，对污水、污泥进行处理。

有湖、塘、洼地及闲置水面可供利用的农村地区可采用稳定塘进行污水处理，以常规处理塘为宜，如厌氧塘、兼性塘、好氧塘等。稳定塘应选择在选饮用水水源下游，并妥善处理好塘内污泥，污泥脱水可采用污泥干化床自然风干。当污泥作为农田肥料使用时，应符合《农用污泥中污染物控制标准》（GB 4284）中的相关规定。

没有污水收集或管网不健全的农村、民俗旅游村等可采用净化沼气池进行污水处理。净化沼气池包括预处理区、前处理区和后处理区，池内污泥随发酵时间的延长而增加，1~2年内应清掏一次进行处理。

2）垃圾处理

良好的环境卫生条件作为村镇建设和发展的基础，是产业发展和居民生活的重要保障，垃圾的处理方式和处理工艺将影响到村镇环境品质和服务水平。固体垃圾数量直接影响了垃圾处理厂的规模和处理量以及垃圾转运站的规模，因此合理选用垃圾收集方式和垃圾处理方式成为垃圾量预测的重要影响因素。

由于华北地区地域辽阔，部分村镇地处山区，交通条件不佳，使得垃圾运输至县城垃圾处理厂集中处理的垃圾量小、运输成本高，造成环卫设施运行不经济。因此该类村镇近期规划可指定合适的沟壑或地点作为垃圾填埋（堆放）点，并采用必要的手段防止垃圾液渗入地下，污染地下水和土壤。远期规划应结合村镇发展规模，建设垃圾处理厂实现垃圾的就地处理，或将垃圾经垃圾转运站处理后运送至县城垃圾处理厂进行集中处理。

交通便利的村镇应直接建设垃圾转运站并完善相应的垃圾收集和转运设施（图2-12），将垃圾收集后运输至县城垃圾填埋场进行集中处理。对于垃圾处理厂的选址与布局，则应考虑县域垃圾处理厂的服务半径和通达性，采用整体集中与局部分散的布局方式来扩大县域垃圾处理设施的服务范围，提高村镇垃圾集中处理率。

(a)　　　　　　　　　　　　　　　(b)

图 2-12　垃圾转运设施

2.3.6　村镇基础设施规划布局实现机制

（1）村民自主权与国家决策权相结合的规划机制

村民作为村镇基础设施最直接的使用者和受惠者，在基础设施的规划阶段，应充分了解村镇范围内的民众意愿，从村民需要最迫切、收益最直接的项目开始做起。政府通过这种村民自主权的决策模式，制定村镇的建设发展和村民居住环境改善的指导性目录，具体实施项目可由村民自主确定。

对于由国家直接投资的基础设施，当村镇居民不能提出合理的修建意见，同时也无强烈的修建意愿时，为保障国家社会、经济和环境的可持续发展，国家可按照国家决策进行统筹规划，合理安排。

（2）建立村镇基础设施建设的投入机制

发动和引导全社会参与新农村建设，动员有社会责任感的企业和高等院校为新农村建设提供资金和技术服务，制定鼓励企业参与新农村建设的激励政策，促进村镇基础设施的健康发展。

对于投资较小、受益对象明确的村镇基础设施，通过引导和激发村民参与建设的热情，充分听取村民意见，在村民自愿的前提下，向农民筹集基础设施建设资金，加快改变农村面貌。在农民没有资金的情况下，也可采取农民劳动投入的办法，降低基础设施建设的人工成本。

对一些重大基础设施项目，如村镇供水、生活垃圾处理、污水处理等，可以创造条件吸引外来资金加盟，运用市场机制和自愿机制，通过市场化运作的方式实现基础设施的建设和可持续运行。

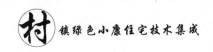

（3）完善村镇基础设施的经营管理机制

过去我国村镇基础设施建成后缺乏后续投入和维护，老化失修现象严重，难以发挥应有的效用。因此，必须建立与市场经济相适应的经营管理体制，有效增加农村基础设施供给的途径。

首先，在基础设施建设初期需明确相关责任，对于已经建设完成的基础设施项目和正在建设中的新项目，应秉承"谁投资谁负责"的原则，落实基础设施的后期管护；其次，应加强对居民的教育及培训，引导他们正确使用及合理有序地管护基础设施；最后，建立农村基础设施管护监督制度，对于用于管护的资金应进行必要的监督。

2.4 村镇生态景观规划技术

2.4.1 村镇生态景观存在的问题

目前我国正处于城镇化快速增长阶段，随着新农村建设的开展，村镇建设正以前所未有的速度进行着，同时农村的自然景观也面临着更加严重的挑战，但相应的生态景观规划并没有及时跟上。由于缺乏生态景观规划意识，加上部分地方领导片面追求经济利益，缺乏生态环境的保护意识和对农村景观生态资源的合理利用，自然景观为经济建设让步，造成农村特有的景观特色正日渐消失，资源和环境问题日益突出。

根据调研结果显示，华北村镇地区生态景观主要存在以下四方面问题：

（1）忽视自然景观规划，生态系统遭到破坏

随着新农村建设活动的开展，各地区普遍存在片面追求经济效益的现象，这样会造成对农村资源的不合理开发和利用，使农村生态环境遭到破坏。田野、河流、池塘、果园与自然植被是农村地区的固有特征，然而在景观规划设计中往往偏重于构成景观环境的"硬质景观"设计，而忽视了绿地林荫一类的"软质景观"设计，没有充分意识到保护和利用农村固有自然元素的重要性，导致自然、半自然斑块在大量的退化以致消失，取而代之的是依据规划蓝图而建成的水泥道路、广场、建筑物等硬质界面的人工景观斑块，原有自然生态系统的结构和功能遭到极大的破坏。

（2）植物景观单一，缺乏相应的管理措施

调研发现华北地区各村庄乔木的品种较为单一，大部分村庄仍然是"柳树站岗，杨树当家，槐树说算"的"老三样"格局。较少村庄拥有绿地，且很多草坪已成荒草地，管理状况较为混乱。大部分村庄的绿化风格极为类似，都是"一条路，两行树"的模式，树龄老化、自然生长、管理不善的现象普遍存在；有个别村庄栽培大量的时尚花木，种植大片单一草坪，造成苗木成本较高、管理困难，再加上管理不善，导致大量花卉、树木生长不良，有绿无景。

（3）植被选择"重视觉轻实用"

在树种的选择上贪大求洋，甚至不惜成本盲目引进南方或国外树种，忽视了乡土树种

的种植。很多被引进和从深山移植出来的树木，由于"水土不服"而夭折，以致出现花钱无树的结果。另外，有些地方的农村在树种选择上还存在着重美化轻绿化、重视觉轻实用的思想，道路两旁大量栽植南方的桧柏、蜀桧和红花槐等树木，小块绿地种植绿篱和草坪，虽有观赏性，但缺乏实用性，形成了"有绿无荫"的怪现象，违背了乡村绿化的初衷。

（4）乡土风貌和文化景观逐渐消失

随着经济发展和生活水平的提高，农民对其居住环境有着求新求变的心理，但由于缺乏有关生态环境保护的正确引导，大多数农村景观规划只体现在建筑的更新换代，而没有考虑农村原有自然景观的保护。一方面忽视古树、大树以及植物群落的保存价值和保护意义，另一方面忽视历史建筑和相关设施的保护。加上部分地方领导好大喜功，照搬照抄城市的景观规划设计，这样的农村景观规划最终导致农村原有的生态环境遭到破坏，乡土风貌和文化景观逐渐丧失，城不像城、村不像村。

2.4.2　村镇生态景观的构成

乡村景观由一定范围的农田、林地、牧业、种植和养殖业及村落等综合构成，是有着稳定的运动规律和健康平衡发展的复杂的生态系统。乡村景观包括自然景观和人文景观两方面的内容。自然地形地貌、水文气候、动植物环境等自然因素对乡村景观影响较大；社会经济发展程度、历史文化、生活习俗等社会因素对乡村景观也有一定的决定作用。不同地区基于经济发展水平、人口、自然资源状况的差异，乡村景观的内容亦各有所侧重。

（1）自然景观

自然景观是指基本维持原始自然状态，受人类活动干扰较小的景观。自然景观要素主要包括山体、平原、森林、沼泽、动植物等自然环境，是构成农村景观的基础。

受到当地的地形、地貌、气候、水文等自然条件的影响，新农村的景观建设和发展具有多样化。在不同地理位置的村落拥有不同的自然肌理，自然景观是自然要素相互作用、相互联系形成的自然综合体，是人类文明形成的必然条件。

（2）人文景观

人文景观反映了乡村社会、经济、历史、文化的发展状况，是人与自然界长期相互作用的产物，是一个错综复杂的综合体。为了便于研究分类，可以将人文景观分为物质因素和非物质因素。物质因素指有形的物质，可以被人们直接用肉眼感受到的，包括人物、街道、聚落、栽培作物、服饰、交通工具、驯化动物等，具有形状、大小和颜色等各种特征表现形式；非物质因素主要包括思想意识、宗教信仰、价值观、审美观、生活方式、道德观和生产关系等，都是抽象的、无形的反应。

2.4.3　村镇生态景观的规划设计原则

为了在发展农村经济的同时保护自然环境，营造良好的生态环境和优美的生活环境，在农村生态景观规划设计中应遵循以下原则：

（1）生态可持续性原则

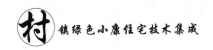

可持续发展是指既要满足当代人的需求，又不妨碍后代人满足其自身需求能力的发展。实施可持续发展战略，是村庄发展的需要和必然选择：对自然环境进行保护和适度发展农村才能获得可持续发展的物质基础；对社会环境进行改善，才能满足农民的现实生活需要；对历史文化景观进行保护和发展，农民劳动的历史成就才能得以继承，村庄的历史文脉才能得以延续。

（2）以人为本的原则

农村规划建设的核心思想就是"以人为本"，考虑人的需求，创建宜人、冶人的高品质空间环境是新农村景观建设的根本原则。满足人在活动时的要求、给人以舒适宽敞的尺度标准、推动人的精神道德提升是这一原则的具体要求。

在新农村景观规划建设中要充分考虑到受众者的物质与精神需求，以人的尺度和视角来考虑现代的建设方法和要素的选择与运用，为人们创造出宜居、实用、舒适的居住环境的同时，还应该使村民获得相对应的场所感、人身安全感和私密感。

（3）突出地域文化特色原则

在新农村景观建设中，应深入挖掘农村风土文化内涵，关注人与场所的关系，尊重村民的真实体验，碰触历史的脉络。从社会经济的角度来看，应该考虑到不同社会群体的利益，促进社会公平；应借探索与时俱进的农村发展策略与契机的东风，为积极向上的农村发展提供积极稳定的因素，并且达到提高经济活力的目的。新农村景观设计要与农村历史一脉相承，既要尊重历史、传统，认真分析一个农村历史文化、自身特色和活力，又要认清楚传统文化与其他文化的时间性差异，并摒弃落后的东西，坚持传统的优秀文化遗产，使农村地域文化得以传承、发展和延续。

（4）生态景观功效性原则

建设优美的生态环境，实现景观的自然回归，并不是单纯的以尊重自然为原则，而是要将生态景观作为自然、经济和功能的复合体。在尊重原生态承载力的同时，要充分考虑如何利用自然资源，如通过风能、光能和水能的科学合理利用提高生物产能，实现景观的效率最大化，使生态景观功能得以充分发挥，提高生态景观的时效性。

2.4.4 村镇生态景观的构建方法

（1）保护环境敏感区

通过对乡村中重要、特殊的环境敏感区的保护来把握乡村景观的基本脉络。规划区域中环境敏感区往往是表现区域景观突出特征的最关键地区，但它比较脆弱且经不起破坏而又难以弥补。因此相应的景观规划设计的方法就是强化对这一地区的保护，通过调查、分析和评估确定区域的环境敏感区的位置范围及环境容量，制定相应的保护措施，防止不当的开发和过度的土地使用。

（2）完善景观结构的方法

只有保证景观结构的完善才能实现景观功能的有效发挥，但乡村景观结构往往由于人为的影响而显得十分不稳定，因此，相应的景观规划方法就是补充景观结构的薄弱环节，使其更加完善而获得稳定。通常是通过建立充分的斑块和廊道把乡村中每一处林地、绿地、河流、山地都纳入景观结构之中，同时根据乡村现状确定斑块的最佳位置和最恰当边界，最终建立一个丰富、有效、可以自我供给、自我支持的动态景观。

① 重视农村生态廊道建设

廊道是指景观中与相邻两边环境不同的线性或带状结构，其中道路、河流、农田间的防风林带、输电线路等为廊道常见形式。

在农村生态景观规划中应非常重视对自然廊道的保护和利用，自然廊道的存在有利于吸收和缓解污染，形成城市与农村之间的保护带。

人工廊道的建设在农村生态景观规划中是非常重要的。人工廊道主要指人工修建的铁路公路及其他廊道，对于农村而言人工廊道主要就是村道。目前乡村道路主要存在着"布局不合理、连同性差、无绿化、无硬化"的问题，没有形成良好的交通网络。在规划中应形成高效有序的道路网络，增加道路廊道的连通性，注重道路两边的绿化，形成有效的防护屏障。

② 突出斑块建设

斑块泛指与周围环境在外貌或性质上不同，并具有一定内部均质性的空间单元，对于乡村景观而言斑块可以是农田、居民点或草地等。

以生活居住区斑块为例，农村原有居民点主要存在着布局分散、建设混乱，新老房屋混合布置，居民点内缺乏公共绿地的问题。以斑块建设的均匀性理论为指导，在规划居民点时以"统一集中，均匀分布"的原则来布局。同时，在居民点之间进行公共绿地的建设，既有利于绿地的均匀分布，也可使居民点间得到有机联系；又比如在特色农林生产区及农业观光旅游斑块中，利用农村现有的农林资源，在进行产业发展的同时，结合观光旅游开发，形成具有特色的农林生产区及农业观光旅游斑块。

（3）生态工程方法

传统的景观规划强调人工对环境的改造，虽然能短期实现目标，获得崭新的景观，但往往要花费大量的人力和物力才能维持。生态工程方法则通过维持环境某种程度的生态多样性来发挥环境的能动性，实现景观的自我增益。生态多样性能形成一种综合的"栖息环境"，这种栖息环境具有丰富的层次结构，能自行生长、成热、演化，并抵御一定程度的外来影响力，即使遭到破坏也有能力自我更新、复生。建立在这种"栖息环境"上的景观就是自我设计的景观，它意味着人工的低度管理和景观资源的永续利用。

2.4.5　村镇生态景观的空间管制规划

1. 空间管制分区

对整个村镇区域未来发展进行的评价判断，确定不同区域用地的规划建设适宜性程度，划定生态环境的空间管制分区。

（1）禁止建设区

禁止建设区主要指对生态环境质量有较高要求，对开发建设活动严格限制的区域，主要包括基本农田、行洪河道、水源地一级保护区、风景名胜核心区、自然保护区核心区、地质灾害易发区、矿产采空区、文物保护单位等。

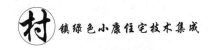

（2）限制建设区

限制建设区主要指对村镇建设布局、规模、用地性质和强度等方面有严格要求的区域。限制建设区包括水源地二级保护区、地下水防护区、风景名胜区和自然保护区森林公园的非核心区、文物地下埋藏区、机场噪声控制区、生态保护区、采空区外围、地质灾害低易发区、行洪河道外围一定范围等。

限制建设区多数是自然条件较好的生态重点保护地或敏感区，应科学合理地引导开发建设行为，提出具体建设限制要求，做出相应的生态影响评价和提出生态补偿措施。

（3）适宜建设区

适宜建设区主要是指对村镇建设进行一般性控制和引导，允许进行高强度经济开发建设的城镇区域，包括城镇建设区及独立工矿等适宜建设的区域。

2. 生态环境空间管制策略

1）禁止建设区

（1）风险避让

对地质灾害评估中的不适宜建设区及 20 年一遇洪水位以下的区域，禁止除景观构筑物外的开发建设。如进行村镇绿地建设，需经过严格论证与审查程序，并对不良地质进行工程处理。

（2）环境保护

① 水体环境保护区及河道蓝线两侧的绿化带区域范围内禁止除小品等景观构筑物外的开发建设，应保证河流廊道系统的连续性和生态功能。

② 饮用水源一级保护区（各取水点上游 1000m 至下游 100m 的水域及其河岸两侧纵深各 200m 的陆域），应遵守相关水源地的保护。水源地保护区内严禁新建、扩建与供水设施无关的建设项目，禁止向水域排放污水、放养禽畜和从事网箱养殖以及旅游和其他可能污染水源的活动。

（3）资源保护

① 在风景名胜核心区，除必须的保护和附属设施外，不得增建其他工程设施。

② 作为永久绿化区域的大型林地板块和廊道区域，除小品等景观构筑物外，禁止建设建筑物与构建物。

③ 地下文物等原地静态保护范围内，除绿地景观建设及文物保护单位修复活动外禁止其他任何形式的建设活动。

2）限制建设区

（1）风险避让

地质灾害中易发区、二级保护区和准保护区内不得新建扩建严重污染水域的建设项目，改造项目需削减污染物的排放量，以减少污染物的排放总量，确保保护区的水质符合地表水三类环境质量标准。

（2）环境保护

公园和主要带状绿化区域内禁止大规模开发建设，只允许结合绿化休闲活动布置小品等景观构筑物，可结合村镇绿地系统形成村镇周边的自然生态公园。

（3）资源保护

① 禁止在地质公园内擅自挖掘、损毁被保护的地质遗迹，不得建设污染环境、破坏景观、妨碍游览的设施，不得建设招待所、宾馆以及疗养机构；当在风景名胜区建设特殊重要的工程项目时需经过严格论证与审查程序。

② 在主要农业生产区、农田耕作区应遵守相关的法规、制度与要求，任何单位和个人不得在基本农田保护区内建房、建窑、挖砂、建坟、采矿、采石、堆放固体废弃物或进行其他破坏基本农田的活动；对于林地、园地等应鼓励扩大植树造林以维护生态环境活动，禁止进行采矿、建设工厂等一切非农活动。

3）适宜建设区

（1）风险避让

大型林地、灌木林混合斑块、廊道区域等作为绿化区域的部分，应进行生态维护和植被恢复，维持原生态的自然景观。

（2）环境保护

地质稳定、无地质灾害的区域是村镇发展优先选择的地区，但应根据资源环境条件，合理确定开发模式、规模和开发强度。

2.4.6　村镇生态景观体系的构建模式

1. 村镇斑块构建模式

（1）环村林建设模式

按照"依村、就势、造绿、布景"的理念，针对地形地貌特点，充分绿化村庄周边荒山、荒地、荒滩，营造较大规模的环村林斑块、片林，大幅度提高村庄绿化，形成连片贯通、复层混交、结构稳定、错落有致、景观优美的环村林。根据村庄区位特点、自然条件、经济状况、产业基础等基本条件，建设生态防护型、经济林斑块型、用材林斑块型、花卉苗木型、公园绿地型等不同类型环村林。

经济型林带（图 2-13）：此斑块主要适用于有果树栽培传统的村庄。主要利用村边隙地，大力发展经济林，建设名优特果品基地以及高效设施果品基地，依托基地开展农家乐观光旅游采摘。树种选择应统筹考虑当地村民的生产和生活习惯，兼顾绿化效果。经济林树种可选择桃树、石榴树、苹果树、梨树、杏树、柿子树、核桃树、山楂树、板栗树等。

图 2-13　经济型林带建设模式

（2）墙体立体绿化模式

住宅等建筑外立面、围墙等应进行立体、多层次、多功能的绿化和美化，进一步拓展绿化空间，增加绿化，丰富村庄绿化空间、结构层次和立体景观效果。

墙体绿化指用攀缘或者铺贴式方法，以植物装饰建筑物的外墙和各种围墙的一种立体

图 2-14 墙体绿化模式

绿化形式，扩大绿化空间，增加绿化。墙体绿化模式如图 2-14 所示。

墙体绿化的植物配置应注意以下三点：

① 墙面绿化的植物配置受墙体材料、朝向和墙面色彩等因素制约。粗糙墙面攀附效果最好，光滑墙面攀附效果较差；应根据墙面朝向不同分别选择喜光和耐阴的攀缘植物。

② 墙面绿化的植物配置分规则式和自然式两种。

③ 墙面绿化种植形式可分为地栽和容器栽植两种。

植物可选择爬山虎、紫藤、蔷薇、常春藤、凌霄、藤本月季等植物，观赏性强且物美价廉，作为首选植物。爬山虎、常春藤适用于实体墙绿化，地锦喜阳，常春藤喜阴；蔷薇和藤本月季适用于围栏式墙体绿化，也可选用其他植物垂吊于墙面，如紫藤、葡萄、金银花、牵牛花等，或果蔬类如南瓜、丝瓜、佛手瓜等。

（3）河渠坑塘绿化模式

以生态保护、水土流失治理、绿化美化河岸为主要目标，对沟渠、坑塘周边采用近自然的水岸绿化模式实施全绿化。有条件的村庄可以在岸边建设护栏、台阶、座椅等，规划建成滨河小公园。

生态自然型（图 2-15）：河渠坑塘水域和周边绿化植物选择相对较为丰富，可充分利用原有的水生和陆生植物，通过整理、修剪、补植等改造措施，提高自然生态修复能力，增添活力和秀气，提升河岸绿化水平。

水生植物可选择睡莲、黄菖蒲、芦苇、香蒲、千屈菜等；岸边乔木可选择柳树（金丝垂柳、竹柳）、水杉、栾树、白蜡等。

图 2-15 生态自然型

（4）庭院绿化模式

庭院绿化的范围主要是房前、屋后、院内、宅旁，以栽植经济树种为主，配合栽植景观树种，坚持绿化美化与发展庭院经济相结合，打造花果飘香、居所优美的生态经济型庭院，呈现优美的田园风光。

根据庭院面积大小，可相应选择花灌型和林木型。面积狭小的庭院，以花卉为主，孤植树木；面积大的庭院，以树木为主体，花灌木作为点缀搭配。

① 林果庭院型（图 2-16）：一般庭院均可选择此模式，利用房前屋后和院内空间，以

栽植经济树种为主，将绿化美化与发展庭院经济有机结合起来，见缝插绿，拓展绿化空间，打造花果飘香、居所优美的生态经济型庭院。树种的花期、果期最好能错开，以便延长庭院的整体观赏期，且每年可收获多种果实。

乔木可选择石榴、柿子树、苹果、山楂、核桃、枣等；花卉可选择牡丹、芍药、月季、唐菖蒲等；坝上地区院内可选择金红苹果、山杏等；沿海地区院内可选择金丝小枣、冬枣、梨、葡萄等。

② 花灌木＋藤本＋乔木型（图 2-17）：家庭较殷实、庭院面积不太大但又喜爱花卉的农户，可种植藤本实行墙体立体绿化，露地栽植花灌木和乔木，达到幽静整洁，夏季遮阴，冬季晒日的效果。

图 2-16　林果庭院型

图 2-17　花灌木＋藤本＋乔木型

乔木可选择栾树、槐树、玉兰、海棠等；藤本可选择葫芦、南瓜、黄瓜、丝瓜等；灌木可选择蔷薇、丁香、贴梗海棠、石榴、枸杞、连翘等；花卉可选择大丽花、蜀葵、大花月季等。

（5）公园绿地模式

公共场地绿化美化应实施园林式绿化。树种以冠幅大、遮荫好的高大乔木为主，适当搭配花灌木，做到针阔搭配，灵活运用丛植、孤植、立体绿化等方式，以植物造景为主，做到春有花、夏有荫、秋有果、冬有绿。有条件的村可以适当配置花坛甬道、休息座椅、运动器材、宣传专栏等，把村内公共绿地打造成休闲游憩的公园、运动健身的场地、沟通信息的平台。

图 2-18　休闲公园型

休闲公园型（图 2-18）：利用村庄现有的树林或空地修建公园，配备凳椅、棋桌、棚架等，丛植、孤植乔木，配置花灌木，园路两边种植低矮地被植物，棚架可选择藤本植物进行立体绿化。

乔木可选择雪松、桧柏、悬铃木、国槐、合欢等；花灌木可选择海棠、紫薇、连翘、大叶黄杨等。

2. 村镇生态廊道构建模式

通过新建、改造、补种等措施，多树种混交，多林种配置，乔、灌、花立体搭配，构建绿量厚重、层次丰富、景色优美的廊道景观。

路界内绿化美化的重点是做好道路隔离带、边坡、边沟、护栏、桥体等绿化美化。道路隔离带以小乔木和灌木树种为主，适当搭配常绿、观花、彩叶植物，形成错落有致的高密度彩色绿篱，起到隔离灯光、美化环境的作用；在关键节点、重要路口等地段，栽植颜色不同、花期有别的植物，达到振奋精神、消除疲劳的效果；边坡通过攀缘植物和花灌木合理配置，实现边坡全覆盖，达到春季繁花似锦、夏季满眼绿色、秋季五彩缤纷的景观效果，特别是通过栽植攀缘植物，使石质边坡、修路弃方等不宜绿化点段实现绿色覆盖；充分利用边沟集水汇水的特点，栽植喜湿耐涝乔木，发挥防护作用，形成绵延不绝的美丽风景线。

路界外绿化美化应根据不同区域特点，因地制宜，因路施策，打造成绿树成荫全覆盖、景观节点相串联的景观绿化带。平原地区在树种选择上，以常绿、落叶、彩叶树种混交为主；在林种配置上，防护林与经济林交替栽植；在空间布局上，乔灌花内中外、上中下合理搭配，达到高低起伏、错落有致，四季有绿、三季有花、秋季有果的景观效果。山区丘陵区采取人工造林与封山育林相结合、常绿和落叶树种混交、观花和彩叶树种点缀的方式，实现路两侧第一可视面全部绿化美化，达到春花烂漫、秋林尽染等四时景不同、季相有变化的效果。坝上地区和沿海地区要分别选择耐寒抗旱的花卉、常绿针叶树种、落叶阔叶树种以及抗盐碱的彩色草、花灌木、乔木，发挥观赏、防风功能。在主要节点、道路迎视道，通过植物造景和建设园林小品，实现绿化与造景相结合，塑造艺术景观。对树种单一、景观单调的已建廊道，可适度移植或间伐现有树木，在林下补种观赏耐阴花灌木，增加观赏性。

（1）原有廊道景观提升改造模式

① 分段去乔增加景观树种模式（图 2-19）：垂直于道路，每隔 500m 左右，间伐一定宽度的落叶乔木，改种花卉苗木或彩叶植物，提升林带的整体观赏性和视觉动感性。

乔木可选择松柏类常绿树种或金叶榆、金叶国槐等彩叶树种，灌木可选择金叶女贞、紫薇、木槿等，花卉可选择景天、萱草、二月兰等。

图 2-19　分段去乔增加景观树种模式

② 林下补种经济花卉模式（图 2-20）：郁闭度适宜的情况下（0.4 左右），可直接在林下栽植耐阴经济花卉，提升林带观赏性和经济功能。林下可种植油菜、芍药，还可种植景天、板蓝根、金银花、知母等。

③ 轻度改造，增加彩叶小乔木或花灌木模式（图 2-21）：在靠近道路内侧，平行于道路，增加彩叶小乔木或花灌木或改植为彩叶小乔木或花灌木，增加林带的观

赏性。彩叶小乔木可选择五角枫、黄栌、元宝枫、紫叶李、金叶榆等；花灌木可选丁香、榆叶梅、连翘、黄刺玫等。

图 2-20　林下补种经济花卉模式

（2）平原廊道绿化模式

① 花灌木＋常绿乔木＋高大落叶乔木模式（图 2-22）：从通道由内向外，最里面可栽植多花色多花季的花灌木，中间栽植中等树高的常绿乔木，外侧栽植高大落叶乔木，形成多层次、多色彩的绿化效果，发挥景观观赏、降噪吸尘、防风阻沙等功能。本模式适用于村镇重要道路高标准绿化美化。

花灌木可选择连翘、紫叶李、木槿、红叶海棠类、碧桃、榆叶梅、金叶榆铺地柏；常绿乔木可选择侧柏、油松、桧柏、白皮松等；高大落叶乔木可选择杨树、栾树、槐树、悬铃木等。

图 2-21　增加彩叶小乔木或花灌木模式　　图 2-22　花灌木＋常绿乔木＋高大落叶乔木模式

② 彩色小乔木＋高大落叶乔木模式（图 2-23）：从通道内侧向外，最里面栽植彩叶小乔木，外侧栽植高大落叶乔木，形成双层次、多色彩的绿化效果，发挥观赏、防风等功能。

彩叶小乔木可选择五角枫、黄栌、元宝枫、金叶国槐、金叶榆等；高大落叶乔木可选择杨树、栾树、槐树、白蜡等。

③ 多种经济林分段交替种植模式（图 2-24）：多种花色的经济林根据开花时间的不同，沿通道分段成片交替栽植，形成多色彩绿化效果，发挥观赏和经济双重功能。经济林树种可选择桃树、山楂、梨树、苹果、李子等。

图 2-23　彩色小乔木＋高大落叶乔木模式　　　　图 2-24　多种经济林分段交替种植模式

④ 高大乔木＋林下耐阴花卉模式（图 2-25）：在通道两侧种植适当密度的高大落叶乔木，在林下种植喜阴、花色美丽、有一定经济价值的药用花卉或油用花卉，形成上绿下美的立体绿化效果，发挥防风阻沙、观赏、经济功能，适用于具有一定绿化基础的绿色廊道的改造提升。花卉可选择桔梗、板蓝根、油菜花、油葵、薰衣草等。

图 2-25　高大乔木＋林下耐阴花卉模式

（3）山区通道两侧近距离山坡绿化美化模式

经济林＋水保风景林团块状混交模式（图 2-26）：道路外侧的山坡底部或下部有耕地的，可种植核桃、板栗、大枣等干果；有水利条件的地方，可种植苹果等果树，发挥观赏、经济功能。

通道外侧无耕地且紧挨山坡的，可以在山坡下部栽植耐旱的彩叶树种，发挥观赏功能。

中上部阳坡地区：立地条件较好的地方可种植刺槐、香花槐、侧柏等喜阳耐旱的树种，培育乔灌混交林；立地条件差的地方可采用封山育林，辅以人工造林，培育乔灌混交林，发挥保持水土、绿化功能。

中上部阴部地区：立地条件较好的地方可种植油松等喜阴耐旱的树种，培育针阔乔木

图 2-26　经济林＋水保风景林团块状混交模式

混交林；立地条件差的地方可采用封山育林，并采用人工辅助造林，培育乔灌混交林，发挥绿化、涵养水源的功能。

彩叶树种可选择黄栌、五角枫等；山体绿化树种可选择侧柏、油松、刺槐、山桃、山杏等。

（4）坝上寒冷干旱地区廊道绿化模式

耐寒花卉＋耐寒常绿针叶乔木、耐寒落叶乔木模式（图 2-27）：道路内侧选择耐寒、抗旱的花卉，外侧选择耐寒的常绿针叶树种与耐寒的阔叶树种形成带状或团块状混交模式，形成起伏跳跃感，同时起到观赏、防风作用，适用于坝上高原寒冷地区。

图 2-27　耐寒花卉＋耐寒常绿针叶乔木、耐寒落叶乔木模式

花卉可选择波斯菊、委陵菜、地榆、粉报春、蒲公英、柳兰等；针叶树可选择落叶松、樟子松、云杉、杜松等；落叶乔木可选择小叶杨、柳树、桦树、榆树、金叶榆等。

（5）沿海地区廊道绿化模式

抗盐碱彩色草＋抗盐碱灌木＋抗盐碱乔木模式（图 2-28）：道路内侧选择抗盐碱的彩色草，中间选择抗盐碱灌木，外侧选择抗盐碱的乔木，形成多层绿化效果，发挥观赏、防风功能。适用于沿海的重盐碱地区廊道绿化。

彩色草可选择碱蓬、蜀葵等；灌木可选择黄杨、紫惠槐、沙拐枣等；乔木可选择抗碱柳、沙枣、白蜡、栾树、刺槐、速生榆、柳树、日本黑松、龙柏等。

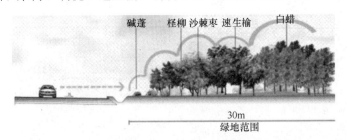

图 2-28　抗盐碱彩色草＋抗盐碱灌木＋抗盐碱乔木模式

（6）街道廊道绿化模式

街道的绿化美化应坚持以乔为主，灌花搭配，根据道路宽度、周边环境，合理选择绿化树种和模式，做到通行通畅、景观优美、生活便利。

一般街道可采取阔叶、针叶结合等方式，在两侧各栽植一行或两行高大挺拔的行道树，展现积极向上的村风村貌，并适当点缀栽植地方特色浓郁的花灌木；村内较窄的街道可选用树冠较小的树种，单行栽植；两侧有高压线的街道要选择花灌木或小乔木，以保证人员安全。

①花灌木＋攀缘植物型（图 2-29）：对村庄内空间窄小道路两侧实行绿化可选择1～2种灌木进行绿篱型栽植。绿篱型栽植景观应整齐、养护方便、色彩丰富，可自由搭配，错落有致。

花灌木可选择蔷薇、紫藤、金叶榆、月季、大叶黄杨、金叶女贞、丁雪、连翘、榆叶梅等；攀缘植物可选择爬山虎、藤本月季、葡萄、凌霄、紫藤等。

②花灌木＋乔木型（图 2-30）：该模式可采用常绿乔灌、落叶乔灌、常绿落叶乔灌等植被，一般选择1～2个乔木树种栽植、花灌木带状栽植或造型分球栽植。对高压线下或空间窄小的街道两侧绿化，可选择1～2种小乔木栽植，配置花灌木。

图 2-29　花灌木＋攀缘植物型　　　　　　　图 2-30　花灌木＋乔木型

乔木可选择栾树、香花槐、白蜡等；花灌木可选择蔷薇、紫藤、紫荆、木槿、海棠、金银木、樱花、玉兰等；造型球可选用大叶黄杨球、金叶榆球、龙柏球、桧柏球、金叶女贞球等。

第3章　村镇绿色小康住宅关键技术

3.1　村镇绿色小康住宅建筑风貌与布局

3.1.1　村镇住宅建筑风貌和平面布局现状

通过对华北村镇民居调查研究可以发现，由于经济条件的限制，大多数农村住宅缺乏专业设计人员的统一指导，同时由于没有现成的农村住宅设计标准可供参考，因此农村住宅形式大多以当地居民曾经看到过的某个喜好或当地流行的建筑形式为主，往往是村镇居民喜欢的建筑形式的拼凑，使得农村住宅的风格较为混乱，华北地区传统农村住宅具有特色形式的影壁墙、抱鼓石、门头等建筑文化逐渐被遗失；从调研数据统计中可以发现，大部分民居的平面布局照搬城市住宅户型和功能布局模式，从而造成农村住宅与城市住宅功能趋同，空间布局不合理，不符合农户的生活习惯。这样不仅造成了人力、物力和财力的资源浪费，同时严重降低了居住的舒适度。

根据调研数据的统计分析结果，目前华北农村民居主要存在以下三方面的问题：

（1）传统建筑文化逐渐流失，建筑风貌缺乏美感。

由于没有建筑装修方面的专业知识，华北村镇居民建房时照搬照抄城市已建成的建筑，认为城市建筑和国外建筑是现代的、国际的、先进的，把城市商场的大玻璃门、大玻璃窗照搬到自己的居住建筑上，不仅形成了建筑的不安全因素，还造成了建筑的窗墙比过大，能源消耗严重；同时农村居民在住宅的局部添加了一些欧洲风情的建筑元素，但是没有考虑到整个立面的协调工作，造成最后的结果是土不土、洋不洋、不伦不类的建筑风貌。

（2）盲目攀比造成的建筑实用性较差。

在村镇住宅建设中普遍存在的现象是住宅越建越大，越建越高，农民建房并不是根据自身的实际需要和经济能力出发，而是出于盲目地跟风攀比。在调研华北地区的村镇住宅时发现，许多新建住宅刚建好就有其不适用的地方：

① 部分住宅只顾追求房间高、面积大，并为此耗费了大量财力，室内却无钱装修，更不用说买家具了，一些新房刚建成就成为了特大的贮藏间；

② 由于不能正确处理建筑内容与形式之间的关系，许多村镇居民为了追求某些主要空间，如客厅的高大气派而牺牲了其他应有的空间，比如楼梯是非常重要的使用空间，却往往被其他空间挤占得又窄又陡，老人及儿童使用困难；

③ 一些住宅外观看上去挺鲜亮，但房屋的建筑布局、材料、通风、排水等均缺乏科

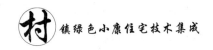
学考虑和统筹安排；

④ 一些住宅的厨房设置在庭院中，不利于基础设施改善后的使用；

⑤ 大部分村镇居住建筑，在使用功能设施方面舍不得投资，如卫生设施、上、下水管系统、采暖系统、沼气池等。为了所谓形式的好看，而过多地投资于不恰当甚至是多余的装修装饰上，使建筑看起来似乎富丽堂皇，但实际很不实用。

（3）住宅功能设计不合理

农民建房大多没有正规图纸或者根本就看不懂正规图纸，建房施工人员通常所依据的仅仅是一张由泥瓦匠或包工头与房主口头商定的简图。使用这种方法建造出来的住宅除了容易造成安全问题外，还造成诸多功能上的不合理：

① 空间尺度不合理，比如卧室过于狭长，净宽 1.8~2.4m，进深却在 8~10m；

② 平面布局盲目追求大开间，房间设置较多，但没有配套的厨房和卫生间，使用很不方便，经常是一栋新建的两层楼房，仅在第一层设计一个卫生间，使用很不方便；

③ 房间内部结构设置不恰当，一般设计无贮藏室，物品放置混乱，甚至卧室变成仓库；

④ 层高不合理，房屋空旷高大，有的高达 4m 以上，增加了建筑材料用量。

本节针对以上问题，通过对民居的建筑风貌和空间布局的影响因素进行分析，形成优化设计策略。

3.1.2　村镇住宅建设的影响因素分析

1. 民居建筑风貌的影响因素分析

（1）用地面积的影响

随着集约化布局规划的要求，华北民居的宅基地面积正在逐渐减少，宅基地面宽由原来的 9~10m 变为 8~9m，进深由 20m 缩短为 18m。村镇民居宅基地面积的变化使得民居的建筑风貌发生了相应的改变，即在有限的用地范围内，两、三层坡屋顶的民居建筑逐渐增多起来，楼房逐渐代替了平房。

（2）生产生活方式的影响

生产生活方式的改变造成了建筑外貌和空间形式的改变。在传统民居中，由于从事农业生产方式的需求，大多数农村居民需要在屋顶上晾晒粮食，因此传统民居主要以平屋顶为主，随着第二产业和第三产业的发展，为了建筑美观、节能保温以及生活方便等因素的考虑，屋顶形式逐渐由平屋顶转变为坡屋顶，随之而来建筑形式发生了相应的改变。

（3）建造材料的影响

传统的华北民居屋顶形式多采用抬梁式木结构，一般为"惟五架之房，俗称四橼户"，即主要为三架梁和五架梁。一般的房屋只用两榀木屋架，东西山墙直接搁檩，承重山墙多为砖墙或土墙，虽然外观以实体墙为主，但不同房屋组成了高低错落的轮廓线，呈现出简单而十足的韵味。现在的华北民居建筑多采用砖混或框架结构，屋顶采用现浇楼板或轻钢屋架，外墙采用面砖或水泥抹灰饰面，建筑风格过于整齐划一和呆板。

（4）建筑装饰的影响

华北传统民居建筑多采用石雕装饰，局部构件一般予以重点装饰（重点装饰部位为门头、檐口、屋脊、影壁墙等处），并将结构构造形成一定的美感，与传统建筑形式相结合；现代的华北民居建筑大量采取城市装修面砖进行装饰，加之欧式化的建筑风格，形成了不伦不类的建筑形式。

（5）风俗习惯的影响

华北地区农村住宅建设时对风水较为注重，风水对住宅的建筑形式也有一定的影响。如华北地区传统农村住宅建设时一般以客厅为中心的平面形式，这是因为认为客厅位于住宅的中心为大吉之象，可以带来家运昌隆；风水学中"开门不见灶"，"开门不见厕"，"横梁不压顶"等居家禁忌，使得农村住宅的功能及空间形态上都有所避讳。

2. 民居建筑空间布局的影响因素分析

1）生产生活方式的影响

随着土地集约化政策的深入实施以及城镇化进程的加速发展，华北村镇居民的生产生活方式发生了变化。根据调研数据可以发现，村镇居民按照生产方式的不同主要分为以下四类：（1）农业类型：主要从事农业生产活动，辅助养殖业生产活动；（2）综合类型：以从事商业、手工业或者外出打工为主，兼有小部分种植业生产；（3）非农业类型：全部依靠家庭成员在城市的工作，基本脱离原本生产生活状态。

（1）农业类型

农业类型是当前华北平原农村主要的住户类型，其居住空间在一定程度上受到了农业劳作活动的影响。以传统的家庭为单位进行农业生产的住户，由于其耕作面积和科技水平的限制，其使用的农具偏于小型化，在家中存放较为方便；随着现代化农业工具逐渐进入农民的生活，传统的布局形式已不再适用于农村地区。因此针对农业类型的住宅空间设计时，要合理地处理好其生产空间和生活空间的关系，尽量做好分区处理；另外，要设置充足的储藏空间用来存放农户经常使用的农具以及农产品，储藏空间设计时应尽量远离卧室、客厅等生活空间，靠近住宅的出入口。

（2）综合类型

随着经济的转型发展，越来越多的农户不再从事单纯的农业生产，更多的人从事手工业、商业、服务业等生产活动。这种类型的生产活动对住宅空间的要求是能够提供较大面积的手工作坊空间、加工产品的空间以及对外经营的空间。经营空间应当位于住宅的对外部分，与商业街道有方便的联系，与住宅的生活空间适当隔离，可以通过庭院等过渡空间将两部分隔开。

由于从事经营的活动不同，所以对于住宅空间的具体要求也不尽相同：

① 以商业为主

对于从事小商品零售业的农户来说，需要特别考虑的是经营部分以及存放商品的库房两种特别的功能空间，应根据住户的具体需求控制好库房与经营空间的面积比例。经营空间应该对外联系方便，库房应当与经营空间紧邻布置。

② 以手工业为主

对于从事手工业的农户来说，需要考虑其经营部分与手工作坊这两种空间的设置。农

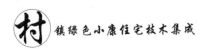

村地区的手工作坊大多是小型的，主要用于维修家电、缝纫加工、制作手工制品等。有些制作工作本身带有展示功能，可以在经营空间内隔出一部分空间进行；有些制作工作过程较为复杂，需要单独的空间。工作间一般来说要与经营空间紧邻设置，与生活空间尽量分隔；由于考虑到人在里面的工作时间较长，所以应该具有良好的采光和通风条件。

③ 以外出打工为主

这种类型的农户在当前的华北农村地区也普遍存在，他们常年在城市打工，不以农业生产为主要的经济来源，进行的农业生产只是满足自己的日常需求。储藏空间面积不需要设置很大，一般控制在 $10m^2$ 左右。由于这种类型的住户受到城市文化影响的冲击较大，所以对生活空间的需求上更注重舒适性。

（3）非农业类型

随着农村中越来越多的年轻人进入城市学习和工作，这些年轻人的父母会继续留在农村生活，但是已经基本上脱离了农业生产活动，家庭主要开支依靠在城市工作的青壮年劳动力。这种住宅可以不考虑农业生产活动对于住宅的影响和需要，更加注重生活环境的舒适性以及个性需求。

以上是华北农村地区不同生产方式对居住空间的需求，在进行具体的住宅功能空间设计时应当根据农户的生产生活方式的不同进行有针对性的设计。

2）家庭人数的影响

随着农村经济社会的发展，农村家庭人口规模正在逐渐减小，户型规模却不断增大，这成为农村住宅发展的主要趋势。目前华北农村家庭大致可以分为核心家庭、扩大核心家庭、单身家庭、丧偶独身家庭、两人户以及隔代户等。根据调研结果可以看出近几年华北地区农村平均人口在2~6人左右。

家庭成员的数量和结构构成对农村住宅的功能有着直接的影响：家庭人员的数量决定了卧室的数量和客厅、餐厅等功能空间的建筑面积；而家庭的结构构成不同对住宅空间的形态需求也不一样，如老年人与年轻人对卧室空间的需求就各不相同。

以某农村住宅的功能模式为例，家庭结构为核心家庭3人户，年轻夫妇和一个小孩。从住宅的功能形态来看，两个卧室已满足家庭成员的居住需求。假设随着时间的发展，年轻夫妇又生育一个小孩，家庭成员数量因此增加。尽管孩子小时候可以与父母合住在一起，然而随着孩子的年龄增长，必然要求分室，因此对卧室的数量要求必然增加。此外，孩子结婚后，家庭的结构构成开始发生变化，家庭成员数量增加对住宅的功能要求便不再满足于卧室的数量，对以往住宅的餐厅、卫生间的面积也会有所增加。此时农村大多数家庭会面临两种方向，一种是共同生活在一个家庭，即所谓的核心扩大家庭；另外一种则是分户，继而转变为核心家庭与老年人夫妇两人户。

由上述家庭结构变化可以看出，随着家庭成员数量的增加而引起的家庭结构的变化，对住宅的功能需求也会相应的增加。类似这样的家庭结构变化是传统的农村住宅功能演进的主要原因之一。

3.1.3　村镇住宅的发展方向

现在的住宅设计理论中，以人为本和可持续发展的观念深入人心，农村住宅的评判标准应从原来的以满足生理需求为标准过渡到更多的考虑精神需求的阶段,多类型化、多样化、合理化已经成为现在农村住宅设计中的新趋势。

(1) 住宅的"多类型化"

近年来随着改革开放进程的加快,农村经济发展迅速,华北地区农村产业结构发生巨变,农村居民的职业也越来越多样,这对户型的设计有关键的影响,农村各家庭的职业所占的比例也影响户型的比例关系。家庭职业的多样性、家庭经济水平的参差不齐以及不同家庭的实际需要,要求实际设计中采用多类型、多层次的户型系列。

(2) 规模的"小型化"与家庭结构的"三代合住"

对华北地区农村的调查中发现,四口人的家庭稍多,一种是中年夫妻带孩子的核心家庭,另一种是中年夫妻带子女和老人共同生活的三代同堂家庭,由此可知,农村家庭规模趋向小型是必然的。另外,三口户和五口户也占有较多的比例,而两口之家和六人以上的大家庭占有较少的比例。因此,农村家庭中,主干户和核心户是普遍的家庭结构形式。

(3) 家庭生活行为与居住方式趋向"多样化"

近年来,华北地区农村家庭的生活发生了许多的变化,如农村居民职业的多样化、家庭生产的社会化、休闲活动的多样化,家庭生活的各种变化也使得农村居民的居住方式趋于多样化。首先,生活方式的变化使住宅中各房间的功能发生了变化,例如起居室已经不具有生产的功能,仅具有家庭成员起居和接待访客的功能,房间功能单一;其次,房间的私密性要求提高,多代人的不同习性需求更为突出;第三,农村居民对房间功能的要求增加,如要求设娱乐室、书房等。

(4) 功能空间组织的"合理化"

人的大部分生活行为都是在住宅中进行的,住宅需满足人的生活活动的需求,因此住宅就应该有满足这些生活活动的功能空间。合理的组织好住宅的功能流线,使其做到功能全面、分区明确、流线清晰,合理地确定各功能空间的面积并满足使用的灵活性,使住宅有空间再划分的可能性。

3.1.4　村镇住宅的设计原则

(1) 可持续建设发展

农村住宅的可持续建设发展,不仅是指建筑空间的可持续发展,也是指功能环境的可适应性和弹性发展。

由于大量外出务工人员带回了城市居民的价值观、审美观和生活方式,这些直接影响到农村住宅布局:一方面使得农村住宅越来越不适应年轻人的生活需要,改造的趋势越来越明显;另一方面使得未来农村住宅的不确定因素增多,既要考虑中老年人的传统农村生活习惯,也要符合年轻人的新需求。所以住宅建筑设计需要预留出可持续建设发展的空间,以适应将来的发展情况和改建需要,同时设计的部分房间应能适用于不同的功能,迎合未来不确定的环境变化。

(2) 低碳生态型

低碳生态型民居是当今社会村镇建筑发展的新趋势,低碳理念体现在住宅的布局、环

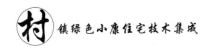

境、节能等各个方面。

对宅基地进行集约化布局，通过平面优化设计和使用新型节能建材来降低间接的碳排放量，严禁使用黏土烧结砖；改善建筑的自然采光通风和遮阳功能，降低人工照明和采暖、空调的能耗；设计并利用沼气和太阳能等环保的可再生能源，开发利用秸秆等农业废料作为建材，建立低碳生态型新民居。

（3）以人为本和文化传承

以人为本和文化传承的设计原则体现在新农村住宅建筑形式和功能布局两方面。

以人为本就是农村住宅要根据农民的实际生活需求以及经济能力来进行建设。随着城镇化进程的加快，农民对于住宅的要求也越来越多，住宅的设计应对这种需求的变化予以重视。

农村住宅的建筑形式应该符合农民的审美观，当前农民比较喜欢带院落的乡村风格和欧式风格，要求造型简洁但有特点。但是，新农村住宅建筑不宜过分模仿欧式小洋楼和中式古典官式建筑，应该以带院落的乡村风格为主，根据不同地区的规划要求融进其他建筑元素，形成华北地区本土地方特色。

3.1.5　村镇住宅建筑风貌外观特征的设计研究

1. 传统村镇住宅外形特征的继承和发展

（1）山墙

山墙的装饰在建筑风貌中起到了画龙点睛的作用。由于墙体材料的不同，其山墙形式也会有较大的变化，本节分别对不同墙体材料的山墙造型进行了调研，发现华北村镇地区山墙形式主要有以下三种：

① 土坯式山墙：此种山墙一般与木屋架相结合，木屋架伸出山墙 200mm 形成挑檐。山墙由黏土、麦秸秆等混合拌制而成，具有较好的保温性能，能够起到承重、保温的作用。

② 砖体式山墙：用青砖或红砖砌山墙，砌到顶部时，与屋瓦相交处，常用砖砌线脚或在砖线脚上用石灰做枭混等花样，或是在砖线脚上挂方砖做成博缝板形状。

③ 水泥抹面山墙：由于新型民居中节能保温因素的影响，保温材料需粘贴在墙体外侧，因此一般在保温材料外侧涂抹砂浆或做饰面层。

作为外墙面的一种特殊形态，山墙在新民居的建设中可以充分展现传统文化形式。新建农村住宅外墙中不再表现侧面山墙面的艺术形式，而是将山墙面转移至主立面中，与坡屋顶结合使用，也可以与女儿墙结合使用。

传统民居外墙上所采用的色彩比较朴素，一般采用材料自身构成的住宅立面形式，以黑白色为主的中性色调，青砖或白色粉刷。新建住宅的外墙色彩主要是通过选用的外墙材料来体现，大部分采用了浅黄、浅灰色、米白色等淡色调作为墙体的基本色调，细节部分如窗台、栏杆等采用相近色或对比色在色相、明度、彩度等方面对比，形成一种强烈对比的立面效果。外墙的色彩越来越趋向于明朗和丰富，采用 1～2 种的淡色系主色调作为外墙色彩是相对较好的做法，避免出现大面积的三种或三种以上的色彩（图 3-1、图 3-2）。

(a)

(b)

(c)

(d)

图 3-1　不同形式的山墙

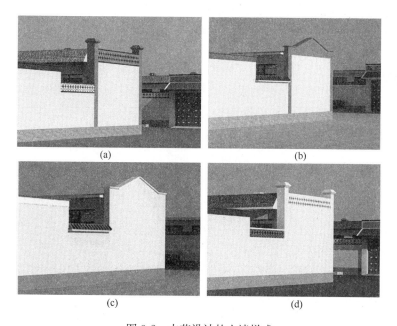

(a)

(b)

(c)

(d)

图 3-2　本节设计的山墙样式

（2）屋顶

建筑屋顶设计的好坏直接影响到建筑物的整体外观，华北地区的屋顶形式主要有以下几种：

① 平屋顶：平屋顶的屋面多采用现浇混凝土楼板或预制混凝土楼板作为建筑材料，上面做防水层，且在屋顶采用分水线、天沟等构造做法，使用落水管进行有组织排水，有

效地解决了建筑的防水问题。由于平屋顶能够方便上人，可以在屋顶平台上晾晒粮食等农作物，在一定程度上加大了建筑的使用空间，受到了人们的广泛喜欢。现在由于平屋顶样式普通，因此在房屋建造过程中多与檐口结合共同设计（图3-3）。

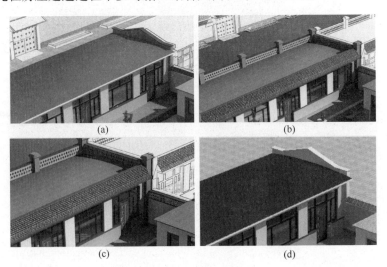

图 3-3　平屋顶与檐口相结合

② 坡屋顶：传统的坡屋顶大多采用硬山屋顶配以灰瓦，在屋脊上装饰以精美的石雕。硬山屋顶在华北地区有很好的适用性，因为其两侧山墙将承受屋面重量的木桁条包裹在内，使其免受雨水的侵袭，并能阻止火势顺着屋顶蔓延，防潮、防风、防火性能都较悬山形式要好很多。随着现代建筑工艺的发展，通过采用轻钢屋架和合成树脂瓦等新型材料，屋顶形式将趋于多元化，不仅可以继承传统屋脊装饰形象，而且材料的耐久性能大大提升。

（3）围墙

围墙的主要功能是防御功能，同时能够划分界限为人们提供必要的私密性，通常使用土坯、砖、石等材料制作，高度一般以不能徒手翻越为最低标准，视需要而定。当院墙与屋檐相撞时，应以建筑屋檐为主，墙体顶端低于屋檐，院墙的宽度应在24cm以上。

传统住宅建筑围墙顶部多做花瓦顶，即两层或一层直檐，直檐中间里外两侧均为花瓦做法。院墙是次要部分，因此在等级上要低于住宅的墙体。院墙的高度要随着地势和建筑的高度的变化而有所调整，以适合使用。

（4）勒脚（墙裙）

建筑外墙与室外地面交接部位通常需要做一定高度的勒脚，勒脚的高度一般在地面300～600mm以上。

勒脚常用的材料种类很多，可就地取材，且应具备防雨水冲刷和耐久性的特性。传统民居的勒脚部位通常采用的是地方材料红砂岩、天然石材或水泥砂浆直接砌筑，体块较大，与上部墙体的小型青砖形成较鲜明的对比；部分住宅的勒脚尺寸与墙体相反，小型黏土砖勒脚和青砖外墙形成了对比。

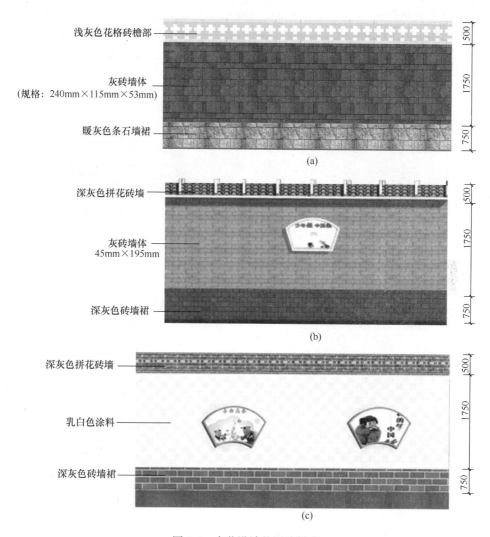

图 3-4　本节设计的围墙样式

勒脚的色彩取决于所选择的材料，传统民居的勒脚色彩常遵循材料的真实颜色，如青砖的青色、红砂岩的红色等，其色彩的变化在于每块砖、每块石自身的不同。新建农宅的勒脚色彩采用与外墙色彩相近色或对比色，如淡黄色、灰色、青色、绿色，部分农宅采用与外墙相同的色彩和材质，形成统一的外观色彩（图 3-4）。

2. 建筑细部节点与装饰

（1）门头

门头是一个家庭的门面，一般比较讲究。华北地区农村的门头一般包括门扇、门框、门槛、门楣等主体组成，又有门墩石、坐街石等附件。大门一般为厚木板或铁门制成，有铁皮包角、蘑菇门针、兽头门环、铁环门搭。大门多漆成黑色或枣红色，也可根据各家的爱好与当地普遍使用的颜色来确定（图 3-5）。

为了突显大门，有的民居在入口的上方做了一个窄屋顶，屋顶的屋檐伸出较短，一般为30～40cm，可以在开门时起到防雨作用；檐下的椽头位置常饰有石雕或者灰塑；为了使入口处产生整体的立体感，华北地区的住宅大门常采用凹斗门的形式，将大门向内凹进；住宅大门还常在门楣处进行装饰，装饰的手法多采用彩描和灰塑等，内容多为山水风景和人物故事（图3-6）。

(a)　　　　　　　　　　(b)

图3-5　华北地区门斗样式

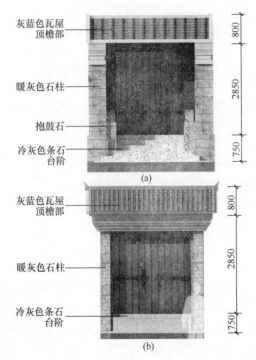

图3-6　本节设计的门斗样式

（2）影壁墙

影壁墙又称"照壁"，设在庭院正对大门处，独立如屏风，用以遮蔽空间，使外人不能窥见宅内活动，大多绘有各种精美的纹饰和图案。一般认为影壁墙可以为家庭招致祥瑞，故而华北地区大部分民宅都修建有影壁墙。壁身多为正方形或长方形，壁顶两端或修成二龙昂首形，或修成双凤展翅形，也有修成檐牙高啄形。

影壁墙正面一般绘有花卉、松竹图案或者大幅的书法字样等，书法一般为"福""禄""寿"等象征吉祥的字样；也有一部分影壁墙上绘有吉祥的图案，如"松鹤延年""喜鹊登梅""麒麟送子"等；部分影壁墙采用"五谷丰登""吉祥如意""福如东海"的字样或图画。这种影壁设在大门之内的迎门处，有的是单独建筑，有的是镶在厢房山墙上。

影壁墙常利用方砖进行排布，利用砖构件来模仿建筑中各个木构件。影壁墙边框之外的一段墙被称为"撞头"，还包含砖柱子、马蹄磉、线枋子、箍头枋子（大枋子）、耳子、三岔头等构件。有撞头的影壁，柱子表面可做素平或圆注两种形式；无撞头的影壁，砖柱可做成圆柱形，柱子、三岔头应该改为耳子。

（3）木雕窗

在华北村镇住宅中，按照外窗型材可分为木窗、铝塑窗和塑钢窗，按照开启方式可分为平开窗、固定窗、推拉窗以及旋转窗。

门窗雕刻是中国传统文化价值观和民族心理定势的物化形式，所以其造型注重文化内容，并相互传承，成为一种传统。在华北村镇实地调查时发现，由于经济水平的限制，很多地区的农宅窗户还保留着木雕窗的形式。比如，莲与鱼组合为"年年有余"，瓶中插月季花为"四季平安"，瓶中插麦穗寓意"岁岁平安"，荷与梅组合为"和和美美"等。木雕窗既能满足人们的视觉审美需求，又能顾及构件的牢固耐用，

图 3-7　华北地区影壁墙样式

完美体现了艺术和实用的统一。但是这样的开窗洞口尺度都比较小，加之农宅进深较大所以容易出现采光通风效果不好的问题（图 3-7、图 3-8）。

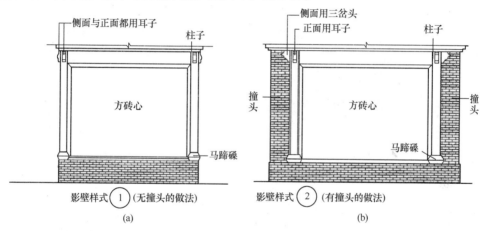

图 3-8　本节设计的影壁墙样式

（4）装饰元素

墀头是装饰的重点部位，华北村镇住宅中，大门和正房的墀头经常会刻有砖雕，以人物故事、植物花草、动物禽鸟类砖雕为主。常用花草种类有牡丹、莲花、莲蓬、藕、萱草、葡萄、松树等植物，其搭配会有一些惯用的手法和组合方式，取其谐音，最为常见的是牡丹花和花瓶的组合，代表"富贵平安"，牡丹与"铜钱"及"笙"的组合，代表"富贵生财"；砖雕中经常使用的动物有麒麟、鹤、鹿、蝙蝠、狮子、凤凰等，有的取其内涵，如麒麟、凤凰等，有的取其谐音，如蝙蝠。

门鼓石是位于宅门门口两侧的石构件，是一种装饰性的石雕小品。门鼓石可分为两种，一种是与门槛分离，只起装饰作用；另一种为连体，位于门槛下方前端装饰，后端承托大门门轴。

门墩常常做成长方柱形或者圆鼓形。长方柱形正面与侧面雕刻的内容常有回纹、汉纹、四季花草、吉祥图案等；圆鼓形多用于大型宅院的宅门，一般分为上下两个部分，上部为两个大小不同的圆鼓，下部为须弥座，有的圆鼓子上面也有狮子，有卧狮、机狮、蹲

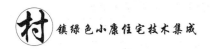

狮、站狮等不同形式（图 3-9、图 3-10）。

(a)　　　　　　　　　　　(b)

图 3-9　华北地区装饰元素样式

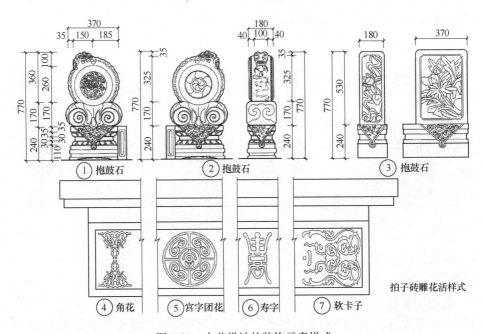

图 3-10　本节设计的装饰元素样式

3.1.6　村镇住宅的功能空间组织设计

新民居住宅的功能模式可分为两方面的内容：一是要满足基本的生活模式，即达到适用、安全、方便、卫生、舒适的要求，包括室内外空气过渡、室内的合理功能分区以及各功能空间的界定及彼此适度变通的可能性等，统称为基本功能要求；二是要顾及农村家居功能的多样性，即不同职业和较高经济收入的住户有其超越于上述基本生活模式之外的特殊家居功能需要，诸如农具粮食贮藏、手工作坊、营业店铺、仓库以及专用的书房、客厅、客卧、健身娱乐活动室等，统称为附加功能需求。

将上述两项功能需求加以合成，从而得出一个科学合理的华北农村绿色小康住宅功能模式。这个住宅功能模式应遵循科学的设计程序去深化农村小康住宅设计，妥善解决套型种类问题、套内功能布局问题、各专用功能空间项目的合理配置与自身构成问题，以及设备设施的配置标准问题等。

（1）客厅与起居室的设计

客厅与起居室的功能是不同的，客厅一般对外，起居室一般对内。邻里社交、来访宾客、婚寿庆典等活动均应纳入客厅的使用功能；而起居室仅供家人团聚休息、娱乐交谈之用。

在华北村镇地区，客厅与起居室的使用同城市有很大的不同。城市住宅中客厅与起居室通常混为一体；而村镇住宅的客厅与起居室一般分别设置，客厅设在一层，起居室设在二层。单层村镇住宅一般将两者合二为一进行布置。

本节对客厅及起居室的面积进行了合理规划和布局。起居室短边的最小尺寸取决于视听功能的要求，以目前市场上 50 英寸彩电为例，观看电视的位置距电视机屏幕的距离不应小于 3.3m，由于家具不一定靠墙布置，当沙发离墙布置时应留一定的间距，所以起居室的宽度可为 3.9～4.8m，依据建筑模数，则对应的长可以选择 4.5～5.4m，由此可以推断，起居室的适宜面积标准为 17～26m²。

① 客厅、起居室合一布置

这种合二为一的客厅功能主要包括：家庭成员团聚、起居，接待亲朋来客，看电视、听音响、娱乐活动，庆典宴请等，可相应分为会客区、娱乐区等。由于农村居民有在家宴请亲朋的习惯，故客厅的面积要求较大，最好与餐厅毗连隔断，厅内家具可移动，可与餐厅一起形成大空间。由于家人起居、团聚一般和会客不同时进行，故可不设家人团聚起居区，利用会客区即可。两厅合一，其面积稍大一些为好。

② 客厅、起居室独立布置

由于村镇起居室和客厅的建筑模式一般是起居室在二层，客厅对应于下面的一层，所以客厅的适宜面积标准也为 17～26m²。由于活动频繁，利用率高，朝向要好，厅内空间要相对完整，切忌搞成四面开门的过厅，以确保起居空间的有效使用。

（2）卧室的设计

目前，农村住宅卧室的功能较为混乱，一些本应属起居社交的活动甚至是家务劳动亦混杂其中，而有的卧室则长期闲置，空间既未得到充分利用，又影响了生活质量。因此，农村住宅卧室的设计首先要明确卧室的功能，同时各种类型的卧室应有其相应的特点，以满足不用使用者的要求。

华北村镇卧室的组成及利用要根据当地的风俗、经济情况及宅基地面积尺寸，如果全部考虑到老人房、成年人住房、子女住房、客人用房等功能组成，那么将与城市别墅的组成很相似，造成空间利用率不高、增加建造成本，这不符合农村的经济状况。因为在农村地区，在家过夜的客人不是很经常，所以客房利用率不高。客人来的时候，一般是临时腾出一个房间给客人休息，因此可不专门设客房。

① 主卧室

本节通过对主卧的功能分区、家具配置对其面积标准进行分析研究。主卧室的家具一般为双人睡床、衣柜、梳妆台、写字台等。一般来说，双人床的标准尺寸为 1.8m×

2.0m，应放置在远离房门的角落处，以减少各种干扰；床前的区域既是活动空间又是行走通道，衣橱放置在通道边，以便存取衣物；沙发和挂衣架可放在靠门口的地方；梳妆台的位置可灵活安插。根据以上分析，主卧的标准长度可为 3.6～4.5m，宽度为 3.0～3.9m，面积可为 11～18m²。

② 次卧室

次卧室的家具比较简单，规模和面积要求均低于主卧室，适宜的标准长度可为 3.0～3.6m，宽度为 2.4～3.3m，面积可为 7～12m²。

③ 老人卧室

家庭养老、多代同堂是村镇家庭的一大特点，因此在三代同堂的家庭中必须设置老人卧室。老人卧室最好设置在一层南向，有良好的通风和日照，且能方便进出客厅，消除孤独感；应设置专用卫生间供老人使用，当条件有限时应该将公共卫生间尽量靠近老人卧室；床边要放置方便老人起身时撑扶的床头柜或写字台，常用的通道要满足必要时轮椅的通行；尊重老人的传统生活习惯，在严寒地区最好视具体条件采用火炕或做成仿火炕形式（暖气搁置其下）的床铺，以满足老年人的需要；此外由于老人普遍喜欢把淘汰的东西收起来而不是丢掉，因此需要预留足够的储藏空间供其使用。综上所述，专门作为老人卧室或以后需要改造成老人卧室的净尺寸应该达到 5.1m×3.6m，这样才能比较好地满足各种使用功能要求。

（3）厨房的设计

根据调研结果显示，华北地区农村厨房一般安置在正房的东侧，即独立于主屋，位于厢房内；在烧炕的地区会将炕房和厨房毗邻设置。由于很多农户还保留着烧柴的传统，所以厨房会留出一部分空间存放柴火，这样厨房的面积比城市厨房面积要大一些。

由于厨房使用的频率较高，因此需对厨房进行合理布局，厨房的平面布局需遵循以下原则：① 根据工作路线次序安排布局；② 避免进、出厨房的物流的交叉与回流；③ 注意路线畅通及距离。

根据以上厨房布局原则，可将厨房布局分为"单条形""双条形""L 形"和"U 形"四种：

① 单条形：所有工作区都布置在厨房的一侧，这种形式适用于厨房平面较为狭长的空间；

② 双条形：将操作台沿两面墙布置，适用于有一定开间尺寸而又狭长的空间；

③ L 形：操作台成"L"形布置，这种布局形式适用于厨房面积小且平面形状较为方正的空间；

④ U 形：将灶具、操作台等沿厨房内相邻的三个墙面连续布置，洗涤池布置一侧，储存和烹调区相对布置，适用于相对较大的空间。

村镇住宅的厨房面积取决于所采用的燃料、炊具、家具、设备和人体活动尺度的要求：

① 操作台标准

经调查研究，人在切菜时，右手臂呈一定角度，左手辅助，身体才能使上力气，根据家庭主妇身高可确定适宜的操作台高度，见表 3-1。

表 3-1　适宜操作台高度　　　　　　　　　　（mm）

操作台高度	具体尺寸								
身高（cm）	150	153	155	158	160	164	165	169	170
操作高度（cm）	79	80	81.5	83	84	85.9	86.6	88.1	89

操作台深度以操作方便、设备安装需要与贮存量为前提，进深尺度以 500～650mm 为宜。

②灶台标准

为使人做饭时，减少走动与高度频繁变化，造成胳膊颈肩酸痛，灶台与操作台基本是同一高度，灶台可以稍稍比操作台低 0.1m，也符合视线要求。

根据灶台的不同形式，设计高度也不相同：台式炉灶的设计高度为 0.6～0.65m；嵌入式炉灶的灶台高度为 0.7～0.75m。如果灶台和操作台有高度差，那么灶台两侧至少预留 0.23m 和 0.38m 的操作空间。

③洗涤池标准

每天做饭、洗涤都要使用洗涤台的水池，因此确定洗涤台位置时，要考虑整个厨房的布置。洗涤台的高度一般与操作台的高度平齐，洗涤台中的水池与墙之间应保持 200mm 以上的间距，以免操作时碰手。

④吊柜标准

吊柜一般布置在操作台上方，以操作时不碰头为基本原则，吊柜高于操作台 0.6m 左右，取放物的最佳设计高度应为 1.6～1.8m，深度为 0.3～0.4m。

⑤储藏柜标准

厨房是一个物品种类繁多的地方，不仅需要井然有序的操作环境，还要求干净整洁，储藏柜对厨房显得尤为重要。使用不频繁的物品可放置在储物柜里，而使用频繁的一些调味品、筷子、勺子等可以放到吊柜里。储藏柜应依据家庭需要选择尺寸。

经过以上分析，村镇住宅厨房的建议面积为 6～11m²。

（4）卫生间的设计

和厨房一样，卫生间既是住宅的关键部位之一，也是衡量文明居住的一个重要尺度。目前农村住宅卫生间仍存在不少问题：住宅内无卫生间，在宅院一角搭建旱厕；两层住宅仅在底层有卫生间，二楼未设；卫生间设施功能不全，面积不当，有的过大（10m² 以上），有的过小（2m² 左右）；在经济发达的有些地方，卫生间数量过多，一个卧室一个卫生间，超过了合理的数量。这些问题表明，我国农村住宅卫生间现状离文明居住标准相差甚远，必须予以优化。

按照适用、卫生、舒适的生活准则，卫生间设计应做到功能齐全，标准适当，布局合理，方便使用。垂直独户式住宅每层至少有一个卫生间，主卧宜有专用卫生间；如果有老人卧室，则应设老人专用卫生间，并配置相应的安全保障设施；单元式多层住宅，每套（3 个卧室以上）应有 2 个卫生间。

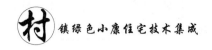

根据数据统计，卫生间常用的卫生设备有：洗脸盆、坐便器、浴缸、洗衣机等，常用卫生设备尺寸见表3-2。

表3-2　常用卫生设备尺寸　　　　　　　　　　　　　　（mm）

设备名称	长度	宽度	高度
洗衣机	600	600	850
坐便器	700	400	700
洗脸盆	450	600	
浴缸	1200～1800	650～700	400～450

卫生间布局可分为洗浴区、如厕区和洗漱区，卫生间大小由各功能区布局及卫生设备尺寸而定。若卫生间紧凑布置，可以设置为最小标准面积 $4m^2$；若各功能区宽松布置，卫生间面积可为 $8m^2$。

（5）储藏间的设计

对于农村家庭来说，储藏粮食、农具等是农村生活区别城市生活的关键，并且由于储存物品种类多、数量大，需要更大的收纳空间，因此在农村住宅设计中，要考虑设计适宜的储藏空间。

本节根据各个家庭不同情况，将储藏间进行优化设计：

① 将楼梯间下部作为贮藏间，存放杂物类等日常用品；

② 利用原有不规则墙面设置壁橱；

③ 人行过道上部空间可设置吊柜；

④ 利用零散空间、窗台及家具下部空间作为矮柜；

⑤ 利用生活阳台局部设置贮存空间。

（6）餐厅的设计

传统的村镇住宅一般不单独设置餐厅，客厅或卧室同时起着餐厅的作用。近几年，随着农村经济的发展，农村住宅就餐空间已开始独立设置，考虑到不同住户的习俗和需求，可采取以下几种餐厅布置方式：

① 独立设置的餐厅：面积一般较大（8～12m^2），可供 6～10 人用餐，应和厨房、客厅联系紧密，要求功能明确、单一，必须设有与客厅连通使用的可能性。此种独立式餐厅多为垂直分户及独户式住宅采用；

② 就餐空间和客厅是一个大空间，前者相对独立，两者可分可合，灵活性强，有利于多人用餐或举办其他活动时形成大空间；

③ 在厨房放置小餐桌供特殊情况下单独就餐使用，这是一种辅助就餐设置，较随意、方便。

客厅、餐厅、厨房三者的关系密切，应做到既相互独立，又可互为连通，以达到更高、更好的使用效果。

（7）车库的设计

在村镇中，车辆的种类主要有两种：一种是小型车辆，包括电车、摩托车；一种是大型货运及农用车辆，包括卡车及拖拉机等。这些车辆的类型需要一定空间，但是目前村镇住宅很少有专门的车库，对于车辆的放置比较零乱，如小型车辆就随意放置在院落内，大型车辆就占有住宅前的街道，这些现状较大程度地影响了居住区的生活。

根据村镇车辆的具体情况以及对其所在居住区的影响，车库的设计要点如下：

① 由于大型货运和农用车辆的空间尺寸较大，建议在宅基地内设置停车库或停车场，同时也可以通过居住区设置专用的停车场，来解决占道放置对居住区的影响；

② 对于小型车辆如自行车、摩托车等，可以考虑在生产性贮藏间内空置相应的空间以便保管。

（8）生产空间的设计

同时具有居住和生产双重属性是农村住宅的一大特色，农村住宅不可避免地受到农村家庭生产方式的影响。由于目前村镇居民生产经营种类繁多，生产经营的情况复杂，所以生产经营空间的种类、数量、面积设计应根据用户的实际需要进行有针对性的设计：

① 对农户住宅基本没有影响的生产活动：由于从事这些生产活动并不需要在一个特定的室内空间进行，农户住宅除了需要考虑在储藏空间中增加放置农具的空间外，并不需要进行其他特殊设计；

② 对农户住宅有所影响，但可以通过对住宅基本空间进行扩建或者改造来满足生产空间要求的生产活动：比如提供食宿服务的农家乐，需要根据接待人数对餐厅、房间数量等进行适当调整；在家中的小型手工业者，可以把住宅中的某一房间改造成工作间；

③ 对农户住宅有较大影响，因工艺复杂、设备较多或原材料超尺寸、有异味等原因，无法兼容于住宅的基本功能空间，适宜单独兴建一个生产空间的生产活动。

无论是何种类型的生产方式，在农村住宅设计中都要求按照生产活动的流程特点合理配置相应的工作空间，将储存原料、产品的仓储空间就近布置，提高生产效率，同时根据生产的发展方向预留好技术、设备的更新空间。

通过对村镇住宅的功能空间组织设计技术研究，建立了绿色小康住宅的平面标准化布局技术，并编制了《河北省村镇小康住宅建筑设计构造图集》和《河北省绿色农房技术指南》。

表 3-3　绿色小康住宅平面设计标准

房间类别		设计标准	设计面积
客厅与起居室		沙发、茶几、电视柜及音响设施、盆景	宽度为 3.9～4.8m，长度为 4.5～5.4m，面积为 17～26m²
卧室	主卧室	双人睡床、衣柜、梳妆台、沙发、挂衣架、写字台	长度为 3.6～4.5m，宽度为 3.0～3.9m，面积为 11～18m²
	次卧室	床、衣橱、衣架、写字桌	长度为 3.0～3.6m，宽度为 2.4～3.3m，面积为 7～12m²
	老人卧室	床、床头柜、衣柜、储物空间、桌子、卫生间	尺寸宜为 5.1m×3.6m
厨房		操作台、灶台、洗涤池、吊柜、储物柜	面积为 6～11m²
卫生间		洗脸盆、坐便器、浴缸、洗衣机、浴镜	面积为 4～8m²

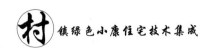

房间类别	设计标准	设计面积
储藏间	—	根据用户实际需求设计，可为 10m²
餐厅	餐桌、餐椅、备餐台	面积为 8~12m²
车库	农用家具或汽车	尺寸可为 6m×3.6m

图 3-11　构造图集和技术指南

3.2　村镇建材本土化资源利用开发

3.2.1　村镇建材应用现状

多年来，华北地区墙体建筑材料一直以黏土为主要材料的砌体砖，长期处于所谓"秦砖汉瓦"的传统建筑材料时代。直到 20 世纪 90 年代初期，华北地区实心黏土砖墙体材料使用率高达 95％，而同期前苏联使用率为 38％，美国使用率为 15％，日本使用率为 3％。

从 2000 年开始，实心黏土砖因资源消耗高、耕地资源浪费严重被国家所禁止。国务院 2005 年 9 月《关于进一步推进墙体材料革新和推广节能建筑的通知》要求，到 2010 年底，所有城市都要禁止使用实心黏土砖，全国实心黏土砖年产量控制在 4000 亿块以下。2012 年，国家发改委办公厅《关于发展"十二五"城市城区限制使用黏土制品 县城禁止使用实心黏土砖工作的通知》提到到 2015 年，全国 30％以上的城市实现"限黏"、50％以上县城实现"禁实"，有序推进乡镇、农村"禁实"工作。从 2012 年到 2014 年已经发布两批"限黏"城市和"禁实"县城名单。有些城市也发布了明文通告，明确指出禁止生产、经营黏土烧结砖。禁止使用黏土烧结砖后，建设单位不得以任何理由使用黏土烧结砖，设计单位不得在设计中选用黏土烧结砖。

国务院还批准国家发改委、国家经贸委、国家计委等颁发了《"十二五"墙体材料革新指导意见》《关于发展新型建材的若干意见》等一系列条文，要求调整建材行业结构，发展技术含量高、功能多样化的新型建材，以替代以实心黏土砖为主体的传统墙体材料。北京市已于 2003 年 5 月 1 日起全市禁止生产实心黏土砖，天津市于 2013 年 7 月 1 日全市禁止使用黏土砖，河北省于 2016 年全面禁止使用实心黏土砖及黏土制品。

因此，为了解决禁用黏土砖带来的一系列问题，本节研究适用于华北地区本土化的新型墙体材料，并对新型墙体材料的性能进行进一步改善，针对华北地区村镇建筑施工特点提出相应的关键施工技术措施，并结合示范点当地的资源状况提出了装饰材料的本土化资源利用技术。

3.2.2 村镇建材资源现状

1. 资源现状

作为装饰石材，大理石、花岗岩、板石是石材中最主要的三种类型，它们囊括了天然装饰石材 99% 以上的品种。其中大理石主要用于加工成各种形材、板材，主要作为建筑的墙面、地面、台、柱以及纪念性建筑物如碑、塔、雕像等的装饰材料；花岗岩主要成分是硅酸盐产物，具有耐酸碱的良好性能，不易风化，硬度高，耐磨损，并具有良好的加工成材性能，因此在建筑中被广泛的作为饰面材料，尤其用作墙体贴面和大型建筑雕刻材料，但花岗岩具有一定的放射性元素，不适合用作室内装修材料；板石具有颜色古雅、易于加工、易于拼接、造价低等特点，由于天然板石是板岩经人工用刃具和手锤加工制成的符合天然板石产品的板材，制作工艺较为简单，具有就地取材的特点，因此在村镇建筑中使用较为广泛。

2. 建材种类

（1）墙体材料

新型墙体材料主要包括蒸压灰砂砖、加气混凝土砌块、混凝土空心砌块、轻质隔墙板等。同时在大部分村镇地区，还存在着大量实心黏土砖的小型生产厂家，由于黏土砖的价格便宜、使用方便，因此黏土砖还在某些地区被大量的生产和使用。

（2）装饰板材

大理石、花岗岩、板石等自然资源，当地石材加工厂开采符合要求的石材，将其加工制作成文化石、蘑菇石、马赛克、腰线等装饰建材，并结合当地的建筑风貌建设使用。

3.2.3 村镇墙材本土化资源利用开发

1. 华北地区村镇墙材类型

根据调研结果，目前华北地区村镇建筑中的墙体材料主要有黏土烧结砖、蒸压灰砂砖、混凝土空心砌块和加气混凝土砌块，现将几种墙体材料的性能进行对比，如下所示。

（1）黏土烧结砖

黏土烧结砖以黏土（包括页岩、煤矸石等粉料）为主要原料，经泥料处理、成型、干燥和焙烧而成，目前该墙体材料逐步被大部分地区限制使用或禁用。

优点：取材方便，价格便宜，生产厂家分布广泛，设计和施工技术成熟，受到了广大村镇居民的青睐。

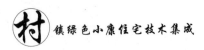

缺点：黏土烧结砖的主要原料为黏土，造成了大量良田的毁坏，大大加快了我国耕地面积的缩减速率；同时，黏土烧结砖的生产过程需要消耗大量的燃煤，造成了空气的污染和生态环境的破坏。

（2）蒸压灰砂砖

蒸压灰砂砖是以石灰、河沙、石英砂尾矿等为主要原料，允许掺入颜料和外加剂，通过加水搅拌、消化反应、坯料制备、压制成型后经蒸压养护制成的一种块体材料。

优点：蒸压灰砂砖的主要原材料为砂子，生产过程无需使用黏土，保护耕地；生产环保，与烧结砖相比，可少排放 SO_2 3.13～5.25m^3，CO_2 107.5～204.6m^3；尺寸规整，变形小，不易出现缺棱掉角情况；具有较强的蓄热能力。

缺点：砌筑时含水率不易控制，墙角、窗角容易出现开裂现象；表面光滑，与砂浆的粘结能力差，抹灰容易出现空鼓现象；吸水和失水具有滞后性；不能应用于温度长期超过200℃、受骤冷骤热或有酸性介质侵蚀的部位。

（3）轻集料混凝土空心砌块

轻集料混凝土空心砌块是以水泥胶结料与轻集料为原料制成的一种带有空腔的砌块块体，空心率等于或大于25%。

优点：自重轻，热工性能好，砌筑方便，墙面平整度好，施工效率高。

缺点：易产生收缩变形、易破损，不便砍削加工，处理不当砌体易出现开裂、漏水。

（4）加气混凝土砌块

加气混凝土砌块是由磨细的硅质材料（石英砂、粉煤灰、尾矿粉、页岩等）、钙质材料（水泥、石灰等）、发气剂（铝粉）和水等经过搅拌、浇筑、发泡、静停、切割和蒸压养护而成的多孔混凝土制品。

优点：加气混凝土砌块是一种节能、节土、利废的新型墙体材料，具有质轻、隔热保温、吸声隔声、抗震、防火、可锯、可刨、可钉、施工简便等优点。

缺点：存在强度较低、干燥收缩值较大、与砂浆粘结不牢等不足之处。

这四种砌体材料是华北地区村镇墙体建材的主要类型，本节通过对不同种类墙材的力学性能和耐久性能进行对比分析，建立适用于华北村镇地区的墙体材料体系，从而贯彻落实《国务院办公厅关于进一步推进墙体材料革新和推广节能建筑的通知》（国办发［2005］号33号），积极响应"禁实"工作，在保证建筑的使用性、安全性和耐久性的前提下，保证其实施的可行性。

2. 不同墙材的基本力学性能对比研究

1）抗压性能试验研究

（1）试件制作

本次试验试件是四种不同类型的墙体材料，分别为黏土烧结砖、蒸压灰砂砖、轻集料混凝土空心砌块、加气混凝土砌块，其尺寸为试验标准尺寸，根据相应规范要求，每种类型的墙体材料随机取样进行抗压试验，取样数量符合规范要求。

（2）试验步骤

① 黏土烧结砖和蒸压灰砂砖

随机抽取试样数量为 10 块，采用非成型制样。测量每个试样连接面或受压面的长、宽尺寸各两个，分别取其平均值，精确至 1mm；将砖块试样平放在加压板的中央，垂直于受压面加荷，应均匀平稳，不得发生冲击或振动，加荷速度以 2～6kN/s 为宜，直至试样破坏为止。

② 轻集料混凝土空心砌块

随机抽取试样数量为 5 块，处理试件的坐浆面和铺浆面，使之成为互相平行的平面。测量每个试件的长度和宽度分别求出各个方向的平均值，精确至 1mm，长度测量在条面的中间，宽度在顶面的中间，高度在顶面的中间测量，每项在对应两面各测一次；将试件置于试验机承压板上，使试件的轴线与试验机压板的压力中心重合，以 10～30kN/s 的速度加荷，直至试件破坏。

③ 加气混凝土砌块

取 100mm×100mm×100mm 加气混凝土立方体试件三组，每组试块 3 块。将试件放在试验机的下压板的中心位置，试件的受压方向应垂直于制品的膨胀方向；以 (2.0±0.5)kN/s 的速度连续而均匀地加荷，直至试件破坏。

（3）试验结果

针对墙材抗压性能试验，本节分别选取了易县建材市场上最常见的墙体材料的规格型号，其抗压强度平均值见表 3-4。

表 3-4　不同墙体材料的抗压强度

砌块种类	规格型号（mm×mm×mm）	抗压强度（平均值）（MPa）
黏土烧结砖	MU15 240×115×53	16.1
蒸压灰砂砖	MU15 240×115×53	15.5
轻集料混凝土空心砌块	MU5.0 390×190×190	5.7
加气混凝土砌块	A3.5 B06	4.0

由表 3-4 可以发现，经过抗压性能试验测试，蒸压灰砂砖和黏土烧结砖的抗压性能基本保持一致，均远远高于轻集料混凝土空心砌块和加气混凝土砌块的抗压性能。经过市场调研和抗压试验测试发现，轻集料混凝土小型空心砌块的强度等级由 MU2.5 至 MU10.0，加气混凝土砌块的强度等级主要为 A3.5、A5.0、A7.5 和 A10 四个等级，因此轻集料混凝土小型空心砌块和加气混凝土砌块适用于建筑的非承重隔墙部位。因此，本节主要对蒸压灰砂砖和黏土烧结砖的性能进行对比分析，对现有蒸压灰砂砖的性能进行改进，建立适用于蒸压灰砂砖的技术体系。

2）抗折性能试验研究

在砌体结构的实际应用中，当整体受压存在受力不均匀时，使得单个砖块也会受到一定的弯矩作用，因此有必要对蒸压灰砂砖的抗折性能进行测试分析。

（1）试件取样及试验步骤

试验试件是由易县当地建材生产厂家提供，随机抽取试样数量为 10 块。试样放在温度为 20℃的水中浸泡 24h 后取出，用湿布拭去其表面水分进行抗折强度试验；测量试样的宽度和高度，调整抗折夹具下支辊的跨距，将试样大面平放在支辊上，以 50～150N/s 的速度均匀加荷，直至试样断裂。

（2）试验结果

表 3-5　不同墙体材料的抗折强度

砌块种类	规格型号 （mm×mm×mm）	抗折强度（平均值）（MPa）
黏土烧结砖	MU15 240×115×53	4.7
蒸压灰砂砖	MU15 240×115×53	3.5

蒸压灰砂砖的破坏位置在施加集中荷载的作用面处，即试件所受弯矩最大的位置。当荷载达到极限荷载的 75％左右时，在试件的弯矩最大位置底部开始出现细小的竖向裂纹，随着荷载的继续增加，裂纹向两边延伸并变宽，同时伴随着新的裂纹产生，当达到极限荷载时，试件沿着中心位置被折成两半，与黏土烧结砖的破坏形态基本保持一致。

通过表 3-5 可以发现，黏土烧结砖的抗折强度为 4.7MPa，蒸压灰砂砖的抗折强度为 3.5MPa，为黏土烧结砖抗折强度的 74％。蒸压灰砂砖的抗压强度为 15.5MPa，折压比为 22.5％。根据《墙体材料应用统一技术规范》（GB 50574）可以得出：当蒸压普通砖的强度等级为 MU15 时，其折压比不应低于 0.25，因此与黏土烧结砖相比，蒸压灰砂砖的抗折强度偏低。

3）砌体抗压性能试验研究

（1）试验试件

砌筑试件所选取的黏土烧结砖和蒸压灰砂砖分别由同一家砖厂提供，砖块强度见表 3-4，尺寸为 240mm×115mm×53mm。本次抗压试验为一组三个试件，砂浆强度等级为 M7.5。

根据《砌体基本力学性能试验方法标准》（GB/T 50129）中的规定，本次试验选取的黏土烧结砖和蒸压灰砂砖砌体试件的尺寸均为 240mm×370mm×720mm，高厚比为 3。试件具体的砌筑方式如图 3-12 所示。

在砌体抗压试验之前，需对砌体试件进行上下表面找平，以避免表面不平整引起的试验误差。砌体抗压试件砌筑在厚度为 10mm 的钢垫板上，垫板应事先找平；试件顶部采用厚度为 10mm 的 1:3 水泥砂浆找平，并采用水平尺检查其平整度。

本试验试件均由同一名工人砌筑而成，所有试件砌筑时均采用同一批拌制砂浆。根据两种不同材料特性，蒸压灰砂砖在砌筑前一天用水湿润，表面含水率为 8％～10％；黏土烧结

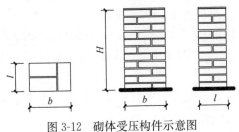

图 3-12　砌体受压构件示意图

砖在砌筑前一天也需用水湿润，含水率为 10%～15%。砌体灰缝厚度控制在 10mm 左右，砌筑好后将抗压试件放置在自然条件下养护 28d，然后再做砌体抗压试验。

（2）试验方法

砌体在抗压试验之前需进行如下准备工作：

① 对试件进行外观检查，当试件有缺陷时，应作记录；当试件破损严重时，应舍去该试件；

② 在试件高度的 1/4、1/2 和 3/4 处，分别测量试件的厚度与宽度，测量精度为 1mm，测量结果采用平均值。试件的高度以垫板顶面为基准量至找平层顶面；

③ 试件安装时，应先清除粘在垫板下的杂物，然后将试件置于找平好的钢垫板上。

根据《砌体基本力学性能试验方法标准》的要求，采用几何对中、分级施加荷载方法进行砌体抗压试验，具体步骤如下所示：

① 每级荷载为预估破坏荷载值的 10%，并在 1～1.5min 内均匀加完；然后恒荷 1min 后施加下一级荷载。施加荷载时，不能冲击试件；

② 加荷至预估破坏荷载值的 50% 后，将每级荷载减少至预估破坏荷载值的 5%。当试件出现第一条受力裂缝后，将每级荷载恢复到预估破坏荷载值的 10%；

③ 当加荷至预估破坏荷载值的 80% 后，可按原定加荷速度继续加荷，直至试件破坏。当应变仪上的数值明显回退时，定为该试件丧失承载能力而达到破坏状态。此时的最大荷载读数为该试件的破坏荷载值。

（3）试验现象及破坏过程

根据砌体抗压试验，可以发现蒸压灰砂砖和黏土烧结砖的受压破坏过程基本相似，可以分为三个阶段：

第一阶段：试件的弹性破坏阶段，从砌体开始受压到出现第一批裂缝为止。裂纹首先出现在试件的中部单块砖内及砂浆灰缝处，此时的裂缝发展较小，如果不增加荷载，砌体上的裂纹也不发展，百分表指针的数值维持不变。

在这个阶段，蒸压灰砂砖砌体的初始裂缝出现的位置及破坏过程与黏土烧结砖砌体相似，但初始裂缝出现较黏土烧结砖砌体要晚。黏土烧结砖砌体的第一批裂缝发生于破坏荷载的 55% 左右，而蒸压灰砂砖砌体第一批裂缝发生于破坏荷载的 60%～70%，因此蒸压灰砂砖的初始裂缝比黏土烧结砖要晚。

第二阶段：随着荷载的增加，砌体试件表面砖块出现竖向裂缝，并向上下延伸变宽，形成上下贯通的连续裂缝，同时还出现了新的裂缝。此时暂停增加荷载，裂缝仍继续发展，百分表指针的数值增大速率较快，此时荷载为破坏荷载的 80%～90%，砌体处于危险状态。

这一阶段，蒸压灰砂砖砌体的破坏特征基本与黏土烧结砖砌体相同。此时，主裂缝沿竖向灰缝发展，这是因为砌体结构竖向灰缝不易填实，砌体在竖向灰缝处产生应力集中所致。

第三阶段：继续增加荷载，裂缝迅速加长、加宽，砌体试件被贯通的竖向裂缝分割成若干独立小柱，小柱内出现许多微小的裂缝，最终试件完全丧失承载力。

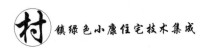
（4）试验结果

砌体试件抗压强度 $f_{c,m}$ 的数值由公式（3-1）确定：

$$f_{c,m} = \frac{N_u}{A} \qquad (3-1)$$

式中　$f_{c,m}$——轴心受压试件的抗压强度（MPa）；

　　　N_u——试件抗压破坏荷载（N）；

　　　A——试件受压面面积（mm²）。

黏土烧结砖砌体和蒸压灰砂砖砌体的抗压强度试验值见表3-6和表3-7。

表3-6　黏土烧结砖砌体抗压强度测试值

试件编号	试验参数			破坏荷载 N_u（kN）	抗压强度（MPa）	平均值
	截面尺寸（mm²）	砖强度等级	砂浆强度等级			
A1	89562	MU15	M7.5	517	5.78	
A2	88264	MU15	M7.5	545	6.17	6.05
A3	89050	MU15	M7.5	553	6.21	

表3-7　蒸压灰砂砖砌体抗压强度测试值

试件编号	试验参数			破坏荷载 N_u（kN）	抗压强度（MPa）	平均值
	截面尺寸（mm²）	砖强度等级	砂浆强度等级			
B1	89540	MU15	M7.5	542	6.05	
B2	88645	MU15	M7.5	536	6.05	6.15
B3	88855	MU15	M7.5	565	6.36	

由表3-6和表3-7可以得出，在砖强度等级为MU15，砂浆强度等级为M7.5时，黏土烧结砖砌体抗压强度为6.05MPa，蒸压灰砂砖砌体抗压强度为6.15MPa，因此蒸压灰砂砖砌体的抗压性能与黏土烧结砖砌体基本相似，考虑到初裂荷载和极限荷载因素，蒸压灰砂砖的抗压性能要优于黏土烧结砖砌体。

4）砌体抗剪性能试验研究

（1）试验试件

砌筑试件所选取的黏土烧结砖和蒸压灰砂砖分别由同一家砖厂提供，强度见表3-4，尺寸为240mm×115mm×53mm。本次砌体沿通缝抗剪试验为一组三个试件，砂浆强度等级为M10。

根据《砌体基本力学性能试验方法标准》（GB/T 50129）中的规定，本次试验选取的黏土烧结砖和蒸压灰砂砖砌体试件采用由9块砖组成的双剪试件，如图3-13所示。其中两个受剪面的尺寸均为240mm×370mm。

本试验试件均由同一名工人砌筑而成，所有试件砌筑时均采用同一批拌制砂浆。根据两种不同材料特性，蒸压灰砂砖在砌筑前一天用水湿润，表面含水率为8%～10%；黏土烧结砖在砌筑前一天也需用水湿润，含水率为 10%～15%。

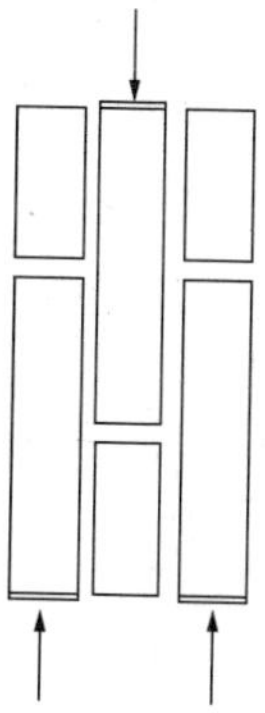

砌筑试件时，应严格按照规范要求进行，竖向灰缝的砂浆应填塞饱满。砌筑完毕后，放置在自然条件下养护，当砖砌体抗剪试件的砂浆强度达到 100% 以后，将试件立放，先后对承压面和加荷面采用 1∶3 水泥砂浆找平，找平层厚度为 10mm。上下找平层应相互平行并垂直于受剪面的灰缝，承压面找平后将整个受剪试件放在自然条件下养护，待砂浆强度达到设计值后即可进行抗剪试验。

图 3-13　受剪试件及受力示意图

（2）试验方法

本节的砌体抗剪试验按照《砌体基本力学性能试验方法标准》（GB/T 50129）规定的砌体沿通缝截面抗剪强度试验方法进行，步骤如下所示：

① 测量受剪面尺寸，测量精度应精确至 1mm；

② 将砖砌体抗剪试件立放置在试验机的下压板上，试件的中心线与试验机的上下压板轴线重合，并与上下压板密合接触。为了使试验机上下压板与试件的接触密合，在两个受力面下垫适量的湿砂调平。

③ 加载时应采用匀速连续加荷方式，并避免冲击，加荷速度应保证试件在 1～3min 内破坏。当有一个受剪面被剪坏时即认为试件破坏，并应实测受剪破坏面的砂浆饱满度。

（3）试验现象及破坏过程

在试件的抗剪试验过程中，蒸压灰砂砖与黏土烧结砖砌体的破坏过程基本相似。施加荷载的初期阶段，试件没有发生明显变化；当施加荷载增加至极限荷载的 70%～80% 时，裂缝开始沿着通缝逐渐出现；随着荷载的继续增加，裂缝迅速发展，当荷载达到试件极限值时，试件突然崩坏，破坏时没有明显的预兆，两种砌体材料均有单剪面破坏和双剪面破坏的发生。

（4）试验结果

单个试件沿通缝截面的抗剪强度 $f_{v,m}$，应按公式（3-2）计算：

$$f_{v,m} = \frac{N_v}{2A}$$ （3-2）

式中　$f_{v,m}$——试件沿通缝截面的抗剪强度（MPa）；

　　　N_v——试件的抗剪破坏荷载值（N）；

　　　A——试件的一个受剪面的面积（mm²）。

黏土烧结砖砌体和蒸压灰砂砖砌体的抗剪强度试验值见表 3-8 和表 3-9。

表 3-8　黏土烧结砖砌体抗剪强度测试值

试件编号	试验参数			破坏荷载 N_v（kN）	抗剪强度（MPa）	平均值
	受剪面面积（mm²）	砖强度等级	砂浆强度等级			
C1	88461	MU15	M10	70.9	0.401	
C2	89418	MU15	M10	76.7	0.429	0.425
C3	87917	MU15	M10	78.2	0.445	

表 3-9　蒸压灰砂砖砌体抗剪强度测试值

试件编号	试验参数			破坏荷载 N_v（kN）	抗剪强度（MPa）	平均值
	截面尺寸（mm²）	砖强度等级	砂浆强度等级			
D1	89019	MU15	M10	54.5	0.306	
D2	89957	MU15	M10	57.9	0.322	0.314
D3	87883	MU15	M10	55.2	0.314	

由表 3-8 和表 3-9 可以得出，在砖强度等级为 MU15，砂浆强度等级为 M10 时，黏土烧结砖砌体抗剪强度为 0.425MPa，蒸压灰砂砖砌体抗剪强度为 0.314MPa，蒸压灰砂砖的抗剪强度仅为黏土烧结砖的 74%，因此，蒸压灰砂砖的抗剪强度偏低。

3. 不同墙材的砌体结构抗震性能研究

本节已分别针对蒸压灰砂砖和黏土烧结砖的基本力学性能进行了相关测试试验研究，为了进一步对采用蒸压灰砂砖的砌体结构抗震性能进行分析，本节选取典型砌体结构房屋作为计算模型，采用建筑结构设计软件 PKPM 分别针对蒸压灰砂砖与黏土烧结砖进行计算分析。

（1）典型模型工程概况

选取了典型住宅作为计算模型，建筑平面图如图 3-14 所示。

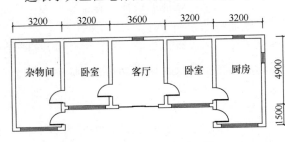

图 3-14　典型住宅平面图

该计算模型分别选择蒸压灰砂砖和黏土烧结砖作为砌体结构的墙体材料，见表 3-10。根据《建筑结构荷载规范》（GB 50009），取黏土烧结砖和蒸压灰砂砖的重度均为 18kN/m³，砌块的强度等级选用 MU15，黏土烧结砖砌体结构采用砌筑砂浆 M5，蒸压灰砂砖砌体结构采用砌筑砂浆 M7.5。屋盖采用现浇钢筋混凝土板（100mm 厚），建筑层高 3.3m。

设计地震分组为第二组，地震烈度为 7 度，场地类别为第二类，修正后的基本风压为 0.35，地面粗糙度类别为二类。

表 3-10　外墙建筑材料

墙体材料	工程做法（mm）
黏土烧结砖	240 黏土烧结砖＋20 水泥砂浆＋20 石灰砂浆
蒸压灰砂砖	240 蒸压灰砂砖＋20 水泥砂浆＋20 石灰砂浆

（2）计算结果分析

① 受压承载力

在本节"不同墙材的砌体结构抗震性能研究"的计算模型中，构造柱不承担屋面楼板传递来的荷载，并且构造柱不承担地震剪力，由墙体全部承担地震剪力，屋面板和圈梁的荷载传递至下部墙体。本节分别建立了蒸压灰砂砖和黏土烧结砖的计算模型,对其受压承载力进行了验算,计算结果如图 3-15 和图 3-16 所示。

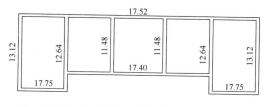

图 3-15　蒸压灰砂砖砌体结构墙体受压承载力

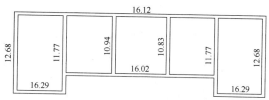

图 3-16　黏土烧结砖砌体结构墙体受压承载力

通过图 3-15 和图 3-16 可以发现,蒸压灰砂砖墙体和黏土烧结砖墙体都能满足轴向抗压承载力的要求。其中蒸压灰砂砖墙体比黏土烧结砖墙体的受压承载力略大,两者的受压承载力最大相差 8.2%,最小相差 3.3%。由此可见,当砌体结构的墙体材料采用蒸压灰砂砖时,其受压承载力能够满足设计要求。

②抗震验算

本节分别对蒸压灰砂砖和黏土烧结砖砌体结构进行了抗震验算,抗震验算结果如图 3-17 和图 3-18 所示。

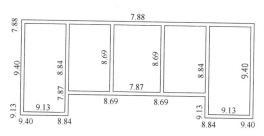

图 3-17　蒸压灰砂砖抗震验算结果

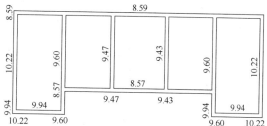

图 3-18　黏土烧结砖抗震验算结果

从图 3-17 和图 3-18 的抗震验算结果可以发现,蒸压灰砂砖砌体结构和黏土烧结砖砌体结构的抗力和效力之比相近,抗力和效力之比最小值为 7.87 大于 1。由《建筑抗震设计规范》(GB 50011) 可查得,抗力与效应之比为 $\dfrac{R}{\gamma_{RE}S}$,只有当 $\dfrac{R}{\gamma_{RE}S} \geqslant 1$ 时,墙体的抗震受剪承载力才能满足要求。因此,从抗震验算结果数值来看,采用蒸压灰砂砖的砌体结构的抗震性能比采用黏土烧结砖的砌体结构的抗震性能略差,但相差不多,且均能满足抗震要求。

4. 不同墙材的导热性能研究

1) 导热系数的测定

导热性是物质传导热量的性能,用导热系数来衡量。导热系数为物体上下表面温度相差 1℃时,单位时间内通过导体横截面的热量。导热系数越大,表明材料传送热量的能力越强,传导的热量越多,材料的保温隔热性能越差;导热系数越小,则表明材料传送热量的能力越弱,传导的热量越少,材料的保温隔热性能越好。因此,要提高墙体材料的保温隔热性能,必须降低其导热系数。

本节分别针对不同的墙体材料的导热系数进行了测定,测试方法采用防护热板法。此测试方法是基于一维稳态导热原理,在稳态传热条件下,在试样内部(上下表面平行)建立以两个近似平行且温度分布均匀的平面为界的无限大平板,进而测出试样冷热面的平均温度以及计量单元的稳态加热功率。试件的导热系数可由公式(3-3)计算得到。

$$\lambda = \frac{\varphi d}{A(t_1 - t_2)} \qquad (3-3)$$

式中　φ ——计量单元的稳态加热功率(W);

t_1 ——试样热面的平均温度(℃);

t_2 ——试样冷面的平均温度(℃);

A ——计量面积(m^2);

d ——试样的平均厚度(m)。

图 3-19　导热系数测定仪

本次测试所用仪器设备为 CD-DR3030 导热系数测定仪(图 3-19),测试之前,对试件进行干燥,并晾至室温。在试件的上下表面分别覆盖一层 1mm 厚导热硅胶片,移至仪器冷热板之间,并保证与冷热板对应位置接触紧密,冷热板的温度分别设置为 18℃和 38℃。当计量板和冷板允许温差分别小于 0.1℃、0.2℃以及导热系数允许误差在 0.1%以内时,试验进入平衡状态。测试结果见表 3-11。

表 3-11　不同墙体材料的导热系数

墙体材料	密度(kg/m^3)	导热系数 λ[W/(m·K)]
黏土烧结砖	1800	0.81
混凝土空心砌块	900	0.79
加气混凝土砌块	550	0.24
蒸压灰砂实心砖	1800	1.08
蒸压灰砂多孔砖	1200	0.75

通过表 3-11 的测试数据可以发现,对五种不同墙体材料的保温隔热性能进行对比分析,蒸压灰砂实心砖的保温性能最差,λ 高达 1.08W/(m·K);加气混凝土砌块的保温性能最好,蒸压灰砂多孔砖的保温性能次之。本节采用能耗模拟分析软件 DeST-h 对采用不同墙体材料的建筑能耗进行分析。

2)能耗模拟分析

(1)模型的建立

本节以华北地区农村最常见的户型为计算模型,通过 DeST-h 模拟软件针对不同的外墙建筑材料进行建筑能耗模拟,平面图如图 3-14 所示,模型如图 3-20 所示。住宅的计算地点设置为北京。在模拟计算时,民居

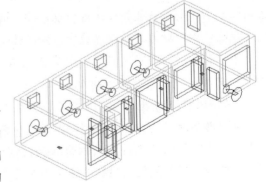

图 3-20　建筑能耗模型

的外部环境参数采用 DeST-h 自带的气象参数，东经 116°28′，北纬 39°48′。外墙墙体材料的导热系数取自表 3-11 中的数值，外墙建筑材料性能参数见表 3-12。

表 3-12　外墙建筑材料性能参数

墙体材料	工程做法（mm）	导热系数 λ [W/(m·K)]	传热系数 [W/(m²·K)]
黏土烧结砖	240 黏土烧结砖＋20 水泥砂浆＋20 石灰砂浆	0.81	2.005
混凝土空心砌块	190 混凝土空心砌块＋20 水泥砂浆＋20 石灰砂浆	0.79	2.250
加气混凝土砌块	200 加气混凝土砌块＋20 水泥砂浆＋20 石灰砂浆	0.24	0.977
蒸压灰砂实心砖	240 蒸压灰砂实心砖＋20 水泥砂浆＋20 石灰砂浆	1.08	2.369
蒸压灰砂多孔砖	240 蒸压灰砂多孔砖＋20 水泥砂浆＋20 石灰砂浆	0.75	1.909

（2）室内计算参数及内扰设定

① 本模型设定室温上限为 26℃，室温下限为 14℃。室内容忍温度上限为 29℃（用以判断是否开启空调），室内容忍温度下限为 14℃（用以判断是否供暖）。设定采暖期为 11 月 15 日至次年 3 月 15 日。

② 设定换气次数大小可以调节，通风设定为通风范围，最小通风次数：夏季 20：00～07：00 时为 $2h^{-1}$，其余时间为 $0.5h^{-1}$。最大通风次数均为 $5h^{-1}$。

③ 室内人员最大数取 4 人，灯光、设备的设定均按农村居民的生活习惯设置。

（3）能耗结果分析

本节根据调研数据统计，选择了五种不同的建筑材料，分别为黏土烧结砖、混凝土空心砌块、加气混凝土砌块、蒸压灰砂实心砖和蒸压灰砂多孔砖，根据最常见的农村做法分别总结了各自的工程做法，具体可见表 3-12。由于不同的建筑材料的工程做法不同，因此在进行能耗模拟时，没有统一不同建筑材料的墙体厚度，按照农村常见的墙体厚度进行模拟分析。

通过 DeST-h 模拟软件对计算模型进行分析，得到了五种不同墙体材料的采暖季热负荷指标，如图 3-21 所示。结合表 3-12 和图 3-21 综合分析可以得到，在相同墙体厚度的情况下，通过导热系数可以发现，使用蒸压灰砂实心砖的建筑物耗热量指标最大，其次为黏土烧结砖和混凝土空心砌块，蒸压灰砂多孔砖的耗热量指标较小，加气混凝土砌块的耗热量指标最小，由于在实际使用过程中，加气混凝土砌块主要作为隔墙等非承重墙体使用，因此在四种承重墙体材料中，蒸压灰砂多孔砖的保温隔热性能最好。

按照农村常见的墙体做法进行分析，蒸压灰砂实心砖的建筑物耗热量指标最大，为 29.12W/m²；蒸压灰砂多孔砖的建筑物耗热量指标小于使用黏土烧结砖的建筑物，同时也小于采用混凝土空心砌块的建筑物，其耗热量指标为 27.18W/m²。

本节对不同房间的全年基础室温进行了模拟分析，图 3-22 选取了一年中最寒冷的月份 1 月中客厅室内基础温度绘制折线图。通过图 3-22 可以发现，除加气混凝土砌块外，其余四种墙体材料对室内温度的影响程度基本相当。1 月份室外平均温度为 -3.88℃，此时采用蒸压灰砂多孔砖墙体材料的室内温度为 2.18℃，有效提升温度 6℃。

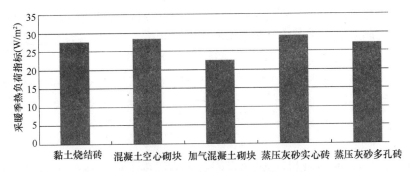

图 3-21 不同建筑材料的采暖季热负荷指标

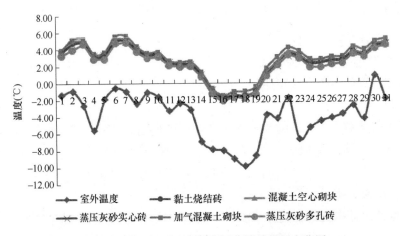

图 3-22 客厅自然室温随不同建筑材料的变化图

根据《农村居住建筑节能设计标准》（GB/T 50824）中关于外墙传热系数的限值要求，严寒地区民居的外墙传热系数 K 需小于 0.5，寒冷地区民居的外墙传热系数 K 需小于 0.65，因此针对五种不同的建筑材料分别计算了满足 K 值要求需增加的保温板厚度，见表 3-13。

表 3-13 不同墙体材料节能改造所需保温板厚度

墙体材料	满足 $K=0.65$ 需增加的 EPS 保温板厚度（mm）	满足 $K=0.5$ 需增加的 EPS 保温板厚度（mm）
黏土烧结砖	48	69
混凝土空心砌块	51	72
加气混凝土砌块	24	45
蒸压灰砂实心砖	52	73
蒸压灰砂多孔砖	43	62

从表 3-13 可以看出，在达到相同节能效果的情况下，采用蒸压灰砂多孔砖所需粘贴的聚苯板保温层厚度比采用蒸压灰砂实心砖所需粘贴的聚苯板保温层厚度少近 10mm，比采用黏土烧结砖所需粘贴的聚苯板保温层厚度少 5～7mm，由此可见，蒸压灰砂多孔砖具

有较好的节能保温性能。同时蒸压灰砂多孔砖还具有较强的蓄热能力，能够有效地避免室内温度发生剧烈的变化，采用蒸压灰砂多孔砖砌块的民居具有较高的舒适度。

5. 蒸压灰砂砖的经济效益分析

本节分别对蒸压灰砂砖与黏土烧结砖的造价进行了研究分析，针对两种不同的方案计算了建筑工程造价，详见表3-14。

（1）建筑工程造价计算内容

① 材料费用部分

包括构造柱、圈梁、楼板、屋面板、拉筋配筋、内外墙、门窗、砌筑砂浆和内外墙抹灰材料等建筑用材。

② 人工费

包括房屋建造施工过程中产生的人工费用。

③ 其他

包括装饰装修、管理费等。

（2）建筑工程造价结果分析

该建筑工程造价以易县当地的某二层建筑为计算模型，建筑面积为 $251m^2$，分别对蒸压灰砂砖和黏土烧结砖的工程造价进行了统计，材料价格参考2013年易县当地建材的市场价格，见表3-14。

表3-14　建筑工程造价情况表

	方案类型一		方案类型二	
	外墙材料	内墙材料	外墙材料	内墙材料
	黏土烧结砖		蒸压灰砂砖	
砖材	64577.90		45284.53	
砌筑砂浆	11098.62		9842.50	
混凝土	5966.14		5966.14	
钢筋	5495.07		5495.07	
涂料	8223.53		5482.35	
防水层	8331.50		8331.50	
结构板	15146.35		15146.35	
门窗	15035.87		15035.87	
其他	36735.93		36735.93	
人工费	102129.90		102129.90	
合计	272740.81		249450.14	
每平方米建筑造价（元）	1086.61		993.82	

通过表3-14可以发现，采用蒸压灰砂砖建筑的综合造价比采用黏土烧结砖建筑的综合造价要低，每平方米节省造价92.79元，主要在砖材、砌筑砂浆、涂料三方面的价格有所降低，通过对施工过程的整个周期进行追踪调查，主要为以下几方面因素：

① 由于关停取缔实心黏土砖瓦窑工作的全面开展,目前只有个别生产实心黏土砖的小作坊在偷偷生产,落后的生产线和匮乏的原材料造成了黏土砖价格的普遍上涨;同时由于蒸压灰砂砖技术的普遍推广,生产蒸压灰砂砖的成本在不断下降。通过对村镇建筑材料的调查研究发现,目前市场上的黏土砖的价格普遍在 0.4~0.5 元/块,而蒸压灰砂砖的价格为 0.3 元/块,蒸压灰砂砖的价格只有黏土砖价格的 70%,因此造成了两种不同方案的原材料之间的差别。

② 由于蒸压灰砂砖在运输装卸施工过程中不易损坏,因此损耗较实心黏土砖低10%~15%,大大减少了蒸压灰砂砖的材料成本;同时由于蒸压灰砂砖采用薄灰缝的施工方法,使用的砂浆较少,砌筑速度快,这也相应减少了砌筑砂浆的材料费。

③ 蒸压灰砂砖由于外形规整、美观,可直接砌筑成清水墙,不必抹灰,也不必做外墙装饰,节约了大量外装饰及其施工费用。

通过对两种不同方案的造价进行综合因素对比分析可以发现,采用蒸压灰砂砖的建筑能够有效降低建筑的建造成本。同时蒸压灰砂砖可减少对耕地的破坏和环境的污染,具有较大的经济效益和社会效益。

6. 蒸压灰砂砖性能改善技术研究

通过以上对蒸压灰砂砖的力学性能研究可以发现,蒸压灰砂砖存在以下问题:

① 同等级的蒸压灰砂砖抗压强度与黏土砖基本相同,但抗剪强度比黏土砖低;

② 含水率对蒸压灰砂砖的抗剪强度影响较大,因此应确定蒸压灰砂砖的最佳含水率。

本节针对以上问题,对蒸压灰砂砖的成型压力、养护制度、最佳含水率进行研究,建立蒸压灰砂砖的性能改进技术指标。

(1)成型压力对蒸压灰砂砖抗压强度的影响

华北地区砖厂规模参差不齐,当地砖厂压砖设备多年来一直是 8 孔和 16 孔机械压砖机,生产压力分别为 60t 和 120t,而且是单面加压,成型压力低,坯体密实度不够,从而影响了砖坯的强度和产品质量。近几年,当地部分砖厂开始采用液压自动压砖机,上下双面加压,有 300t、600t、900t 和 1200t,甚至更大压力的砖机,可生产密实度和质量较高的蒸压灰砂砖。通过对市场上使用的液压自动压砖机进行调研,发现目前国内使用的液压自动压砖机主要为福州海源建材机械有限公司、德国拉斯科公司、郑州德亿重工机械有限公司和天津龙腾机械制造有限公司生产的机械设备,液压砖机技术参数见表 3-15。

表 3-15 液压砖机技术参数

制造厂家	福州海源建材机械有限公司			德国拉斯科公司		郑州德亿重工机械有限公司	天津龙腾机械制造有限公司	
压机型号	HF-300	HF-600	HF-1100	KSF-800	KSP-1600	YMZ 1000-1	HDP-300	HDP-1200
压力（t）	300	600	1100	800	1600	1000	300	1200
加压方式	横框浮动双向			—		单向	双油缸双向	
单位压强（kg/cm²）	240	240	280	—	—	—	240	270

续表

制造厂家	福州海源建材机械有限公司			德国拉斯科公司		郑州德亿重工机械有限公司	天津龙腾机械制造有限公司	
每次压制成型块数	12	24	32	22	42	32	10	36
小时产量（块）	2900	5900	7500	—	—	—	3000	9000
总装机功率（kW）	60	110	130	—	—	—	42	110
蒸压灰砂砖年产量（万块）	2800	5500	7000	6000	12000			

　　在蒸压灰砂砖制备过程中，压制成型工艺是其中最为重要的一道工序。压制成型工艺是将松散的原料混合料送入模具内由压力成型机加压成型，原料由无形松散状成型为有一定强度的块状，成型压力和压制方式对制品的质量有着关键作用，压制成型设备也是蒸压灰砂砖生产工艺中的核心设备，本研究通过研究成型压力对成品强度的影响，确定液压压机的压制参数。

　　本节采用易县某砖厂生产蒸压灰砂砖所用的原材料及配比，石灰、砂和水等原材料按照配合比混合后熟化 4.5h，分别在不同的成型压力（15～25MPa）下成型静停 3h 后入釜，蒸压条件为升温 1.5h、恒温 5h，恒温温度为 174.5℃，恒温压力为 0.90MPa，降温时间 1.5h，出釜堆放。试验结果见表 3-16 和图 3-23。

表 3-16　成型压力对蒸压灰砂砖抗压强度的影响

成型压力（MPa）	试件抗压强度（MPa）
15	12.2
18	13.9
20	15.6
22	16.7
25	17.1

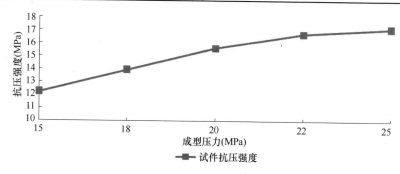

图 3-23　成型压力与试件抗压强度的关系

　　通过对市场上液压砖机的技术参数进行分析，目前采用的液压砖机的加压压力大多数位于 28MPa 以下，因此，本次试验将成型压力范围限制在 15～25MPa。试验表明，当成型压力在一定范围内提高时，蒸压灰砂砖的抗压强度明显提高。当成型压力小于 22MPa 时，蒸压灰砂砖抗压强度随成型压力增加而提高，且提高幅度较大；当压力超过 22MPa 后，虽然蒸压灰砂砖抗压强度仍随着成型压力增加而提高，但提高的幅度较小。当成型压力从 15MPa 提高到 22MPa 时，蒸压灰砂砖抗压强度提高了 4.5MPa，增幅达到 36.9%；但成型压力从 22MPa 增加至 25MPa 时，强度只提高了 0.4MPa，增幅仅为 2.4%，增长趋势已趋于平缓状态。

蒸压灰砂砖强度取决于蒸压过程中胶凝物质的数量和颗粒之间的紧密程度。当原材料种类及配比一定、蒸压机制也固定时，胶凝物质的数量也就随之固定。在这种情况下，可通过加强颗粒间的紧密程度，降低孔隙率，从而使蒸压灰砂砖中水化产物生长空间受到限制，增加水化产物间的接触点数目，最终提高灰砂砖的抗压强度和耐久性。从坯体成型工艺方面考虑，提高坯体的成型压力，可增加坯体的密实度，增加颗粒之间接触机会，最终提高蒸压灰砂砖的抗压强度。

通过上述试验可以发现，蒸压灰砂砖试件强度随着生料坯体成型压力的加大而增强，但在实际生产过程中，随着生料坯体成型压力的不断增加，生料坯体出模的难度加大，其中最常见的问题是坯体断角、断边和内部层裂现象。这些问题的产生主要出现在生料坯体成型压力较大、成型加压速度较快的情况。这是由于蒸压灰砂砖组成材料中粉料所占比例较多，表面积较大，因此较多的空气夹杂在生料粉中进入到成型工序。当成型过程中随着成型压力逐渐增大，生料坯体中所含的空气被极大地压缩，产生了较大的体积变形。当坯体压制完成出模时，由于外界应力约束的取消，压缩空气产生的膨胀会在坯体中造成较大的内应力。若大量的压缩空气集中于靠近角、边的位置，则很容易出现断角、断边等现象。

通过以上分析可以发现，出现坯体断角、断边和内部层裂等现象的常见原因是原料搅拌不均匀和在生料坯体轧制过程中加压速度过快导致产生的。对于生料坯体的压制，应避免加压速度过快，尽量合理降低加压速度。从实际生产操作来看，1~2kN/s 可满足坯体成型的要求。另外，由于二次加压可有效消除坯体内部粉体材料变形的不均匀性，提高其成品率，因此推荐采用二次加压的办法防止出现层裂现象。

综上所述，本工艺条件下生料坯体较为适宜的成型压力为 22MPa 左右，加压速度控制在 1~2kN/s 为宜。

（2）蒸压养护制度对蒸压灰砂砖砌体抗压强度的影响

蒸压灰砂砖强度取决于蒸压过程中胶凝物质的数量和颗粒之间的紧密程度，在上节中已对颗粒之间的紧密程度进行了研究分析，建立了生料坯体的成型压力，本节对蒸压灰砂砖的蒸压养护制度进行分析研究。

蒸压灰砂砖中主要的胶凝物质是各种类型的水化硅酸钙，它们是由混合料中的钙质材料和硅质材料在高温水化作用下发生反应生成的。在高温水热介质作用下，硅质材料中的二氧化硅溶于液相中，它同溶于液相中的 $Ca(OH)_2$ 结合为各种类型的水化硅酸钙，这些水化矿物都是溶解度较低的物质，很容易使液相达到饱和状态，从而析出胶体粒子大小的水化产物。由于石灰和硅质材料的溶解速度和其产物在溶液中的迁移速度不同，水化硅酸钙最先在硅质颗粒表面生成，然后逐步扩展到颗粒之间的空间内，随着液相中水化结晶物质增多，它们逐步联结交织起来，形成结晶连生体，并把砂粒胶结起来，从而使钙硅混合料变成坚硬的整体形成蒸压灰砂砖。由此可见，蒸压养护过程是蒸压灰砂砖强度形成的关键工艺环节。

　　本研究中基于其他工艺参数相同条件下的蒸压灰砂砖的养护制度进行了试验研究，通过改变恒温养护温度、养护压力及养护时间确定不同的蒸压养护制度对蒸压灰砂砖强度的影响因素，试验结果见表 3-17。

表 3-17　蒸压养护制度对蒸压灰砂砖抗压强度的影响

组别	升压时间 （h）	保压时间 （h）	保压压力 （MPa）	降压时间 （h）	抗压强度 （MPa）
1	1.5	5	1.0	1.5	20.4
2	1.5	5	0.8	1.5	15.6
3	1.5	7	1.0	1.5	21.6

通过上表的试验数据可以得出以下结论：

　　① 增加保压压力能够有效地提高蒸压灰砂砖的抗压强度，当保压压力从 0.8MPa 提升至 1.0MPa 时，蒸压灰砂砖的抗压强度从 15.6MPa 提升至 20.4MPa，提升幅度高达 30.8%；

　　② 增加保压时间也可以提高蒸压灰砂砖的抗压强度，当保压时间从 5h 增加至 7h 时，蒸压灰砂砖的抗压强度从 20.4MPa 提升至 21.6MPa，提升幅度仅为 5.9%。因为保压时间的延长会影响蒸压釜的周转使用，且蒸压灰砂砖的抗压强度提升幅度较小，因此在实际生产过程中并不采用延长保压时间的做法提高强度。

　　（3）含水率对蒸压灰砂砖砌体抗剪强度的影响

　　由于蒸压灰砂砖的抗剪强度低于黏土烧结砖的抗剪强度，因此必须采用良好的施工工艺来提高蒸压灰砂砖砌体的抗剪强度，在施工过程中，影响蒸压灰砂砖砌体抗剪强度的主要因素是砌筑时的砖体含水率，故本节对灰砂砖含水率对砌体抗剪强度的影响进行研究。

　　蒸压灰砂砖在砌筑时，其内部含水率并不是一直均匀分布的，会出现以下三种情况：① 洒水后砌体表面含水率大于内部含水率；② 干燥不充分的砌块表面含水率小于内部含水率；③ 砌块表面含水率与内部含水率基本保持一致。基于以上三种情况，本试验将所用试件按含水率分布情况分为 A、B、C 三类，每类按照含水率的大小将其分为 4%、6%、8%、10%、12%、14%、16% 共 7 组试件。试验前三类试件预先在水中浸泡 24 后进行试验，其中 A 类试件放置在室外，风干至含水率小于 2%，在表面淋水 2h 后再风干至设定含水率后使用，此时砌体表面含水率大于内部含水率；B 类试件在不同相对湿度环境中缓慢干燥，使其含水率达到设定含水率后使用，含水率在蒸压灰砂砖内均匀分布；C 类试件在相对湿度 50% 的环境中干燥至设定含水率后使用，此时砌块表面含水率小于内部含水率。每组抗剪试件砌筑时均测定灰砂砖的含水率及其表面 10mm 厚的表层含水率。抗剪试验中蒸压灰砂砖和水泥砂浆的规格和强度等级如前面抗剪试验所示。蒸压灰砂砖的

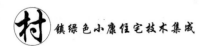

实测含水率、表面10mm厚的平均含水率以及砌体的抗剪强度见表3-18。分别作出含水率和表层含水率对其抗剪强度的影响图如图3-24和图3-25所示。

表3-18　不同含水率对蒸压灰砂砖抗剪强度的影响

试件编号	含水率	10mm 表层含水率	抗剪强度
A1	3.5	3.8	0.24
A2	5.6	6.1	0.30
A3	7.5	8.4	0.37
A4	8.8	9.7	0.43
A5	12.0	12.5	0.33
A6	13.5	14.4	0.14
A7	15.0	15.6	0.12
B1	4.2	4.2	0.31
B2	5.9	5.9	0.34.
B3	8.2	8.2	0.38
B4	10.3	10.3	0.46
B5	11.8	11.8	0.36
B6	14.2	14.2	0.18
B7	15.9	15.9	0.13
C1	4.2	2.1	0.12
C2	6.1	5.1	0.30
C3	8.9	8.0	0.37
C4	10.8	9.1	0.41
C5	12.3	11.6	0.33
C6	14.0	13.4	0.15
C7	15.9	14.8	0.12

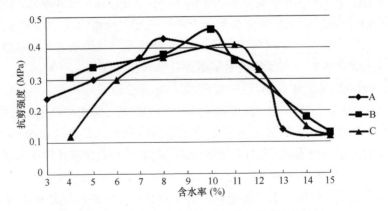

图 3-24　含水率对蒸压灰砂砖抗剪强度的影响

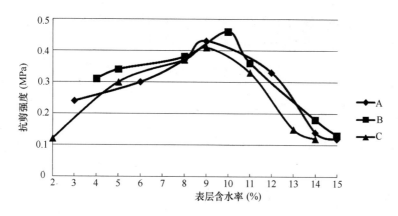

图 3-25　表层含水率对蒸压灰砂砖抗剪强度的影响

从图 3-24 和图 3-25 可以发现，无论是整体含水率还是表层含水率，对 A、B、C 三类蒸压灰砂砖的抗剪强度影响均存在最佳含水率。对于 A、B、C 三类蒸压灰砂砖抗剪强度而言，最佳含水率分别为 8.8%、10.3%、10.8%，最佳表层含水率分别为 9.7%、10.3%、9.1%，此时砌体的抗剪强度达到最高值。通过以上数据分析可以发现，根据蒸压灰砂砖的含水率分布情况不同，其最佳含水率的范围为 8.8%～10.8%，而最佳表层含水率的范围仅为 9.1%～10.3%，因此对于蒸压灰砂砖砌体抗剪强度，最佳表层含水率为主要影响因素，内部含水率为次要影响因素。

当蒸压灰砂砖表面含水率偏低时，它将从砂浆中吸收大量水分，使界面处砂浆处于缺水状态而导致粘结不良；当蒸压灰砂砖表面含水率过高时，会在蒸压灰砂砖与砂浆界面处形成水膜，导致抗剪强度大幅下降；当蒸压灰砂砖表面处于最佳含水量（9%～10%）时，通过剪切破坏的试件显示，随着砂浆中少量的水进入灰砂砖表面，同时带入部分胶凝材料进入灰砂砖表面毛细管中，硬化后的砂浆与蒸压灰砂砖形成很好的啮合效果，提高了抗剪强度。

《砌体工程施工质量验收规范》规定，蒸压灰砂砖砌体工程砌筑前 1～2d 应进行浇水湿润，使其表面处于最佳含水状态，而内部基本保持干燥，即保证砂浆与蒸压灰砂砖具有良好的粘结，同时也使砌体内部含水率处于一个较合适水平，有利于提高砌体的抗剪性能。

7. 蒸压灰砂砖在推广应用中存在的问题及关键技术

1）蒸压灰砂砖在推广应用中存在的问题

由于蒸压灰砂砖的外形尺寸与黏土烧结砖一致，砌筑方法也大体相同，因此在施工过程中很容易把黏土烧结砖应用的经验和方法照搬到蒸压灰砂砖上，造成了墙体的不断开裂。本节将对蒸压灰砂砖在推广应用中遇到的问题进行研究分析，提出相应的裂缝控制措施。

根据调研数据显示，蒸压灰砂砖砌体裂缝主要出现在墙体的以下部位：门、窗角的斜向或水平裂缝，墙体中间的水平裂缝，沿砖缝的梯级状裂缝，梁、板底水平裂缝，墙柱交接处的竖向裂缝等（图 3-26），造成裂缝的主要原因为收缩变形、温度应力等。

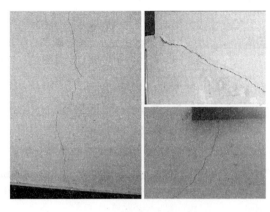

图 3-26　墙体裂缝产生部位

（1）温度变形

温度的变化将引起材料的热胀冷缩现象，在温度变化一定的情况下，当砂浆和蒸压灰砂砖的温度线膨胀系数不同时，产生的变形也是不同步的。当引起的变形足够大时，建筑墙体内部将产生温度应力，大小与温度的变化成正比。若温度应力超过砂浆和蒸压灰砂砖的抗拉强度时，将出现裂缝，产生温度裂缝。

陈臻颖以 20℃ 为基本温度点，分别对蒸压灰砂砖和黏土烧结砖在 0～60℃ 范围内的收缩膨胀值进行了测试，测试结果见表 3-19。

表 3-19　蒸压灰砂砖和黏土烧结砖在不同温度下的收缩膨胀值　　　　（mm/m）

温度（℃）	蒸压灰砂砖收缩膨胀值	黏土烧结砖收缩膨胀值
20	0	0
0	0.190	0.100
15	0.056	0.021
30	−0.140	−0.067
40	−0.290	−0.150
50	−0.410	−0.230
60	−0.570	−0.310

通过表 3-19 可以发现，蒸压灰砂砖随温度收缩膨胀比黏土烧结砖大近一倍，蒸压灰砂砖受温度变化影响比黏土烧结砖大，较容易出现由于温度的变化引起的墙面裂缝。在使用蒸压灰砂砖作墙材的建筑中，特别是框架结构建筑易出现裂缝，裂缝易出现在建筑顶层及附近几层房屋的墙面上，特别是梁与墙面之间的水平裂缝。这是由于屋面温度较高，屋面板在温度的影响下产生膨胀变形，对框架结构的梁、柱产生推力，再加上梁、柱本身的热胀，墙体与框架接触面受剪、拉应力，墙体的抗拉强度和剪切强度决定蒸压灰砂砖砌体在粘结力和抗剪强度上均小于黏土烧结砖，一旦其抗拉强度抵御不了所受拉应力时裂缝就会产生，加上砌体粘结性差，裂缝就往往在粘结面上产生。

针对温度变形产生的裂缝，可采取以下措施避免裂缝的产生：

① 外墙宜进行隔热设计，外表面尽量选择浅颜色、隔热效果好的饰面，并按要求留分隔缝，以减少室内外墙体温差。

② 屋面应采用满足国家标准要求的保温隔热层，可防止屋面板、梁直接受高温变形。屋面隔热层及其上面的刚性面层、保护层应设置分隔缝，分隔缝间距不大于 6m，缝宽不小于 10mm，并且与女儿墙之间的缝宽不得小于 30mm，缝内填防水密封嵌缝膏，可防止保温材料热胀时对女儿墙产生推力。

③ 砌筑时严禁用刚出釜的蒸压灰砂砖。蒸压灰砂砖自生产之日起，应自然养护一个月左右，方可用于砌体的施工，因为灰砂砖出釜后由于含水率及含热量大，早期收缩值大，这些砖如果立即投入使用会造成墙体的开裂。

（2）干缩变形

由于砌体材料的特性，砌体干缩不可避免。蒸压灰砂砖与黏土烧结砖相比，其干缩率为黏土烧结砖的 2~3 倍，并且两者的干缩速度也不一致，黏土烧结砖早期收缩较快，蒸压灰砂砖干缩过程相对较均匀和缓慢。试验数据显示，蒸压灰砂砖含水率从饱和含水至平衡状态，收缩值绝对值变化不大，从含水率 3％到绝干时收缩值变化较大，其干湿收缩值是灰砂砖饱和含水至绝干时干湿收缩值的 75％。因此在同等条件下，蒸压灰砂砖砌体因干缩产生裂缝的可能性要比黏土烧结砖大。

针对干缩变形产生的裂缝，可采取以下措施避免裂缝的产生：

① 选用正规厂家按正常工序生产的蒸压灰砂砖，进场时龄期必须达到 30d。干燥收缩值指标在正常范围内，尺寸、强度经复检合格。

② 按龄期、强度等级分别堆放，高度不超过 1.6m，同时做好防雨措施。

③ 采取有效措施将蒸压灰砂砖砌体水平灰缝厚度和竖向灰缝宽度控制在 8~12mm 之间，最好以 10mm 为宜，饱满度不应小于 80％。

④ 严格控制日砌筑高度，一般控制在 1.2m 以内。当砌至距离梁或楼板底约 200mm 高时，余下的墙体应停留 14 日以上，待下部砌体收缩稳定后再用蒸压灰砂砖斜砌挤紧。斜砌时，砖必须与梁、板、柱顶紧，斜砌砖与水平方向夹角应大于 60°，空隙用砌筑砂浆充分填实。

（3）吸水性能

蒸压灰砂砖的原材料和生产工艺特点使其表面较光滑、密实，而黏土烧结砖是经人工或机械坯料制备、挤压、切割成型，再经干燥、高温烧结而成，表面粗糙并富含丰富毛细孔，因此黏土烧结砖吸水速度和水分蒸发速度比蒸压灰砂砖快。

砌体砌筑时，砂浆中多余的水分能否及时被砖体吸收对砂浆强度有着明显的影响。蒸压灰砂砖只有含水率适中，才能在砌筑过程中既能吸收砂浆中的部分多余水分，又能保证砂浆硬化所需水分的供应，以保证砌体的强度。蒸压灰砂砖砌体的抗剪强度较黏土砖要低，含水率不易掌握，如用干砖或含水率极高的砖砌筑，则其抗剪强度值仅能达到黏土烧结砖的 50％甚至更低，同一材质如果上墙含湿率高，则砌体收缩值较大，反之则收缩值较小。所以掌握好恰当的含水率可以获得蒸压灰砂砖较好的粘结力和较高的抗剪强度，增强砌体的抗裂性能。通过对蒸压灰砂砖最佳含水率的研究工作，已确定蒸压灰砂砖最佳表层含水率为 9％~10％，因此需在砌筑施工过程中保证蒸压灰砂砖处于最佳含水率状态。

针对蒸压灰砂砖含水率过高或过低易产生的裂缝，可采取以下措施避免裂缝的产生：

① 蒸压灰砂砖砌筑前 1~2d 应淋水湿润，其含水率应控制在 10％左右，现场判断一般以砖截面四周融水深度在 15mm 左右为宜。

② 浇水过程应避免用水管大面积、大流量地浇水，应小流量、慢浇、多次浇，最好是喷淋浇水，从而有效地保证蒸压灰砂砖的浸水度。

③ 外墙及顶层内墙砌体的蒸压灰砂砖强度等级不应低于 MU15，不同强度等级蒸压灰砂砖不能混砌，也不能与其他品种砖或砌块混砌。

④ 采用粘结性能好的专用砂浆砌筑砌体，顶层及女儿墙砂浆强度等级不低于 M5。

2）蒸压灰砂砖砌筑施工关键技术

通过以上对蒸压灰砂砖的应用研究表明，蒸压灰砂砖可以完全替代黏土烧结砖用于砖混结构的主体砌筑。蒸压灰砂砖的施工方式与传统的黏土烧结砖的施工方式基本相同，但是由于蒸压灰砂砖制作原材料和生产工艺等因素影响，如果采用传统的施工方式，会造成建筑产生裂缝等问题。因此基于以上研究结果，本节根据蒸压灰砂砖的特性，建立了蒸压灰砂砖砌筑施工技术体系。

（1）工艺流程（图 3-27）

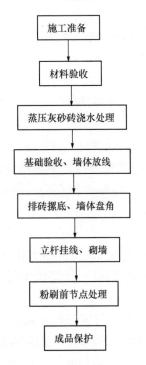

图 3-27　蒸压灰砂砖施工工艺流程

（2）材料要求

① 对于缺棱断角、翘曲变形及其他有关指标达不到标准规定的蒸压灰砂砖，不得用于工程中。

② 砌筑时严禁用刚出釜的砖，蒸压灰砂砖自生产之日起，应自然养护一个月左右，方可用于砌体的施工。

③ 蒸压灰砂砖表面光滑平整，其粘结力较差，宜提高水泥用量，采用较大灰膏比的混合砂浆，从而改善灰砂砖砌体的力学性能。±0.00 以上承重墙体宜采用不小于 M7.5 的混合砂浆砌筑，框架填充墙墙体应采用 M5 及以上混合砂浆砌筑。

④ 外墙及顶层内墙砌体的蒸压灰砂砖强度等级不应低于 MU15，不同强度等级蒸压灰砂砖不能混砌，也不能与其他品种砖或砌块混砌，防止由于干燥收缩值的不同而造成的墙体开裂。

⑤ 在冻胀地区，地面以下或防潮层以下不宜采用蒸压灰砂砖。若必须采用蒸压灰砂砖，应做好抗冻措施避免因毛细现象导致上部砖体发生冻胀破坏。

（3）施工准备

① 蒸压灰砂砖堆放场地应平整，周边应采取必要的排水措施，顶部应采取遮雨（雪）措施；同时须按规格、等级分别堆放，堆垛上应设标志；严禁翻斗车倾卸和任意抛掷。

② 蒸压灰砂砖堆放高度不宜超过 2m，堆垛之间应保持适当的通道。

③ 蒸压灰砂砖砌筑前 1～2d 应淋水湿润，其含水率应控制在 10% 左右，现场判断一般以砖截面四周融水深度在 15mm 左右为宜。

（4）灰缝要求

① 瞎缝、透明缝严重影响蒸压灰砂砖砌筑质量，因此砌筑中不得出现瞎缝和透明缝。

② 灰缝的厚度和砂浆饱满度与提高砌体抗剪强度、避免产生收缩裂缝关系极大，因此砌体的水平灰缝厚度和垂直灰缝宽度应控制在 10mm，允许偏差 ±2mm；砌体与柱子结

合处的灰缝不能过厚，并且砌筑时要顶紧。

③ 砌体水平灰缝的砂浆饱满度应按净面积计算不得低于 80%，竖向缝砂浆饱满度不低于 70%。

④ 竖缝宜采用挤浆或加浆方法，严禁用水冲浆灌缝，因为用水冲浆灌缝会使砂浆中的水泥浆流失，影响砂浆强度，同时蒸压灰砂砖的抗水冲能力很差，也不得采用石子、木屑等物垫塞灰缝。

（5）砌筑要求

① 砌筑时，应从外墙转角处或定位砌块处开始砌筑。

② 由于蒸压灰砂砖受冲击后容易破碎或断面不规则，因此在砌筑过程中，对于不足模数的砌块不应砍砖。

③ 砌筑时水平灰缝宜按照"三一"（一铲灰、一块砖、一挤揉）砌筑法施工操作，对于非地震区也可采用铺浆法砌筑。当采用铺浆法砌筑时，铺灰过长易导致砂浆失水，影响砂浆与蒸压灰砂砖的粘结，因此铺浆长度不得超过 750mm，当施工期间最高气温高于 30℃时，铺浆长度不得超过 500mm。

④ 砌体应采用一顺一丁、梅花丁或三顺一丁的砌筑形式，砖柱不得采用包心砌法。砖墙厚度小于 240mm 时，应采用全顺砌法；弧形砖墙可采用全丁砌法。

⑤ 由于蒸压灰砂砖吸水速度较慢，砂浆早期强度发展迟缓，如果连续砌筑高度过高，容易产生砂浆流失现象，从而导致砌体变形，因此每天可砌高度应予以控制：砌体的日砌筑高度不应超过一步脚手架高度或 1.5m，不允许连续一次性把墙体往上砌筑到顶；离梁底 200mm 左右处必须停止砌筑，待 7d 后再斜砌砖块塞顶，用砂浆挤实。

⑥ 砖砌体的转角处和交接处应该同时砌筑，严禁无可靠措施的内外墙分砌施工。对不能同时砌筑而又必须留置的临时间断处，应砌成斜槎，斜槎水平投影长度不应小于高度的 2/3。施工中不能留斜槎时，除转角处外可留直槎，直槎必须做成凸槎，留直槎部位必须按规定加设拉结筋，拉结筋末端应有 90°弯钩。

⑦ 蒸压灰砂砖砌筑不应在雨天施工。在雨天施工时砂浆的含水率无法控制，砖块及砌体会被雨淋湿，影响砂浆与蒸压灰砂砖的粘结力，有时还会造成砌体的倒塌，故不宜在雨天施工。

⑧ 墙内管线应预埋，否则应在砌体砂浆达到 75% 以上的设计强度后，按设计图纸弹线定位，再用机械刨坑凿槽。管线安装后，坑槽应用砂浆分层填塞密实，并在抹灰层内沿缝长加挂宽度不小于 300mm 的纤维网或钢丝网。

⑨ 由于蒸压灰砂砖砌体表面比较光滑，为了增强砌体与抹灰层之间的粘结力，可用 1：2 水泥砂浆在砌体表面拉毛对基层界面进行处理。

⑩ 不得撬动和碰撞已砌好的蒸压灰砂砖砌体，否则应清除原有的砌筑砂浆后重新砌筑。

⑪ 砌清水墙时应选择棱角整齐、无弯曲与裂纹、颜色均匀、规格基本一致的蒸压灰砂砖。

（6）构造措施

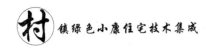

由于块材干缩引起墙体干缩而在砌体内部产生一定的收缩应力，当砌体的抗拉、抗剪强度不足以抵抗收缩应力时就会产生裂缝，因此针对蒸压灰砂砖应采取以下构造措施：

① 在门窗洞口两边墙体的水平灰缝中，设置长度不小于 900mm 和竖向间距为 400mm 的 φ4 焊接钢网片或 2φ6 的拉结钢筋；当门窗洞宽高大于 1m 时，应在洞边设置钢筋混凝土构造柱，并在顶层两端墙体设置通长钢筋混凝土窗台梁。

② 女儿墙、阳台栏杆及较长的窗台下砌体，应加设现浇钢筋混凝土构造柱及压顶，构造柱间距不宜大于 4m，构造柱应伸入压顶并与钢筋混凝土压顶整体浇在一起。

③ 当砌体长度大于 5m 时应在墙体中部设置钢筋混凝土构造柱，当墙厚 180mm 及以上且高度大于 4m，或墙厚 120mm 且高度大于 3m 时，沿砌筑高度每 1.5m 处设置腰梁或钢筋砖带，并且钢筋锚入梁、柱或构造柱内。

④ 顶层外墙用 1φ6 钢筋，间距 400mm 植入梁、板底，外露 200mm 带直钩砌入墙体竖缝内。

⑤ 抹灰砂浆强度应与墙体材料强度相适应。墙体与混凝土构件交界处宜加挂防裂网，对高层建筑八层以上外墙或要求较高的外墙宜满挂网，也可以在外（内）墙抹灰砂浆中加入短切纤维等材料，改善砂浆的抗裂、抗渗性能；抹灰前必须先进行基层界面处理；墙面抹灰应分次成活，每次厚度在 8mm 左右。

⑥ 屋面应采用效果比较好的保温、隔热层，以减少由于屋面温度变形而引起的墙体开裂。

3.2.4　村镇装饰材料本土化资源利用开发

根据调研数据显示，华北地区农村生产的装饰性石材主要有大理石、花岗岩、板石等，由于天然板石是各种板岩用简单的刃具和手锤劈分形成的符合相应产品技术标准的板材，具有取材方便、制作简单的优点，因此在华北地区地区一般用板石作为饰面石材。

1. 板石的定义

板岩（石）是具有板状结构、基本没有重结晶的岩石，是一种变质岩，原岩为泥质、粉质或中性凝灰岩，沿板理方向可以剥成薄片。板岩的颜色随其所含有的杂质不同而变化。

河北省是板岩的出产大省，其中以保定地区为主，易县为板岩石材之乡，主要产铁锈色板岩、黄木纹板岩、黑色板岩和灰色板岩；北京房山主要出产黄木纹板岩、海洋绿板岩、淡绿板岩和黑色板岩，其中北京房山地区的板岩加工生产基地也集中在易县地区。

板石是天然饰面石材的重要成员，与天然花岗石、大理石板材相比，具有古香古色、朴实典雅、质感细腻、纹理自然、易加工、造价低廉等特点，既可用于繁华闹市的建筑，又可用在乡镇农舍，室内室外皆宜，且适应各种环境。

2. 板石的性能特点

板石是以泥质和粉砂质成分为主的板状劈理发育的变质岩，岩性致密，质地均匀，具有明显的变质结构和板状结构，因而可沿层理或劈理劈裂成厚薄均匀的薄板，成材率高，具有以下几方面的性能特点：

（1）审美价值高：板岩独特的表面提供了丰富多样的设计和色彩，砖与砖之间不同的图案增加了板岩的美感。

（2）持久耐用：由于板岩本身的物理特性，因此板岩非常耐磨，但需定期在板岩上使用养护剂。

（3）吸水性能：板岩的吸水性较强，且水稳定性较差，使用时需注意浸水软化现象的发生，不宜安装在长期潮湿的环境中。

3. 板石的装饰性

板石色调均匀柔和，花纹自然，花色品种较多，部分带有天然晕彩，有些还有条带和条纹状图案，可利用板岩薄片制成规格一致的条形板，一般以板理面示人，多为蘑菇石形状。

虽然板石不如花岗石豪华贵重，不如大理石晶莹靓丽，但是由于板石古香古色、朴实典雅的装饰风格，因此受到了广大人民的喜爱，尤其是在新农村建设过程中，利用已风化的板岩做成厚度不一的各种板状石材，可有效保持当地的乡土气息。

4. 板石的装饰形式

根据对当地板石市场和农村建筑风貌的调研结果显示，目前板石的装饰形式主要有蘑菇石贴面、平板贴面、乱形法和层叠法四种（图 3-28）。

（1）蘑菇石贴面是以规格一致的正方形和长方形为主、个别也有菱形出现，主要用于墙体面的装饰，形态较为规整。

（2）平板贴面可分为粗面、细面、波浪面等平板和仿形砖，形状大多为规格一致的规则状。主要用于内外墙面的装饰，目前以锈黄板石和带锈黄灰绿色板石为主。

（3）乱形法有规则平面乱形法和不规则平面乱形法两种：规则平面乱形法为大小不一

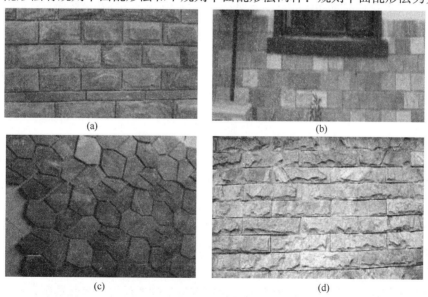

(a)　　　　　　　　　　　　　　(b)

(c)　　　　　　　　　　　　　　(d)

图 3-28　板石装饰形式

（a）蘑菇石贴面；（b）平板贴面；（c）乱形法；（d）层叠法

的规则形状，如三角形、长方形、正方形、菱形等，用于地面装饰的板石也有六边形等；后者多为规格不一的直边乱形（如任意三角形、任意四边形及任意多边形）和随意边乱形（如自然边、曲边、齿边等）。

乱形石的色彩可以为单色，也可以为多色，表面有粗面、自然面和磨光面三种，多用于墙面、地面、广场路面等部位的装饰。

（4）层叠法以各种形状厚度、大小不一的石板层层交错叠垒，叠垒方向可水平、竖直或倾斜，同时可组合成各种粗犷、简单的图案和线条，其断面可平整，也可参差不齐，其特点就是随意层叠而不拘一格，多用于内外墙体、内壁面、柱面及门楣等部位。

3.3 绿色农房新型建筑体系

3.3.1 新型砌体建筑体系

本节研究的新型砌体建筑体系指采用绿色墙体材料砌筑而成的建筑。

1. 绿色墙体材料

1）蒸压灰砂砖（图 3-29）

（1）蒸压灰砂砖的主要材料是砂（约占 90%）和石灰（接近 10%），以及一些配色原料，经过坯料制备、压制成型、蒸压养护三个阶段制成。

（2）经过大量试验表明，蒸压灰砂砖的抗冻性、耐蚀性、抗压强度等多项性能都优于实心黏土砖。

（3）蒸压灰砂砖的规格尺寸与普通实心黏土砖完全一致，为 240mm×115mm×53mm，因此可以用蒸压灰砂砖直接代替实心黏土砖。

（4）蒸压灰砂砖主要分为 MU10、MU15、MU20、MU25 四个强度等级。MU10 主要应用于防潮层以上的建筑部位，其余三种蒸压灰砂砖主要应用于基础及其他建筑部位。

（5）蒸压灰砂砖不得用于受急热急冷和有酸性介质侵蚀的建筑部位。

2）蒸压粉煤灰砖（图 3-30）

图 3-29 蒸压灰砂砖

图 3-30 蒸压粉煤灰砖

（1）蒸压粉煤灰砖是以粉煤灰、石灰为主要原料，掺加适量石膏和集料，经坯料制备、压制成型、高压蒸汽养护而成。

（2）蒸压粉煤灰砖的抗压强度一般较高，能够经受 15 次冻融循环的抗冻要求。另外，粉煤灰砖是一种有潜在活性的水硬性材料，在潮湿环境中能继续产生水化反应使砖的内部结构更为密实，有利于强度的提高。

（3）蒸压粉煤灰砖的尺寸与普通实心黏土砖完全一致，为 240mm×115mm×53mm，因此可以用蒸压灰砂砖直接代替实心黏土砖。

（4）蒸压灰砂砖主要分为 MU15、MU20、MU25、MU30 四个强度等级。

3）加气混凝土砌块（图 3-31）

（1）加气混凝土砌块是以硅质材料（砂、粉煤灰及含硅尾矿等）和钙质材料（石灰、水泥）为主要原料，掺加发气剂，通过配料、搅拌、浇注、预养、切割、蒸压、养护等工艺过程制成的轻质多孔硅酸盐制品。

（2）加气混凝土砌块生产原料丰富，特别是使用粉煤灰为原料，既能综合利用工业废渣、治理环境污染、不破坏耕地，又能创造良好的社会效益和经济效益，是一种替代传统实心黏土砖理想的墙体材料。

（3）加气混凝土砌块适用于三层及以下砌体结构，或作为填充墙使用。

（4）常用的加气混凝土砌块强度等级有 A3.5、A5.0、A7.5、A10。

（5）不同干密度和强度等级的加气混凝土砌块不应混砌，也不应与其他砖和砌块混砌。

（6）加气混凝土砌块不应使用在下列部位：

① 建筑物±0.000 以下（地下室的室内填充墙除外）部位；

② 长期浸水或经常干湿交替的部位；

③ 受化学侵蚀的环境，如强酸、强碱或高浓度二氧化碳等环境；

④ 砌体表面经常处于 80℃以上的高温环境。

4）混凝土多孔砖（图 3-32）

图 3-31　加气混凝土砌块

（1）混凝土多孔砖以水泥为胶结材料，以砂、石为主要骨料，加水搅拌、成型、养护制成的一种多排小孔的混凝土砖。

图 3-32　混凝土多孔砖

（2）混凝土多孔砖具有黏土砖和混凝土小型砌块的特点，材料与混凝土小型砌块类同，符合砖砌体施工习惯，各项物理、力学和砌体性能均可具备烧结黏土砖的条件；可直接替代黏土烧结砖用于各类承重、保温承重和框架填充等不同建筑墙体结构中。

（3）混凝土多孔砖的规格尺寸为 240mm×115mm×90mm，砌筑时可配合使用半砖（120mm×115mm×90mm）、七分砖（180mm×115mm×90mm）。

（4）混凝土多孔砖主要分为 MU15、MU20、MU25、MU30 五个强度等级。

5）水泥砖（图 3-33）

（1）水泥砖是指利用粉煤灰、煤渣、煤矸石、尾矿渣、化工渣或者天然砂等（以上原料的一种或数种）作为主要原料，用水泥做凝固剂，不经高温煅烧而制造的一种新型墙体材料。

（2）水泥砖自重较轻，强度较高，无需烧制，用电厂的污染物粉煤灰作材料，比较环保。缺点是与抹面砂浆结合不如红砖，容易在墙面产生裂缝，影响美观。

（3）水泥砖规格是 240mm×115mm×53mm 标准砖，与普通实心黏土砖一致。

6）石膏砌块（图 3-34）

图 3-33　水泥砖　　　　　　图 3-34　石膏砌块

（1）石膏砌块是以建筑石膏为主要原材料，经加水搅拌、浇注成型和干燥制成的轻质建筑石膏制品。

（2）石膏砌块按其结构特性，可分为石膏实心砌块和石膏空心砌块。

（3）石膏砌块主要用于建筑结构的非承重墙体，一般作为内隔墙。若采用合适的固定剂支撑结构，墙体还可以承受较重的荷载（如挂吊柜、热水器、厕所用具等）。掺入特殊添加剂的防潮砌块，可用于浴室、厕所等空气湿度较大的场合。

（4）石膏砌块的长度为 600mm，高度为 500mm，宽度为 60～200mm。

7）建筑垃圾再生砖（图 3-35）

（1）建筑垃圾再生砖是以建筑垃圾为主料，配以工业废渣，用合理的配方，按一定的比例混合，加入添加剂，经过压制成型和一系列硬化养护后制成的，达到了国家标准的砖。

（2）建筑垃圾再生砖能够缓解建筑垃圾处理压力，保护土地资源，避免环境污染。

8）复合自保温砌块（图 3-36）

图 3-35 建筑垃圾再生砖

图 3-36 复合自保温砌块

（1）复合自保温砌块是由空心结构的主体砌块、保温层、保护层及连接主体砌块与保护层并贯通保温层的"连接柱销"组成，为确保安全，在连接柱销中设置有加强钢丝。

（2）主体砌块有盲孔、通孔、填充三种构造形式，可根据不同建筑的具体要求，通过保温层材质、厚度，粗细集料品种、配比，保温连接柱销的断面构造、个数等可调整参数的相应设置，调整各项技术指标，满足节能 50%～75% 的要求，抗压强度 5.0～15MPa。

（3）保温材料是填充在混凝土支架的空腔中，在砌筑时，其只与砌筑砂浆接触，无火灾隐患；成墙后，EPS 等保温材料是被密闭在＞25～30mm 厚的混凝土保护层内，没有燃烧的环境，亦无点燃的途径。

（4）在主体砌块的内外壁与 L 型、T 型点状连接肋组成的空间中，填充的是低密度 EPS 板，砌筑砂浆在砌块重量与砌块间挤压力的作用下，自然地压入 EPS 板，嵌固在砌块的内外壁与条状连接肋之间，形成嵌入式砌筑，有效地增强砌体的抗剪强度和抗震性能。

（5）复合自保温砌块主要用于建筑结构的非承重墙体，可作为非承重外墙使用。

2. 抗震构造措施

（1）配筋砖圈梁的构造应符合下列要求：

① 砂浆强度等级：6、7 度时不应低于 M5，8 度时不应低于 M7.5。

② 配筋砖圈梁砂浆层的厚度不宜小于 30mm。

③ 配筋砖圈梁的纵向钢筋配置不应低于表 3-20 的要求。

表 3-20 配筋砖圈梁最小纵向配筋

墙体厚度 t（mm）	6、7 度	8 度
≤240	2ϕ6	2ϕ6
370	2ϕ6	2ϕ6
490	2ϕ6	3ϕ6

④ 配筋砖圈梁交接（转角）处的钢筋应搭接。

⑤ 当采用小砌块墙体时，在配筋砖圈梁高度处应卧砌不少于两皮普通砖。

（2）纵横墙交接处的连接应符合下列要求（图 3-37～图 3-39）：

① 7 度时空斗墙房屋、其他房屋中长度大于 7.2m 的大房间，及 8 度和 9 度时，外墙转角及纵横墙交接处，应沿墙高每隔 750mm 设置 2φ6 拉结钢筋或 φ4@200 拉结铁丝网片，拉结钢筋或网片每边伸入墙内的长度不宜小于 750mm 或伸至门窗洞边（图 3-37～图3-39）。

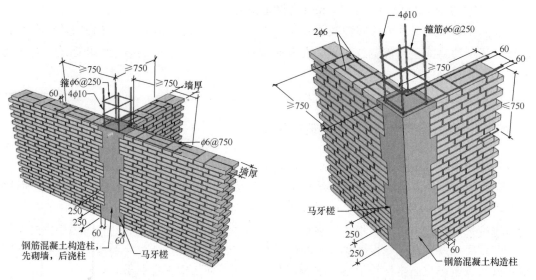

图 3-37　横墙与外纵墙交接处构造柱做法　　　　图 3-38　转角处构造柱做法

② 凸出屋顶的楼梯间的纵横墙交接处，应沿墙高每隔 750mm 设 2φ6 拉结钢筋，且每边伸入墙内的长度不宜小于 750mm。

（3）后砌非承重隔墙应沿墙高每隔 750mm 设置 2φ6 拉结钢筋或 φ4@200 铁丝网片与承重墙拉结（图 3-40），拉结钢筋或铁丝网片每边伸入墙内的长度不宜小于 500mm；长度大于 5m 的后砌隔墙，墙顶应与梁、楼板或檩条连接。

（4）钢筋混凝土楼（屋）盖房屋，门窗洞口宜采用钢筋混凝土过梁；木楼（屋）盖房屋，门窗洞口可采用钢筋混凝土过梁或钢筋砖过梁。

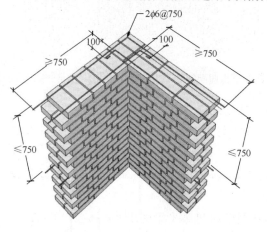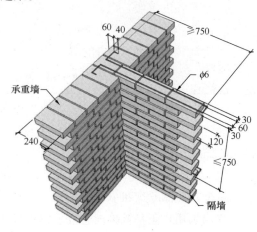

图 3-39　承重墙转角处做法　　　　　　　　图 3-40　承重墙与非承重墙连接构造

（5）小砌块墙体的下列部位，应采用不低于 Cb20 灌孔混凝土，沿墙全高将孔洞灌实作为芯柱：

① 柱转角处和纵横墙交接处距墙体中心线不小于 300mm 宽度范围内墙体；

② 围屋架、大梁的支承处墙体，灌实宽度不应小于 500mm；

③ 壁柱或洞口两侧不小于 300mm 宽度范围内。

（6）小砌块房屋的芯柱竖向插筋不应小于 12mm，并应贯通墙身；芯柱与墙体配筋砖圈梁交叉部位局部采用现浇混凝土，在灌孔时应同时浇筑，芯柱的混凝土和插筋、配筋砖圈梁的水平配筋应连续通过。

（7）抗震构造措施尚应符合国家现行有关标准的规定。

3.3.2　装配式混凝土异形柱建筑体系

1. 基本概念

整体装配式混凝土异形构件建筑体系是采用异形柱、异形叠合梁和整间复合保温墙板共同受力的新型装配式建筑体系。该建筑体系的全部构件在工厂预制生产，在施工现场通过简单的拼装工作即可完成施工建设，几乎不需要使用模板；整间复合保温墙板镶嵌于异形柱框架中，与框架结构共同工作，构成结构的抗侧力系统，提高了结构的安全性，同时通过异形设置解决了框架处出现的热桥问题，增强了建筑的保温性能。

2. 适用范围

整体装配式混凝土异形构件建筑体系适用于低层或多层建筑，如图 3-41 所示。

3. 体系特点

（1）全部构件在工厂预制生产，外墙板集装饰、保温、围护于一体，在施工现场可以采用"搭积木"的方式，将各个预制好的构件直接拼装在一起，几天时间就可以搭建起一座绿色农房。

（2）建筑体系采用混凝土框架结构，具有较好的整体抗震性能。

（3）采用混凝土异形柱代替传统的矩形截面柱，可避免框架柱凸出墙面，便于室内装修和家具摆放。

图 3-41　整体装配式混凝土异形构件建筑体系

（4）采用异形叠合梁可有效减少支撑数量，提高梁柱节点的受力性能。

（5）整间复合保温墙板通过翼缘设置可有效地避免了漏风、渗水现象，同时解决了梁、柱处的热桥问题，居住更加舒适。

（6）整间复合保温墙板采用加芯保温的设置方式，可有效解决外保温层易脱落的问题，同时节能率可达到 75%。

（7）整间复合保温墙板通过采用独特的钢丝网架结构形式实现了整间预制，可有效提高受力性能和施工速度。

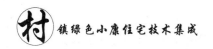

装配式混凝土异形构件建筑体系预制构件如图 3-42 所示。

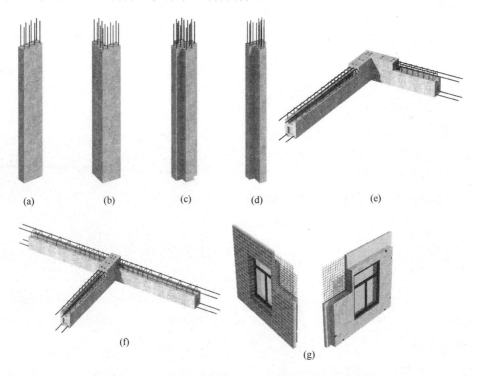

(a) (b) (c) (d) (e)

(f) (g)

图 3-42 装配式混凝土异形构件建筑体系预制构件

(a) 一字形预制柱；(b) L 形预制柱；(c) 十字形预制柱；(d) T 形预制柱；

(e) L 形预制叠合梁；(f) T 形预制叠合梁（g）整间免装修复合保温外墙板

3.3.3 低层轻型钢结构装配式建筑体系

1. 基本概念

低层轻型钢结构装配式建筑体系（图 3-43）是以冷弯薄壁型钢结构作为主体结构，配以复合轻质墙板为围护结构构成的一种独特的建筑体系。

图 3-43 低层装配式轻钢结构体系

2. 适用范围

轻型钢结构装配式建筑体系适用于 3 层及 3 层以下建筑。

3. 体系特点

（1）由于应用钢材作承重结构，用新型建筑材料作围护结构，一般用钢结构建造的住宅重量是钢筋混凝土住宅的二分之一左右，减小了房屋自重，从而降低了基础工程造价。

（2）由于竖向受力构件所占的建筑面积相对较小，因而可以增加住宅的使用面积。同时由于钢结构住宅采用了大开间、大进深的柱网，为住户提供可以灵活分隔的大空间，能满足用户的不同需求。

（3）钢结构住宅体系大多在工厂制作，在现场安装，现场作业量大为减少，因此施工周期可以大大缩短，施工中产生的噪声和扬尘以及现场资源消耗和各项现场费用都相应减少。

（4）复合轻质墙板（图 3-44）可采用粉煤灰为填充料，以水泥为胶凝料，以耐碱玻纤网格布或钢筋为增强材料制成，具有质量轻、强

图 3-44　复合轻质墙板连接桥

度高、保温隔热、耐火、隔声效果好等性能，施工简便快捷，具备锯、钉、钻、刨和粘等操作性，可用作屋面板、楼板和非承重外墙板、隔墙板等。

3.3.4　木结构建筑体系

1. 基本概念

木结构是单纯由木材或主要由木材承受荷载的结构形式，通过各种金属连接件或榫卯手段进行连接和固定。木结构建筑材料可使用人工速生林，采用定向刨花、层板胶合木、层叠木片胶合木、平行木片胶合木和工字形木搁栅等新型材料。

2. 适用范围

木结构建筑体系适用于低层建筑。

3. 体系特点

（1）由于墙体厚度的差别，木结构建筑的实际得房率（实际使用面积）比普通砖混结构要高出 5%～7%。

（2）木结构采用装配式施工，这样施工对气候的适应能力较强，不会像混凝土工程一样需要很长的养护期，另外，木结构还适应低温作业，因此冬季施工不受限制。

（3）木结构的墙体和屋架体系由木质规格材、木基结构覆面板和保温棉等组成，具有较好的保温节能效果。

（4）木材是唯一可再生的主要建筑材料，在能耗、温室气体、空气和水污染以及生态资源开采方面，木结构的环保性远优于砖混结构和钢结构。

（5）基于木材的低密度和多孔结构，以及隔声墙体和楼板系统，使木结构也适用于有隔声要求的建筑物，创造静谧的生活、工作空间。

4. 为防止木结构受潮而引起木材腐朽，必须采取下列防潮和通风措施：

（1）应在桁架和大梁的支座下设置防潮层。

（2）为保证木结构有适当的通风条件，不应将桁架支座节点或木构件封闭在墙、保温层或其他通风不良的环境中。对露天结构在构造上应避免任何部分有积水的可能。

图 3-45 木结构

（3）为防止木材表面产生水汽凝结，当室内外温差很大时，房屋的围护结构（包括保温吊顶），应采取有效的保温和隔气措施。

（4）对下列情况，除从结构上采取通风防潮措施外，尚应采用药剂处理。

① 露天结构；

② 内排水桁架的支座节点处；

③ 檩条、搁栅等木构件直接与砌体接触的部位；

④ 在白蚁容易繁殖的潮湿环境附近使用木构件；

⑤ 虫害严重地区使用马尾松、云南松以及新利用树种中易感染虫害的木材；

⑥ 在主要承重结构中使用不耐腐的树种木材（图 3-45）。

3.3.5 新型抗震夯土建筑体系

1. 基本概念

新型夯土建筑通过选用现代夯筑技术，优化砂、石、土原料级配，对墙基等部位掺入一定比例的熟石灰或水泥等添加剂，增强其承载能力和防水防潮性能，通过设置圈梁、构造柱增强抗震性能。

2. 适用范围

夯土建筑适用于一层建筑。

3. 体系特点

（1）墙体尺寸较厚，热工性能好，冬暖夏凉；

（2）节能环保，就地取材，造价低廉；

（3）施工技术简单，施工工期短；

（4）环境友好，建筑材料可循环利用，融于自然，有利于环境保护和生态平衡；

（5）建筑开间不大，布局受到限制。

4. 夯土建筑墙体中通过加入构造柱、圈梁及竹筋等拉结构造措施，以提高墙体自身强度与整体性，墙体构造如下所示：

（1）构造柱：需在房屋四角及内外墙交接处设置构造柱。当构造柱采用木柱时，直径不小于 120mm。

（2）木圈梁：在一层顶部夯土墙内水平设置圈梁，以增强房屋的整体性。当圈梁采用木圈梁时，采用搭接或榫卯。

（3）竹筋：沿墙高每隔 500mm 设置一层拉结材料，且每边伸入墙内不小于 750mm 或至洞口边（图 3-46）。

（4）竖向销键：夯土墙上下层接缝处设置短木棍、竹片等竖向销键，以提高接缝处的水平抗剪性能，销键间距不大于 1.0m（图 3-47）。

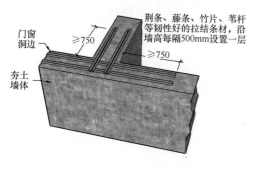

图 3-46　拉结措施

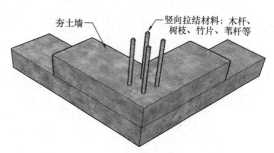

图 3-47　竖向销键

3.4　村镇住宅建筑节能技术

当今社会，能源问题已经成为人们越来越关注的焦点问题。由于近年来，我国城镇数量及规模的增大，每年新建建筑面积也在迅速增长，建筑年消耗商品能源占全社会终端能耗总量的三分之一，而建筑用能的增加对全国的温室气体排放"贡献率"已经达到了25%，高能耗、高排放造成的能源枯竭、环境污染等问题日益凸显。

我国是一个农业大国，全国有 70% 以上的人口居住在农村，有关研究报告显示，2010 年我国农村住宅面积约为 230 亿平方米，约占全国总建筑面积的 50%。随着经济条件的提高，我国农村人口的生活质量得到了大幅的提升，但与城市相比，大部分农村居住建筑室内热环境差，能源消耗水平处于较低的水平。

随着我国经济的进一步发展，城镇化水平的普及，农业人口生活质量的不断提高，住宅室内热舒适要求也将不断提高，农村居住建筑能源消耗结构也将有可能发生前所未有的变化，农村居住建筑能耗将可能成为影响我国能源消耗水平的重要因素，因此，在农村地区推广经济可行的节能建筑已是迫在眉睫。本节针对华北农村地区特点，建立适用于村镇地区的节能建筑体系，有效降低建筑能耗，提高室内舒适度。

3.4.1　村镇住宅建筑热工性能检测

为了能够定量地了解华北村镇地区住宅建筑的热工性能和室内热环境，本节选取六个典型农村建筑进行了热工性能检测。

（1）测试内容

测试内容主要包括：室内环境温度、室外环境温度、外墙内表面温度、外墙外表面温度，外墙热流密度。

（2）测试仪器

① 温、湿度电子记录仪（图3-48）：该仪器可以自动采集、记录温湿度，记录时间为30min记录一次，测试完成后可将采集的数据存储至电脑进行分析。

② R70B建筑热工温度热流巡回检测仪（图3-49）：该仪器采用热流计法进行检测，也可在标定热箱法检测中采集数据使用，可以自动采集、自动存储。

图3-48　温、湿度电子记录仪

图3-49　R70B建筑热工温度
热流巡回检测仪

（3）测试建筑工程概况

① 1#建筑

1#建筑为石家庄新乐市新街铺村的居民住宅，建筑建成于1996年，砖混结构，外墙为240厚砖墙。南墙为陶瓷面砖饰面，西墙和北墙为水泥砂浆抹面饰面，东面墙与其他住户相接，无集中采暖系统，冬季室内采用火炕和土暖气取暖。本次测试选取东屋北向外墙为测试墙体。

② 2#建筑

2#建筑为石家庄新乐市木运铺村的居民住宅，建筑建成于2006年，6层砖混结构，一梯两户布置，外墙为240厚砖墙，外贴50mm厚EPS板，外饰面为水刷石饰面，采用局域锅炉房采暖系统。本次测试选取3层东户北向外墙为测试墙体。

③ 3#建筑

3#建筑为河北省承德市双峰寺村的居民住宅，建筑建成于1998年，砖混结构，外墙为370厚砖墙，南面为石灰抹面，东面和北面为水泥砂浆抹面，西面墙与其他住户相接，无集中采暖系统，冬季室内采用火炕和土暖气取暖。本次测试选取东屋北向外墙为测试墙体。

④ 4#建筑

4#建筑为石家庄鹿泉市大郭村的居民住宅，建筑建成于2009年，砖混结构，外墙为240厚黏土实心砖，外抹70mm胶粉聚苯颗粒，外饰面为涂料饰面，采用燃煤土锅炉取暖。本次测试选取东屋北向外墙为测试墙体。

⑤ 5#建筑

5#建筑为石家庄鹿泉市台头村的居民住宅，建筑建成于 2011 年，2 层砖混结构，外墙为 240 厚灰砂砖，外挂 70mm 厚岩棉板保温，外饰面为涂料饰面，采用燃煤土锅炉取暖。本次测试选取西屋北向外墙为测试墙体。

⑥ 6#建筑

6#建筑为石家庄鹿泉市大郭村的居民住宅，建筑建成于 2011 年，砖混结构，外墙为 240 厚灰砂砖，外贴 50mm 厚挤塑板保温，外饰面为涂料饰面，采用燃煤土锅炉取暖。本次测试选取东屋北向外墙为测试墙体。

（4）测试方法

本次检测主要测试建筑的外墙主体部位和外墙热桥部位的传热系数，测试方法的关键在于测点位置的选取。在测试外墙主体部位的传热系数时，测点位置应选在窗间墙的中部，远离窗口、墙角、热桥、裂缝和有空气渗漏的部位；在测外墙热桥部位的传热系数时，测点应选在窗上口过梁部位处，并保证不受南向阳光辐射影响。设备采用内部加热系统，使内外温差大于 15℃进行测试。

（5）测试结果

① 1#建筑

由图 3-50 可知，一天中建筑主墙体外表面温度、热桥外表面温度的最低值出现凌晨 4：30 左右，最高值出现在下午 15：30 左右，其中主墙体外表面温度的平均值 27.35℃，热桥部位外表面温度的平均值为 25.84℃。

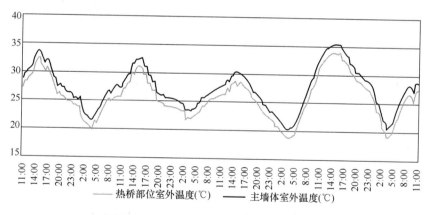

图 3-50 1#建筑测试期间室外温度曲线图

由图 3-51 可知，建筑的室内温度、主墙体内表面温度比较恒定，在凌晨 3：30 左右最低，其中主墙体内表面温度的平均值为 45.04℃，热桥内表面温度的平均值 43.56℃，热桥部位内表面温度低于主墙体内表面温度。

由图 3-52 可知，主墙体部位的热流密度平均值为 54.99W/m²，热桥部位的热流密度平均值为 90.07W/m²，热桥部位的热流密度远高于主墙体部位的热流密度。

② 2#建筑（图 3-53～图 3-55）

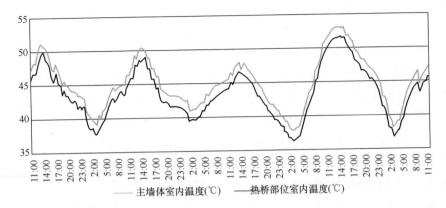

图 3-51　1♯建筑测试期间室内温度曲线图

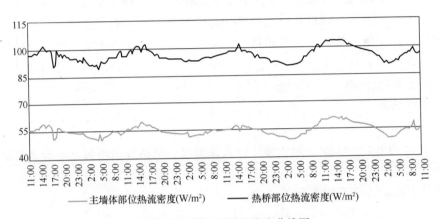

图 3-52　测试期间热流密度曲线图

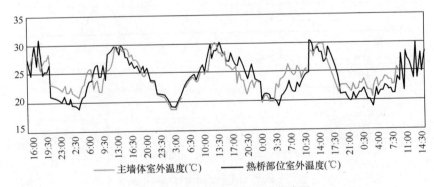

图 3-53　测试期间室外温度曲线图

测试结果分析：

2♯主墙体外表面温度的平均值 24.45℃，热桥部位外表面温度的平均值为 24.19℃；2♯建筑主墙体内表面温度平均值达到了 39.64℃，热桥部位内表面温度的平均值为 39.55℃；2♯建筑外墙热流密度较小，主墙体部位的热流密度平均值仅为 9.28W/m²，热桥部位的热流密度平均值为 12.78W/m²。

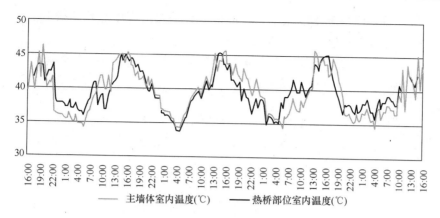

图 3-54　2♯建筑测试期间室内温度曲线图

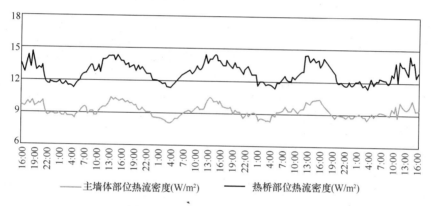

图 3-55　测试期间热流密度曲线图

③ 3♯建筑（图 3-56～图 3-58）

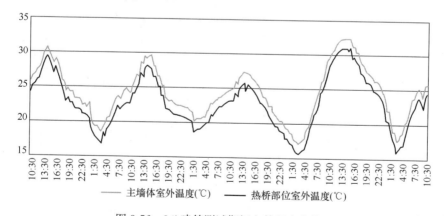

图 3-56　3♯建筑测试期间室外温度曲线图

测试结果：

3♯主墙体外表面温度的平均值 24.35℃，热桥部位外表面温度的平均值为 22.84℃；
3♯建筑主墙体内表面温度平均值达到了 42.05℃，热桥部位内表面温度的平均值为

39.56℃；3♯建筑外墙热流密度较小，主墙体部位的热流密度平均值仅为 $23.90W/m^2$，热桥部位的热流密度平均值为 $56.63W/m^2$。

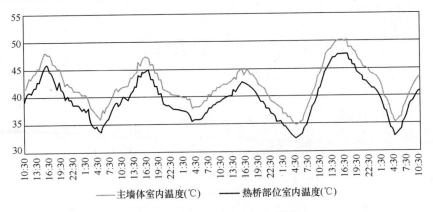

图 3-57　测试期间室内温度曲线图

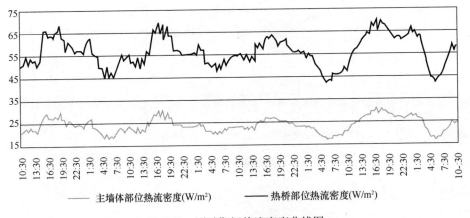

图 3-58　测试期间热流密度曲线图

④ 4♯建筑（图 3-59～图 3-61）

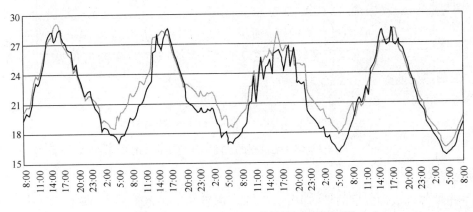

图 3-59　4♯建筑测试期间室外温度曲线图

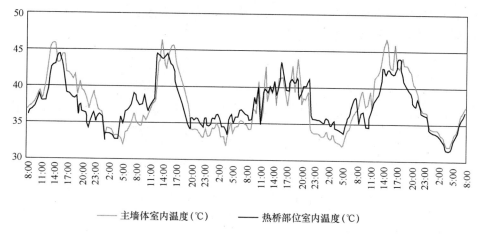

主墙体室内温度（℃）　　热桥部位室内温度（℃）

图 3-60　测试期间室内温度曲线图

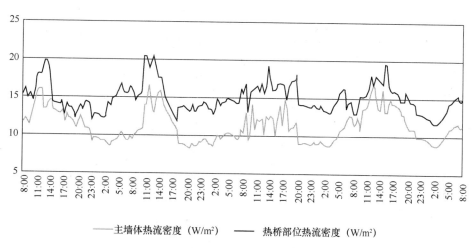

主墙体热流密度（W/m²）　　热桥部位热流密度（W/m²）

图 3-61　测试期间热流密度曲线图

测试结果分析：

4♯主墙体外表面温度的平均值 22.70℃，热桥部位外表面温度的平均值为 21.82℃；4♯建筑主墙体内表面温度平均值达到了 37.66℃，热桥部位内表面温度平均值为 37.42℃；4♯建筑外墙热流密度较小，主墙体部位的热流密度平均值仅为 11.33W/m²，热桥部位的热流密度平均值为 14.99W/m²。

⑤ 5♯建筑（图 3-62～图 3-64）

测试结果分析：

5♯主墙体外表面温度的平均值 19.86℃，热桥部位外表面温度的平均值为 19.28℃；5♯建筑主墙体内表面温度平均值达到了 36.47℃，热桥部位内表面温度的平均值为 35.54℃；5♯建筑外墙热流密度较小，主墙体部位的热流密度平均值仅为 7.66W/m²，热桥部位的热流密度平均值为 12.32W/m²。

⑥ 6♯建筑（图 3-65～图 3-67）

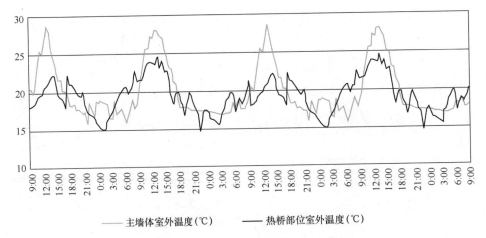

图 3-62　5♯建筑测试期间室外温度曲线图

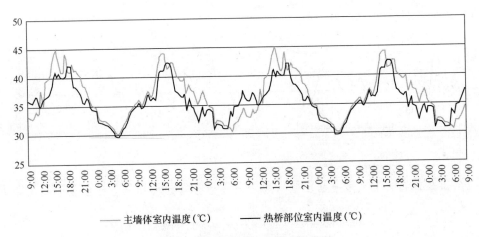

图 3-63　测试期间室内温度曲线图

图 3-64　测试期间热流密度曲线图

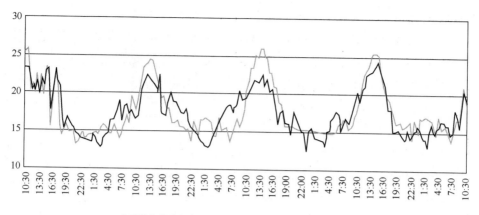

图 3-65　测试期间室外温度曲线图

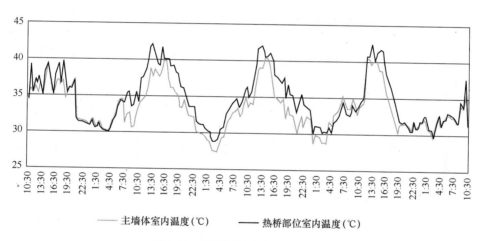

图 3-66　测试期间室内温度曲线图

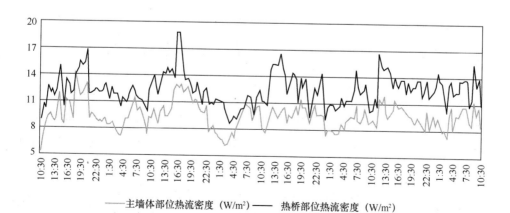

图 3-67　测试期间热流密度曲线图

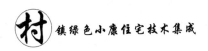

测试结果分析：

6#主墙体外表面温度的平均值17.66℃，热桥部位外表面温度的平均值为17.48℃；6#建筑主墙体内表面温度平均值为34.67℃，热桥部位内表面温度的平均值为33.51℃；6#建筑外墙热流密度较小，主墙体部位的热流密度平均值仅为9.59W/m²，热桥部位的热流密度平均值为12.54W/m²。

(6) 测试数据分析

根据测试所得村镇建筑的外墙主体部位的内、外表面温度和热流密度，热桥部位的内、外表面温度和热流密度，可以计算出外墙主体和外墙热桥的传热系数以及外墙的平均传热系数，可以定量地分析被测试村镇建筑围护结构的热工性能。

被测试建筑的测试结果见表3-21。

表3-21 测试计算结果

建筑编号		墙外表面平均温度(℃)	墙内表面平均温度(℃)	平均热流密度(W/m²)	传热系数[W/(m²·K)]	平均传热系数[W/(m²·K)]
1#	主体墙	27.35	45.04	54.99	2.12	2.42
	热桥部位	25.84	43.56	96.07	2.99	
2#	主体墙	24.45	39.64	9.28	0.56	0.63
	热桥部位	24.19	39.56	12.78	0.74	
3#	主体墙	24.35	42.05	23.90	1.51	1.61
	热桥部位	22.84	39.56	56.63	3.02	
4#	主体墙	22.70	37.66	11.33	0.68	0.74
	热桥部位	21.82	37.42	14.99	0.84	
5#	主体墙	19.86	34.67	7.66	0.48	0.53
	热桥部位	19.28	34.54	12.32	0.72	
6#	主体墙	17.66	34.67	9.59	0.52	0.54
	热桥部位	17.48	33.51	12.54	0.70	

测试结果分析：

① 1#、3#建筑均未采用外墙保温措施，1#建筑(240mm)外墙的平均传热系数为2.42W/(m²·K)，3#建筑(370mm)外墙的平均传热系数为1.61W/(m²·K)，均远高于河北省《居住建筑节能设计标准》规定的限值，热工性能较差，建筑冬季采暖能耗大。

② 2#、4#、5#、6#都采用了外墙保温措施，建筑的平均传热系数均远低于1#和3#建筑外墙的平均传热系数，这说明采用外墙保温措施的村镇建筑的耗热量较少，热工性能远优于未采用保温措施的建筑。

③ 2#、4#、5#、6#虽然都采用了外墙保温措施，但5#、6#建筑平均传热系数比2#、4#建筑外墙的平均传热系数更低，这说明在外墙内外表面温差相同的情况下，采用保温性能越好的保温材料，建筑的热工性能越好。

④ 被测试的六个村镇建筑，墙体热桥部位的平均热流密度和传热系数均远高于外墙主体部位的热流密度和传热系数，这说明建筑热桥的存在提高了外墙的平均传热系数，增加了建筑的耗热量。

⑤ 1♯建筑外墙主体部位单位面积的耗热量是 2♯、4♯、5♯、6♯建筑的 3～4 倍左右，热桥部位为 5 倍左右。3♯建筑外墙主体部位单位面积的耗热量是 2♯、4♯、5♯、6♯建筑的 2～3 倍左右，热桥部位为 5 倍左右。这说明在采用了外墙外保温技术后，建筑的耗热量大大减少，同时也充分说明了建筑实施外墙节能保温的必要性。

(7) 村镇建筑围护结构现状

通过对华北地区 60 个村镇建筑的围护结构进行调研，发现华北村镇建筑围护结构主要存在以下四方面的问题：

① 外墙

华北地区农村外墙一共有三种形式：砖墙、土墙和石墙。在农村中，外墙的主要形式为砖墙，约占 85%，其中大部分均为黏土砖，只有少量住宅使用了蒸压灰砂砖等新型墙体材料，89%的外墙厚度为 370mm，95%的内墙的厚度为 240mm；大多数土墙以及石墙建造时间较早（一些新型的生土建筑除外），都在 20 世纪 90 年代之前，区域性划分比较明显，土墙厚度以 600mm 为主，石墙的厚度比土墙稍厚一些。农村外墙装饰以水泥抹面或涂料为主，经济条件较好的农户会在外面贴上瓷砖，外墙基本无保温。

② 屋顶

农村屋顶形式主要有两种：坡屋顶和平屋顶，坡屋顶分为木制屋架、混凝土坡屋顶以及轻钢屋架坡屋顶。木屋架主要建造于 20 世纪 90 年代左右，檩条上铺芦苇板、秸秆，上面铺麦秆泥或泥沙、石灰混合物和屋面瓦；部分混凝土及轻钢屋架坡屋顶采用彩钢板复合保温板作为屋面，拥有简易的屋顶保温措施；平屋顶在 2000 年以后大多采用现浇混凝土结构，然后在结构层上抹水泥砂浆找平层及防水层。随着农村条件的提高，部分房屋内有吊顶，但是吊顶上基本没有铺设保温材料。

③ 门窗

在调研的村落里，农村住房的门窗类型主要为木门窗和铝合金门窗，仅有 5%的农户采用了塑钢门窗。农村住宅门窗的主要特点是气密性较差，我们对部分新建民居的门窗气密性进行了测试，均没有达到《农村居住建筑节能设计标准》的四级气密性的要求。在农村，木门窗的使用率高达 67%，然而木门窗由于气密性较差，因此冷风渗透厉害，造成了大量的热损失。

④ 地面

农村地面一般为三种形式，即水泥地面、砖铺地面和瓷砖地面，在调研的住户中，有少数的住户在地面下部铺设有炉渣，大部分住户没有做地面保温。

3.4.2　适用于村镇住宅围护结构的节能技术

1. 适用于华北村镇地区的外墙保温形式

建筑外墙保温形式主要有外墙内保温和外墙外保温两种。由于采用外墙内保温方式会

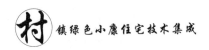

使内隔墙和楼板处的保温层出现断点，产生热桥，影响房间的舒适度甚至会引起结露现象，同时内保温做法将占用室内的使用面积，影响室内装修，给安装空调、电话及其他饰物带来不便。北京市、河北省等明确禁止使用外墙内保温结构，因此结合考虑华北地区节能工作开展形势及村镇建筑的实际情况，建议在华北村镇地区推广适用外墙外保温系统。

1）外墙保温材料的分类

（1）聚苯板外保温

聚苯板外保温系统根据材料不同可分为膨胀聚苯板（EPS板）和挤塑聚苯板（XPS板）。聚苯板外保温系统因具有优良的物理性能和廉价的成本，已在全世界范围内广泛应用。

（2）岩棉外保温

岩棉外保温系统主要有粘贴岩棉板（薄抹灰）和热镀锌钢丝网锚固件固定（复合胶粉聚苯颗粒）两种做法。

（3）发泡水泥板

发泡水泥板是通过发泡机的发泡系统将发泡剂用机械方式充分发泡，并将泡沫与水泥砂浆均匀混合，然后经过发泡机的泵送系统进行现浇施工或模具成型，经自然养护所形成的一种含有大量封闭气孔的新型轻质保温材料。它属于气泡状绝热材料，在混凝土内部形成了封闭的泡沫孔，使混凝土轻质化和保温隔热化。

（4）聚氨酯硬泡外保温

聚氨酯硬泡是由组合多元醇（组合聚醚或聚酯）及发泡剂及添加剂组成的a组分（白料）和主要成分为异氰酸酯的b组分（黑料）混合反应形成的具有保温和防水功能的硬质泡沫塑料，简称聚氨酯硬泡。

聚氨酯硬泡保温系统是一项综合性较好的新型外保温系统，其构成是由聚氨酯硬泡保温层、界面层、抹灰层、饰面层或固定材料组成，形成外墙外表面的非承重保温构造即聚氨酯硬泡外墙外保温系统。

（5）胶粉聚苯颗粒外保温

胶粉聚苯颗粒保温砂浆是将废弃的聚苯乙烯塑料（简称EPS）加工破碎成为3～4mm的颗粒，作为轻集料来配置保温砂浆。

胶粉聚苯颗粒外保温系统是一种采用EPS颗粒保温砂浆、耐碱涂塑玻璃纤维网格布、水泥抗裂砂浆、抗裂柔性耐水腻子、弹性底层涂料等系统材料在现场成型的新型墙体保温体系，这种方法是目前被广泛认可的外保温技术之一。

（6）无机保温砂浆外保温

无机保温砂浆是一种新型的保温隔热材料，采用轻质玻化微珠产品，替代传统的普通膨胀珍珠岩和聚苯颗粒作为保温型干混砂浆的轻质骨料，配以优质的聚合物胶浆料，形成无机干粉保温砂浆。无机保温砂浆具有节能利废、保温隔热、防火防冻、耐老化的优异性能以及低廉的价格，有着广泛的市场需求。

无机保温砂浆外保温及饰面系统是由界面层、无机保温砂浆、抗裂防护层和饰面层组成，起到保温隔热、防护和装饰作用。

2）外墙外保温系统的分类

本节针对目前常见的七种保温做法，从系统特点、适用范围和系统构造三方面进行分析，探索适宜在农村采用的外墙外保温系统。

（1）EPS 板薄抹灰外保温系统

EPS 板薄抹灰外保温系统通常采用粘贴的方式（也有加锚栓辅助锚固的方式）固定在基层墙体上，然后在保温板上抹抹面砂浆并将增强网格布铺压在抹面砂浆中，是目前使用最为广泛的保温技术之一。

① 系统特点

a. 保温隔热性能优异，价格较便宜

EPS 板导热系数仅为 $0.042W/(m^2 \cdot K)$ 左右，具有优异的保温隔热性能；B2 级 EPS 板成本为 $270 \sim 300$ 元/m³，B1 级 EPS 成本为 400 元/m³，而其他板材成本在 600 元/m³ 以上，甚至达到 $1000 \sim 1500$ 元/m³。

b. 技术成熟，质量可靠，施工方便

该系统使用范围最广，时间最长，技术最成熟，拥有相应的规范及标准体系。通过采用粘结砂浆将保温系统与基层墙体进行连接，必要时辅以锚栓机械锚固，系统连接牢固，安全可靠。EPS 板易切割，可以加工成各种形状，能满足不同尺寸需求，施工方便。

c. 环保性能良好

EPS 板不易发生分解和霉变，无有害物质挥发，化学性质稳定，在施工中对工人的健康不会造成危害，是较好的环保产品。

② 适用范围

外墙外保温系统适用于各类砌筑墙体和混凝土墙，但不适合木基层的既有建筑改造。

由于 EPS 板可燃，因此 B2 级 EPS 板外保温系统主要适用于没有特殊防火要求的一层或多层建筑；通过设置防火隔离带，B1 级 EPS 板外保温系统可用于有防火要求的建筑。

③ 系统构造

EPS 板薄抹灰外保温系统置于建筑物外墙外侧，主要是由 EPS 板保温层、粘结砂浆、薄抹面层及饰面层等组成。

EPS 板用粘结砂浆固定在基层墙体上（使用锚栓辅助固定），当采用涂料饰面时，薄抹面层内满铺玻璃纤维网格布，抹面砂浆层厚度宜控制在 $3 \sim 7mm$；当采用面砖饰面时，薄抹面层内满铺热镀锌钢丝网，抹面胶浆层厚度宜控制在 $7 \sim 10mm$。

（2）XPS 板薄抹灰外保温系统

XPS 板具有良好的闭孔结构，其吸水率和导热系数都很低，通常作为屋面保温及地面±0 以下防水保温材料。近几年，XPS 板开始用于外墙保温，但是墙体开裂问题严重。

① 材料特点

a. 保温隔热性能优越

XPS 板具有高热阻、低线性、膨胀比低的特点，其结构的闭孔率达到了 99% 以上，避免了空气流动散热，确保其保温性能的持久和稳定。实践证明，20mm 厚 XPS 保温板

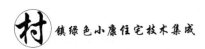

的保温效果相当于 50mm 厚发泡聚苯乙烯板或 120mm 厚水泥珍珠岩。但 XPS 的价格是 EPS 的 2 倍左右，因此 XPS 的经济性不如 EPS。

b. 抗压防潮性能较好

由于 XPS 板的特殊结构，其抗压强度极高、抗冲击性强，根据 XPS 的不同型号及厚度，其抗压强度可达到 150～500kPa 以上。由于聚苯乙烯分子结构本身不吸水，板材分子结构稳定，无间隙，使 XPS 板具有良好的憎水防潮性能。

② 适用范围

XPS 板薄抹灰外保温系统适用于建筑物屋面保温、墙体保温、中央空调通风管道保温及地面防潮层保温处。

③ 系统构造

XPS 板薄抹灰外保温系统构造做法可参照 EPS 板薄抹灰外保温系统。

（3）胶粉聚苯颗粒外保温系统

胶粉聚苯颗粒外保温系统可充分利用废旧泡沫聚苯板、粉煤灰等废料，能有效地解决保温、隔热、抗裂、耐火、憎水、耐候、透气等问题。

① 性能特点

a. 防火性能优异

胶粉聚苯颗粒保温系统在明火状态下不会产生有毒烟雾，无次生烟尘灾害，且材料的强度和体积也不会损失降低过多，防火性能优异。

b. 抗风压性能较好

该系统内无贯通的空腔，可减少风压特别是负风压对高层建筑外墙外保温系统的破坏。

c. 抗裂性能良好

系统各层材料弹性模量变化指标逐层渐变，外层的柔韧变形量高于内层的变形量，从而使得保温系统能够有效地吸收和消纳温度应力变形，抗裂性能良好。

d. 良好的施工适应性

施工过程不受墙面外形的限制，在基层结构复杂与基层平整度不佳的情况下均可直接施工，能够有效地对局部偏差实施找平纠正。

② 适用范围

适用于高度 100m 以下的建筑，基层墙体材料可为混凝土砌块、灰砂砖、加气混凝土砌块、混凝土墙，饰面可为清水墙面、涂料、瓷砖等。

③ 系统构造

本系统采用胶粉聚苯颗粒保温砂浆作为保温隔热材料、防护层为抗裂砂浆复合耐碱玻纤网格布（热镀锌钢丝网），饰面材料一般为涂料或面砖。

（4）硬泡聚氨酯喷涂外墙外保温系统

硬泡聚氨酯喷涂外墙外保温系统采用现场喷涂的硬泡聚氨酯作为主体保温材料，利用胶粉聚苯颗粒保温砂浆进行找平和补充保温。

① 性能特点

a. 保温效果好

现场喷涂硬泡聚氨酯的导热系数一般为 $0.016 \sim 0.023 \mathrm{W}/(\mathrm{m}^2 \cdot \mathrm{K})$，保温性能优于 EPS、XPS 等保温材料。在墙体喷涂硬泡聚氨酯可形成无缝隙、无空腔的连续保温层，能有效地阻、隔断"热桥"。

b. 抗裂性能好

硬泡聚氨酯柔性变形量较大，不易产生裂纹，系统柔性逐层变化，符合逐层释放应力的原则，抗裂性能较好。

c. 施工性能良好

喷涂硬泡聚氨酯施工速度快，效率高，对建筑物外形适应能力强，特别适用于建筑物构造节点复杂部位的施工。

d. 有较好的防火性能

聚氨酯在添加阻燃剂后，是一种难燃自熄性的材料，它与胶粉聚苯颗粒浆料复合，组成一个防火体系，能有效地防止火灾蔓延。

② 适用范围

该系统适用于建筑高度小于 100m 的多层及中高层居住建筑和公共建筑的外墙外保温。

③ 系统构造

该系统由聚氨酯防潮底漆、聚氨酯喷涂硬泡保温层、聚氨酯界面层、胶粉聚苯颗粒找平层及饰面层组成。当采用涂料饰面时，防护层为嵌埋有玻纤网格布增强的柔性聚合物抗裂砂浆；当采用面砖饰面时，防护层为抗裂砂浆复合热镀锌钢丝网。

（5）岩棉、玻璃棉毡装配式骨架外保温系统

岩棉在 20 世纪 30 年代就已投入工业化生产，在国外建筑中得到了广泛的应用。近年来，岩棉、玻璃棉毡装配式骨架外保温系统在许多公共建筑中得到了广泛使用，岩棉、玻璃棉毡为防火性能优异的无机保温材料，系统中采用的面板具有良好的装饰性，干法施工，操作方便。

① 性能特点

a. 防火性能优异

该系统的保温材料采用的岩棉和玻璃棉毡，均为 A 级不燃材料，材料燃烧时不产生有害气体，系统具有极其优异的防火性能。

b. 施工方便

该系统对基层要求不高，一般情况下不需进行基层处理，系统骨架为装配式施工，保温板直接机械固定于墙体之上，施工操作方便，施工速度快。

c. 抗裂性能好

该系统外饰面为干挂面板，饰面层不会因为环境变化而产生面层裂缝，因此系统具有良好的抗裂性。

② 适用范围

装配式龙骨外保温系统可应用于各类多层及中高层居住建筑和公共建筑的外墙保温。

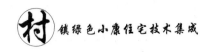

③ 系统构造

岩棉、玻璃棉毡装配式龙骨薄板外保温系统是以岩棉、玻璃棉毡为保温隔热层，镶嵌于轻钢龙骨框架的腔体内，轻钢龙骨框架机械固定在基层墙体之上，外覆面板的外墙外保温系统。

（6）无机保温砂浆外保温系统

无机保温砂浆外保温系统主要采用掺有多种外加剂的无机胶凝材料，通过与轻骨料预混合干拌制成，既可以单独作为保温层，又可以与 EPS 板配套使用。

① 性能特点

a. 施工整体性好

保温砂浆固化后，保温层总体效果一致，既避免了接缝热桥，又防止了保温板接缝易开裂的问题。

b. 具有良好的双向亲和性，对于各类无机基材具有高粘结性能。

c. 具有良好的抗渗性能及抗裂性能，有效的保护基面。

② 适用范围

本系统适用于新建、扩建、改建的居住建筑、公共建筑及既有建筑改造工程，也可用于多层及高层建筑的外墙、分户墙、架空楼板的保温抹灰工程。

③ 系统构造

本系统由界面层、保温层、保护层和饰面层构成。保护层全部有耐碱玻纤网格布增强；饰面层可采用涂料或面砖，采用面砖饰面时应有锚固件固定。

（7）发泡水泥板外保温系统

发泡水泥板外保温系统通常采用粘贴的方式（也有加锚栓辅助锚固的方式）固定在基层墙体上，在保温板上抹抹面砂浆并将增强网格布铺压在抹面砂浆中，。

① 系统特点

a. 防火隔热性能好

发泡水泥板是 A 级不燃无机保温材料，有良好的防火性能，1200℃高温烘烤 3h，仍保持完整性，在建筑物上使用，可提高建筑物的防火性能。

b. 抗压强度大

发泡水泥板中使用了特种纤维，增加了发泡水泥板的抗压强度，抗压强度为 5MPa以上。

② 适用范围

发泡水泥板已广泛应用于大跨度工业厂房、仓库、体育场馆等各个领域的建筑工程中。

3）保温材料综合性能的比较与选用

建筑保温材料的综合性能评价可以从导热系数、蓄热系数、密度、强度、抗裂性能、耐久性、防潮防冷凝性能、防火阻燃性能、环保性能、适用范围等因素进行综合考虑。表3-22 从以上各方面对华北地区常见的保温材料性能进行比较，综合各方面因素探讨村镇地区适宜的保温材料类型。

表 3-22　常见保温材料性能对比

	EPS 板	XPS 板	胶粉聚苯颗粒	硬泡聚氨酯	岩棉板、玻璃棉毡	无机保温浆料	发泡水泥板
导热系数	较小	较小	较大	较小	较小	较大	较大
蓄热系数	较小	较小	较大	较小	较小	较大	较大
密度	较小	较小	较大	较小	较小	较大	较大
强度	较差	有一定强度，但只能正面承重	较好，可承受一定冲击力	较好，可承受一定冲击力	较差	较好，可承受一定冲击力	较好，可承受一定冲击力
抗裂性能	需网格布增强，板接缝处需要特殊处理，若处理不当可能产生裂缝破坏面层	需网格布增强，板接缝处需要特殊处理，若处理不当可能产生裂缝破坏面层	需网格布增强，抹灰施工不当可能产生空鼓开裂等现象	需网格布增强，柔性变形量较大	需网格布增强，板接缝处需要特殊处理，若处理不当可能产生裂缝破坏面层	需网格布增强，材料的收缩率较大，抹灰施工不当可能产生空鼓开裂等现象	需网格布增强，板接缝处需要特殊处理，若处理不当可能产生裂缝等现象
耐久性	较易老化	较好	较好	较好	较好	较好	较好
防潮防冷凝性	不透气，在空气层中易产生冷凝水下润	不透气，在空气层中易产生冷凝水下润	有一定透气性	不透气，在空气层中易产生冷凝水下润	透气性差，易产生结露、发霉等现象	透气性差，易产生结露、发霉等现象	透气性差，易产生结露、发霉等现象
防火阻燃性能	B_1 级难燃、B_2 级可燃，且易燃的能产生毒气 高温	B_1 级难燃 高温	不燃，可耐高温	B_1 级难燃、B_2 级可燃	不燃，可耐一定高温	不燃，可耐一定高温	不燃，可耐一定高温
环保性能	施工中不能用手直接接触粘结剂	施工中不能用手直接接触粘结剂	无毒	施工时会产生甲醛、甲苯等有毒气体	可能致癌，长期吸入岩棉尘可能导致支气管炎和肺气肿	可能含有一定放射性物质	无毒
适用范围	适用于规整、平整的墙面	适用于规整、平整的墙面	特别适用于弧形墙、楼梯同等不规则的部位，以及梁柱等截面尺寸较小的构件	特别适用于弧形墙、楼梯同等不规则的部位，以及梁柱等截面尺寸较小的构件	适用于规整、平整的墙面	特别适用于弧形墙、楼梯同等不规则的部位，以及梁柱等截面尺寸较小的构件	适用于规整、平整的墙面

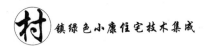

EPS 板：低密度，低导热系数，但强度和耐老化能力较差，施工时极易破损。价格相比其他材料便宜，材料综合性能较好。

XPS 板：低密度，低导热系数，较好的强度、耐老化能力和阻燃性能，方便现场施工等优点，但价格比 EPS 板贵，且有透气性差，表面光滑，易于翘曲变形等问题。

聚苯颗粒保温砂浆以较低的价格、方便的施工赢得客户，但密度和导热系数较大，需要的保温砂浆较厚，增加了施工难度并占用较大的空间。

硬泡聚氨酯喷涂外保温系统虽然抗裂性能好，保温层厚度较薄，保温性能极佳，但由于价格昂贵，应用实例仍然很少。

岩棉板是既满足防火要求又满足节能要求的保温材料，但其造价远高于市场同类保温建材，不利于市场大面积推广，同时，岩棉制品对人体有一定的危害。

无机保温砂浆由于密度较大以及收缩开裂等原因，应用有限。

发泡水泥板虽然价格较低，施工方便，但导热系数偏大，密度也较大。同时由于板自重较大，易导致板与墙的连接困难、易开裂。

综上所述，EPS 板薄抹灰外保温系统具有良好的热工性能，成本较低，技术成熟，最适宜在村镇地区推广使用；XPS 板的保温性能较好，但存在透气性差，表面光滑，易于翘曲变形等问题，随着技术的完善，XPS 板也将在农村地区进行广泛应用；硬泡聚氨酯虽然也具有良好的外保温性能，但是高昂的价格在农村地区推广有一定难度，在经济发展水平较高的村镇地区，可以考虑应用这种保温材料；岩棉造价较高，易吸水，并产生粉尘颗粒，对人类身体造成一定的危害，不是农村理想的保温材料；住房和城乡建设部《关于贯彻国务院关于加强和改进消防工作的意见的通知》（建科〔2012〕16 号）中规定对砂浆保温材料和膨胀玻化微珠、相变保温砂浆等，严格按照国家住房城乡建设部和质监总局《墙体材料应用统一技术规范》（GB 50574）的要求，不得单独用于除加气混凝土墙体以外的建筑内、外墙保温，因此发泡水泥，胶粉聚苯颗粒和无机保温砂浆等保温造法不适宜在农村地区推广使用。

因此，华北农村地区最适宜推广的外墙保温方式为 EPS 板薄抹灰外保温系统，其次为 XPS 板外保温系统，经济发展水平比较高的地区可采用硬泡聚氨酯喷涂外保温系统。

2. 适用于华北村镇地区的屋顶保温形式

作为建筑外围护体系的重要组成部分，屋顶约占全部外围护结构总面积的 8%～20%。夏季屋面受到直接日照的辐射强度较大，而且时间较长，导致平屋顶的外表面温度非常高，顶层的室内空气温度由于受到屋面高温的影响会比下层高出很多；同时屋顶作为水平方向传热壁，垂直方向的传热速度要大于外墙面，保温性能不良的屋顶会使得冬季室内的热量快速散失。因此提高屋顶的保温隔热能力对改善室内热环境、减少设备能耗具有重要作用，而且屋顶占围护结构的面积比例较小，不会明显提高造价。

（1）屋顶铺设保温层

目前我国建筑主要是利用保温材料作为保温隔热层，以此降低室外热环境的变化对室内舒适度造成的影响，这种最基本的保温隔热措施的施工技术已经较为成熟，保温隔热效果明显。

保温层的铺设按照与防水层的位置可分为正置式与倒置式图 3-68、图 3-69。其中倒置式保温屋顶使用憎水材料作为保温板，具有无需设置隔气层、施工简单、造价低廉等特点，而且保温板作为保护层使防水层的使用寿命得到了很大提高。

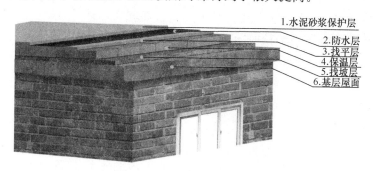

图 3-68　平屋顶正置式屋面保温

1.水泥砂浆保护层
2.防水层
3.找平层
4.保温层
5.找坡层
6.基层屋面

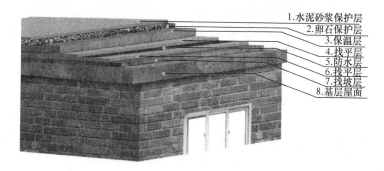

图 3-69　平屋顶倒置式屋面保温

1.水泥砂浆保护层
2.卵石保护层
3.保温层
4.找平层
5.防水层
6.找平层
7.找坡层
8.基层屋面

（2）架空隔热屋面

利用热压通风原理，在屋顶设置架空通风隔热层（架空通风屋面）同样有较好的节能效果。现在新建的平屋顶住宅常用的通风隔热层是在屋顶上铺设保温材料和防水层，随后在保温屋顶的基础上设置架空隔热板，使隔热板与屋面间形成流动的空气层，可以在炎热时利用热压与风压将架空层中的热空气排走，集合了保温与隔热的双重特性，建造技术简单。

（3）通风阁楼（图 3-70）

目前，在华北地区有些住宅直接在平屋顶上加建坡屋顶，这种在单一材料的预制钢筋混凝土平屋顶上加建阁楼，形成了可控的保温隔热空气间层，提高了屋顶的防水性能，减少了原有屋顶向居住空间的渗漏，加建的阁楼还可以适量储存杂物，距离屋顶晒台也较近。

提高这类屋顶的保温隔热能力关键在于加强空气间层的通风，以及围护结构的密闭性能。

图 3-70　通风阁楼形式

合理布置通风口位置、加大通风口面积等方法都可以提高阁楼散热性能，同时在关闭窗户时保证围护结构密闭性才可以使阁楼在冬季具有良好的保温性能。在华北农村地区推广平屋顶或平坡结合屋顶通风阁楼的形式，这样在设置通风阁楼的同时也不影响屋顶的晾晒功能。

3. 适用于华北村镇地区的地面保温形式

华北农村地区的地面基本没有经过处理，保温和隔潮的效果较差，由于冬季采暖房间地面下土壤的温度低于室内气温，特别是靠近外墙的地面比房间中间部位的热损失大得多。为了减少热损失和维持地面一定的温度，地面应采取一定的保温措施，可在外墙内侧2m范围内的土壤上面铺设一定厚度的干炉渣，减少室内热量向室外散发（图3-71）。

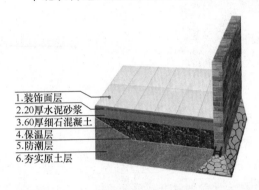

1.装饰面层
2.20厚水泥砂浆
3.60厚细石混凝土
4.保温层
5.防潮层
6.夯实原土层

图 3-71　地面保温做法

4. 适用于华北村镇地区的节能门窗

在墙体、屋顶、地面、门窗四大建筑围护结构中，门窗是影响建筑节能和室内热环境质量的最主要因素。所调研华北农村地区的住宅窗户大多是单层，为了改善冬季保温效果，有些居民在窗户内侧加贴一层塑料薄膜，但整体的保温效果仍然很差。

改善住宅建筑节能情况、提高住宅室内热环境质量的关键就是减少门窗的热损失量，改善门窗的保温隔热性能。提高村镇住宅门窗的保温隔热性能可以采取以下几种方法：

（1）使用保温隔热性能良好的门窗框型材

型材的材料性质、断面形式都会影响门窗的保温隔热性能，门窗框由金属型材、非金属型材或复合型材加工而成。所调研的新建农村住宅多采用铝合金或塑钢材料，旧有建筑大多使用木质门窗框。单从材料性能来看，木材和塑料的热工性能要优于普通铝合金，但耐久性较差，为增强门窗的保温隔热性能，可以选用断桥铝合金窗框和塑钢窗框，也可以将木材经过防腐和防水处理后选用，价格也比较低廉。

（2）增加玻璃或窗户的层数

农户可以在目前单层玻璃窗的基础上加设一层窗户，也可以更换为中空玻璃窗。为保证窗的保温隔热性能，两层玻璃间距应保证至少10mm；在保证窗的气密性的情况下，普通单层玻璃窗的传热系数约为 $4.7W/(m^2 \cdot K)$，而玻璃间距适宜的中空玻璃传热系数要小于 $2.5W/(m^2 \cdot K)$，双层玻璃窗的传热系数小于 $2.3W/(m^2 \cdot K)$。

（3）选择镀膜玻璃或在现有玻璃上贴膜

大部分农村地区采用普通玻璃，目前市场上有热反射玻璃、低辐射镀膜玻璃等，也可以在现有玻璃上贴热反射膜。但是这种玻璃材料相对价格较高，适用性有限，有些还会较大降低玻璃的可见光透射比。

（4）提高门窗的气密性

窗缝的冷风渗透占了外窗热损失的1/3～1/2，所以对门窗气密性进行改善能够对冬季热量的过快散失得到有效控制。由于平开窗相比推拉窗的气密性更好，故村镇住宅应尽量选用平开窗。在安装时，应在窗框与墙体间的缝隙使用保温材料、矿棉、玻璃丝等材料进行填实密封；在外门外窗处还可设置密封条。有研究数据表明，在设置密封条以前普通钢窗的空气渗透量为 $9.03m^3/(m \cdot h)$，而在设置密封条后的空气渗透量降低为 $1.31m^3/(m \cdot h)$，抵抗空气渗透性能是未设密封条的近 7 倍，达到了 I 级标准，并且密封条有着 3 年以上的寿命。

（5）增加门斗

门斗是在住宅的出入口设置的能够起到挡风、御寒等作用的过渡空间，门斗可以有效减少室内由于人员进出造成的冷风渗透，是传统民居常用的一种外门保温措施。

3.4.3 村镇住宅建筑节能技术指标

1. 华北典型住宅模型建立

（1）模型建立（图 3-72、图 3-73）

华北地区农村住房一般都设有正房和配房两部分，本户型选取华北地区农村最常见的民居户型，南北朝向，单层，层高 3.6m。该户型分为正房和配房两部分，正房共有客厅、主卧、次卧、厨房、杂物间五间房，正房总建筑面积为 89.96m²，另有三间配房。由于配房很少有人员活动，因此本节主要针对提供居民主要休息活动的正房进行能耗模拟的研究，对于配房仅考虑其对正房的遮阳效果，不作为节能计算对象。

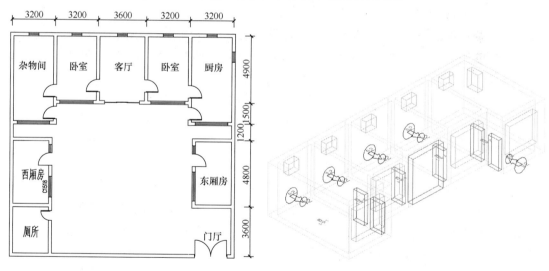

图 3-72　华北典型住宅平面图　　　　　　图 3-73　模拟模型的建立

（2）模拟建筑的地理位置

本节主要采用软件 DeST-H 对华北地区农村典型住宅进行模拟和能耗分析，计算中住宅计算地点设置为石家庄。在模拟计算时，民居的外部环境参数采用 DeST-H 自带的气象参数，东经 114°42′，北纬 38°3′。

（3）围护结构参数设定

本模型中围护结构的参数根据调研结果，采用调研过程中绝大多数的农村住宅的结构形式进行设定，其围护结构参数见表 3-23。

表 3-23　模型建筑围护结构参数

围护结构	围护结构材料	传热系数 $[W/(m^2 \cdot K)]$
外墙	20mm 水泥砂浆＋370 黏土实心砖＋20mm 石灰砂浆	1.519
内墙	20mm 石灰砂浆＋240 黏土实心砖＋20mm 石灰砂浆	1.743
屋面	30mm 水泥砂浆＋10mm 防水卷材＋30mm 找坡层＋120 现浇混凝土＋20mm 石灰砂浆	3.591
地面	30mm 水泥砂浆＋120 黏土实心砖	—
窗户	6mm 单层平板玻璃木窗	5.7
外门	单层木制外门 25mm	4.5

通过表 3-23 可以发现，华北地区农村住宅围护结构的保温性能较差，其传热系数的限值远远大于《农村居住建筑节能设计标准》中关于寒冷地区农村居住建筑围护结构传热系数的限值。在寒冷地区，农村住宅外墙、屋面、南向外窗、外门的传热系数限值分别为 0.65、0.5、2.8、2.5，调研的村镇围护结构的传热系数是标准限值的数倍，急需通过节能技术降低农村现有住房围护结构的传热系数，提高室内的舒适度。

（4）室内计算参数及内扰设定

① 本模型设定室温上限为 26℃，室温下限为 14℃。室内容忍温度上限为 29℃（用以判断是否开启空调），室内容忍温度下限为 14℃（用以判断是否供暖）。设定采暖期为 11 月 15 日至次年 3 月 15 日。

② 设定换气次数大小可以调节，通风设定为逐时通风，冬季为 $0.5h^{-1}$，夏季采用 20：00—07：00 时为 $5h^{-1}$，其余时间为 $0.5h^{-1}$。

③ 室内人员最大数取 4 人，灯光、设备的设定均按农村居民的生活习惯设置。

2. 适用于华北村镇建筑的窗墙比

外窗是建筑物的重要构件，窗墙比设计过小则影响室内采光，也易使人产生压抑感；窗墙比设计过大则增加建筑物的能耗。窗墙比的大小对于采暖能耗和制冷能耗来说是"矛盾"的。面积较大的窗户在冬季能够获得更多的热量，可以抵消由于窗户传热系数大于墙体的传热系数带来的多余传热负荷；然而夏季大的窗户引起更多的日晒得热导致室内温度过高。要将这个"矛盾"由对立变为统一，就要考虑不同朝向窗墙比对室内温度的影响。本节试图研究适用于农村住宅的窗墙比限值，并分析不同窗墙比对于农村住宅的影响。

（1）模型的建立

针对窗墙比对于农村住宅室内热状况的影响进行研究，为避免其他参数的影响，本节采用 4.8m×4.8m×3.6m 的典型农村住宅卧室房间作为分析模型（表 3-24），该模型只设置开窗墙及屋顶为外墙，体形系数固定为 0.48，避免了体形系数对于建筑物的影响。

表 3-24　模型建筑围护结构参数

结构	材质	传热系数 [W/(m²·K)]
外墙	20mm 水泥砂浆＋370mm 实心黏土砖＋20mm 水泥砂浆	1.526
屋顶	80mm 炉渣混凝土＋100mm 钢筋混凝土	2.792
窗户	木框单层 6mm 玻璃	5.7

（2）自然室温的比较分析

在不改变建筑物外围护结构的前提下，分别设定模型各朝向窗墙比在 0.2～0.9 范围内递增，对各房间的自然室温进行分析（图 3-74）。通过对比房间全年自然室温发现同一房间大窗墙比房间平均自然室温高于小窗墙比房间平均自然室温。又经过逐时自然室温对比发现在凌晨大窗墙比房间室内自然室温急速下降低于小窗墙比室内自然室温，尤其是在冬季这种温度曲线变化更加明显。

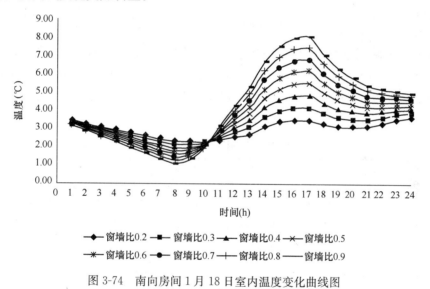

图 3-74　南向房间 1 月 18 日室内温度变化曲线图

又设置模型窗户为 6＋9A＋6 双层窗户时模拟室内自然室温，通过对比，双层玻璃窗户住宅室内平均自然室温比单层玻璃窗户住宅高 0.5℃，且在清晨室内温度下降幅度低于单层窗户住宅，图 3-75 是双层窗户住宅南向开窗 1 月 18 日的室内温度变化图。

室内白天自然室温与窗墙比呈正相关，说明窗墙比越大，室内得到的辐射得热也越多，然而夜晚大窗墙比房间室内温度下降快，在每一天的周期变化中，室内温度随着太阳辐射的强弱变化，窗户作为失热构件还是得热构件取决于有辐射引起的得热是否大于夜间散失的热量。农村住宅围护结构一般没有达到节能要求，墙体的热惰性指标低，大窗墙比房间室内温度较小窗墙比房间室内温度衰减较快，室温波动大。在寒冷地区仅靠增加窗墙比不能在冬季营造适宜的温度。采用双层玻璃住宅室内温度高于单层玻璃住宅是室内温度，说明同窗墙比下降低窗户的 U 值可提高室内温度。

（3）采暖能耗与空调能耗比较

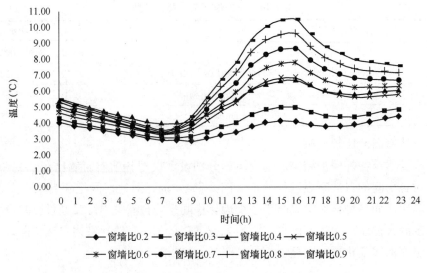

图 3-75　南向双层玻璃窗户房间 1 月 18 日室内温度变化曲线图

农村采暖普遍为间歇性采暖，晚上填入煤炭后关闭进料口，减少空气的进入，煤炭在锅炉内燃烧变缓以维持到第二天清晨。表 3-25 是家用采暖炉的燃烧状况。由于现在的家用采暖炉多为供热炊事两用，从表 3-25 可以看出家用采暖炉的正常燃烧时多为居民的炊事时间。

表 3-25　家用采暖炉燃烧状况表

21：00～07：00	07：00～09：00	09：00～11：30	11：30～13：00	13：00～17：00	17：00～21：00
封火	正常燃烧	半燃烧	正常燃烧	半燃烧	正常燃烧

在间歇性供暖条件下模拟房间的能耗，结果如图 3-76 和图 3-77 所示：

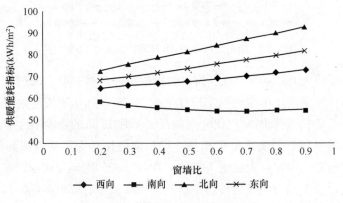

图 3-76　各朝向房间供暖耗热量

从图 3-76 可以看出，东向、西向、北向窗墙比值与采暖耗热量呈正线性相关，通过对比斜率得出，窗墙比的改变对于北向房间耗热量影响最大，东向次之，西向房间影响较东向弱。南向房间的耗热量随窗墙比增大有缓慢下降趋势，说明增大南向房间窗墙比数

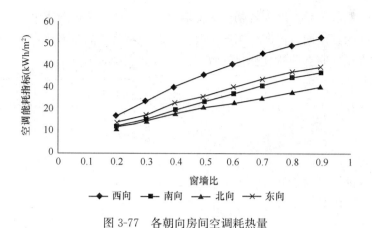

图 3-77 各朝向房间空调耗热量

值，有利于房间耗热量降低。

从图 3-77 可以看出，所有朝向房间空调耗热量均随窗墙比增大呈正线性相关。对房间耗热量影响的朝向由强到弱依次为：西向、东向、北向、南向。通过对比自然室温，西向房间在最热月比北向房间平均高出 3~4℃。

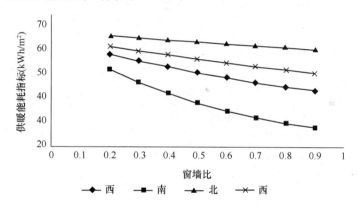

图 3-78 双层玻璃窗户各朝向房间供暖耗热量

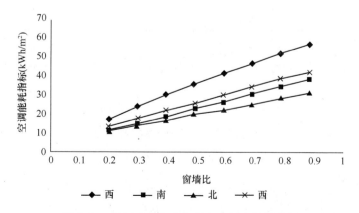

图 3-79 双层玻璃窗户各朝向房间空调耗热量

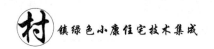

将窗户变为双层窗后，增大各朝向的窗墙比，采暖耗热量逐渐减小，窗墙比对于耗热量影响程度依次为：南向、西向、东向、北向。改变双层窗的窗墙比，室内的空调能耗变化规律与单层玻璃房间空调能耗变化一致（图3-78、图3-79）。

窗户的热平衡方程为：

$$q = h_w(t_w - t_{1,1}) + \sum_i \lambda_i d_i(t_{i,1} - t_{i,2}) + h_{i,i-1}(t_{i,1} - t_{i-1,2}) + h_n(t_n - t_{i,2}) + q_1 + q_{rad}$$

$$(3-4)$$

式中 q——窗户的得热；

h_w, h_n——室外、室内空气对流传热系数；

λ_i——玻璃的导热系数；

d_i——每层玻璃的厚度；

$h_{i,i-1}$——第 i 层玻璃对第 $i-1$ 层的对流传热系数；

$t_{i,1}, t_{i,2}$——第 i 层玻璃两侧的温度；

q_1——太阳辐射引起的热负荷；

q_{rad}——由室内灯光的引起辐射得热。

从式（3-4）可以看出，窗户的得热包括两部分，一部分是由传热引起，另一部分是由太阳辐射引起。窗户获得的太阳辐射得热强弱与各朝向太阳辐射强度一致，石家庄地区太阳辐射强度由高到低依次为：南向、西向、东向、北向。适当增大南向的窗墙比更有利于降低冬季的采暖能耗。北向所获得的辐射多是太阳光漫射辐射，强度小，增大北向的窗墙比相应的也会增加采暖能耗，然而适当地在北向开窗能降低夏季空调能耗，且对于南北通透的住宅来说，北向开窗利于形成穿堂风，形成良好的自然通风。西向墙面在夏季接受太阳光照射时间长，开窗后更是加大室内传热负荷，建议住宅西向房间有其他外墙时在非西向墙面开窗，若在西向墙面开窗也应严格控制窗墙比。东向与西向太阳辐射强度类似，但是东向墙面太阳照射时间较西向墙面短，可在东向房间开窗。石家庄地区采暖期太阳辐射强度见表3-26：

表3-26 石家庄地区采暖季太阳辐射强度表

	南向	北向	东向	西向
太阳辐射强度（W/m²）	106	34	56	57

综合全年能耗结果，无论是单玻还是双玻窗户住宅，南向房间窗墙比为0.4，北向0.2，西向0.2，东向0.2时建筑物的全年能耗最低。南向双玻窗户住宅较单玻窗户住宅全年能耗降低20%，其余朝向降低10%能耗。将外围护结构变为节能型，外墙粘贴70mm膨胀聚苯板，K 值由原来的1.526降低为0.45，屋顶粘贴60mm挤塑聚苯板，K 值由原来的2.792降低为0.4，再进行能耗模拟得出南向0.4，北向0.3，西向0.3，东向0.35时建筑物的全年能耗最低，加设遮阳装置，比如外遮阳板与内窗帘，可比不加遮阳措施低10%的能耗。

通过以上模拟分析，可以得出以下结论：

① 适当增大南向房屋窗墙比有利于降低冬季采暖能耗，但需要设置遮阳措施防止夏季空调能耗增加。

② 在不影响个人生活隐私的条件下，北向房间可开高窗，窗墙比宜控制在 0.25～0.3，不仅利于形成穿堂风也可补充室内采光。

③ 西向房间若有其他朝向外墙，宜避免在西外墙开窗。

④ 在有经济条件下，新建房屋宜选用双层玻璃窗户。

⑤ 在提高外围护结构保温性能条件下，可是适当加大窗墙比。

3. 围护结构保温层经济型厚度及节能改造重点

（1）外墙保温层经济型厚度

本节选取了两种不同的节能保温材料分别对外墙进行能耗模拟，提出了 9 种不同厚度的保温材料方案，用 DeST-h 分别模拟得到了采暖季热负荷指标，能耗模拟结果如图 3-80 所示。

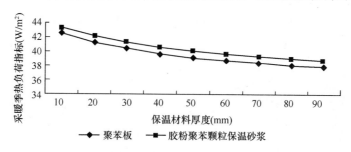

图 3-80　不同外墙保温层采暖季热负荷指标

从图 3-80 可以发现，对外墙进行节能改造后，农村住宅采暖季热负荷有了明显的下降，外墙保温节能效果明显；但是随着保温层的厚度增加到一定程度后，膨胀聚苯板和胶粉聚苯颗粒保温砂浆的采暖季热负荷指标下降的趋势在不断地降低，趋于平缓。

与基础模型相比，采用 40mm 厚的膨胀聚苯板的采暖季热负荷指标由 44.99W/m² 降为 39.72W/m²，节能率为 11.7%。当聚苯板的厚度由 40mm 增加至 90mm 时，每增加 10mm，采暖季热负荷指标节能增加率分别为 1.1%、0.9%、0.7%、0.8%、0.3%；采用 40mm 厚的胶粉聚苯颗粒保温砂浆的采暖季热负荷指标由 44.99W/m² 降为 40.7W/m²，节能率为 9.5%。当聚苯板的厚度由 40mm 增加至 90mm 时，每增加 10mm，采暖季热负荷指标节能增加率分别为 1.2%、1.0%、0.8%、0.6%、0.5%。

从以上数据可以发现，当膨胀聚苯板的厚度增加至 70mm 以后，采暖季热负荷指标节能增加率就会下降至 0.5% 以下，曲线逐渐处于平缓阶段，此时可以认为保温材料厚度对采暖季热负荷的影响较小，结合《农村居住建筑节能设计标准》中关于寒冷地区农村居住建筑围护结构传热系数限值的规定，考虑投资经济型因素，因此在外墙节能改造时，宜采用膨胀聚苯板的厚度为 60～70mm，同理可选择胶粉聚苯颗粒保温砂浆的厚度为 100mm。

（2）屋顶保温层经济型厚度

屋顶节能改造是围护结构节能改造的重要内容之一，目前对于农村住宅的屋顶进行节能改造主要采取两种措施：直接在屋顶上铺设保温材料，做成正置式屋面保温和倒置式屋面保温两种形式；在屋面加设吊顶，吊顶与屋面之间填充保温材料。本文针对这两种节能改造措施分别选取保温材料挤塑聚苯板和稻壳两种材料进行能耗模拟，能耗模拟结果分别如图 3-81 和图 3-82 所示。

从图 3-81 和图 3-82 可以发现，随着屋顶保温材料厚度的不断增加，农村住宅的采暖季热负荷指标增长率在不断地下降。由于模拟的华北地区农村住宅的屋顶是平屋顶，因此本节也主要针对平屋顶的节能改造提出技术措施。

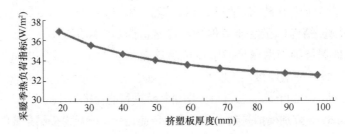

图 3-81　屋顶不同厚度挤塑板采暖季热负荷指标

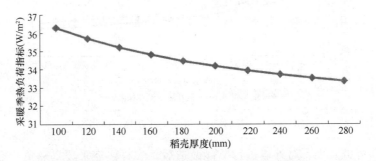

图 3-82　屋顶不同厚度稻壳采暖季热负荷指标

当屋面防水层较好，不需要重新做防水时，可以采用倒置式屋面保温，当屋面防水层较差或者没有防水层时，可以采用正置式屋面保温，保温材料宜选用挤塑聚苯板，厚度为 70mm，采暖季热负荷指标由 44.99W/m² 降为 33.24W/m²，节能率为 26.1%；农村屋面节能改造也可以采用在吊顶上部增加保温材料的措施进行节能改造，本文的保温材料选择在农村中最常见的稻壳、锯末，经过模拟分析，从图 3-82 可以发现当稻壳厚度取 200mm 时，此时为最经济的节能改造方案，采暖季热负荷指标由 44.99W/m² 降为 34.19W/m²，节能率为 24.0%。

（3）外窗经济型选型

在农村民居中，虽然外窗占有的面积不大，但是由于农村外窗多采用木窗，窗户大多数采用 3～5mm 厚普通单层玻璃，造成农村外窗密闭性差、冷风渗透较严重、保温隔热效果较差的现象，因此外窗是农村民居保温隔热中的薄弱环节，也是农村节能改造的重点。

在农村住宅中，将单玻木窗更换为双层中空塑钢窗可以大大改善窗户的热工性能，提高民居的热舒适性，本文以 6+12A+6 单框双玻塑钢外窗进行模拟，与普通木窗相比，外窗传热系数由 5.7W/(m²·K) 降低为 2.8W/(m²·K)，采暖季热负荷指标由 44.99W/m² 降为 39.27W/m²，节能率为 12.7%。

（4）地面保温层经济型厚度

本节对地面节能改造进行了模拟，地面保温采用 420mm 炉渣作为保温材料，上铺 60mm 细石混凝土和 20mm 水泥砂浆找平层。通过用 DeST-h 模拟发现，采取地面保温后的采暖季热负荷指标仅比没做地面保温的采暖季热负荷指标降低了 0.68W/m²，节能率仅为 1.5%。因此针对模拟计算结果，在农村节能改造过程中，地面节能改造对能耗的影响较小，但是由于地面的温度是不均匀分布的，在外墙四周边缘部分的温度变化较大，容易造成周边地面热量的损失，也容易发生返潮、结露，因此宜从外墙内侧 2.0mm 范围内进行地面保温，没有必要对全部地面进行节能改造，保温材料可以采用 420mm 厚的炉渣。

（5）围护结构经济型节能指标

通过以上的模拟分析，确定采用 60mm 的膨胀聚苯板对外墙进行节能改造，对屋顶采用 70mm 的挤塑板进行正置式屋面节能改造，外窗更换为 6+12A+6 单框双玻塑钢外窗，地面采用 420mm 厚的炉渣，综合以上节能改造措施对农村民居进行全面节能改造模拟。

经过模拟计算，改造前各房间自然温度及室外温度统计分布如图 3-83 所示，全面节能改造后各房间自然温度及室外温度统计分布如图 3-84 所示。通过图 3-83 和图 3-84 可

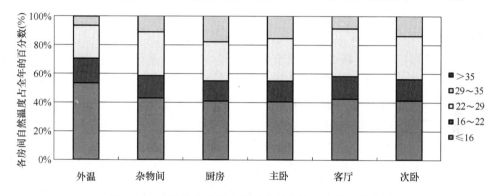

图 3-83　改造前各房间自然温度及室外温度统计分布图

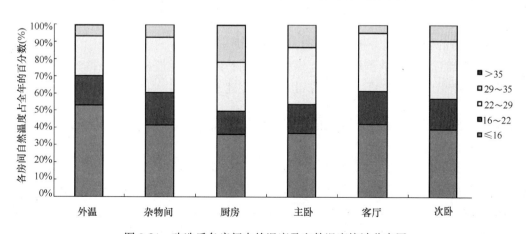

图 3-84　改造后各房间自然温度及室外温度统计分布图

见，采用本节模拟分析得到的保温层厚度进行节能改造，全年各房间的自然室温有了较大的提高，小于 16℃的全年小时数有了较大的降低，室内舒适度温度范围内的时间有了大幅度提升。通过 DeST-h 的模拟分析还发现，与改造前的基础模型相比，全面节能改造后的采暖季热负荷指标由 44.99W/m² 降为 22.04W/m²，节能率为 51%。

（6）围护结构节能改造优先顺序的确定

为了保证农民的资金能够得到更有效的利用，本节对围护结构的节能改造顺序进行了确定。

上节通过 DeST-h 软件对华北典型住宅户型进行了能耗模拟，对不同围护结构的经济型指标进行对比分析：

① 当只对外墙进行节能改造时，采用 60mm 厚的膨胀聚苯板时，采暖季热负荷指标由 44.99W/m² 降为 38.81W/m²，节能率为 13.7%。

② 当只对窗户进行节能改造时，将木窗换为 6＋12A＋6 单框双玻塑钢外窗，采暖季热负荷指标由 44.99W/m² 降为 39.27W/m²，节能率为 12.7%。

③ 当只对屋顶进行节能改造时，采用 70mm 厚的挤塑聚苯板时，采暖季热负荷指标由 44.99W/m² 降为 33.24W/m²，节能率为 26.1%。

④ 只对地面进行节能改造时，采用 420mm 炉渣作为保温材料，采暖季热负荷指标由 44.99W/m² 降为 44.31W/m²，节能率仅为 1.5%。

从以上计算可以得出，在农村民居节能改造时，宜采用以下顺序进行节能改造：屋顶节能改造、外墙节能改造、门窗节能改造、有条件地区可以进行地面节能改造。但是，对于农村民宅而言，房屋窗户破损严重，已出现了严重的漏风现象，针对这种情况，模拟软件是无法进行模拟的，因此针对门窗破损严重的村镇地区，应按照以下顺序进行节能改造：门窗节能改造、屋顶节能改造、外墙节能改造、地面节能改造。

虽然在软件模拟时，地面节能改造后节能率不高，但是由于地面的温度是不均匀分布的，在外墙四周边缘部分的温度变化较大，容易造成周边地面热量的损失，也容易发生返潮、结露，因此有条件的地区可以从外墙内侧 2.0m 范围内进行地面保温，没有必要对全部地面进行节能改造。

通过本节的能耗模拟分析，可以得出以下结论：

① 本节通过对华北典型村镇住宅模型进行围护结构能耗模拟分析，得到了围护结构经济型节能指标（表 3-27），可实现华北村镇住宅建筑节能 50% 以上。

表 3-27　华北村镇围护结构经济型节能指标

气候分区	外墙保温（mm）（EPS）	屋面保温（mm）（EPS）	屋面保温（mm）（XPS）	屋面保温（mm）（稻壳）
严寒 C 区	75～85	100	80	350
寒冷地区	60～70	90	70	200

② 华北村镇住宅应按照以下顺序进行节能改造：门窗节能改造、屋顶节能改造、外墙节能改造、地面节能改造。

③ 通过模拟计算，单纯对地面进行节能，增加地面保温层，对建筑物节能效果不明显，为了防止结露、返潮现象的产生，宜从外墙内侧 2.0mm 范围内进行地面保温，没有必要对全部地面进行节能保温。

④ 村镇外窗适合采用平开双玻中空塑钢窗，以满足外窗的气密性要求，避免冷风渗透造成的能耗损失。

4. 华北民居坡屋顶节能技术指标

（1）坡屋顶模型的建立（图 3-85、图 3-86）

本节模型基于上节模型的基础上，在原有建筑的基础上增加了坡屋顶，参数设置见 3.4.3 中 1. 内容。

图 3-85　华北民宅实际图

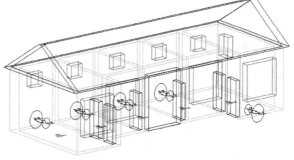

图 3-86　坡屋顶民居模型图

本模型中围护结构参数见 3-28。

表 3-28　坡屋顶民居模型围护结构参数

围护结构	围护结构材料	传热系数[W/(m²·K)]
外墙	20mm 水泥砂浆＋370 实心黏土砖＋20mm 石灰砂浆	1.519
内墙	20mm 石灰砂浆＋240 实心黏土砖＋20mm 石灰砂浆	1.743
地面	30mm 水泥砂浆＋120 实心黏土砖	—
窗户	6mm 单层平板玻璃窗	5.7
外门	单层木制外门 25mm	4.5
原屋顶	30mm 水泥砂浆＋10mm 防水卷材＋30mm 找坡层＋120 现浇混凝土＋20mm 石灰砂浆	3.591
坡屋顶	轻钢屋架＋110mm 聚苯板	0.392

（2）不同角度坡屋顶对民居能耗的影响

通过软件 DeST 对不同角度的坡屋顶进行了能耗模拟分析，如图 3-87 所示。

从图 3-87 可以发现采用相同厚度的保温板进行节能改造，相比采用倒置式的方法进行平屋顶节能改造，"平改坡"工程采暖季热负荷指标不但没有降低，反而略有增加；同时随着坡屋顶坡度的增加，采暖季能耗也略有增加，但基本维持不变。与原有平屋顶相比，"平改坡"工程大大降低了采暖季的能耗指标，以 30° 的坡屋顶为例，采暖季热负荷

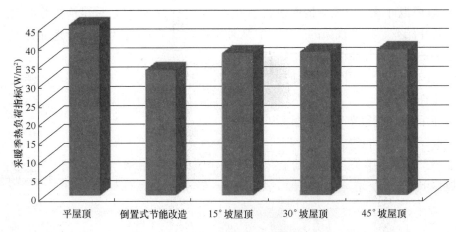

图 3-87　不同坡度屋顶采暖季能耗分析

指标由 44.99W/m² 降为 37.88W/m²，节能率为 15.8％。这种能耗现状的产生是由于"平改坡"工程使得原有住宅在屋顶处增加一个类似于阁楼的空房间，新增阁楼设定为非采暖房间，由于原有住宅与阁楼之间的能耗传递，使得"平改坡"相对倒置式屋面做法，采暖季热负荷指标略有增加，储藏空间也相应增加。

考虑到夏季隔热，坡屋顶会有效降低室内温度，因此在屋顶节能改造上，"平改坡"并不比平屋顶倒置式节能改造效果差。这是因为夏季在周期谐波热作用下，屋顶为不稳定传热，温度波在穿过空气层从室外传向室内时会产生衰减和延迟，所以，空气层厚度即屋顶坡度对夏季隔热是有利的，如图 3-88 所示。从图 3-88 可以看出，相比较直接在平屋顶上进行节能改造，"平改坡"工程可以降低农村住宅夏季太阳辐射得热量，降低室内温度，提升室内舒适度。因此，分别考虑采暖季和空调季的能耗，综合考虑功能要求、施工、经济等各方面因素，在"平改坡"工程中，坡屋顶的坡度不宜超过 30°。一般考虑坡屋顶节能效果及美观因素，坡屋顶的适宜坡度为 30°。

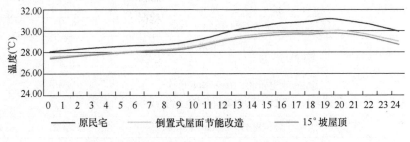

图 3-88　夏至日不同节能改造方式客厅温度对比

（3）老虎窗对坡屋顶民居能耗的影响

对于农村"平改坡"的民宅，虽然新增加的坡屋顶阁楼一般未被开发利用，但是增加老虎窗对于坡屋顶的民宅是有重要作用的。本节对不同窗墙比的老虎窗进行了模拟分析，从图 3-89 可以发现，随着老虎窗面积地增大，采暖季热负荷指标在不断降低。从冬季坡屋顶传热耗能角度考虑，由于增加了老虎窗的面积，房间的太阳得热量在不断增加，同时冬季农村中老虎窗处于关闭状态，因此随着老虎窗面积的增加，采暖季热负荷指标在不断地增加。为了避免夏季阁楼内闷热的状况，在"平改坡"工程中，宜采用设置老虎窗的做法进行通风换气，降低室内温度。综合考虑采暖季热负荷指标和空调季冷负荷指标，老虎窗的窗墙比宜设置为 0.1～0.3。

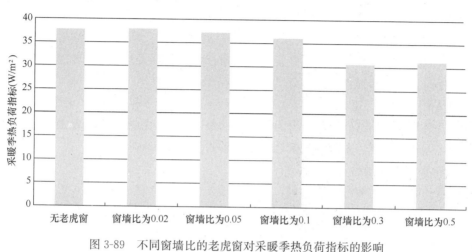

图 3-89　不同窗墙比的老虎窗对采暖季热负荷指标的影响

通过本节的分析研究，村镇住宅坡屋顶的适宜坡度为 30°，老虎窗的窗墙比宜设置为 0.1～0.3。

3.4.4　村镇住宅建筑节能施工技术

1. 外墙外保温施工技术

外墙外保温施工技术就是将保温板直接粘贴在主体墙外侧，然后抹抗裂砂浆，压入耐碱玻璃纤维网格布形成保护层，最后加做装饰面。外墙外保温施工简单，整体造价较低，主要适用于砖墙和混凝土墙体，外墙保温材料常用聚苯板（图 3-90）。

（1）施工要求及条件

外墙体垂直、平整度满足规范要求，施工现场环境温度及找平层表面温度在施工中及施工后 24h 内均不得低于 5℃，风力不大于 5 级。

（2）施工工具

电热丝切割器或壁纸刀（裁保温板及网格布用）、手持式搅拌器（搅拌砂浆用）、木锉或粗砂纸（打磨用）、其他抹灰专用工具。

（3）施工工艺

① 基层清理

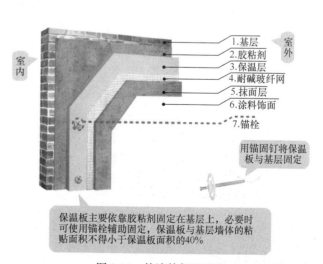

1. 基层
2. 胶粘剂
3. 保温层
4. 耐碱玻纤网
5. 抹面层
6. 涂料饰面
7. 锚栓

室内　室外

用锚固钉将保温板与基层固定

保温板主要依靠胶粘剂固定在基层上，必要时可使用锚栓辅助固定，保温板与基层墙体的粘贴面积不得小于保温板面积的 40%

图 3-90　外墙外保温系统

清理墙面上残留的浮灰等杂物及抹灰空鼓部位，并进行修补；窗台挑檐按照2%用水泥砂浆找坡，外墙各种洞口填塞密实。

要求粘贴聚苯板表面平整度偏差不超过4mm，对凸出墙面处进行打磨，对凹进部位进行找补（需找补厚度超过6mm时用1:2.5水泥砂浆抹灰，需找补厚度小于6mm时用聚合物粘结砂浆找补）；以确保整个墙面的平整度在4mm内，阴阳角方正、上下通顺。

② 配制砂浆

施工使用的砂浆分为专用粘结砂浆及面层聚合物抗裂砂浆。砂浆调制完毕后，须静置5min，使用前再次进行搅拌，拌制好的砂浆应在1h内用完。

③ 刷专用界面剂一道

为增强聚苯板与粘结砂浆的结合力，在粘贴聚苯板前，在聚苯板粘贴面涂刷一道专用界面剂，待界面剂晾干后方可涂抹聚合物粘结砂浆进行墙面粘贴施工。

④ 预粘板端翻包网格布

在挑檐、阳台、伸缩缝及穿墙洞口等位置预先粘贴板边翻包网格布，在需做翻包部位涂沫70mm宽2mm厚的粘结砂浆，将网格布大于70mm宽的一端压入粘结砂浆，保证甩出的长度绕过板端后具有不小于100mm长的搭接长度。

⑤ 粘贴聚苯板

施工前，根据外墙立面尺寸编制聚苯板的排板图，以达到节约材料、提高施工速度的目的。聚苯板以长向水平铺贴，保证连续结合，上下两排板需竖向错缝1/2板长，局部最小错缝不得小于200mm。

粘贴聚苯板时，板缝应挤紧，相邻板应齐平，施工时控制板间缝隙不得大于2mm，板间高差不得大于1.5mm。当板间缝隙大于2mm时，须用聚苯板条将缝塞满，板条不得用砂浆或胶结剂粘结；板间平整度高差大于1.5mm的部位应在施工面层前用木锉、粗砂纸或砂轮打磨平整。按照事先排好的尺寸切割聚苯板，从拐角处垂直错缝连接，要求拐角处沿房屋全高顺直、完整。

在每块聚苯板周边涂抹50mm宽专用聚合物粘结砂浆，要求从边缘向中间逐渐加厚，最厚处达10mm；注意在聚苯板的下侧留设50mm宽的槽口，以利于贴板时将封闭在板与墙体间的空气溢出；再在聚苯板上抹8个厚10mm直径为100mm的圆形聚合物粘结砂浆灰饼。粘贴时不允许使板左右、上下错动的方式调整预粘贴板与已贴板间的平整度，应采用橡胶锤敲击调整，目的是防止由于聚苯板左右错动而导致聚合物粘结砂浆溢进板与板间的缝隙内。

聚苯板按照上述要求贴墙后，用2m靠尺反复压平，保证其平整度及粘结牢固，板与板间要挤紧，不得有缝，板缝间不得有粘结砂浆，否则该部位则形成冷桥。聚苯板与基层粘结砂浆在铺贴压实后，砂浆的覆盖面积约占板面的30%～50%，以保证聚苯板与墙体粘结牢固。

从拐角处开始粘贴大块聚苯板后，遇到阳台、窗洞口、挑檐等部位需进行耐碱玻纤网格布翻包；即在基层墙体上用聚合物粘结砂浆预贴网格布，翻包部分在基层上粘结宽度不小于80mm，且翻包网格布本身不得出现搭接（避免三层网格布搭接导致面层施工后露网）。

在门窗洞口部位的聚苯板，不允许用碎板拼凑，需用整幅板切割，其门窗洞口附加切割边缘必须顺直、平整、尺寸方正，其他接缝距洞口四边应大于 200mm。

⑥ 安装固定件

聚苯板粘结牢固后，应在 8～24h 内安装固定件，固定件可以选择膨胀螺丝或专用射钉，要求固定件进入基层墙体内 50mm（有抹灰层时，不包括抹灰层厚度）。任何面积大于 0.1m² 的单块板必须加固定件，且每块板添加数量不小于 4 个。

⑦ 抹第一遍面层聚合物抗裂砂浆

聚苯板粘贴完毕后，用辊子在聚苯板板面均匀的涂一遍专用界面剂，确定聚苯板表面界面剂晾干后进行第一遍面层聚合物砂浆施工。用抹子将聚合物砂浆均匀地抹在聚苯板上，厚度控制在 1～2mm 之间，不得漏抹。

⑧ 埋贴网格布

将预先裁好的网格布弯曲面朝向墙面，沿水平方向抻紧、抻平，自中央向四周将网格布压入湿的抹面胶浆中，将网格布赶紧、压平，使泛出的胶浆盖住网格布。

门窗洞口内侧周边及洞口四角均加一层网格布进行加强，洞口四周网格布尺寸为 300mm×200mm，墙面粘贴的网格布搭接在门窗口周边的加强网格布之上，埋贴在底层聚合物砂浆内。网格布左右搭接宽度为 100mm，上下搭接宽度为 80mm；不得使网格布褶皱、空鼓、翘边。在墙身阴、阳角处必须从两边墙身埋贴的网格布双向绕角且相互搭接，各面搭接宽度不小于 200mm。

⑨ 抹面层聚合物抗裂砂浆

压入网格布后，待砂浆凝固至表面基本干燥、不粘手时，开始抹面层聚合物砂浆，抹面厚度以盖住网格布且不出现网格布痕迹为准，同时控制面层聚合物抗裂砂浆总厚度在 3～5mm 之间。所有阳角部位应做成尖角，不得做成圆弧。面层砂浆施工应选择施工前后 24h 没有雨的天气进行，避免雨水冲刷造成返工。

另外，在村镇地区，为了防止老鼠沿外墙打洞，可设 3mm 厚镀锌防鼠钢板，将底部聚苯板包在里面。防鼠钢板用 AC 建筑结构胶与聚苯板保温面层聚合物砂浆满粘。

2. 屋面保温施工技术

（1）屋面吊顶内增设保温层做法

在原有屋架上做龙骨吊顶，在吊顶上加块状聚苯板、散状或袋装散状保温材料。增设的吊顶层应耐久性好、防火性好，并能够承受保温层的荷载。增设吊顶后形成的空气间层，可使室内热环境大为改善，且夏季的隔热问题得以解决。设置吊顶后，要在房屋两端山墙上开设通风窗。为防止蒸汽渗透，保温材料下面用油纸或厚塑料做一层隔汽层。屋面吊顶保温系统如图 3-91 所示。

（2）倒置式保温屋面做法

倒置式保温屋面必须选取憎水性的保温隔热材料，同时注意保护层施工，避免保温层的暴露受损。倒置式屋面通常采用的保温材料为挤塑聚苯板、现场发泡聚氨酯等一些不吸水的材料，尤其是挤塑聚苯板特别适用于村镇倒置式屋面保温系统。倒置式屋面的保温层

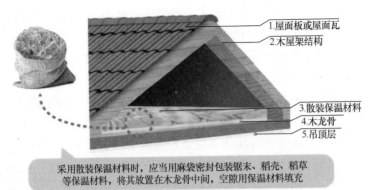

采用散装保温材料时，应当用麻袋密封包装锯末、稻壳、稻草等保温材料，将其放置在木龙骨中间，空隙用保温材料填充

图 3-91　屋面吊顶保温系统

上面，可采用块状材料、水泥砂浆做保护层。

倒置式屋面施工应注意以下问题：

① 倒置式屋面坡度不宜大于 3%；

② 由于保温层设置于防水层的上部，保温层的上面应做保护层；

③ 采用做卵石保护层时，保护层与保温层之间应铺设隔离层；

④ 现喷硬质聚氨酯泡沫塑料与涂料保护层间应具有相容性；

⑤ 屋面的檐沟、水落口等部位，应采用现浇混凝土或砖砌堵头，并做好排水处理。

3. 地面保温施工技术

在进行地面保温时，首先应在条件允许下，选用木地板或塑料地面等材料；其次直接接触土壤的周边地面（从外墙内侧算起 0.5～2.0m 范围内）、房屋外墙在室内地坪以下的垂直墙面应增设保温层。热阻不应小于外墙的热阻，保温材料可选用聚苯乙烯泡沫塑料板或干炉渣，减少室内热量向室外散发。直接接触土壤的非周边地面，不需作保温处理。

为防潮，提高地面蓄热能力，在做地面保温层之前，应先做一道防潮层，在素土夯实上设 20mm 沥青砂浆或一层塑料薄膜，薄膜应连续搭接不间断，搭接处采用沥青密封，薄膜应在保温层板材交接处下方连续。保温层施工时，防潮层上方的板材应紧密交接无缺口。

4. 门窗保温施工技术

（1）外门增设保温做法

将门扇的背面清理干净并打毛，满涂环氧树脂粘结剂，满贴保温材料层（可采用 EPS 板、XPS 板、硬质聚氨酯），在保温层外侧再粘贴一层保护胶布。这样可以适当地改善外门的保温性能，改造便捷，成本较低，可以用在对保温性能要求不是很高的村镇地区。但是这种做法保温性能比较差，保温层的保护比较难，门框的保温性能没有改善，会形成局部热桥。门框和门扇的密封性能没有改善，保温层的耐久性比较差，防火性能也较差。

（2）增设内窗保温做法

将外窗内层墙体和窗台清理干净，安装内窗（可采用塑钢窗＋单片玻璃或中空玻璃），与外窗间隔 100mm，密实内窗和周围墙体的缝隙。这种做法可以适当地改善外窗的保温性能，改造便捷，成本较低，可以用在对保温性能要求不是很高的村镇地区。施工局限性是保温性能比较差，需要比较宽敞的内窗安装空间；内窗智能采用推拉窗，密闭性较差。

（3）提高门窗气密性做法

门、窗框与墙体之间的缝隙，应采用高效保温材料填充，并用密封膏嵌缝，不应采用普通水泥砂浆填缝；或者在门的四周和窗框处安装毛刷密封条或用毛毡塞严。窗框与窗间的密闭可用橡胶条、橡塑条、泡沫密闭条，以及高低缝、回风槽等；扇与扇之间的密闭可用密闭条、高低缝及缝外压条等；窗扇与玻璃之间的密封可用密封膏、各种弹性压条。

加装密封条要针对不同类型的外窗，使用不同的安装用夹板，一般是通过自粘胶带将密封条粘结在外窗的下部，再用销钉或螺钉固定完成安装。外窗安装时一定要注意采用质量、型材的断面和抗弯变形都符合要求的密封条。对密封不严的钢窗，用金属框密封胶进行密封。使用密封胶的安装方法要比密封胶条简单。安装方法是将粘结表面清洁干净后，挤出密封胶，将外窗关闭与胶体紧密接触，保持 24～48h 即可。

3.4.5　村镇经济型节能住宅的经济效益分析

本节以华北村镇地区两层建筑为例，分别对不同围护结构的节能成本增量进行分析，并采用动态经济分析法计算节能住宅的增额投资动态回收期，明确节能住宅的经济效益。

（1）节能成本增量

以华北村镇地区两层建筑为例，建筑平面图如图 3-92 所示。

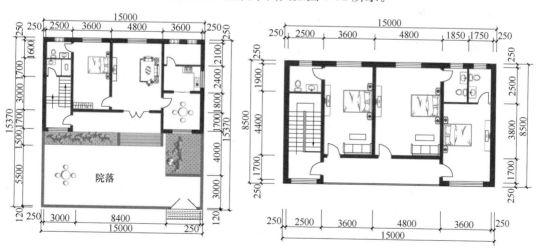

图 3-92　计算模型平面布局图（左一层，右二层）

节能指标和成本增量分析见表 3-29。

表 3-89　华北民居成本增量

围护结构位置	面积（m²）	节能指标	成本增量（元/m²）	总增量（元）	增量百分比（%）
外墙	242.27	70mmEPS	68	15748	7.5

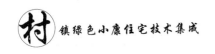

围护结构位置	面积（m²）	节能指标	成本增量（元/m²）	总增量（元）	增量百分比（%）
屋面	120.05	90mmEPS	26	6000	2.9
外门窗	63.78	平开双玻中空塑钢窗	16	3827	1.8
地面	112.6	420mm 炉渣	10	2252	1.1
综合改造			120	27827	1.3

通过表 3-29 可以发现，对计算模型的成本增量进行分析，对华北村镇地区两层建筑进行节能综合改造，改造完成后，建筑节能 50% 以上，每平米增加成本 16.7%，根据调研结果，对于节能改造造价而言，属于村民可接受范围。

（2）增额投资动态回收期

考虑到资金的时间价值，采用动态经济分析法中的净现值法对节能住宅的动态投资回收期进行分析。本节的经济性评价涵盖住宅的全生命周期，全生命周期成本包括建造、运行、维护、回收等阶段的费用。由于保温材料基本无回收价值，且农村住宅运行期间基本无更新和维护。因此，农村住宅的全生命周期成本主要考虑建造与运行阶段的费用。

①建造成本增额

由于在施工、围护结构构造等方面节能住宅和传统住宅具有相同的部分，且本研究的目标是分析节能住宅全生命周期内投资成本增额的回收期。因此，仅需计算两者建造材料的初投资差值，计算方法如公式（3-5）所示。

$$dIC = \sum_{i=0}^{i} dIC_i = \sum_{i=0}^{i} S_i \times dP_i \tag{3-5}$$

式中　　dIC_i ——围护结构不同部位的建造成本增额；

　　　　S_i ——不同部位采取节能措施的面积；

　　　　dP_i ——不同部位的材料价格差值，建筑材料价格参考当地的市场价格。

通过表 3-29，村镇节能住宅建造成本比传统住宅增加 27827 元。

② 运行成本收益

新农村住宅的运行成本收益主要源于采取节能技术措施之后，住宅在运行过程中的能源消耗将会明显降低，从而节约部分能耗产生的费用。运用能耗分析软件对节能住宅和传统住宅的冬季采暖能耗进行模拟分析，以计算住宅的运行能耗费用。

节能住宅的运行成本收益计算如公式（3-6）所示。

$$dOC = (dE \times P_c)/e \tag{3-6}$$

式中　　dOC ——节能住宅的运行成本收益；

　　　　dE ——节能住宅与传统住宅的采暖耗煤量差值；

　　　　P_c ——能源价格；

　　　　e ——采暖设备的平均运行效率，取 0.7。

经过全面节能改造，节能住宅每年冬季可以降低采暖能耗 25096kWh，运行成本较传统住宅每年可降低 2645 元。

③ 动态投资回收期计算

动态投资回收期是指节能住宅的运行成本收益抵偿其建造成本增额所需的时间。首先，构建节能住宅的年净现金流量现值和累计净现金流量现值（即净现值）模型，以评价住宅全生命周期的节能收益效果，在此基础上进行动态投资回收期的计算。

经过计算，当能源价格不发生变动（$\eta=0\%$）时，节能住宅的动态投资回收期为 12.8 年，即建造成本增额 12.8 年可以收回，NPV＝0；当 $\eta=7\%$ 时，建造成本增额 11.9 年即可收回，投资回收期之后节能住宅将一直处于运行收益阶段。此外，在能耗降低的同时也会减少住宅运行过程中的二氧化碳排放量。因此，从全生命周期的角度分析，新农村经济型节能住宅具有良好的经济效益和环境效益。

3.5　村镇住宅建筑采暖技术

本节分别针对碳纤维电热供暖系统、空气源热泵供暖系统、地源热泵供暖系统、生物质燃炉供暖系统、中央式热回收除霾能源环境系统、太阳能跨季节蓄热采暖系统、吊炕采暖技术进行了技术说明。

经济水平较高的地区宜采用碳纤维电热供暖系统、空气源热泵供暖系统、地源热泵供暖系统、中央式热回收除霾能源环境系统或太阳能跨季节蓄热采暖系统；经济水平相对较低的地区可采用碳纤维电热供暖系统、生物质燃炉供暖系统或吊炕采暖技术。地源热泵供暖系统适用于村镇绿色民居的联片供暖。

3.5.1　碳纤维电热供暖系统

1. 基本概念

碳纤维电热供暖系统是以电力为能源，用碳纤维发热电缆为发热体，将电能转换为热能，通过采暖房间的地面以低温热辐射的形式，把热量送入房间。

碳纤维电热供暖系统（图 3-93）的工作原理是碳纤维发热电缆通电后，其工作温度为 40～60℃，以地面作为散热面（24～28℃），通过少部分对流换热加热周围空气的同时，大部分与四周的围护结构、物体、人体进行辐射换热，围护结构、物体和人体吸收了辐射热后，其表面的温度升高，从而达到提高并保持室温的目的。

碳纤维电热供暖系统由绝热层、反射层、电热产品、温控器、导线等共同构成，这些部件共同运行，构成一个能够提供舒适、安全的供暖系统，是传统供暖方式的辅助与替代产品（图 3-94）。

2. 碳纤维电热供暖系统的特点

（1）碳纤维电热供暖系统有 85% 以上的热量依靠热辐射传递，仅有不到 15% 的热量依靠传导与对流，发热面积是水地暖发热面积的 1.3～1.5 倍，是传统水暖发热面积的十

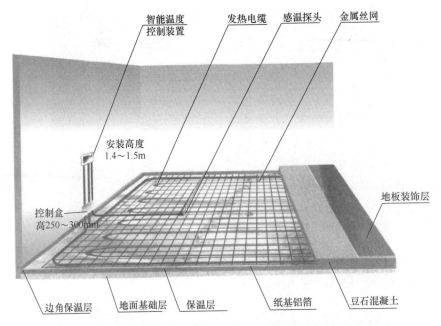

智能温度控制装置 发热电缆 感温探头 金属丝网

安装高度 1.4～1.5m

控制盒 高250～300mm

地板装饰层

边角保温层 地面基础层 保温层 纸基铝箔 豆石混凝土

图 3-93 碳纤维电热供暖系统

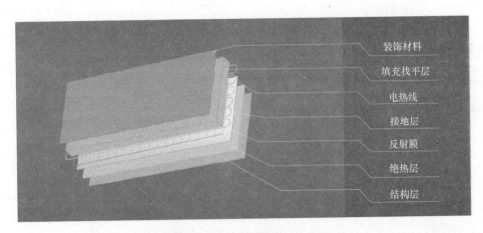

装饰材料
填充找平层
电热线
接地层
反射膜
绝热层
结构层

图 3-94 碳纤维电热供暖系统地面构造

几倍，与依靠对流方式传递热量的传统暖气片采暖和空调采暖相比较，更为舒适。

（2）碳纤维电热供暖系统控制室内温度均匀恒定，且保持头部比足下略低的温度，使室内保持良好的舒适度，不会出现室内干燥、咽喉不适等问题。

（3）碳纤维电热供暖系统安装完毕后完全封闭，维护费用极低，彻底解决了水系统的跑、冒、滴、漏及暖气片冻裂等问题。

（4）与水地暖相比较，碳纤维电热供暖系统施工周期更短。

（5）碳纤维电热供暖系统避免了传统供暖系统的有害气体排放、锅炉噪声和粉尘污染（图3-95）。

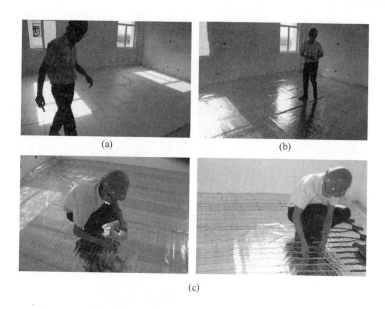

图 3-95　碳纤维电热供暖系统施工流程
（a）铺设绝热层；（b）铺设反射膜；（c）铺设电热线

3.5.2　空气源热泵供暖系统

1. 基本概念

空气源热泵供暖系统（图 3-96）是指利用空气中的低品位热能经过压缩机压缩后转化为高温热能，将水温加热到不高于 60℃（一般的水温在 35～50℃），并作为热媒在专用管道内循环流动，加热地面装饰层，通过地面辐射和对流的传热使地面升温，然后热量再通过地板表面以辐射的方式散发到室内，以达到室内供暖的目的。

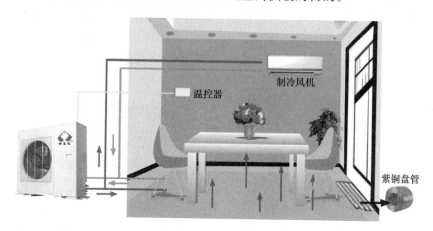

图 3-96　空气源热泵供暖系统

由于普通采暖散热器要求热水的温度在 60～80℃，在这种状态下，空气源热泵能效比太低、不经济。因此当采用空气源热泵供暖系统时，应采用低温热水地面辐射供暖作为末端。当室外温度较低（小于－20℃）时，空气源热泵供暖系统不适宜使用。

2. 空气源热泵供暖系统特点

（1）舒适：采用地板辐射的方式向房间散发热量，整体提升房间各处温度，创造最适宜人体的舒适环境。

（2）节能：该供暖系统只消耗 1kW 的电能，就能得到 3kW 至 6kW 的热能，其能效比平均可以达到 1:4.5，比其他供暖方式更节能。

（3）简洁：运行不需要水泵、风机、集分水器、膨胀罐等介质或诸多管件部件。

（4）控制方式灵活：既可以单户独立控制，也可以集中控制。

3.5.3 地源热泵供暖系统

1. 基本概念

地源热泵系统是一种以岩土体、地下水或地表水为低温热源，由水源热泵机组、地热能交换系统、建筑物内系统组成的供热空调系统。地源热泵系统分为土壤源热泵系统和水源热泵系统。本技术指南针对使用较多的土壤源热泵系统进行介绍。

土壤源热泵是利用地下常温土壤温度相对稳定的特性，通过深埋于建筑物周围的管路系统与建筑物内部完成热交换的装置。冬季从土壤中取热，向建筑物供暖；夏季向土壤排热，为建筑物制冷。它以土壤作为热源、冷源，通过高效热泵机组向建筑物供热或供冷（图 3-97～图 3-99）。

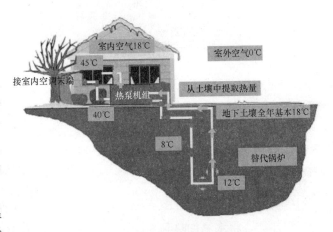

图 3-97　土壤源热泵系统

图 3-98　垂直辐射地埋换热管图

图 3-99　水平辐射地埋换热管图

2. 地源热泵供暖系统系统特点

（1）利用地球表面浅层地热资源，没有燃烧，不产生烟雾及废弃物，无任何污染；土壤源热泵的污染物排放，与空气源热泵相比减少 40％以上，与电供暖相比减少 70％以上。

（2）利用地球表面浅层地热资源作为冷热源进行能量转换，具有资源可再生利用特点。

（3）埋地换热器受土壤性能影响较大，土壤的热工性能、能量平衡、土壤中的传热与传湿对传热有较大影响。

（4）连续运行时热泵的冷凝温度和蒸发温度受土壤温度的变化发生波动。

（5）换热盘管占地面积较大，埋管的敷设无论是水平开挖布置还是钻孔垂直安装，都会增加土建费用。

3.5.4　生物质燃炉供暖系统

1. 基本概念

生物质炉具采用生物质成型燃料，通过风机送风，实现了炉温和进风量的可控，使燃料在炉膛内充分燃烧，相比普通燃煤炉提高了燃烧热效率。生物质能颗粒燃料是利用秸秆、水稻秆、薪材、木屑、花生壳、瓜子壳、甜菜粕、树皮等所有废弃的农作物，经粉碎混合挤压烘干等工艺，最后制成颗粒状燃料（图 3-100）。

秸秆固化是以农作物秸秆、稻壳、树枝、杂草等各种农业废弃物为原料，与一定比例的煤炭相混合，在适当温度下施加一定压力使其紧密粘连，冷却固化成型后即可得到棒状或颗粒状新型燃料。采用该技术比传统的直接燃烧的效率高数倍，其燃烧方式、热值与煤炭接近，基本属无污染物排放的高品位清洁能源，并且储存、运输和使用也非常方便。

散热器宜布置在外窗窗台下，当受安装高度限制或布置管道有困难时，也可靠内墙安装。宜明装，暗装时装饰罩应有合理的气流通道、足够的通道面积，并方便维修。同时，

图 3-100　生物质技术

使用生物质炉具时应注意以下几点：

（1）烟道缝隙处需要使用耐火材料密封，避免漏烟现象。

（2）封火后 2h 内，锅炉房室内空气中 CO 浓度最高，应注意开启门窗，保证锅炉房内良好通风，雨雪天气尤其注意。

（3）应定期检查炉底盘与炉体、炉盘与炉体之间的连接处是否密封良好。

2. 生物质燃炉供暖系统特点

（1）节约能源，避免环境污染。

（2）一炉多用，在供暖同时可做饭、烧水、沐浴。

（3）工作压力小，同时也适合烧锅炉、大棚加温、大面积供暖、中小饭店使用，不受季节限制，一年四季均可以使用。

3.5.5 中央式热回收除霾能源环境系统

1. 基本概念

中央式热回收除霾能源环境系统将室外新鲜气体经过过滤、净化，通过管道输送到室内，在密闭的室内一侧用专用设备向室内送新风，再从另一侧由专用设备向室外排出，在室内会形成"新风流动场"，从而满足室内新风换气的需要；该系统的热回收效率＞70％，同时增设了再冷（热）系统，可根据室内温度及空气质量要求对新风进行全面处理。

图 3-101　中央式热回收除霾能源环境机

2. 中央式热回收除霾能源环境系统特点

中央式热回收除霾能源环境系统由空气源热泵机组（室外机）和除霾能源环境机组（室内机）两部分组成，集制冷、制热、除霾、引进新风、高效热回收等多种功能为一体，其主要特点有：

（1）高效制冷制热：采用空气源热泵机组作为中央空调系统的冷热源，极大地提高了制冷制热效率，其中制冷能效比 EER 不小于 3.5。

（2）高效过滤：采用物理式净化方式，过滤结构为多层分项高效过滤，可避免二次污染，能够有效去除 PM2.5、烟尘、甲醛、苯类、挥发性有机化合物。

（3）新风调节：当室内 CO_2 浓度超标时，在不开窗的情况下，引进室外新风并高效过滤、制冷（加热）后引入室内，同时把室内污风排至室外。

（4）智能运行：系统可根据智能监测的室内 PM2.5、CO_2 浓度值及室内温度，自动运行。

（5）节能环保：当室内空气质量达到健康标准时，设备进入智能待机状态。设备处于新风调节状态时，对排风进行高效热回收，节约空调（采暖）运行费用。

图 3-102　系统管道

图 3-103　室外机（左）和室内机（右）

3.5.6　太阳能跨季节蓄热采暖系统

1. 基本概念

太阳能跨季节蓄热采暖系统就是在建筑楼顶或者在另外的空地上安装太阳能集热器，在附近空地处设置蓄热介质。集热器全年吸收太阳能，并将其蓄存在蓄热介质中，冬季通过蓄热介质向建筑内供暖，当蓄热介质中的能量不够采暖时，可利用地源热泵、燃气/电/生物质锅炉等进行继续供暖（图 3-104）。

根据蓄热介质的类型差异，可分为热水蓄热、砾石-水蓄热、埋管蓄热和蓄水层蓄热等方式。

（1）热水蓄热

通过在空地开挖形成蓄水池，水池壁面由混凝土浇筑而成，做好蓄水池的保温性能，增强系统的坚固性和抗腐蚀性（图 3-105）。

（2）砾石-水蓄热

在蓄热槽内填充有一定密度的砾石—水混合物作为主要蓄热材料，太阳能可以通过埋设在各层的换热管群进行储存和释放（图 3-106）。

（3）埋管蓄热

通过地下埋管，热量直接被存储或释放至埋管周围的土壤中。埋

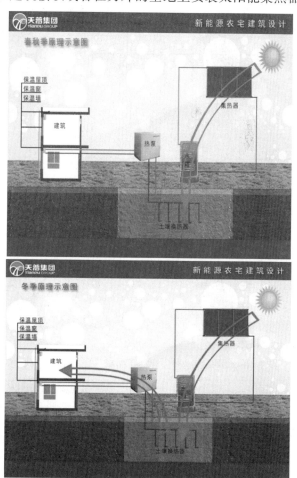

图 3-104　工作原理

管蓄热方式对地质结构具有较强的选择性，比较适合地质结构有岩石和饱和水土壤等（图3-107）。

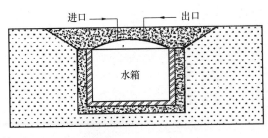

图 3-105　热水蓄热

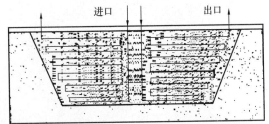

图 3-106　砾石-水蓄热

（4）蓄水层蓄热

系统主要由冷井和热井组成。蓄热时，地下水从冷井中抽出，经太阳能系统加热后，重新注回热井；释热时，地下水的流程正好与蓄热时相反（图3-108）。因此，冷热井都要配备水泵系统。

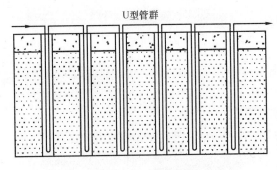

图 3-107　埋管蓄热

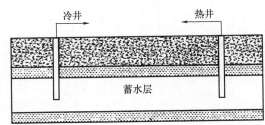

图 3-108　蓄水层蓄热

2. 太阳能跨季节蓄热采暖系统特点

（1）纯绿色、无污染。

（2）不受季节影响，全年可用。

（3）运行过程无噪声，对生活影响小。

3.5.7　吊炕采暖技术

1. 基本概念

吊炕是在传统农村火炕的基础上，将炕连灶燃烧生物质产生的能量充分作用，通过热能封闭循环和增加炕体供热表面积，实现传热供暖，增加室内温度的目的。

吊炕接触的墙体为冷墙，冷墙要求一卧一立砌筑，并留50mm缝隙用保温材料填充密实。炕内墙体要求用水泥砂浆抹实防止漏烟。在砌炕内支柱前需要先在炕底板上铺设10mm后的炉渣沙土，找平后才可以砌筑。

2. 吊炕采暖技术特点

和传统的火炕相比，吊炕克服了阴雨天不好烧的弊端，改变了传统火炕炕头热、炕梢凉的状况，取消了原来火炕的炕洞垫土的麻烦。炕温可按照需要进行调节（图 3-109）。

炕内接触的墙体为冷墙，砌筑该部分墙体时，与冷墙内壁留出50mm的宽度填充保温材料（珍珠棉或炉渣）捣实，上面用泥沙抹实

图 3-109　吊炕底部形式

3.6　村镇绿色小康住宅的绿色施工技术

3.6.1　村镇实行绿色施工的现状

华北地区农村建房大多数为一家一户，建筑规模较小，施工队伍大多是当地的"包工队"，由个体瓦工、木工等拼凑而成，一般都没有经过正规培训和专业技术考核，缺乏基本的建筑施工知识，技术工艺落后，属于粗放型施工建设方式。

根据本节调研数据显示，村镇建筑的施工操作存在着大量的安全隐患和资源浪费。以现场使用的混凝土和水泥砂浆为例，大部分农村建筑施工采用现场拌制混凝土和水泥砂浆，很少采用预拌混凝土和预拌砂浆。现场搅拌混凝土通常根据工人的施工经验现场配置，占据了道路和部分公共空间，给当地居民的出行带来了极大的不便；同时现场拌制过程中水泥、砂等材料产生了大量的施工粉尘，造成了严重的空气污染，对施工人员的身体健康也产生了一定的危害；由于拌制混凝土的配比大多数根据工人的现场经验确定，因此缺少一定的科学依据和试验数据，且拌制的混凝土大量采用水泥，较少使用粉煤灰等矿物质材料，因此不仅造成水泥的大量浪费，同时造成混凝土的耐久性较差；现场拌制混凝土和水泥砂浆均采用袋装水泥，使用的袋装水泥的包装纸会耗用大量的木材，造成袋内 3% 残余水泥的浪费，同时搅拌机械内也会残留 4%～6% 的混凝土，造成了大量资源的浪费。

以上只是以农村建筑施工采用现场拌制混凝土为例说明农村粗放型施工建设的危害，同时华北地区农村施工还存在着以下问题：建筑施工模板采用木模板，周转次数较低，有些地区的木模板周转次数仅为 1～2 次；墙体材料仍然使用实心黏土砖，造成了大量黏土资源的浪费；施工现场材料堆放杂乱，随意占用公路等公共设施；建筑垃圾随意丢弃，施工现场尘土飞扬。农村的粗放型施工方式造成了大量资源的浪费和环境污染问题的产生，因此绿色施工技术在华北农村地区实施势在必行。

我国绿色施工是在可持续发展理论指导下，随着绿色建筑的发展建立起来的。为了更好地落实建筑业可持续发展战略，促进绿色施工的发展，我国政府已经出台了一些实施绿色施工的指导文件。2003年11月出台了《奥运工程绿色施工指南》，有效地推动了我国绿色施工水平的发展提高，使奥运工程达到了较高的环保节能标准；2004年起，北京市在建筑工地开始全面推行绿色施工；2005年10月发布实施国家规范《绿色建筑技术导则》；2007年9月10日，建设部正式发布《绿色施工导则》（建质〔2007〕223号），从绿色施工管理、四节一环保等方面指导施工企业开展绿色施工；2008年北京市为贯彻落实建设工程节约材料资源、节约水资源、节约能源、节约用地和环境保护的技术经济政策，颁布了《绿色施工管理规程》，规定了建设单位、施工单位和监理单位的职责及对施工阶段节约资源、保护环境及保障施工人员安全与健康提出了规范性的要求；2010年，国家标准《建筑工程绿色施工评价标准》（GB/T 50640），从而规范了建筑工程绿色施工评价和评比的方法。

虽然一系列指导文件的出台有效地推进了城市绿色施工的进程，但是目前尚没有专门针对农村地区绿色施工的技术措施。由于农村经济水平较低、建筑施工较为零散，因此急需一套针对华北地区农村绿色施工技术措施。本节根据农村建设实际情况，在保证质量、安全等基本要求的前提下，以实现"四节一环保"（节能、节地、节水、节材和环境保护）为目标，使施工活动最大限度地节约资源、减少对环境负面影响，提出了适用于华北农村地区的绿色施工技术，并在石家统示范区的建设施工中采用了绿色施工技术，通过对相关技术措施的总结和改善，得到了村镇绿色小康住宅的绿色施工技术措施。

3.6.2 绿色施工的内涵

1. 绿色施工的定义

绿色施工的概念最早出现于20世纪中叶，鉴于当时的社会生产力发展水平，其含义比较模糊，建筑业执业人员易将绿色施工混淆于文明施工。随着国家发展战略方针、政策更迭，现代工程建设施工技术、工艺水平的发展，绿色施工的内涵也在不断深化。

绿色施工是指在工程建设中，在保证质量、安全等基本要求的前提下，通过科学管理和技术进步，最大限度地节约资源与减少对环境负面影响的施工活动，实现"四节一环保"（节能、节地、节水、节材和环境保护）。通过合理布置，减少施工对场地及场地周边环境的扰动和破坏，并应防止土壤污染、大气污染、噪声和光污染。在施工过程中要控制能源消耗，提高用能效率。采取有效措施严格控制水污染，并尽量减少水资源消耗。选用对人体健康无害的绿色建材，节约材料，充分利用现有资源。

绿色施工是建筑全生命周期中的一个重要阶段。实施绿色施工，应进行总体方案优化。在规划、设计阶段，应充分考虑绿色施工的总体要求，为绿色施工提供基础条件。实施绿色施工，应对施工策划、材料采购、现场施工、工程验收等各阶段进行控制，加强对整个施工过程的管理和监督。

本节针对华北地区农村自身特点，从施工管理、环境保护、节材与材料资源利用、节水与水资源利用、节能与能源利用、节地与施工用地保护六个方面对绿色施工技术进行研究。这六个方面涵盖了绿色施工的基本指标，同时包含了施工策划、材料采购、现场施工、工程验收等各阶段的指标的子集。

2. 绿色施工与传统施工的区别

绿色施工是将可持续发展观应用在传统施工上，与传统施工相比，它们既有相同点，又有很大的不同。

绿色施工和传统施工一样，均包含施工对象、资源配置、实现方法、产品验收和目标控制五大要素。两者的主要区别在于目标控制要素不同，一般工程施工的目标控制包括质量、安全、工期和成本 4 个要素，而绿色施工除上述要素外，还把环境保护和资源节约作为主控目标。同时，传统施工中所谓的"节约"与绿色施工中的"四节"也不尽相同。传统施工主要关心的是工程进度、工程质量和工程成本，对节约资源能源和环境保护没有很高的要求，除非合同明确规定。因为工程进度与工程款是有联系的，而浪费资源和污染环境不会被罚款，所以当传统施工与工期发生冲突的时候就不会顾及资源和环保了。而绿色施工不仅要求质量、安全、进度等达到要求，而且还要从生产的全过程出发，依据可持续发展理念来统筹规划施工全过程，优先使用绿色建材，改进传统施工工艺和施工技术，在按要求完成项目的前提下，尽量减少施工过程中对环境的污染和对材料的消耗。所以绿色施工比传统施工的要求要严格得多。

3. 绿色施工与绿色建筑的区别

绿色施工不等同于绿色建筑。国家标准《绿色建筑评价标准》（GB/T 50378）中定义，绿色建筑是指在建筑的全生命周期内，最大限度地节约资源、保护环境和减少污染，为人们提供健康、适用和高效的使用空间，与自然和谐共生的建筑。

绿色施工与绿色建筑互有关联又各自独立，其关系主要体现为：①绿色施工主要涉及施工过程，是建筑全生命周期中的生成阶段。而绿色建筑则表现为一种状态，为人们提供绿色的使用空间；②绿色施工可为绿色建筑增色，但仅绿色施工不能形成绿色建筑；③绿色建筑的形成，必须首先要使设计成为"绿色"。绿色施工关键在于施工组织设计和施工方案做到绿色；④绿色施工主要涉及施工期间，对环境影响相当集中。绿色建筑事关居住者健康、运行成本和使用功能，对整个使用周期均有影响。

4. 绿色施工与文明施工的区别

在我国建筑施工现场，安全文明施工的制度和标准已经执行多年，各单位也有较为成熟的做法和管理体系，因此人们容易把绿色施工与文明施工相提并论，认为绿色施工只是文明施工的翻版。

文明施工的特点主要突出在"文明"，它包括对场容场貌的要求，比如说现场道路的畅通、排水沟和排水设施通畅、工地地面硬化处理、工地现场绿化、材料按要求堆放等，还有就是对现场临时设施、安全施工、减少对附近居民的影响也有一定的要求；而绿色施工是以可持续发展为基础提出的新理念，它主要要求的是"四节一环保"，即节材、节水、节地、节能、环保，从内容上，绿色施工包括了一个良好的、文明的施工环境。因此可以说绿色施工要求比文明施工更高，更严格。

3.6.3　绿色施工在华北村镇地区发展存在的问题

我国华北地区农村经济较为落后，往往在新农村建设施工中投入较少，施工技术及施工管理等都受到经济因素的制约。所以，在进行绿色施工推行过程中，特别是"四节一环保"理念的推广应结合新农村建设的实际需要，在不增加甚至减少建设施工总费用的情况下，采用较为经济实用的施工技术方案及施工管理模式，推动绿色施工在新农村建设中的应用；同时由于绿色施工意识淡薄及绿色施工评价体系不完善，缺乏整体意识及统一标准，同样也限制了新农村绿色施工的进一步推广。本节对华北村镇地区绿色施工的制约因素进行分析，建立适用于华北村镇地区的绿色施工技术。

制约华北村镇地区绿色施工发展的因素主要有以下四个方面：

1. 绿色施工技术

农村地区工程建设往往较为分散，单体施工总工程量较小，施工技术方案较为简单，基本无大型机械的应用，同时，其技术方案的执行仅依赖于施工队各工种工人的技术经验，缺乏必要的稳定性及延续性，导致技术方案更新缓慢，在一定程度上限制了绿色施工技术的发展与运用。

2. 绿色施工管理

农村建设施工，特别是经济欠发达地区的农村建设施工，其施工管理体系往往建立在短期管理模式之下，即以项目承包为中心，以管理构架承接下的项目为前提，进行临时性、短期性组建。此管理模式在人力、物力、财力调配上往往取决于具体项目的业主及承包人的个人意志及工作经验，缺乏必要的统筹安排及科学管理，也在一定程度上限制了绿色施工的发展。

3. 绿色施工意识

绿色施工在城市建设施工中推广时间虽不长，但通常配以一定行政强制及奖惩措施，为绿色施工推广起到了引导及促进作用。而新农村建设中尚未建立相关政策制度，业主方及施工方基本未树立绿色施工意识，甚至未接触绿色施工概念。绿色施工意识淡薄且无任何激励措施，无人愿意投入相应人力、物力、财力等进行新农村建设绿色施工，这也是造成绿色施工在条件允许的情况下亦难以推行的一个重要因素。

4. 绿色施工评价体系

绿色施工评价体系目前仅针对城市建设施工，如盲目应用于农村建设施工则可能表现出可操作性差、推广难度大等缺陷，且过于专业的评价标准也不利于基层人员的掌握。而目前尚未有适用于新农村建设的绿色施工评价体系，其在一定意义上使绿色施工在新农村建设中的走向变得狭窄。所以，建立适用于新农村建设的绿色施工评价体系已属急迫，同时乡镇政府及相关基层组织也应配以相应的激励措施，以加快绿色施工在新农村建设中的进程。

本节根据以上制约因素，针对华北农村经济薄弱、技术方案简单的特点，建立适用于华北农村地区的绿色施工技术体系，同时提出相应的推广应用措施。

3.6.4　绿色施工原则

结合近年来我国城市绿色施工的经验和做法，针对华北地区农村自身特点，提出了华北村镇地区绿色施工的基本原则。

1. 经济适用性原则

农村经济条件较差，施工力量薄弱，因此农村的绿色施工不能照搬照抄城市的绿色施工技术措施，应结合华北农村自身特点，建立基于农村自身经济条件下的绿色施工技术措施，比如，城市绿色施工中现场监测技术、信息化技术等措施不适于农村绿色施工。如果将城市的绿色施工技术生搬硬套于农村，不但不会推进农村绿色施工技术的发展，还会造成一定的阻碍。

2. 质量可靠性原则

在农村绿色施工中，"四节"并不意味着可以通过减少圈梁、构造柱的方式来达到节材的目的。建筑的安全性是绿色施工的首要保证，建筑的使用寿命更长，才能避免建筑拆除、重建的可能性，才能达到循环利用的目的。

3. 环保性原则

对于绿色施工来说，其主要在遵循科学发展观的前提下，以追求高效性、环保性以及低耗性的经济效益为目的，最大程度地保证经济效益、环境保护效益以及社会效益三者的互相结合。如果在这三者之间出现冲突，那么始终要坚持环境保护效益为主的原则。

4. 节约性原则

绿色施工坚持的节约性原则，指的是以节约资源为目的。在建筑工程的整个施工过程中，尽可能地对施工材料、施工用水资源、施工场地等方面进行节约。

3.6.5　村镇住宅绿色施工技术措施

根据华北地区新农村建设实际情况，通过总结和改善石家统村的绿色施工技术，从施工管理、环境保护、节材与材料资源利用、节水与水资源利用、节能与能源利用、节地与施工用地保护六方面提出了新农村建设的绿色施工技术措施。

1. 施工管理

（1）组织管理

① 在施工建设前，应根据当地经济水平和施工技术制定相应的管理制度和目标。

② 项目负责人为绿色施工第一责任人，负责绿色施工管理制度的建立，明确绿色施工总目标，并应将目标分解至各个阶段和每个施工人员，使其规范化、标准化；制定相关的奖惩措施，确保目标的实现；施工前明确每个施工操作人员的绿色施工任务，大家各司其职，确保目标的实施。

（2）规划管理

① 施工前，应编制相应的绿色施工方案，该方案应对环境保护、节材、节水、节能、节地制定详细的技术措施。

图 3-110　施工现场设置排水沟

② 绿色施工方案的编制应结合当地气候，尽量减少因为气候原因而带来施工措施及费用的增加、资源和能源用量的增加，有效地降低施工成本，改善施工现场环境质量和工程质量。

绿色施工方案的编制与当地气候的结合主要表现在以下几个方面：

a. 尽可能合理地安排施工顺序，使会受到不利气候影响的施工工序能够在不利气候来临前完成；

b. 安排好全场性排水、防洪，减少对现场及周边环境的影响，避免下雨后施工周边路面的泥泞不堪（图 3-110）；

c. 施工场地布置应结合气候，符合劳动保护、安全、防火的要求。易燃的设施应布置在下风向，且不危害当地居民。

（3）实施管理

① 分工明确，责任到人：将目标进行分解，将具体任务分配到具体的人，分阶段对目标实施情况、任务完成情况进行考核，建立绿色施工绩效考核制度，真正做到过程控制。

② 在施工场地采用画报等多种宣传手段，有针对性地对绿色施工进行相应的宣传，营造绿色施工的氛围（图 3-111）。

图 3-111　施工现场宣传标语

③ 施工之前，应对施工人员进行绿色施工知识培训，增强职工的绿色施工意识；施工过程中，还需定期对施工人员进行绿色施工知识培训。

（4）评价管理

施工单位应按照各评价阶段做好自评价，根据自评结果适时对方案、施工技术和管理措施进行改进和优化。

（5）人员安全与健康管理

① 从事有毒、有害、有刺激性气味和强光、强噪声施工的人员，应佩戴护目镜、面罩等防护器具；在危险处作业应佩戴安全带（图 3-112）。

② 食堂应有专人主管卫生工作，严格保证食品的安全卫生。

③ 施工现场应保证有饮用水供应，饮水器具卫生。

④ 在施工现场设置有厕所设施的，应定期清理（图 3-113）。

图 3-112　佩戴防护用具

图 3-113　移动式厕所

⑤ 对于农村建筑改造的施工，应将有毒的工作安排在房间无人时进行，并与通风措施相结合，在进行有毒作业时以及工作完成以后，用室外新鲜空气对现场通风。

2. 环境保护

（1）扬尘控制

① 优先选用商品混凝土和砂浆，可大幅度地消除现场拌制过程中的粉尘污染（图 3-114）。

② 当混凝土和砂浆采用现场制备时，应做好相应材料的保管工作，如：水泥、砂子和石子采用封闭存放。经济条件较好的村镇，施工现场可设置材料池，材料池由三面砖墙砌筑而成，并应进行抹灰处理；没有专门设置材料池的，现场材料应设立防雨雪、大风的覆盖设施，如：防雨彩条布、塑料布等，防止恶劣天气下材料被冲刷及扬尘。

③ 当水泥、石灰等材料采用袋装时，包装须完好，发现破袋或密封不严的情况要及时进行处理；在运输过程中进行苫盖，装卸时注意轻装轻放，严禁扔摔，以免包装破损，运至现场后一律封闭保存（图 3-115）。

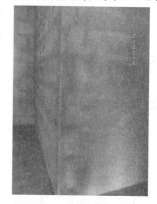

图 3-114　商品砂浆的使用

图 3-115　原材料存放场地

④ 运输车辆应采取相应的防遗撒措施，如加设封闭隔板等；运输容易散落、飞扬物料的车辆，必须采取严密封闭措施。出场前车辆的车身及轮胎应清理干净（图 3-116、图 3-117）。

图 3-116　车辆封闭遮挡　　　　　　　　图 3-117　车辆冲洗

⑤ 关注天气状况，避免在大风大雨的恶劣天气运输弃土等，防止大风吹扬和雨水的冲刷，弃土如随风或雨水流失，会对周边街道和环境产生影响。

⑥ 在现场设置搅拌设备时，应安设挡尘装置。

⑦ 四级风力以上禁止进行室外筛砂作业，以免扬尘。

⑧ 现场制备石灰膏时，石灰池应进行防水处理。四级以上风力时，禁止进行室外淋灰作业。石灰粉及石灰块在现场做好防雨及防尘措施。

⑨ 砂浆制备时，应先将粉状材料袋子放入料斗内，再开袋，防止遗撒及扬尘；人工制备砂浆时要在硬化地面上进行，干拌时动作要轻，避免扬尘。四级风以上天气停止露天制备作业。

⑩ 砌体砌筑前，先对基层及砌块进行洒水湿润，避免洒水过多造成泥泞或洒水不足造成扬尘（图 3-118）。

⑪ 砌块切割应优先在封闭切割棚内进行。施工人员应佩戴口罩、手套等。

⑫ 室外砌筑工程遇到下雨时应停止施工，并用塑料布覆盖已经砌好的砌体，以防止雨水冲刷造成污染和材料损耗。

⑬ 灰浆槽使用完后及时清理干净备用，以防固化后清理产生扬尘、固体废弃物及噪声。

⑭ 对易产生扬尘的施工阶段，如打磨、拌和、碾压、切割、打孔、剔凿、模板拆除等，结合具体情况采取洒水、围挡、清理积尘、高压喷雾等措施进行防尘处理（图 3-119、图 3-120）。

图 3-118　自制洒水车

图 3-119　湿作业切割

图 3-120　降尘喷雾设备

⑮ 现场木质加工时，应在专门的木工间进行，防止产生的木屑飞溅，并应及时清理木屑，进行袋装处理后要及时清运，严禁将锯末收集用于机电安装施工中的线盒填充。

⑯ 每次拆除模板后应及时清理模板上的混凝土和灰土，模板清理过程中的垃圾清运到集中的垃圾存放地点，保持模板堆放区的清洁（图 3-121）。

⑰ 施工垃圾采用容器吊运，严禁随意凌空抛散；清理固体废弃物时，采取洒水措施，严禁拍打、吹尘等会产生扬尘的方法；钻孔中的渣土和其他建筑垃圾不能及时清运出场

图 3-121　建筑垃圾存放

的，堆置临时堆场并进行围挡遮盖，一定体积的散装物料或固体废弃物都进行密闭清运。

（2）噪声振动控制

① 现场优先采用强制式搅拌机，噪声标准较低的施工机械、设备、对讲机，避免采用自落式搅拌机。

② 对施工中必须使用的机械设备进行技术升级，降低噪声源的发声功率和辐射功率，在原施工的基础上大大减轻噪声的危害。

③ 做好机械设备的日常维护和保养，降低因机械磨损产生的噪声。

④ 对设备加装防声罩（图 3-122），采用防声板材来达到隔声降噪的目的。

⑤ 对加工棚采取封闭措施、吸声措施，降低噪声（图 3-123）。

⑥ 将搅拌机、空气压缩机、木工机具、切割机等产生噪声的作业设备，尽可能设置在远离周围居民区的一侧，并在设有隔声功能的临时用房内操作，从空间布置上减少噪声污染。

图 3-122　小型机械隔声罩

图 3-123　隔声棚

⑦ 混凝土振动时，采用低噪声振动棒，禁止振钢筋或模板，做到快插慢拔，并配备相应人员控制电源线及电源开关，防止振动棒空转产生的噪声，振动棒使用完后，应及时清理干净并进行保养。

图 3-124　灯光防护罩

⑧ 安装、拆除模板、脚手架时，必须轻拿轻放，上下、左右有人传递，严禁抛掷；模板在拆除和清理时，禁止使用大锤敲打模板，以降低噪声污染。

⑨ 建立施工机械管理制度，机械设备在闲置时应关机，运输车辆出入做到低速，禁止无故鸣笛。

⑩ 合理安排施工人员轮流操作机械，穿插安排低噪声工作，减少接触高噪声工作时间，并为相关操作人员配备耳塞。

⑪ 禁止在 21 时至次日 6 时进行施工操作。

（3）光污染控制（图 3-124、图 3-125）

① 夜间室外照明灯加设灯罩，大型照明灯须采用俯视角，透光方向集中在施工范围。

② 离居民区较近的施工地段，有必要在夜间施工时设密目网屏障遮挡光线。

③ 电焊作业采取遮挡措施，避免电焊弧光外泄。

图 3-125　固定式弧光防护罩

（4）水污染控制

① 施工现场应设置垃圾桶，禁止将剩饭菜倒入下水道中，并设置隔油池（图 3-126）。

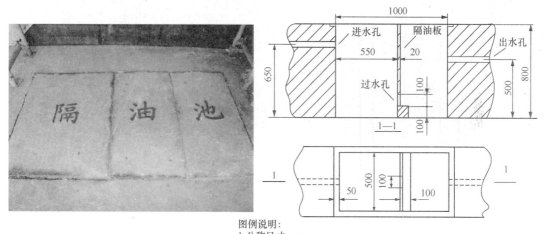

图例说明：
1. 公称尺寸：mm
2. 1000×500×800 为隔油池最小尺寸
3. 池子每面均抹灰
4. 过油孔应加装滤网

隔油池示意图

图 3-126　隔油池

② 厕所设有化粪池，厕所内水泥地面做好坡度、流水沟，以便每天冲洗厕所的污水顺利流到化粪池内，严禁直接排至河流中。

③ 进行混凝土、砂浆等搅拌作业的现场，应设置沉淀池（图 3-127），使清洗机械和运输车的废水经沉淀后排入污水管线或回收用于洒水降尘。

④ 严禁在生活废水管线中倾倒或放置化学品、油品及其他污染物。

⑤ 对工程中排放的废气、废油、施工废水集中进行隔油沉淀预处理后，应采用专用运输车辆进行废水、废渣的运输，并将其运至指定的处理厂进行填埋或焚烧处理，严禁将

图 3-127　沉淀池

废气、废油、废渣、废水直接排放至沟河及其他水体中。

（5）土壤保护

① 施工现场的土方应集中堆放并采取覆盖措施（图 3-128）。

② 裸露的场地进行临时固化或绿化，并且及时进行洒水处理，保持土的湿润（图 3-129）。

图 3-128　裸土覆盖　　　　　　　　　　图 3-129　临时绿化

③ 对于有毒有害废弃物如电池、油漆、涂料等应进行回收，不能作为建筑垃圾外运，避免其污染土壤和地下水（图 3-130）。

④ 工程施工完毕后，应及时清理施工临时用地，复耕还田，以保护土地资源及农业生态。

（6）建筑垃圾控制

① 为了防止环境污染，施工现场应设置封闭式垃圾存放点，进行垃圾分类存放，并及时运至规定的消纳场。

② 施工现场产生的建筑垃圾应做好调查记录，包括种类、数量、产生原因、可再利用程度等，为减量化和再利用提供基础资料。

③ 施工场地生活垃圾实行袋装化，并统一清运。

④ 对危险废弃物必须设置统一标识分类存放，

图 3-130　化学品存放采取隔离措施

收集到一定量后，交有资质的单位统一处置。

⑤ 对有害物质（如染料、油料、废旧材料和生产垃圾等）经处理后运至指定的地点进行处理，防止泄漏、腐蚀造成对生态资源的破坏。

⑥ 施工剩余的边角料如橡胶、塑料、油毡等，统一挑拣出来并分类回收寻求再利用、再循环渠道，不得简单焚烧、填埋处理，不得混合在渣土当中。

⑦ 施工机械中使用的汽油、机油等易燃、易爆、易挥发的材料，要避免泄漏到土壤中对土壤造成化学污染。

⑧ 为固体废弃物寻找使用途径，利用地基填埋、铺路，利用建筑垃圾生产环保型砖块、生产再生骨料等方式提高再利用率。

（7）地下设施、文物和资源保护

① 施工前应调查清楚地下管线设施，避免破坏村镇的排水系统等基础设施。

② 在施工过程中一旦发现文物，应立即停止施工，保护现场并通报文物管理部门。

③ 历史古镇的施工建设应遵循当地规划建设，避免产生不伦不类的现象。

④ 施工现场内的古树名木及影响进出现场的树木，施工人员禁止砍伐、移位，应进行合理保护（图 3-131）。

（8）大气污染控制

① 施工现场有锅炉、大灶的，要使用清洁能源，严禁使用煤作为燃烧材料进行炊事、烧水和取暖。热水供应采用电热炉，食堂采用清洁燃烧材料，如天然气、液化气（图 3-132）。

图 3-131　古树移植保护　　　　　　　图 3-132　现场使用液化气做饭

② 现场遗撒的材料应及时清理、收集。成品砂浆包装袋、水泥袋、损坏的皮数尺、墨斗、弹线、清理用纱布等应及时清理，严禁现场焚烧。

③ 施工运输机械，如砌体运输车辆、砂浆运输车辆及砂浆制备材料的运输车辆应进行检查，确保达到相应尾气排放要求。

④ 毛石、料石等入场前应进行放射性及有毒有害物质检测，确保进场石材达到相应的环保和放射性要求。

⑤ 禁止在施工现场熔化沥青或焚烧油毡、油漆及其他会产生有害烟尘、恶臭气体的

物质，有毒有害的废弃物不得用于回填，不得污染施工现场。

3. 节材与材料资源利用

（1）节材措施

① 施工方应对钢材、木材、混凝土等进行精确预算，优化下料方案，尽量减少废料的产生。

② 材料运输时，应选用适宜的工具和装卸方法，防止损坏和遗撒。根据现场平面布置就近堆放，避免和减少二次搬运。

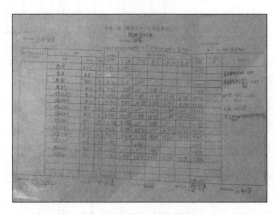

③ 为尽量减少砌体材料运输和装卸过程中产生碎砖、碎砌块，应进行合理组织，避免抛落砖体形成的碎砖、材料堆放不规范造成的碎块，应根据砌体的强度选择合适的堆放高度。

④ 施工前，对施工班组做好技术交底，避免不合理的砌筑方法造成边角废料。

⑤ 根据施工进度、材料周转时间、库存情况等制定采购计划，并合理确定采购数量，避免采购过多，造成积压或浪费。

图 3-133　限额领料

⑥ 依照施工预算，实行限额领料，严格控制材料的消耗。建立节约奖励制度，奖金为所节省材料价格的一半，当天兑现（图 3-133）。

⑦ 施工现场应建立材料账册，对材料的采购入库、领料和余料返回量等进行统计，做到入库量、出库量与工程实物量一致；对于超预算量的情况要进行原因分析；对零星材料的使用应进行跟踪检查。

⑧ 加强现场管理巡视，发现材料浪费现象应及时制止，并制定相应解决方案。

⑨ 施工现场应建立可回收再利用物资清单，制定并实施可回收废料的回收管理办法，提高废料利用率。

（2）结构材料

① 优先使用商品混凝土和预制商品砂浆。

② 墙体材料严禁采用黏土砖，优先采用蒸压灰砂砖、可再生骨料砌块以及混凝土砌块、粉煤灰砖等。

③ 村镇建筑宜采用装配式建筑，施工方便、快捷，可采用整体装配式混凝土异形构件建筑体系、轻钢结构建筑体系等（图 3-134）。

④ 在钢筋的采购中应选择高强度钢筋，减少施工过

图 3-134　预制构件

程中钢筋的使用，进而减小钢筋废料的总量。

⑤ 推广采用高性能混凝土，利用粉煤灰、矿渣、外加剂等新材料，降低混凝土及砂浆中的水泥用量；冬期施工时，应优先采用外加剂方法进行防冻，避免采用原材料蓄热及外部加热等施工方法；严格按照混凝土的养护要求进行养护，防止出现质量问题而造成返工。

⑥ 精确估计混凝土用量，对混凝土余料进行有效利用，如浇筑过梁垫块及铺设硬地等。

⑦ 施工前对砂浆使用量进行规划计算，避免砂浆采购进场或制备后不能在初凝前使用完毕。

⑧ 认真进行定位放线，包括墙体轴线、外边线、洞口线以及第一皮砌块的分块线等，砌筑前经复核无误后方可施工（图 3-135）。

⑨ 砌块浸润应充分合理，避免由于浸润用水过多造成砂浆易撒落以及用水过少导致不易粘结。

⑩ 排砖摆底时应进行专门设计，避免砌筑过程中砍砖（或砌块）过多。

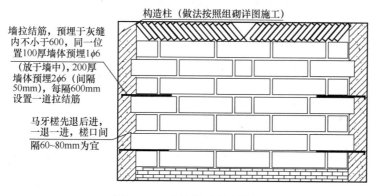

墙拉结筋，预埋于灰缝内不小于600，同一位置100厚墙体预埋1φ6（放于墙中），200厚墙体预埋2φ6（间隔50mm），每隔600mm设置一道拉结筋

马牙槎先退后进，一退一进，槎口间隔60~80mm为宜

构造柱（做法按照组砌详图施工）

图 3-135　砌块位置预先排版

⑪ 可选范围内，应尽量使预埋件（预留孔）与砌体材料的规格一致，避免砍砖及后期剔凿。

⑫ 在砌块加工过程中，应规范工人施工操作，使用专用的切割工具进行原材料的加工，避免砌块用瓦刀或锤具随意切割形成碎料。

⑬ 水平和垂直运输砂浆时，不要将器具装满，应低于容器边沿 5cm，并且运输速度不宜过急过快，宜平稳。

⑭ 砌筑时，在灰缝部位设置木条以及塑料条等防止砂浆撒落。

⑮ 砌筑时，在根部设置洁净木板等收集撒落的砂浆，并进行及时清理和再利用。对于砌筑时挤出墙面的舌头灰，用灰刮将其收集利用。

⑯ 搅拌、运输工具上的残留砂浆应及时清理，及时刮除残留砂浆，做到工完场清。

⑰ 连接钢筋时尽量采用机械连接、闪光对焊、电渣压力焊等方式，尽量避免使用冷接搭接方式，节省绑扎搭接长度（图 3-136、图 3-137）。

图 3-136　钢筋直螺纹连接

图 3-137　钢筋电渣压力焊

⑱ 建立半砖（砌块）材料的再利用制度，规定再利用砌块的规格（如超过40%），对某一规格范围内的半砖进行回收、分类和再利用。

⑲ 现场500mm以上钢筋必须码放整齐，二次利用。

（3）围护材料

① 严格控制建筑的体形系数和窗墙比。

② 建筑的外墙和屋面均做节能保温处理，应根据建筑物的实际特点，优选屋面和外墙的保温材料系统和施工方式。

③ 外窗采用双玻中空玻璃、真空玻璃等隔热保温效果好的窗玻璃材料，采用断桥铝平开窗等保温隔热性能好的窗材。

④ 施工过程中应保证门窗良好的密闭性能。

（4）装饰装修材料

① 墙砖、地砖等贴面类块材在施工前，应进行总体排版策划，减少非整块材的数量。

② 采用非木质的新材料或人造板材代替木质板材。

③ 防水卷材、壁纸、油漆及各类涂料基层必须符合要求，避免起皮、脱落。各类油漆及胶粘剂应随用随开启，不用时及时封闭。

④ 木制品及木装饰用料、玻璃等各类板材宜在工厂采购或定制。

⑤ 采用自粘类片材，减少现场液态胶粘剂的使用量。

⑥ 在装饰阶段，油漆、涂料施工完成后应做好产品防护，避免二次污染和重复施工造成的浪费。

（5）周转材料

① 室内装饰施工时使用移动、分体门式脚手架，安装方便，使用安全灵活。

② 施工现场设置有办公、生活用房设施的，现场办公、生活用房全部采用活动彩钢板房，工程围挡采用自制的钢板围挡，均可多次周转使用（图3-138）。

③ 防护栏杆、脚手板、脚手架、楼梯踏步等临设材料采用定型化、工具化、可重复周转使用的材料，减少拆装过程中的损耗，提高其重复拆装的利用率（图3-139）。

图 3-138　活动式 PVC 塑料围挡

图 3-139　楼梯可周转防护

④ 模板应以节约自然资源为原则，推广使用定型钢模、钢框竹模、竹胶板。

⑤ 木模板进场后四周侧面刷防水油漆封边保护，防止使用时渗水。施工中产生的短木方，接长后继续使用，减少木方消耗（图 3-140）。

图 3-140　木方接长再利用

⑥ 要做好模板拆除后的保养工作，及时清除残留的混凝土和其他杂物，涂刷脱模剂后妥善集中存放，延长模板使用寿面，减少丢失带来的损耗，增加模板的周转次数。

⑦ 模板每使用 2 次后应反面使用，防止模板的变形累加，保持模板的平整度。

（6）废弃物再利用

本节针对村镇建筑施工过程中出现的建筑垃圾进行分类总结，对其产生的原因进行了分析，并给出了废弃物再利用方案（图 3-141～图 3-147 和表 3-30）。

表 3-30　废弃物再利用方案

建筑垃圾种类	产生原因及部位	再利用方案
混凝土碎料	混凝土浇筑、拆除等	① 小部分作为后续底板垫层和临时施工道路的路基； ② 一部分混凝土碎料外运至其他工地再利用； ③ 一部分混凝土碎料集中清运
墙体砌块	墙体施工砌筑的废弃砌块	① 本工地利用； ② 清理外运

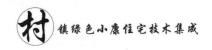
建筑垃圾种类	产生原因及部位	再利用方案
废旧木模板	翘曲、变形、开裂、受潮	① 短木接长处理； ② 清理出场
废旧钢筋	施工过程中产生的钢筋断头和废旧钢筋等	用作钢筋马凳支架、钢筋S形拉钩，作为过梁、构造柱或焊制临时排水沟盖板等的钢筋使用
包装袋、纸盒	施工材料包装	① 现场再利用； ② 送废品收购站

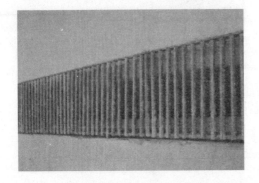

图 3-141　利用废钢筋制作水箅子

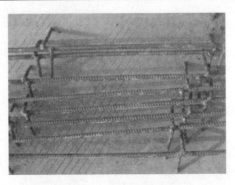

图 3-142　利用废钢筋制作马凳

图 3-143　废旧模板用作柱子护角

图 3-144　废旧纸张再利用

图 3-145　剩余砂浆防腐施工

图 3-146　废旧木方做排水沟盖板

（7）材料的运输与保管

① 饰面砖和石材在运输过程中属于易破碎材料，需要做到保护处理，运输容器底部垫上缓冲材料，并且轻拿轻放。

② 保温材料的运输和保管应该做好分类，防止混杂，并注意降雨、潮湿的影响；块状保温板的运输和装卸过程中，尤其注意损伤断裂、缺棱掉角，确保外形的完整性；易燃的保温材料应该存放在专用的场所，并委托专人管理。

图 3-147　利用废旧模板制作安全通道

③ 卷材的存放地点应该阴凉并且通风，避免受到降雨、暴晒和潮湿的损耗，并注意防火措施。对于沥青防水卷材应该直立堆放，且堆放高度在两层以内，避免倾斜和横压。卷材的存放应该避免化学介质或其他有机溶剂的腐蚀。

④ 门窗材料的存储需选择室内环境，防止外界的雨雪、温度变化、施工污染物对材料的侵蚀造成材料的损耗，材料的堆放高度不宜太高，以防材料堆积将底层材料压坏。

⑤ 装好的门窗及时进行成品保护，防止施工人员的踩踏、施工污染物的污染造成门窗的破坏。

⑥ 钢筋经过验收后宜存放在封闭的料棚内，若存放空间不够，则选用地势高、无积水的地方放置，堆放中合理设置高度，保证最下层钢筋不变形，必要时加以遮挡措施；雨雪天气时，上方采用板材等覆盖性材料进行遮挡，保证钢筋不会受到雨雪的锈蚀；钢筋存放点应远离酸、盐、油等物品以及有害气体，避免被锈蚀和污染后强度受到影响而报废；加工好的钢筋应及时运往工地安装，防止再次上锈。

4. 节水与水资源利用

（1）提高用水效率

① 管理工人生活区、食堂、厕所等处的责任人，必须对节约用水进行管理，责任落实到人。

② 现场所有出水点均使用节水型水龙头（图 3-148），100％配置节水器具。

③ 施工及生活用水设专人管理并经常检查，一旦发现跑冒滴漏现象，立即找工人修理，以免造成水资源浪费；应教育工人用水后立即关闭水龙头，以减少资源浪费。

④ 现场混凝土养护用水应采取有效的节水措施，尽量采用喷雾器喷水养护（图 3-149），既可保持混凝土湿润，又不积水浪费水源。

⑤ 砂浆现场制备时，优先采用集中分批制备。

⑥ 做好施工现场砌块（包括砖）、石材等需浸润材料的进场和使用时间规划，按时洒水浸润，避免重复作业。

⑦ 浸润用水依据砌块数量确定用水量，如砖含水率宜取 10％～15％，严禁大水漫灌。

（2）非传统水源利用

① 制备砂浆用水、砌体浸润用水及基层清理用水优先采用经沉淀后达到使用要求的

再生水以及雨水、河水和施工降水等（图3-150）。

图3-148　节水龙头的使用

图3-149　喷洒养护

图3-150　利用沉淀后雨水养护混凝土

②在雨水充沛地区，建立雨水收集装置，可用作进出车辆的清洗，道路洒水、降尘，混凝土养护等（图3-151）。

图3-151　利用雨水收集装置收集雨水

③有条件的地区，施工现场应设置沉淀池，每天清洗的污水都排放到沉淀池内，经沉淀后再用于现场道路淋洒降尘，以节约资源。

（3）用水安全

在非传统水源和现场循环再利用水的使用过程中，应制定卫生保障措施，确保避免对人体健康、工程质量以及周围环境产生不良影响。

5. 节能与能源利用

（1）节能措施

① 建立巡视检查制度，设专人随时对现场临时用电的线路、设施进行检查，对停用的设备、线路及时进行拆除清理。

② 根据当地气候和自然资源条件，充分利用太阳能等可再生能源，如利用太阳能热水器和太阳能光伏发电系统。

③ 优先使用国家、行业推荐的节能、高效、环保的施工设备和机具，如选用变频技术的节能施工设备等。

④ 施工现场分别设定生产、生活、办公和施工设备的用电控制指标，定期进行计量、核算、对比分析，并有预防与纠正措施。

⑤ 合理安排施工顺序、工作面，以减少作业区域的机具数量，相邻作业区充分利用共有的机具资源。

⑥ 安排施工工艺时，应优先考虑耗用电能或其他能耗较少的施工工艺；避免设备额定功率远大于使用功率或超负荷使用设备的现象。

⑦ 砂浆、制备原料及施工机具等在满足施工要求的前提下，采取就近采购原则。

（2）机械设备与机具

① 严禁使用政府明令淘汰的施工设备、机具和产品，管理人员需对每年明令禁止使用的设备进行清理，不得使用（图 3-152、图 3-153）。

图 3-152　淘汰的盘式搅拌机

图 3-153　淘汰的刀闸开关

② 建立施工机械设备管理制度，开展用电、用油计量，完善设备档案，及时做好维修保养工作，使机械设备保持低耗、高效的状态。

③ 选择功率与负载相匹配的施工机械设备，避免大功率施工机械设备低负载长时间运行。

④ 采用节电型施工机械，合理安排工序，提高各种机械的使用率和满载率，降低各种设备的单位耗能。

⑤ 禁止运输车辆高速运行，停车待卸料时应熄火。

（3）生产、生活及办公临时设施

① 合理规划施工便道，尽量利用既有公路、乡村道路和机耕道，减少新建便道的数量。

② 临时设施宜采用节能材料，墙体、屋面使用保温隔热性能好的的材料，减少夏天空调、冬天取暖设备的使用时间及耗能量。

③ 合理配置采暖、风扇数量，规定使用时间，实行分段分时使用，节约用电。

（4）施工用电及照明

① 临时用电优先选用节能灯具，临电线路合理设计、布置。

② 杜绝长明灯，夜间施工照明灯具安排专人进行管理，做到人走灯灭；及时对不用的设备进行拉闸断电，减少设备闲置空转。

③ 照明设计以满足最低照度为原则，照度不应超过最低照度的 20%。

6. 节地与施工用地保护

（1）节地措施

① 根据施工规模及现场条件等因素合理确定临时设施，如临时加工厂、现场作业棚及材料堆场、办公生活设施等的占地指标。临时设施的占地面积应按用地指标所需的最低面积设计。

② 砂浆（或砂浆制备材料）、砌块分批进场，材料堆场周转使用，提高土地利用率。

③ 砌块类材料进场后多层码放，提高单位面积场地的利用效率。

（2）临时用地保护

① 明确施工现场及毗邻区域内基础设施管线情况，注意保护场地内现存的文物、地方特色资源等。

② 现场临时道路及材料堆放场采用混凝土进行硬化处理，其他裸露场地种植花草等绿化植物。

③ 不得在河流漫地及两岸洪水位以下乱取砂砾，严禁侵占河道核心区和缓冲区。对开挖的弃、取土场及河岸边坡，应采取及时有效的岸坡防护措施，以防水土流失。

④ 施工车辆和施工机械不得随意碾压施工便道、施工场地以外的土地，尽量少扰动地表，减少地表植被破坏，严禁因植被的破坏引起土壤的沙化形成。

⑤ 施工完毕采用播撒植草、取土场铺土、植被恢复、移植草皮、黏土包坡、碎石防护等措施防止和减少土壤沙化。

3.6.6　绿色施工的推广应用建议

绿色施工是农村施工可持续发展的趋势，但是由于华北地区农村经济条件差、绿色施工意识薄弱、施工技术落后等问题，农村施工建设较为混乱。针对以上原因，提出以下建议以改善绿色施工在华北村镇地区的推行状况。

1. 提高绿色施工意识

华北村镇居民对绿色施工的认识不够，从而影响了绿色施工的推广。只有工程建设各方以及广大民众对自身生活环境的认识和保护意识达成共识时，绿色施工的价值标准和行为模式才能广泛形成。特别是在农村地区，建筑施工作业的一线从业人员一般受教育水平较低，他们对施工过程的环境保护、能源节约尤为不重视，似乎已经习惯了刺耳的噪声、严重的浪费和一些习惯性的不良做法。因此，提高人们的绿色施工意识是非常重要的，可以通过以下几种途径实施。

（1）进行广泛深入的教育、宣传并加强培训

目前，人们对绿色施工的认识仍然不足，在建设的全过程中，对施工阶段的可持续发展更加缺乏重视。而对绿色施工意识的加强，离不开生态环保意识的加强。要提高相关人员对绿色施工的认识，宣传和培训是一个重要且有效的途径。通过大力宣传，可以强化大众对绿色施工及可持续发展的环保意识，有利于监管工作的高效开展；通过对相关工作人员的培训，可以加深施工人员对绿色施工的理解和认识，深入了解绿色施工的本质和内涵，深刻认识绿色施工在现今社会发展中的重要性，让施工人员主动提高自身的技术水平，在无人监管状态下实施绿色施工，自觉环保，为国家可持续发展策略奉献力量。

（2）建立示范性绿色施工住宅及施工企业

按照绿色施工技术措施建立当地示范性绿色施工项目和绿色施工推广应用示范单位，注重绿色施工的比较。以应用示范工程为切入点，以点带面，发挥模范示范作用，绿色施工示范工程能够以少带多，发挥有效的示范作用，促进各个地区加速示范工程的建立，使得绿色施工在华北村镇地区健康快速发展。

（3）建立和完善绿色施工的民众参与制

民众参与制可以挖掘民众对绿色施工的积极性，促进绿色施工的发展，从而形成一个自下而上的绿色推动机制。在施工准备阶段，充分了解民众的要求，进行科学的施工组织设计，最大限度地减少对周围环境的影响。

2. 优化绿色施工技术措施，建立经济适用性原则

在华北村镇地区，许多施工单位错误地认为实施绿色施工会增加工程造价，所以就对绿色施工显得比较被动和消极。不可否认，一些绿色施工技术的运用确实会增加施工成本，如无声振捣、强光遮盖等。本节针对华北村镇地区特点，建立了适用于华北村镇地区的绿色施工技术，使其具有经济适用性和技术可行性。

3. 加强绿色建筑材料的质量把关

每个建筑工程均是由不同的建筑材料通过一定的施工方法将其组合成一个完整整体的，因此需要从"绿色"的角度严把建筑材料质量，确保所有的材料均符合绿色的标准。如果要加强绿色材料的质量，不仅仅从强度等级和建筑安全因素考虑，对结构所采用材料质量的重视，还应该包含对装饰材料质量的把关。在装饰材料满足装饰性能要求的前提下，要求材料中的有害气体、物质和放射性元素消除，以免危害居住者的健康。

4. 建立、健全法规制度体系

我国已经针对城市的绿色施工出台了相关的标准和文件，但是尚没有针对农村出台相

应的政策法规。绿色施工涉及建筑产品的整个过程，法规体系的制定是一个系统工程，需要多行业、多学科的协商。只有靠政府部门的参与和引导及切合实际的法律、法规，形成一个自上而下的强大推动力，才能激发自下而上的积极响应。

5. 建立相应的激励性政策

针对农村住宅，华北地区已设置有关于危房改造和节能改造的相关激励性措施，但是缺乏绿色施工方面的激励性政策。各地应设立与农村绿色施工有关的新奖项，促使施工企业积极实施绿色施工项目；实行对绿色施工项目的补贴、征收绿色税收、差别化税收等措施，降低绿色施工成本，积极诱导施工企业推行绿色施工。

3.7 村镇绿色建筑评估体系

国家标准《绿色建筑评价标准》从节地与室外环境、节能与能源利用、节水与水资源利用、节材与材料资源利用、施工管理、运营管理这几个方面，对绿色建筑提出了相应的技术要求。但是，由于经济、资源及社会条件的差异，该标准又不能直接用于华北地区村镇绿色建筑体系的评估，例如：通过开发利用地下空间实现土地的高效利用，农村地区的建筑密度较低，且以低层独院式村镇建筑居多，建设层的村镇建筑足够家庭人员所使用，在无特殊用途及需求的情况下，建设地下层只会为农户增添额外的经济投入；通过设置中水处理站对生活污水进行集中处理，实现循环再利用，而农村居民日常生活所产生的污水量少且相对分散，农户可就地用作果蔬灌溉，或是结合沼气池等实现污水零排放，而无需使用工序复杂的集中中水站等。因此，华北地区村镇绿色建筑评估体系的研究需充分考虑地域性。绿色建筑评估体系的研究应当结合华北地区村镇资源环境和经济条件，因地制宜，在确保农民可以负担的情况下，最大限度地节约资源（节能、节地、节水、节材）、保护环境、减少污染，为农民提供健康、适用、高效的使用空间，并与自然和谐共生的建筑。

根据建筑的使用功能，将村镇建筑分为住宅和公共建筑两大类，在借鉴国内外绿色建筑评价标准的基础上，针对华北地区村镇建筑调研中发现的问题，现将华北地区村镇绿色建筑评估体系研究关注的主要项目归纳为：节地与室外环境、节能与能源利用、节水与水资源利用、节材与材料资源利用、室内环境质量、施工管理和运营管理七大类。

3.7.1 节地与室外环境

（1）建筑合理选址的要求。

住宅和公共建筑项目的选址应符合所在地村镇规划，且应符合各类保护区、文物古迹保护的建设控制要求。在村镇规划区内进行建设，必须符合村镇规划。各类保护区是指受到国家法律法规保护、划定有明确的保护范围、制定有相应的保护措施的各类政策区，主要包括：基本农田保护区（《基本农田保护条例》）、风景名胜区（《风景名胜区条例》）、自然保护区（《自然保护区条例》）、历史文化名城名镇名村（《历史文化名城名镇名村保护条例》)、历史文化街区 (《城市紫线管理办法》) 等。文物古迹是指人类在历史上创造的具有价值的不可移动的实物遗存，包括地面与地下的古遗址、古建筑、古墓葬、石窟寺、古碑石刻、近代代表性建筑、革命纪念建筑等，主要指文物保护单位、保护建筑和历史建筑。

（2）场地安全的要求。

住宅和公共建筑项目的场地应无洪涝、滑坡、泥石流等自然灾害的威胁，无危险化学品、易燃易爆危险源的威胁，无电磁辐射、含氡土壤等危害。

场地选址要从长远角度考虑其基本安全及可持续性，避开自然灾害的多发区域，场地内不得有电磁辐射危害和火、爆、有毒物质等危险源。众所周知，洪灾、泥石流等自然灾害，对建筑场地会造成毁灭性破坏。据有关资料显示，主要存在于土壤和石材中的氡是无色无味的致癌物质，会对人体产生极大伤害。电磁辐射无色无味无形，可以穿透包括人体在内的多种物质，人体如果长期暴露在超过安全的辐射剂量下，细胞就会被大面积杀伤或杀死，并产生多种疾病。能制造电磁辐射污染的污染源很多，如电视广播发射塔、雷达站、通信发射台、变电站、高压电线等。此外，油库、煤气站、有毒物质车间等均有发生火灾、爆炸和毒气泄漏的可能。因此，建筑场地应避开这些危险源的威胁。

（3）场地内污染源控制。

住宅和公共建筑项目的场地内不得有排放超标的污染源，主要包括易产生噪声的场所，易产生烟、气、尘、声的饮食店，修理铺，锅炉房，垃圾站等。对场地污染源的评估主要是是审核规划设计的布局或应对措施的合理性，或检测投入使用后噪声、空气质量、水质、光污染等各项环境指标。

（4）关于项目选址对周边生态环境和人文环境的影响的要求。

住宅和公共建筑项目的项目选址不应对周边生态和人文环境造成破坏。

随着村镇化的迅速发展，一些村镇居民从原基址中向村镇边缘空地或公路沿线等位置搬移，在此选址过程中应注重对原有村落形态和肌理的延续，在建设过程中应尽量维持场地的原有地形地貌，充分利用周边自然景观，避免因场地建设对原有生态和人文环境的破坏，同时减少施工工程量和投资。

（5）日照的要求。

建筑规划布局应满足日照标准，且不得降低周边建筑的日照标准。

建筑的室内外环境质量与日照密切相关，日照直接影响到居住者的身心健康和生活质量。建筑布局不仅要求本项目所有建筑都满足有关日照标准，还应兼顾周边，减少对相邻的住宅、幼儿园生活用房等有日照标准要求的建筑产生不利的日照遮挡。

对于新建项目的建设，不降低周边建筑的日照标准即应满足周边建筑有关日照标准的要求。对于改造项目，不降低周边建筑的日照分两种情况：周边建筑改造前满足日照标准的，应保证其改造后仍符合相关日照标准的要求；周边建筑改造前未满足日照标准的，改造后不可再降低其原有的日照水平。

（6）住宅建筑布置要求。

住宅建筑采用双拼式、联排式或叠拼式集中布置（图 3-154）。

积极倡导村镇住宅建筑建设采用双拼式、联排式、叠拼式等节省占地面积、减少外围护结构耗热量的布局方式，减少独立式建筑的建设，体现了集约用地、集中建设、集中发展的原则。村镇住宅建筑的层数一般较少，其房间面积的大小是村镇建筑占地面积的直接性决定因素，因此在户型设计时，应结合使用需求，避免由于采用过大户型而带来的规划土地浪费问题。

 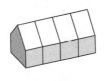

双拼式　　　　　　联排式　　　　　　叠拼式

图 3-154　农村住宅建筑组合布置形式示意

(7) 住宅建筑房间布局的要求。

村镇住宅建筑的房间功能布局合理、紧凑、互不干扰，方便生活起居，利于节能。

村镇住宅建筑的卧室、起居室等主要房间是日常生活中使用频率较高、使用时间段较长的居住空间，本着节能和舒适的原则，宜布置在日照、采光条件好的南侧；厨房、卫生间、储藏室等辅助房间由于使用频率较低，使用时间短，可布置在日照、采光条件稍差的北侧或东西侧。

(8) 村镇住宅建筑庭院空间利用要求。

村镇住宅建筑应充分利用庭院空间。

村镇住宅建筑庭院拓展了建筑室内功能空间，为居住者提供了额外的生产和生活平台，可以用于种植果蔬、营造景观园艺等，实现土地资源的高效利用。

(9) 交通组织的要求。

住宅和公共建筑项目的组织交通应合理，减少土地资源占用。

由于道路交通对住宅建筑的间距空间及用地分配会产生很大影响，因而在规划中应根据地形、人流等合理组织交通，一方面应满足农机具、人行交通工具等的通行性，另一方面应满足不同方位村镇建筑之间的连通性，同时应在为农村居民提供便捷的出行、联系通道的基础上，尽可能地减少对土地资源的占用。

(10) 住宅建筑绿化种植要求。

住宅建筑周边绿化应种植适应当地气候和土壤条件的乡土植物。

应结合村镇住宅建筑四周的道路、场地、基址内的庭院等种植适合当地气候环境且不对人体健康产生危害的乡土植物，增强植物的适应能力，确保植物的存活，减少病虫害，有效降低维护费用。

(11) 地下空间利用要求。

住宅和公共建筑项目应合理开发利用地下空间。

利用地下空间应结合当地实际情况，如地下水位的高低、地质条件等。并须处理好地下室入口与地面的有机联系、通风、防火、防渗漏等问题。

(12) 旧建筑、废弃场地利用要求。

住宅和公共建筑项目应充分利用周边尚可使用的旧建筑、废弃场地。

尚可使用的旧建筑是指建筑质量能够保证安全使用的旧建筑或者通过少量改造加固后能保证使用安全的旧建筑。充分利用尚可使用的旧建筑，既可以节约用地，又可以防止大拆乱建。具备条件的可利用盐碱地、废窑坑等土地以及仓库与工厂弃置地，这是节地的一项重要措施，但是必须对场地进行相应检测及处理后才可使用。如为仓库及工厂弃置地，须对土壤是否含有有毒物质进行检测并处理后才能使用。

3.7.2　节能与能源利用

节能与能源利用指标体系研究，根据采取的措施类型不同，可分为建筑措施、结构措施、设备措施、可再生能源利用措施几类。

1）建筑措施类

（1）住宅建筑

① 住宅建筑采暖通风与建筑设计应同步进行，应结合建筑平面和结构，对灶、烟道、烟囱、供暖设施等进行综合布置。根据住户需求及生活特点，对灶、烟道、烟囱等这些与建筑结合紧密的设施预留好孔洞和摆放位置。合理摆放供暖设施位置及其散热面，烟囱、烟道、散热器的布置走向顺畅，不宜影响家具布置和室内美观，并注意高温表面的防护安全。

② 住宅空间尺寸要求。

开间、进深及高度不宜过大。

根据《农村居住建筑节能设计标准》（GB/T 50824）的要求：住宅建筑开间不大于 6m，单面采光房间进深不大于 6m，室内净高不大于 3m。本条主要从节能和有利于创造舒适的室内环境的角度出发，规定了农村住宅建筑功能空间的适宜尺寸。

③ 外窗面积要求。

窗墙面积比限值应符合《农村居住建筑节能设计标准》（GB/T 50824）的规定。

门窗是村镇住宅建筑中一个特别而且重要的外围护结构，它具有将室外的光线、景色、新鲜空气引入室内等多种功能，是室内得热、通风的重要部件，但与此同时，门窗也成为室内失热及冷风渗透的主要影响因素。因此，在房屋设计时，需要设定合理窗户面积以确保室内拥有良好的天然采光和自然通风条件，在此基础上，可根据窗户的位置、朝向等设置相应的遮阳构件，以减少夏季太阳热辐射，并采取有效的措施提高门窗构件的保温性能，以减少冬季冷风渗透及热损失。《农村居住建筑节能设计标准》（GB/T 50824）规定严寒和寒冷地区农村居住建筑的窗墙面积比限值见表 3-31。

表 3-31　严寒和寒冷地区农村居住建筑的窗墙面积比限值

朝向	窗墙面积比	
	严寒地区	寒冷地区
北	≤0.25	≤0.30
东、西	≤0.30	≤0.35
南	≤0.40	≤0.45

④ 合理采用外遮阳、保温隔热窗帘等保温隔热措施。

华北地处寒冷、严寒地区，为能在冬季白天获得较多的太阳光，村镇住宅建筑南向的开窗面积往往较大，这样以来使得冬季晚上室内向室外的散热面也随之增大，夏季也因缺乏有效的遮阳设施而导致室内过热，设置水平遮阳板可缓解这样的情况。门窗帘作为室内不可或缺的装饰品，不仅起到隐蔽和遮挡作用，还可以起到非常有效的保温隔热作用，在室内采用保温隔热窗帘，可以在冬季抵挡低温窗面造成的冷辐射，在夏季则抵挡高温窗面造成的热辐射，减小热损失，并降低空调采暖负荷。

（2）公共建筑

① 建筑总平面设计有利于冬季日照并避开冬季主导风向，夏季利于自然通风。

建筑总平面图设计的原则是冬季能获得足够的日照并避开主导风向，夏季则能利用自然通风并防止太阳辐射和暴风雨的袭击。虽然建筑总平面设计应考虑多方面的因素，会受到社会历史文化、地形、规划、道路、环境等条件的制约，但在设计之初仍需权衡各因素之间的相互关系，通过多方面分析、优化建筑的规划设计，尽可能提高建筑物在夏天的自然通风和冬季的采光效果。

② 合理采用外遮阳、保温隔热窗帘等保温隔热措施。

与住宅建筑相类似，在一些公共建筑当中，可适当地采用外遮阳、保温隔热窗帘等措施，起到非常有效的保温隔热作用。

2）结构措施类

（1）住宅建筑

① 门窗气密性要求。

外门、外窗的气密性等级不低于现行国家标准《建筑外门窗气密、水密、抗风压性能分级及检测方法》（GB/T 7106）规定的 4 级要求。门窗是建筑外围护结构的保温隔热的薄弱环节，华北村镇地区的冬季采暖期较长，应着重提高门窗保温性能，因此应采用传热系数较小、气密性良好的节能型外门窗。门窗的传热系数和气密性能是门窗保温性能的两个重要指标。换气量大会造成供暖能耗过高。

② 采用结构保温一体化技术，评价方法为审查设计文件并现场核实。

③ 外围护结构热工性能要求。

外围护墙体热工性能应符合《农村居住建筑节能设计标准》（GB/T 50824）的规定。

围护结构热工性能是围护结构评价的一个重要指标，围护结构热工性能主要指外墙、屋顶、地面的传热系数，外窗的传热系数和（或）遮阳系数，窗墙面积比，建筑体形系数。建筑的墙体、屋面、门窗、地面都会向室外传热，因此应针对每一个部位采用合理的保温隔热措施，提高村镇住宅建筑围护结构的保温隔热性能是降低能耗的重要途径。

④ 屋面设置保温层。

屋顶位于房屋的最顶部，其不仅需要满足防水排水的功能，还需满足保温隔热需求。屋面保温隔热方式的选择是影响室内保温隔热效果的重要因素。

⑤ 严寒地区住宅建筑地面设置保温层，外墙在室内地坪以下的垂直墙面增设保温层。地面保温层下方设置防潮层。

严寒地区建筑外墙内侧 0.5～1.0m 范围内，由于冬季受室外空气及建筑周围低温度土壤的影响，将有大量热量从该部分传递出去，这部分地面温度往往很低，甚至低于露点温度。不但增加供暖能耗，而且有碍卫生，影响使用和耐久性，因此这部分地面应做保温处理。出于施工方便以及使用的可靠性，宜将全部地面做保温处理，这样既有利于提高用户的地面温度，又可以避免分区设置保温层造成地面开裂问题。

（2）公共建筑

① 围护结构热工性能指标应符合相关设计标准的规定。公共建筑空调采暖能耗中很大比例由外围护结构传热所消耗，因此规定围护结构热工性能指标必须符合现行标准的规定。

② 采用结构保温一体化技术，应审查设计文件并现场核实。

③ 为了保证建筑的节能，抵御夏季和冬季室外空气过多地向室内渗漏，要求建筑外窗的气密性不低于现行国家标准《建筑外门窗气密、水密、抗风压性能分级及检测方法》（GB/T 7106）规定的 6 级要求，即在 10Pa 压差下，每小时每米缝隙的空气渗透量在 1.0～1.5m³ 之间和每小时每平方米面积的空气渗透量在 3.0～4.5m³ 之间。

3）设备措施类

（1）住宅建筑

① 供暖用燃烧器具应符合国家现行相关产品标准的规定，烟气流通设施进行气密性设计处理，既可以防止烟气泄漏造成室内空气污染、一氧化碳中毒等事件发生，又可以有效地提高生物质燃料的燃烧效率和热利用率。对于设置有火炕、火墙、燃烧器具的房间，其换气次数不应低于 0.5h⁻¹。关于供暖用燃烧器具，现行标准有《民用柴炉、柴灶热性能测试方法》等。

② 选用节能高效光源、高效灯具及其电器附件。可在保证照明条件的前提下，降低照明耗电量，达到节能目的，在照明光源选择上应避免使用光效低的白炽灯。细管径荧光灯（T5 型等）、紧凑型荧光灯、LED 光源等具有光效高、光色好、寿命长等优点，是目前比较适合农村住宅建筑室内照明的高效光源。灯具的效率会直接影响照明质量和能耗。在满足眩光限制要求下，照明设计中宜选择直接型灯具。室内灯具效率不宜低于 70%。同时应选用利用系数高的灯具。

③ 楼梯间、走道等部位采用感应开关或声光控开关，以利于达到节能目的。

④ 不使用不具备节能标识的电器设备。冰箱、洗衣机、电视、空调等电器在村镇地区已经普及，为减少耗电，在购买家用电器时，应选用具有节能标识的低耗能产品。

⑤ 水泵等功率较大的用电设备的能效限定值及能源效率等级应满足国家标准所规定的节能评价值。

⑥ 采用集中采暖或集中空调系统的住宅建筑，设置自动室温调节和热量计量设施。

（2）公共建筑

① 空调采暖系统的冷热源机组能效比应符合现行标准的规定。对于用电驱动的集中空调系统，冷源（主要指冷水机组和单元式空调机）的能耗是空调系统能耗的主体，因此，冷源的能源效率对节能至关重要。为此将冷源的性能系数、能效比作为必须达标的项目。

② 公共场所和部位的照明应采用高效光源、高效灯具和低损耗镇流器等附件，并应

采取节能控制措施，在有自然采光的区域设定时或光电控制。

由于白炽灯发光效率低、寿命短、能耗高，因此在村镇建筑的照明应用中应禁止使用，而应使用像荧光灯、LED 灯等节能灯具，同时应安装电能计量装置，以促使人们节约用电。

③ 各房间或场所的照明功率密度值应不高于现行国家标准《建筑照明设计标准》（GB 50034）规定的现行值。

参照《建筑照明设计标准》（GB 50034）的规定，本条采用房间或场所一般照明的照明功率密度（LPD）作为照明节能的评价标准。设计者应该选用发光率高、显色性好、使用寿命长、色温适宜并符合环保要求的光源。在满足眩光限制和配光要求的条件下，应采用效率高的灯具，灯具效率应满足《建筑照明设计标准》（GB 50034）的规定。

④ 建筑冷热源、输配系统和照明等各部分能耗应进行独立分项计量。公共建筑各部分能耗的独立分项计量对于了解和掌握各项能耗水平和能耗结构是否合理，及时发现存在的问题并提出改进措施等具有积极的意义。

⑤ 建筑物处于部分冷热负荷时和仅部分空间使用时，应采取有效措施节约通风空调系统能耗。大多数公共建筑的空调系统是按照满负荷进行系统设计和设备选型的，而建筑在大部分时间内是处于部分负荷状况的，或者同一时间仅有一部分空间处于使用状态。系统设计应该保证在这种部分负荷、部分空间使用的状况下，能够根据实际需要提供恰当的能源供给，同时不降低能源转换效率。要实现这一目的，就必须以节约能源为出发点，区分房间的朝向，细化空调区域，分别进行空调系统的设计。同时，冷热源、输配系统在部分负荷下的调控措施也是十分必要的。

⑥ 主要功能房间的照明功率密度值应达到现行国家标准《建筑照明设计标准》（GB 50034）中规定的目标值。《建筑照明设计标准》（GB 50034）的规定了各类房间或场所的照明功率密度值，分为"现行值"和"目标值"。其中，"现行值"是新建建筑必须满足的最低要求，"目标值"要求更高。

⑦ 不使用不具备节能标识的电器设备。与住宅建筑一样，公共建筑中使用的电器设备应采用具有节能标识的产品，降低能耗。

⑧ 电梯及自动扶梯选用具有节能拖动及节能控制方式的产品。采用交流异步单绕组单速电机应选用 VVVF，具有休眠状态及群控（多台电梯）等节能控制措施。

⑨ 通风空调系统风机的单位风量耗功率和冷热水系统的输送能效比应符合现行标准的规定。

⑩ 利用排风对新风进行预热或者预冷处理，降低新风负荷。对空调区域排风中的能量加以回收利用可以取得很好的节能效益和环境效益。因此，设计时可优先考虑回收排风中的能量，尤其是当新风与排风采用专门独立的管道输送时，有利于设置集中的热回收装置。

⑪ 全空气调节系统应采取实现全新风运行或可调新风比的措施。空调系统设计时不仅要考虑到设计工况，而且应该考虑全年运行模式。在过渡季，空调系统采用全新风或增大新风比运行，都可以有效地改善空调区域内空气的品质，大量节省空气处理所需消耗的

能量，应该大力推广应用。但要实现全新风运行，设计时必须认真考虑新风取风口和新风管所需的截面积，妥善安排好排风出路，并应确保室内合理的正压值。

4）可再生能源利用措施类

（1）住宅建筑

① 太阳能热水利用应符合《农村居住建筑节能设计标准》（GB/T 50824）的规定。在村镇住宅建筑中，太阳能利用以热利用为主，太阳能热水利用应符合《农村居住建筑节能设计标准》（GB/T 50824）的规定。

② 具备生物质转换技术条件的地区，应采用生物质转换技术将生物质资源转化为清洁、便利的燃料后加以使用。生物质能利用符合《农村居住建筑节能设计标准》（GB/T 50824）的规定。

传统的生物质直接燃烧方式热效率低，同时伴随着大量烟尘和余灰，造成了生物质能源的浪费和居住环境的下降。因此，在具备生物质转换条件（生物质资源条件、经济条件及气候条件）的情况下，应通过各种先进高效的生物质转换技术（如生物质气化技术、生物质气化成型技术等），将生物质资源转化成各种清洁能源（如沼气、生物质固化燃料等）后加以使用。

③ 合理采用空气源热泵、地源热泵系统。

地源热泵系统供暖建筑面积在 $3000m^2$ 以上时，应符合现行国家标准《地源热泵系统工程技术规范》（GB 50366）的规定。

④ 利用垃圾资源化技术为住宅提供热能等。

鼓励有条件的地区使用各种垃圾资源化利用技术作为建筑用能的有益补充，减少对石化燃料等传统能源的使用，降低二氧化碳排放，保护环境。

⑤ 采用太阳能、风能等可再生能源发电提供照明能源。

农村地区相比城市具有太阳能、风能利用的优势，采用太阳能光伏发电或风力发电能有效地减少矿物质能源的消耗，符合节能原则。

⑥ 合理采用太阳能供暖系统。

太阳能供暖是改善村镇住宅建筑冬季供暖室内热环境的有力措施之一，因此，选择的系统类型应与当地的太阳能资源和气候条件、投资规模等相适应，在保证系统使用功能的前提下，使系统的性价比最优。

（2）公共建筑

① 合理采用空气源热泵、地源热泵系统。

② 可再生能源产生的热水量不低于建筑生活热水消耗量的 50%。

当采用太阳能热水技术时，有太阳能直接供应的热水量应达到建筑全年总热水供应量的 50% 以上。

③ 选用余热或废热利用等方式提供建筑所需蒸汽或生活热水。鼓励有条件的村镇建筑采用市政热网、热泵、空调余热、其他废热等节能方式供应生活热水，在没有余热或者废热可用时，对于蒸汽洗衣、消毒、炊事等应采用其他替代方法（如紫外线消毒等）。

④ 采用太阳能、风能等可再生能源发电提供照明能源。

3.7.3 节水与水资源利用

（1）应制定水系统规划方案，统筹、综合利用各种水资源。规划方案除涉及室内水环境利用、给排水系统外，还涉及室外雨、污水的排放、再生水利用等。应结合当地水资源状况、建筑周边环境等因素，对建筑水环境进行统筹规划，确定用水量、水量平衡指标、给排水系统设计节水器具、污水处理方案等内容。

（2）设置合理、完善、安全的供水、排水系统。村镇绿色住宅建筑应根据用水量和排水量，配备相应的供排水系统。在供水系统方面，使用自来水的，供水系统应保证稳定性，提供有足够水量和水压的、符合卫生要求的用水；使用压水井和土井的，应采取措施确保水质的安全及卫生性。在排水系统方面，应设有完善的污水收集与排放设施，根据地形地貌等特点合理规划雨水排放渠道，保证排水渠道畅通，实行雨污分流，减少雨水受污染的几率，避免对周围的人及环境产生负面影响，尽可能地合理利用雨水资源。

（3）采取有效措施避免管网漏损。供排水系统的管网应避免漏损，防止水资源浪费及对供水造成二次污染。具体要求包括：给水系统中使用的管材、管件必须符合现行产品行业标准的要求。选用性能高的阀门，合理设计供水压力，做好管道基础处理和覆土，控制管道埋深，加强施工管理等。

（4）建筑内所使用的供水设备和器具应有利于节水，具备条件的，宜优先选择国家相关推荐目录中公布的节水龙头、节水便器、节水淋浴装置等器具，促进节约用水。

（5）设置用水计量水表。按照使用用途和水平衡测试标准要求设置水表，对厨卫用水、景观绿化用水等分别统计用水量，以便于统计每种用途的用水量和漏水量。

（6）住宅建筑应采取措施对生活污水进行处理。由于将生活污水直接排入路面及水体内，会对人的身体健康及周围环境产生危害，因此，可以根据水质的优劣将废水分类进行处理。

（7）采取合理方式收集利用屋面雨水。屋面雨水收集系统应综合考虑雨水的利用途径，确保雨水的循环利用不影响到人及环境安全。

（8）公共建筑绿化、景观、洗车等用水采用非传统水源。绿化用水采用雨水、再生水等非传统水源是节约市政供水很重要的一方面，不缺水地区宜优先考虑采用雨水进行绿化灌溉；缺水地区应优先考虑采用雨水或者再生水进行灌溉。景观环境用水应结合水环境规划、周边环境、地形地貌及气候特点，提出合理的建筑谁景观规划方案，水景用水优先考虑采用雨水、再生水。其他非饮用水如洗车用水、消防用水、浇洒道路用水等均可合理采用雨水等非传统水源。采用雨水、再生水等作为绿化、景观用水时，水质应达到相应标准要求，且不应对公共卫生造成威胁。

（9）公共建筑绿化灌溉采用喷灌、微灌等高效节水方式。绿化灌溉鼓励采用喷灌、微灌、渗灌、低压管灌等节水灌溉方式；鼓励采用湿度传感器或根据气候变化的调节控制器；为增加雨水渗透量和减少灌溉量，对绿地来说，鼓励选用兼具渗透和排放两种功能的渗透性排水管。

（10）公共建筑采取措施对废水进行处理。由于将污水直接排入路面及水体内，会对人的身体健康及周围环境产生危害，因此，可以根据水质的优劣将废水分类进行处理。

（11）合理规划地表与屋面雨水径流途径，降低地表径流，采用多种渗透措施增加雨水渗透量。场地铺装成不透水的硬质水泥地面，会使得夏季炎热时节，室外场地温度偏高，从而影响到室内热环境。因此，宜将室外的铺装设置为可透水的地面，增强地面透水能力，降低热岛效应，条件微气候，增加场地雨水与地下水涵养，补充地下水量，改善排水状况。

3.7.4　节材与材料资源利用

（1）村镇绿色建筑使用的建筑材料中有害物质含量应符合现行国家标准要求。材料安全性是村镇绿色建筑在设计阶段选材时应充分考虑的最基本性能，其具备的特性应与所发挥的作用相一致。如保温材料应具有良好的保温及防火性能，防水材料则应具有良好的防水及防腐蚀性能，这些不同性能材料的组合最终须确保结构的安全性。

（2）应符合国家墙体材料改革的规定，不使用国家限制和禁用的建筑材料和产品。

（3）建筑造型要素简约，无大量装饰性构件。为了片面追求美观而以巨大的资源消耗为代价是不符合绿色建筑的基本理念的，因此，在设计中应控制造型要素中没有功能作用的装饰性构件的应用。应用没有功能作用的装饰性构件包括：作为构成要素在建筑中大量使用不具备遮阳、导光、导风、载物、辅助绿化等作用的飘板、格栅和构架等，单纯为追求标志性效果而在屋顶等处设立塔、球、曲面等异型钩件。

（4）就地取材，选择具有地域特色的乡土材料。建材本地化是减少运输过程资源和能源消耗、降低环境污染的重要手段之一。本条鼓励使用本地生产的建筑材料，提高就地取材制成的建筑产品所占的比例。

（5）合理采用预拌混凝土和预拌砂浆。有条件的项目，采用预拌混凝土和预拌砂浆，具有质量高、减少施工场地占用、减少材料浪费、降低对周边环境影响等优势。

（6）在建筑设计选材时应考虑材料的可循环使用性能，建筑施工、旧建筑拆除和场地清理时产生的固体废弃物分类处理，并将其中可再利用材料、可再循环材料回收和再利用。村镇绿色建筑所使用的材料还应具备可再循环性。建筑中可循环材料包含两部分内容：一是使用的材料本身就是可循环材料，二是建筑拆除时能够被再循环利用的材料。可循环材料主要包括：金属材料（如钢材、铜）、玻璃、铝合金型材、木材等。充分使用可循环材料可以减少生产加工新材料带来的资源、能源消耗和环境污染，对于建筑的可持续性具有非常重要的意义。在建造阶段，应在确保安全性的前提下，最大限度地利用建设用地内拆除的或其他渠道收集得到的旧建筑的材料，以及建筑施工和场地清理时产生的废弃物等，延长其使用期限，达到节约原材料、减少废物、降低生产及运输材料对环境带来的影响的目的。

（7）采用预制装配式建筑结构体系，合理采用预制构件、部品。

（8）建筑结构体系选择合理。合理的结构体系是节约材料的重要方式之一，不同类型与功能特点的建筑，采用不同的结构体系和材料，对资源、能源消耗用量及其对环境的冲击存在显著差异。绿色建筑应从节约资源和环境保护的要求出发，在保证安全、耐久性的前提下，尽量选用资源消耗和环境影响小的结构体系，包括砌体结构、木结构、钢结构等。砖混结构、钢筋混凝土结构体系所用材料在生产过程中大量使用黏土、石灰石等不可再生资源，对资源的消耗极大，同时会排放大量二氧化碳等污染物。钢铁、铝材的循环利用性好，而且回收处理后仍可再利用。含工业废弃物制造的建筑砌块（如粉煤灰砖）本身自重小，不可再生资源消耗小，同时可形成工业废弃物的资源化循环利用体系。木材是一种可持续的建材，但是需要以森林的良性循环为支撑。考虑到华北地区的森林资源并不丰富，因此，应推广使用砌体结构，并避免采用黏土砖，有条件的地区宜推广使用钢结构。

（9）办公、商业类建筑室内采用灵活隔断，减少重新装修时的材料浪费和垃圾产生。由于办公、商业类建筑的使用者经常发生变动，因此室内办公设备、商品布置等相应也会发生改变，室内宜采用灵活隔断的方式。

3.7.5 室内环境质量

（1）住宅建筑和公共建筑室内游离甲醛、苯、氨、氡和 TVOC 等空气污染物浓度均应符合现行国家标准《民用建筑室内环境污染控制规范》（GB 50325）的规定。装饰装修材料包括石材、涂料、胶粘剂等，装饰装修材料中的有害物质有甲醛、挥发性有机物、苯、甲苯和二甲苯以及游离甲苯二异氰酸酯及放射性核素等。村镇绿色建筑选用的装饰装修材料和建筑材料的有害物质含量应符合国家现行标准的要求。

（2）住宅建筑和公共建筑围护结构内部和表面应无结露、发霉现象。空间的阻隔对气流传布有很大影响，在设计时，还应考虑有利于各功能空间通风换气的连接关系，从而提高室内空气品质。

（3）住宅建筑每套住宅应至少有 1 个居住空间满足日照标准的要求。当有 4 个及 4 个以上居住空间时，应至少有 2 个居住空间满足日照标准的要求。天然光环境是人们长期习惯和喜爱的生活、工作环境。各种光源的视觉试验结果表明，在同样照度条件下，天然光的辨认能力优于人工光，有利于人们工作、生活、保护视力等。自然采光的意义不仅在于照明节能，而且可为室内的视觉提供舒适、健康的光环境，是良好的室内环境质量不可缺少的组成部分。

（4）住宅建筑每户照明功率密度值应满足《农村居住建筑节能设计标准》（GB/T 50824）的相关规定。照明功率密度的规定就是要求在照明设计中，满足作业面照明标准值的同时，通过选择高效节能的光源、灯具与照明电器，使房间的照明功率密度不超过限定值，以达到节能目的。

（5）住宅建筑的居住空间能获得良好的通风，通风开口面积不小于该房间地板面积5%。自然通风可以提高居住者的舒适感，有助于健康。在室外气象条件良好的条件下，加强自然通风还有助于缩短空调设备的运行时间，降低空调能耗，村镇绿色建筑应特别强调自然通风。住宅能否获取足够的自然通风与通风开口面积的大小密切相关，本条文规定了住宅居住空间通风开口面积与地板最小面积比。一般情况下，当通风开口面积与地板面积之比不小于5%时，房间可以获得比较好的自然通风。自然通风的效果不仅与开口面积与地板面积之比有关，事实上还与通风开口之间的相对位置密切相关。在设计过程中，应考虑通风开口的位置，尽量使之能够有利于形成"穿堂风"。

（6）住宅建筑围护结构采取有效的隔声、减噪措施。卧室、起居室的允许噪声级为在关窗状态下白天不大于 45dB（A），夜间不大于 35dB（A）。楼板和分户墙的空气声计权隔声量不小于 45dB，楼板的计权标准化撞击声声压级不大于 70dB，户门的空气声计权隔声量不小于 30dB，外窗的空气声计权隔声量不小于 25dB，沿街时不小于 30dB。村镇住宅建筑应注意隔声降噪设计。室内噪声水平是室内环境质量的重要指标，噪声的危害包括引起耳部不适、损害心血管、引发神经系统紊乱等。住宅应该给居住者提供一个安静的环境，但是交通噪声、机械噪声等会对农户的居住生活产生一定程度的影响，临近这些强噪声源的村镇建筑，宜在围护结构内增添隔声措施，如在室内设置隔声窗帘等办法，降低噪声干扰。

（7）住宅建筑室内各功能空间气流组织合理。空间的阻隔对气流传布有很大影响，在设计时，还应考虑有利于各功能空间通风换气的连接关系，从而提高室内空气品质。对于分散式平面形式来说，厨房、卫生间往往是两个独立于主体功能房屋的体块，它们常置于主体功能的一侧，且是有害气体散出的空间，因此，宜留有足够的间距，减少相互间的日照采光影响，同时宜将其设置在背风面，或将其排风口避开主导风向，以避免厨房、卫生间的空气进入其他房间。

（8）住宅建筑采用集中新风系统或空气净化设备改善室内空气质量。

（9）公共建筑室内照度、统一眩光值、一般显色指数等指标应满足现行国家标准《建筑照明设计标准》（GB 50034）中的有关要求。室内照明质量是影响室内环境质量的重要因素之一，良好的照明不但有利于提升人们的工作和学习效率，更有利于人们的身心健康，减少各种职业疾病。

（10）公共建筑新风量应符合现行标准的设计要求。公共建筑所需要的最小新风量应根据室内空气的卫生要求、人员的活动和工作性质，以及在室内停留时间等因素确定。卫生要求的最小新风量，公共建筑主要是对二氧化碳的浓度要求（可吸入颗粒物的要求可通过过滤等措施达到）。此外，为确保引入室内的为室外新鲜空气，新风采气口的上风向不能有污染源；提倡新风直接入室，缩短新风风管的长度，减少途径污染。公共建筑主要房间人员所需的最小新风量，应根据建筑类型和功能要求，参考相关标准规范文件确定。

（11）公共建筑采用集中空调建筑的房间内的温度、湿度、风速等参数应符合现行标准的设计计算要求。室内热环境是指影响人体冷热感觉的环境因素。"热舒适"是指人体对热环境的主观热反应，是人们对周围热环境感到满意的一种主观感觉，它是多种因素综合作用的结果。舒适的室内环境有助于人的身心健康，进而提高学习、工作效率；而当人处于过冷、过热环境中，则会引起疾病，影响健康乃至危及生命。

一般而言，室内温度、室内湿度和气流速度对人体热舒适感产生的影响最为显著，也最容易被人体所感知和认识；除此之外，围护结构辐射也会对室内空气温度产生直接的影响，因此本标准只引用室内温度、室内湿度、气流速度三个参数评判室内环境的人体热舒适性。根据《公共建筑节能设计标准》中的设计计算要求，上述参数在冬夏季分别控制在显影区间内。

（12）公共建筑设计和构造设计有促进自然通风的措施。自然通风是在风压或者热压推动下的空气流动。自然通风是实现节能和改善室内空气品质的重要手段，提高室内热舒适的重要途径。因此，在建筑设计和构造设计中鼓励采取有道气流、促进自然通风的主动措施，如导风墙、拔风井等，以促进室内自然通风的效率。

（13）公共建筑室内采用调节方便、可提高人员舒适性的空调末端。公共建筑空调末端是保证室内使用者舒适性的重要手段。本条款的目的是杜绝不良的空调末端设计，如未充分考虑除湿的情况下采用辐射吊顶末端，宾馆类建筑采用不可调节的全空气系统等。而个性化送风末端、干式风机盘管、地板采暖等末端，用户可通过手动或自动调节来满足要求，有助于提高使用舒适性。

（14）公共建筑平面布局和空间功能安排合理，减少相邻空间的噪声干扰以及外界噪声对室内的影响。公共建筑要按照有关的卫生标准要求控制室内的噪声水平，保护劳动者的健康和安全，还应创造一个能最大限度提高员工效率的工作环境，包括声环境。这就要求在建筑设计、建造和设备系统设计、安装的过程中全面考虑建筑平面和空间功能的合理安排，并在设备系统设计、安装时就考虑其引起的噪声与振动控制手段和措施，从噪声源开始实施控制，往往是最有效和最经济的方法。

（15）公共建筑入口和主要活动空间设有无障碍设施。为了保证残疾人、老年人和儿童进出方便，体现建筑整体环境的人性化，鼓励在建筑入口、电梯、卫生间等主要活动空间设置无障碍设施。

（16）采用可调节外遮阳，改善室内热环境。结合建筑的外立面造型采取合理的外遮阳措施，形成整体有效的外遮阳系统，可以有效地减少建筑因太阳辐射和室外空气温度通过建筑围护结构的传导得热以及通过窗户的辐射得热，对于改善夏季室内热舒适性具有重要作用。

（17）采用合理措施改善室内或地下空间的自然采光效果。为了改善地上空间的自然采光效果，除可以在建筑设计手法上采取反光板、棱镜玻璃窗等简单措施外，还可以采用导光管、光纤等先进的自然采光技术将室外的自然光引入室内的进深处，改善室内的照明质量和自然光利用效果。地下空间的自然采光不仅有利于照明节能，而且充足的自然光还有利于改善地下空间卫生环境。由于地下空间的封闭性，自然采光可以增加室内外的自然信息交流，减少人们的压抑心理；同时自然采光也可以作为日间地下空间应急照明的可靠光源。地下空间的自然采光方法很多，可以是简单的天窗、采光通道等，也可以是棱镜玻璃窗、导光管等技术成熟、容易维护的措施。

3.7.6 施工管理

（1）应制定施工全过程的环境保护计划，并组织实施。建筑施工过程是对工程场地的一个改造过程，不但改变了场地的原始状态，而且对周边环境造成影响，包括水土流失、土壤污染、扬尘、噪声、污水排放、光污染等。为了有效减小施工对环境的影响，应制定施工全过程的环境保护计划，明确施工中各相关方应承担的责任，将环境保护措施落实到具体责任人；实施过程中开展定期检查，保证环境保护目标的实现。

（2）施工项目部应制定施工人员职业健康安全管理计划，并组织实施。建筑施工过程中应加强对施工人员的健康安全保护。建筑施工项目部应编制"职业健康安全管理计划"，并组织落实，保障施工人员的健康与安全。

（3）制定并实施洒水、覆盖、遮挡、绿化等降尘措施。施工扬尘是最主要的大气污染源之一。施工中应采取降尘措施，降低大气中总悬浮颗粒物浓度。施工中的降尘措施包括对易飞扬物质的洒水、覆盖、遮挡，对出入车辆的清洗、封闭，对易产生扬尘施工工艺的降尘措施等。在工地建筑结构脚手架外侧设置密目防尘网或防尘布，具有很好的扬尘控制效果。

（4）采取有效的降噪措施，施工场界噪声满足现行国家标准《建筑施工场界环境噪声排放标准》（GB 12523）的规定。施工产生的噪声是影响周边居民生活的主要因素之一。国家标准《建筑施工场界环境噪声排放标准》（GB 12523）对噪声的测量、限值作出了具体的规定，是施工噪声排放管理的依据。为了减低施工噪声排放，应该采取降低噪声和噪声传播的有效措施，包括采用低噪声设备，运用吸声、消声、隔声、隔振等降噪措施，降低施工机械噪声。

（5）制定并实施防治光污染的措施。建筑工程夜间施工会给施工人员及附近居民带来一定危害，如电弧焊接工程会给施工人员的皮肤、眼睛造成伤害，甚至导致视力减弱永久伤残，同时光污染辐射大，也会对附近的居民造成不良影响，再者，夜间加班忽闪、忽熄，会使施工人员眼睛模糊，其操作和行走在危险部位易发生安全事故。因此尽量避免或减少施工过程中的光污染；应采取措规范施工所带来的光污染，如夜间室外照明灯加设灯罩，使透光方向集中在施工范围；电焊作业应采取遮挡措施，避免电焊弧光外泄等。

（6）制定并实施防治水污染的措施，施工现场污水排放应达到国家标准《污水综合排放标准》（GB 8978）的要求。在我国，建筑施工造成的水污染问题已经越来越突出，在施工现场应针对不同的污水，设置相应的处理设施，如沉淀池、隔油池、化粪池等。对于化学品等有毒材料、油料的储存地，应有严格的隔水层设计，做好渗漏液收集和处理。

（7）制定并实施施工节能和用能方案，监测并记录施工能耗。施工过程中的用能，是建筑全寿命期能耗的组成部分。施工中应制定节能和用能方案，预算各施工阶段用电负荷，合理配置临时用电设备，合理安排工序，提高各种机械的使用率和满载率，降低各种设备的单位耗能。另外，还要做好建筑施工能耗管理，包括现场施工区、生活区耗能与主要建筑材料、设备以及建筑施工废弃物运输能耗监测、记录，用于指导施工过程中的能源节约。

（8）制定并实施施工节水和用水方案，监测并记录施工水耗。施工过程中的用水，是建筑全寿命期水耗的组成部分。施工中应制定节水和用水方案，做好施工区、生活区的水耗数据监测、记录，用于指导施工过程中的节水。

（9）使用工具式定型模板，增加模板周转次数，工具式定型模板使用面积占模板工程总面积的比例不低于50%。散装、散拆的木（竹）胶合板模板施工技术落后，模板周转次数少，费工费料，造成资源的大量浪费。同时废模板形成大量的废弃物，对环境造成负面影响。

工具式定型模板，采用模数制设计，可以通过定型单元，包括平面模板、内角、外角模板以及连接件等，在施工现场拼装成多种形式的混凝土模板。它既可以一次拼装，多次重复使用；又可以灵活拼装，随时变化拼装模板的尺寸。定型模板的使用，提高了周转次数，减少了废弃物的产出，是模板工程绿色技术的发展方向。本条用定型模板使用面积占模板工程总面积的比例进行分档评分。

（10）土建与装修工程一体化设计施工，不破坏和拆除已有的建筑构件及设施。土建和装修一体化设计施工，可以事先进行建筑构件上的孔洞预留和装修面层固定件的预埋，避免再装修施工阶段对已有构件进行破坏，保证结构安全性，减少噪声和建筑垃圾，降低施工成本。

（11）工程竣工验收前，由建设单位组织有关责任单位，进行机电系统的综合调试和联合试运转，结果符合设计要求。随着技术的发展，现代建筑的机电系统越来越复杂。本条强调系统综合调试和联合试运转的目的，就是让建筑机电系统的设计、安装和运行达到设计目标，保证绿色建筑的运行效果。主要内容包括制定完整的机电系统综合调试和联合试运转方案，对通风空调系统、空调水系统、给排水系统、热水系统、电气照明系统、动力系统的综合调试过程以及联合试运转过程。建设单位是机电系统综合调试和联合试运转的组织者，根据工程类别、承包形式，建设单位也可以委托代建公司和施工总承包单位组织机电系统综合调试和联合试运转。

3.7.7 运营管理

（1）住宅建筑和公共建筑运营，应制定并实施节能、节水、节材与绿化管理制度。节能管理制度主要包括节能管理模式，绿化管理制度主要包括绿化用水的使用及计量、各种杀虫剂、除草剂、化肥、农药等化学药品的使用规范等。

（2）住宅建筑和公共建筑运营，应制定垃圾管理制度，对垃圾物流进行有效控制，对废品进行分类收集，防止垃圾无序倾倒和二次污染。建筑运行过程中会产生大量的垃圾，包括建筑装修、维护过程中产生的渣土、散落的砂浆、剔槽产生的砖石等，还包括金属、竹木材、装饰装修产生的废料、各种包装材料、废旧纸张等，对于宾馆类建筑还包括其餐厅产生的厨余垃圾等。这些众多种类的垃圾，如果弃之不用或不合理处置，将会对环境产生极大影响。为此，在建筑运行过程中需要根据垃圾的来源、是否可以回收利用、处理难易度等进行分类，将其中可再利用或可再生的材料进行有效回收处理，重新用于生产。

（3）应采用无公害病虫害防治技术，规范杀虫剂、除草剂、化肥、农药等化学药品的使用，有效避免对土壤和地下水环境的损害。病虫害的发生和蔓延会影响植物生长，增强病虫害防治工作的科学性，要坚持生物防治和化学防治相结合，科学使用农药，大力推广无公害防治技术，如各种生物制剂、仿生物制剂等，以保证人畜安全，保护有益生物，防止对环境造成破坏。

（4）设备、管道的设置便于维修、改造和更换。建筑中设备管道的维修改造和更换要求：建筑中设备、管道的使用寿命普遍短于建筑结构的寿命，因此各种设备、管道的布置应方便将来的维修、改造和更换。可通过将管井设置在公共部位等措施，减少对使用者的干扰，便于日常维修与更换。

（5）住宅水、电、燃气等应分户、分类计量。将农户所使用的商品能源按类别独立计量，根据使用量收取费用，这样一方面可以方便管理，另一方面也可以使农户明晰能源所消耗的方向及数量，从而促进农户自觉履行节能行为。

（6）设置密闭的垃圾容器，并有严格的保洁清洗措施，生活垃圾袋装化存放。村镇绿色建筑在规划中应考虑垃圾收集设施的配置，根据居住人数及垃圾排放量，在便于收集运输的地段设置垃圾桶、垃圾站等垃圾容器，规范生活垃圾的排放。垃圾收集站的位置应位于主导风向的下风向，避免对居住环境造成污染。垃圾容器应选择美观与功能兼备并且与周围景观相协调的产品，坚固耐用，不易倾倒，防雨、防渗，避免对居住环境造成污染，一般可采用不锈钢、木材、石材、混凝土等材料。生活垃圾袋应采用袋装存放方式，减少对周围环境的污染。

（7）应用信息化手段进行物业管理，建筑工程、设施、设备等档案需记录完整。

（8）公共建筑运行过程中应无不达标废气、废水排放。建筑运营过程中会产生大量的废水和废气，为此需要通过选用先进的设备和材料或其他方式，通过合理技术措施和排放管理手段，杜绝建筑运营过程中废水和废气的不达标排放。

（9）制定并实施公共建筑建筑结构与围护结构维修制度。村镇绿色建筑建成后，在后续使用过程中出现的诸如屋面漏水、墙体开裂、饰面脱落等问题，应及时进行翻新维修，并定期清查用能设备，及时对老化设备进行更换。

（10）对公共建筑空调通风系统按照国家标准《空调通风系统清洗规范》（GB 19210）规定进行定期检查和清洗。空调通风系统检查和清洗要求：空调系统开启前，应对系统的过滤器、表冷器、加热器、加湿器、冷凝水盘进行全面检查、清洗或更换，保证空调送风风质符合标准要求。

（11）公共建筑建筑通风、空调、照明等设备自动监控系统技术合理、系统高效运营。公共建筑的空调、通风和照明系统能耗是建筑运行能耗的主要部分。为此，绿色建筑内的空调通风系统冷热源、风机、水泵等设备应进行有效监测，对关键数据进行实时采集并记录；对上述设备系统按照设计要求进行可靠的自动化控制。对照明系统，除了在保证照明质量的前提下尽量减小照明功率密度设计外，可采用感应式或延时的自动控制方式实现建筑的照明节能运行。

第4章 农村绿色能源开发利用技术

4.1 太阳能光热利用与建筑一体化技术

根据调研发现，农村太阳能热利用较低，太阳能热水器安装随意，没有考虑与建筑物风格相互融合问题；太阳能光电利用率低，未能利用太阳能缓解农村电力紧张问题。针对以上现象，本节确定了集热构件的最佳倾斜角，对热水系统与平屋面和坡屋面的结合方式进行了研究分析。确定了不同区的太阳能热水系统的太阳能保证率，对太阳能热水系统的集热面积进行了调查研究，给出了太阳能集热器安装的适宜倾角，确定了太阳能热水系统储热水容积，为太阳能光热利用与建筑一体化提供了可靠依据。

4.1.1 太阳能热水系统与建筑物一体化

光热在农村主要体现在住宅的供应生活热水上。太阳能热水系统与住宅的一体化除在设计时要考虑太阳能热水系统的布置外，太阳能热水系统自身的体系和形式也将作进一步改进，传统的真空管太阳能热水系统已不能满足日益变化的住宅布局和造型的需要，普通太阳能热水器除了前述美观因素以外，安装困难，容易破坏屋面防水层，导致屋面渗漏；上下水管道暴露于室外，热损失大，管路冷水多，造成水资源浪费。因家用小型太阳能热水器大多由每个家庭分散独立安装，粗放的安装和使用方式对其性能和外观造成了很大的影响。太阳能热水器没能与建筑完美结合，给外观和安全带来了不利影响，甚至出现先安后拆的现象。出现以上问题和矛盾的主要原因是，在住宅的设计和建造中，因没有与太阳能热水器一体化建造设计，所以导致安装和使用的不便。

屋面是整个建筑顶部的外围护结构，与集热构件整合具备了独特的优势。能充分地接受太阳辐射，受周围环境遮挡物的影响较小，因此集热总量和效率都能得到保证；不影响建筑立面造型；作为支撑集热器的水平或倾斜结构，较垂直结构安全系数更大，特别是在高层住宅中受风力作用相对较小。在夏季，集热器能将不利的平面太阳辐射能转变成有利的集热条件，大大削弱经由屋面向室内的热传导，改善长期以来住宅顶层夏季恶劣的室内热工环境，统筹规划屋面能降低建设初投资和用热成本，有利于提供便捷的清洁、维护途径等。

1. 对集热构件的初步规划

集热器的布置形式是确定集热结构（构件）的首要问题。集热器是集热系统最大的外置部件，因此其位置和形式是初期规划构思阶段必须确定的因素。采用水平面集热系统对建筑的布局要求较低，屋顶总体规划自由度很大，但是水平面集热器需增加较大集热补偿面积以弥补水平面集热量的减少，且水平面在北方使用需采用绕轴旋转吸热板的金属真空管集热器，造价偏高，现阶段农村经济水平接受程度不高。采用倾斜面集热系统，应把平屋面上可提供倾斜集热面的建筑结构，如女儿墙、檐口、楼梯间、水箱以及景观构件等的朝向和集热表面面积作为建筑形象和风格规划的一项要求，在常规建筑规划过程中增加对上述结构件进行有利于集热的造型规划。建筑结构或构件倾斜面的角度和方位是影响集热效果的重要因素，通常认为当地纬度为最佳倾斜角度，偏向夏季使用减 10°，偏向冬季使用可在当地纬度基础上加 10°作为最佳倾斜角。

2. 屋面形式和建筑风格的初步确定

屋面的形式在很大程度上影响建筑整体的艺术表现力，是住区人文意境塑造的重要组成部分。以水平面集热系统为主的太阳能热水系统与平屋面系统一体化决定了住区建筑以平屋面的形象展现，结合建筑整体造型设计容易营造现代、稳重、空间层次丰富的住区人文气息。

（1）热水系统与平屋面一体化的建筑构造设计

平屋面夏季接受的太阳辐射量最大，是影响室内热环境的重要外围护结构，但是却能成为太阳能集热构件工作的理想表面，从而把不利因素转变为积极有利的条件。但是平屋面不具备雨、雪、尘自洁能力，需考虑上人维护。

屋面系统包括水平屋面板、屋面辅助结构体（如檐口、女儿墙、上人楼梯间、水箱间和其他建筑结构体）和屋面设施构件（如局部遮阳构件或装饰构件）三大部分。

① 集热檐口/女儿墙

适宜自然循环小系统，集热器采用平板或真空管并联方式，多个贮热水箱独立或串联位于集热构件上方。

② 集热楼梯间/集热屋顶水箱间

适宜系统为自然循环水系统，屋顶楼梯间和高层住宅屋顶供水箱提供了有利于自然循环的高位贮热水箱要求，朝南的中下部分结构作为集热面，在其顶部设计集中贮热水箱或者是结合其他凸起结构体型式设计贮热水箱，实现非承压自然循环。

（2）热水系统与坡屋面一体化的建筑构造设计

集热器加入坡屋面，通过材质对比和韵律组合丰富活跃屋面形象。坡屋面还是建筑立面的重要组成部分，与光热设备的一体化设计应强调艺术表现力，集热板的尺度划分、大小、位置应该成为坡屋面表现的元素之一，与建筑风格造型整体协调，在构造设计上向建材功能发展。

集热坡屋面的坡度设计应该等于热水系统接收太阳辐射的最佳角度。考虑热水系统全年的使用，坡屋面的坡度应以当地纬度为宜。

根据住宅户型种类大致定出单户平面进深和开间尺寸，初步确定集热坡屋面的剖面形式，可利用的集热面积与单户所需集热面积的比值即为坡屋面集热系统能满足的住宅层数。在住宅规划阶段还应初步确定热水系统选型，采用分体式结构将给建筑设计提供更大的自由；而采用整体式的热水系统，必须对屋面结构的集热部位和水箱支撑部位在形式上做统筹规划，由此把握建筑的造型和风格取向。

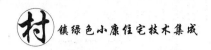

在符合总体规划要求的建筑设计中，建筑造型功能的构思和集热面积的核算相互磨合促进，并对规划阶段初步确定的热水系统做进一步的系统选型，明确系统的各组成部分、相关辅助设备和连接方式，在建筑设计中提供相应的集热建筑结构和构件、水箱空间以及辅助设备和管路空间。

集热坡屋面设计：

① 屋面分段式

系统选型：利用较高位置的坡度设计形成自然循环；利用低位置坡段结合高位置阁楼设计自然循环系统，中间坡段处作为安装和检修操作平台，每段坡底考虑安全防滑设计。

② 屋面整体式

系统选型：整个屋面作为集热面，集中贮热水箱置于阁楼。坡底设计为带走廊挑檐，作为安装检修通道和防滑保护缓冲带。

（3）热水系统与外墙立面一体化的建筑构造设计

① 热墙面结构系统选型：（a）分户强制循环/直流式：集热器与墙面整合设计，单户循环加热，贮热水箱不受位置限制安放在室内。（b）分户自然循环式：各户利用靠阳面的厨卫外墙面作为集热面，贮热水箱壁挂于室内墙面，满足一定的高度差，实现自然循环。

② 热阳台立面系统选型：分户自然循环式：阳台立面作为各户独立的集热面，贮热水箱壁挂于阳台上方，通过管路连接至用水点。特点是循环管路短，热阻小，效率高；直流式：通过小型水泵驱动热水循环并根据集热量调节水的流速，阳台里面同样作为集热结构，贮热水箱可放在户内，减少向外散热。直流式采用的小直径管路有利于减小结构预留尺寸。

③ 集热遮阳构件

系统选型：与墙面集热和阳台的集热系统相似，采用分户式自然循环系统时，建筑设计应该提供能够与集热系统简短连接的贮热水箱安置空间，否则采用强制循环系统为宜。

4.1.2 太阳能热水器系统与建筑结合的技术要素

1. 太阳能热水系统的太阳能保证率

太阳能保证率（用 f 表示）是指太阳能热水系统中太阳能利用装置收集的热量与该热水系统总负荷的比值。太阳能保证率是设计太阳能集热装置面积大小的一个重要因素，它的选取同样也影响热水系统的经济实用性。实际选用的太阳能保证率与辐射量的分布、集热器运行温度、负荷分布、集热器面积和蓄热箱体积、系统其他部件的热损失等因素有关。系统的保证率取值越大，则太阳能集热装置的表面积就越大，生产出的热水就越多，太阳能辅助加热装置的消耗能源量就越少；反之，取值越小，则太阳能集热器的面积就会很小，热水的产量低，辅助能源必增大消耗。参照中国建筑科学研究院郑瑞澄等编著的《民用建筑太阳能热水系统工程技术手册》的要求：为尽可能发挥太阳能热水系统节能作用，太阳能热水系统的太阳能保证率不应取得太低，按我国的具体情况，取值宜在 40%～80% 之间。在太阳能资源丰富的一区，太阳能热水器的保证率取大于 60% 有益于太阳能充分利用；较丰富的二区宜取大于 50%；一般区宜大于 40%。

2. 太阳能热水系统集热面积的确定

太阳能热水系统的集热装置面积的确定需分析住宅能够符合安装的面积及所要达到的太阳能保证率，并保证依照此面积设定的集热装置收集的热量可以被充分使用。根据《民用建筑太阳能热水系统应用技术规范》GB 50364 的规定，按照系统传热类型分为两种计算方法。

(1) 直接集热系统总面积：太阳能集热系统的集热器总面积可根据系统的平均日用水量和用水温度计算，见式 (4-1)：

$$A_c = \frac{Q_w C_w \rho_r (t_{end} - t_L) f}{J_T \eta (1 - \eta_L)} \tag{4-1}$$

式中　A_c——太阳能集热系统所需集热器总面积 (m^2)；

　　　Q_w——平均日用水量 (kg)；

　　　ρ_r——水的密度 (kg/L)；

　　　t_L——水的初始温度 (℃)；

　　　C_w——水的定压比热容 [kJ/ (kg·℃)]；

　　　t_{end}——储水箱内水的终止温度 (℃)；

　　　J_T——太阳能集热装置安装地每平方米的年平均日太阳辐射能或者月平均日太阳辐射能 (kJ/m^2)；

　　　η——太阳能集热器年或月平均集热效率，可根据经验值取 0.25~0.50；

　　　f——太阳能保证率，一般在 0.30~0.80 范围内；

　　　η_L——被检测热水系统的外管道的热损失率，可由经验取值 0.2~0.3。

式 (4-1) 中，被检测太阳能集热系统的性能由《家用太阳热水系统热性能试验方法》(GB/T 18708) 获得，见式 (4-2)。

$$Q_S = a_1 H + a_2 (t_{ad} - t_b) + a_3 \tag{4-2}$$

式中　Q_S——太阳能集热单元的即得热量；

a_1, a_2, a_3——回归系数；

　　　t_{ad}——在试验时周围空气温度，在计算集热器总面积时取当地的年平均周围空气温度；

　　　t_b——在试验时集热试验时储热水箱内的水温，在设计集热器总面积时取 $t_b = \frac{t_L}{3} + \frac{2t_{end}}{3}$。

(2) 间接热水系统的集热面积：间接集热系统的集热面积 A_{IN} 按 (4-3) 式计算：

$$A_{IN} = A_c \times \left(1 + \frac{F_R U_L \times A_c}{U_{hx} \times A_{hx}} \right) \tag{4-3}$$

式中　A_{IN}——间接系集热面积 (m^2)；

　　　$F_R U_L$——集热器总热损系数 [W/ (m^2·℃)]；对于平板集热器，其值取 4~6 W/ (m^2·℃)；对于真空管集热器，取 1~2W/ (m^2·℃)；取值情况要

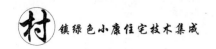

根据太阳能热利用产品的应用测试情况而定；

U_{hx}——换热器传热系数［W/（m²·℃）］，数据可从选定的换热器产品的说明书中查取；

A_{hx}——换热器换热面积（m²），数据可从选定的换热器产品的说明书中查取。

对局部供应热水的系统可以使用式（4-3）进行计算，但对于集中供应热水的系统，却是不精确的。集中供应的热水系统在依照式（4-3）计算的集热器面积后，因为有热水管网的热损失，所以根据工程经验，管道网的热损失小于生活热水负荷的 20%，所以要乘以 1.2 的修正系数。在某些情况，可以按照建筑所属地区的太阳辐射能的多少来对集热装置面积的大小进行估算。

3. 太阳能集热器的安装倾角

太阳能集热装置的安装倾角对太阳能的有效利用会有较大的影响，在对阳光直射和散射讨论的基础上，中国建筑科学研究院依照各地区的云层分布和实时云图，使用电脑模拟软件总结出以下结论：当集热装置的安装倾斜角度约等于当地纬度时，可得到最大年太阳辐射量，所以为了太阳能量充分获得，集热器安装倾角可取当地纬度正负10°的范围内。对于集热面积较小的可以取安装倾角等于纬度。如果希望在冬季获得最佳的太阳辐照量，集热器安装倾角应约比当地纬度大 10°。

4. 太阳能热水系统储热水容积的确定

太阳辐射能是低密度、间歇性的能源，为了得到稳定的所需热水，储热水箱在太阳能热水系统是个重要的部分，用来将集热器收集的热能储存起来。储热水箱是太阳能热水利用装置上的一个重要组成元件，集热装置将接收到的太阳辐射能转化成为内能，并通过传热工质加热集热装置中的水；当集热装置内的水温到达预设温度时，使用水泵等动力设备，将集热装置内的热水输送并存储到保温储热水箱，同时集热装置内自动补充冷水。储热水箱是储存热水的容器，太阳能热水系统储热水容积的确定，要根据设计要求分别计算出集热系统储热水容积 $V_{集}$ 与供给系统储热水容积 $V_{供}$，二者取其大值。集热系统的储热水容积必须与集热装置的面积匹配恰当，如果储热水容积过大，集热系统的集热效率很高，但是水箱内水的温度难以上升，造成可使用的热水减少；如果储热水容积过小，水箱内水的温度就会过高，造成集热效率下降，太阳能得不到充分利用，特别是在夏季会出现水箱内水温超标的情况，造成使用隐患。要准确设定某种集热装置面积与集热系统储热水箱体积的最优配置，由于气候变化使光照不稳定和计算的复杂性，当实际安装使用时它们可能不匹配。因此，它们的合理配比可以根据生产企业的经验数据来确定。一般情况，每平方米的集热装置采光面积，需要 50～100L 的储热水箱容积，主要在夏天使用的集热系统，该值取 100L；主要在春夏秋三季使用的集热系统，该值取 80L；主要在冬季使用的集热系统，该值取 50L；要在全年使用的集热系统，该值取 50～70L。目前国内生产的太阳能集热器热性能好坏不等，国内各地区气象情况偏差比较大，在太阳能储热水容积与集热器面积的比值选取上应根据集热器热性能和当地气象情况进行调整。在高寒的北方地区比值下降 10%～20%。

4.2 太阳能光电利用技术

随着世界人口增长和工业化进程加速，全球能源危机持续加剧，大量非可再生能源面临枯竭。与此同时，大量化石能源的使用已经造成环境污染、生态破坏、气候变暖等一系列问题。因此，迫切需要寻求一种高效、清洁、绿色的可持续新型能源，以缓解能源危机、改善生态环境。太阳能因其源源不断地照射至地面，且清洁无任何污染，成为最具开发潜力的新能源之一。目前，全球各国都在大力开发太阳能光电技术，如美国的"百万屋顶计划"，德国的"千顶计划"以及日本的"朝日七年计划"等，我国在《"十二五"国家战略性新兴产业发展规划》中，也将发展新型能源——太阳能作为战略计划。科学家指出，在未来 20 年内，光伏太阳能在全世界能源结构中所占的比重将由目前的 0.02% 提升至 25%，太阳能的大力发展和利用将成为未来能源利用的主流。

华北地区处于我国太阳能资源的二、三类地区，属于太阳能资源较丰富区和中等区，全年日照时数为 2200～3200h，辐射量在 $502×10^4～670×10^4\,kJ/m^2·a$，相当于 170～225kg 标准煤燃烧所发出的热量，太阳能辐射面积较大，具有利用太阳能的良好条件。因此，应大力开展太阳能光电利用技术研究，充分利用太阳能资源，缓解华北地区的能源危机，减少因化石燃料的燃烧而造成的环境污染、生态破坏。华北农村地区特别是偏远农村地区安装太阳能路灯，一方面方便村民夜晚出行，保障村民的出行安全；另一方面，避免了偏远地区或山区架设电网的困难，省时省力。

4.2.1 太阳能光伏发电道路照明系统组件

太阳能光电道路照明系统主要由太阳能电池组件、智能控制器、蓄电池、光源、灯杆和结构件等组成。太阳能路灯的工作原理是：太阳电池组件在白天将太阳辐射转换成电能，向免维护蓄电池充电，晚上由蓄电池给光源负载提供电力，光源在天黑时自动亮灯。智能控制器对蓄电池的过充、过放进行保护，并对光源的开启和亮灯时间进行控制（图4-1）。

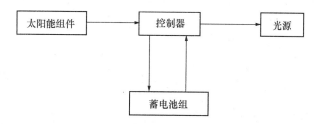

图 4-1 太阳能光电道路照明系统结构图

（1）太阳能电池板

太阳能电池是利用材料与阳光的互相作用，获取电能的器件。太阳能电池板是太阳能路灯中的核心部分，也是太阳能路灯中价值较高的部分。当阳光照射到太阳能电池表面时，由于减反射膜的作用，大多数阳光被吸收，只有少部分阳光被反射出去。被吸收的光子能量转移到太阳能电池材料的原子上，使电子产生跃迁，成为自由电子。在 P-N 结两侧，自由电子之间形成电位差，一旦与外界形成通路，由于电位差的存在就会产生电流。由此，将光能转化为电能存储在蓄电池中。

（2）蓄电池

由于太阳能光伏发电系统的输入能量极不稳定，所以一般需要配置蓄电池系统才能工作。蓄电池容量的选择一般要遵循以下原则：首先在能满足夜晚照明的前提下，把白天太阳能电池组件的能量尽量存储下来，同时还要能够存储满足连续阴雨天夜晚照明需要的电能。蓄电池容量过小不能够满足夜晚照明的需要，蓄电池过大，一方面蓄电池始终处在亏电状态，影响蓄电池寿命，同时造成浪费。蓄电池应与太阳能电池、用电负载（路灯）相匹配。一般情况下，太阳能电池功率必须比负载功率高出 4 倍以上，系统才能正常工作。太阳能电池的电压要超过蓄电池的工作电压 20%～30%，才能保证给蓄电池正常充电。

（3）光源

太阳能路灯采用何种光源是太阳能灯具是否能正常使用的重要指标。目前，我国使用较多的光源有白炽灯、荧光灯、汞灯、钠灯、LED 灯等，不同种类光源的色度参数、光度参数、可靠性、供电方式均不相同。在选用光源时，应满足使用环境、功能等要求，合理选择光源。

（4）太阳能控制器

无论太阳能灯具大小，一个性能良好的充电放电控制器是必不可少的。为了延长蓄电池的使用寿命，必须对它的充电放电条件加以限制，防止蓄电池过充电及深度放电。在温差较大的地方，合格的控制器还应具备温度补偿功能。同时太阳能控制器应兼有路灯控制功能，具有光控、时控功能，并应具有夜间自动切控负载功能，便于阴雨天延长路灯工作时间。

（5）灯杆及灯具外壳

灯杆的高度应根据道路的宽度、灯具的间距，道路的照度标准确定，灯具外壳选择需考虑防风抗压性能，遵循美观实用原则。

4.2.2 华北农村太阳能光电道路照明系统构件选择措施

1. 太阳能电池板

目前，太阳能电池主要有晶体硅型和薄膜型两大类。晶体硅型主要包括单晶硅太阳能电池和多晶硅太阳能电池。薄膜型主要包括非晶硅薄膜太阳能电池和化合物薄膜太阳能电池。

单晶硅太阳能电池是从多晶硅中提炼单晶硅后拉出硅棒，在切割出单晶硅晶圆，经过刻蚀处理生产成太阳能电池板。单晶硅太阳能电池生产过程中耗能大、成本高，但较其他太阳能电池板，单晶硅太阳能电池转换率高，技术相对成熟，是目前太阳能电池市场上的主导产品。多晶硅太阳能电池采用的原料为低等级的半导体多晶硅，或专门为太阳能电池使用而生产的铸造多晶硅等材料。与单晶硅太阳能相比，多晶硅太阳能电池的生产工艺经过改进，成本较低，转换率较低。

非晶硅是一种不定形晶体结构的半导体，采用非晶硅为原料制成的非晶硅薄膜电池具有吸光率高、重量轻、制造工艺简单、成本和能耗双低的优点。但非晶硅薄膜太阳能电池转换率偏低，最高能达到 17.4%，而且非晶体薄膜太阳能电池的转化效率会随着使用时间的增加逐渐降低。这也是造成非晶体硅太阳能电池得不到广泛应用的原因。目前，化合物薄膜太阳能电池主要有砷化镓薄膜太阳能电池、碲化镉薄膜太阳能电池以及铜镓铟硒薄膜太阳能电池等几种。其中，砷化镓薄膜太阳能电池转化率很高，但由于制作原料稀有，成本昂贵，目前较多应用于航空和军用领域；碲化镉薄膜太阳能电池具有良好的吸光能力，且制造成本低，稳定性好，但其转换率偏低；铜镓铟硒薄膜太阳能电池具有吸光范围广、转化率高、成本低等多种优点，但因其制造工艺复杂，难以大批量生产。

通过对目前几种太阳能电池的综合性能进行比选（表 4-1），结合华北农村地区的实际情况，为保证太阳能路灯的正常使用，选用多晶硅太阳能电池板，平均转化率可达21%。电池板组件采用高透光率低钢化玻璃，透光率大于 92%，背面采用白色 TPT 或PET 衬底；组件边框由阳极氧化优质铝合金边框制成，表面氧化铝膜的厚度为 $25\mu m$；采用优质材料作为外接线盒外壳和内绝缘材料，镀锌铜质电极材料作为接线柱，具有很好的密封性、防水性、防盐雾和防潮性。

表 4-1　几种太阳能电池板综合性能比较

电池种类		转换效率（%）	开路电压（V）	短路电流密度（mA/cm²）	填充因子（%）	工艺流程	制造成本
晶体硅型	单晶硅	25.0	0.706	41.8	82.7	较复杂	较高
	多晶硅	21.0	0.664	38.0	80.7	较简单	较低
薄膜型	非晶硅	9.8	0.886	16.23	67.0	简单	低
	砷化镓	27.7	1.107	29.5	83.9	复杂	高
	碲化镉	16.7	0.661	32.9	74.9	较简单	低
	铜镓铟硒	19.6	0.713	35.1	78.0	复杂	低

2. 蓄电池

太阳能蓄电池组的作用是贮存太阳能电池板受光照时发出的电能并可随时向负载供电。蓄电池是太阳能路灯正常使用的必要保证，白天太阳能板发出的电能存储在蓄电池中，夜晚蓄电池为路灯提供电能，正确地选用蓄电池还可保证在较长时间阴雨天气中持续为太阳能路灯提供电能。太阳能电池发电对所用蓄电池组的基本要求是：自放电率低、使用寿命长、深放电能力强、充电效率高、少维护或免维护、工作温度范围宽、价格低廉。目前我国太阳能发电配套使用的蓄电池主要是铅酸蓄电池、镉镍蓄电池和镍氢蓄电池。铅酸蓄电池具有良好的过充能力、运行维护简单、价格低廉等较多优点，具有较高的市场占有率，特别是在要求低成本的市场中得到了广泛应用。镉镍蓄电池虽然具有较高的过充过放能力，但原料镉属于重金属物质，会对环境造成严重污染，因此镉镍蓄电池的生产及应用越来越少。镍氢蓄电池较铅酸蓄电池和镉镍蓄电池，其单体电压最低，但是镍氢蓄电池具有良好的充放电能力，能提供比铅酸蓄电池更大的瞬时电流，镍氢蓄电池的放电电压更加平稳，但价格比铅酸蓄电池和镉镍蓄电池高。三种类型蓄电池中，铅酸蓄电池效率最高，为90％；镉镍蓄电池为67％～75％；镍氢蓄电池效率最低，仅为66％。但镉镍蓄电池和镍氢蓄电池的循环使用寿命比铅酸蓄电池长，蓄电池的自放电率也高于铅酸蓄电池。三种蓄电池综合性能比较见表4-2。

表4-2　三种蓄电池综合性能比较

电池种类	价格（元/W·h）	比能量（W·h/kg）	效率（％）	循环寿命（次）
铅酸蓄电池	0.6～0.8	30	90	400
镉镍蓄电池	1.4～1.8	50	67～75	500
镍氢蓄电池	2.4～2.6	60	55～65	700

通过对三种类型蓄电池的综合比较，华北农村地区太阳能路灯系统中采用铅酸蓄电池。为了延长蓄电池的供电时间和提高其使用寿命，采用具有更大容量的胶体铅酸蓄电池。试验证明，胶体铅酸蓄电池的使用寿命是普通铅酸蓄电池的三倍。

3. 光源

传统路灯照明系统中所使用的光源有白炽灯、荧光灯、汞灯、钠灯等，这些光源中含有重金属汞，在使用过程中或废弃的灯管都会对人体健康及环境造成一定的危害。针对这一问题，研制出了无污染的LED灯。LED是发光二极管，由数层很薄的掺杂半导体材料制成，一层带过量的电子，另一层因缺乏电子而形成带正电的"空穴"，当有电流通过时，电子和空穴相互结合并释放出能量，从而辐射光芒。表4-3是LED灯与其他常用灯性能比较表。

表4-3　几种不同光源的综合性能比较

光源类型	光源效率（lm/W）	平均寿命（h）	供电方式	特性	使用范围
白炽灯泡	8～18	1000	交流	安装及使用容易，成本低	住宅基本照明及装饰性照明
高压水银灯泡	40～61	1000～12000	交流	效率高，寿命长，适当的演色性	住宅区之公共照明，运动场，工厂
高压钠灯泡	68～150	8000～10000	交流	效率高，寿命长，光输出稳定	道路、隧道灯公共照明，投光照明，工业照明，植栽照明
LED灯泡	70～80	30000～50000	直流	效率高，寿命长，光输稳定高，演色性高	住宅之基本照明，装饰性照明，道路、隧道灯等公共照明，工业照明等

通过将LED灯与传统光源的对比可以看出，LED灯具有光源效率高，最高可达100lm/W，使用寿命长，可达100000h，工作电压低，可精确配光，安装成本低以及节能等众多优点。随着人们对LED灯深入了解，传统光源逐渐被LED灯所取代，在路灯照明、交通信号、户用照明等场所得到广泛应用（图4-2）。

图 4-2　LED 光源安装前后对比图

随着太阳能光伏产业的不断发展，太阳能灯具使用 LED 作为光源已是大势所趋，这不仅仅是因为上文所述的 LED 灯的众多优点，更重要的是 LED 灯使用低压直流电供电，而太阳能电池恰恰可将光能直接转化为直流电能，并且太阳能电池组件可以通过串、并联的方式任意组合，再匹配对应的蓄电池就可得到 LED 实际需要的电压。若太阳能灯具使用传统光源，需要通过逆变器将直流电能转换为交流电能，转化过程中会损失一部分电能，进而影响到太阳能灯具的使用效率。因此，使用 LED 灯作为太阳能系统的光源，可使整个系统获得更高的能源利用率，并使整个系统更加安全、经济、可靠。

4. 智能型太阳能路灯控制器（图 4-3）

在太阳能路灯系统中，太阳能充放电控制器是整个路灯系统中的核心部件。影响太阳能路灯系统可靠性的主要因素是蓄电池的使用寿命，太阳能控制器可对蓄电池起到充分保护作用。白天，太阳能控制器控制太阳能电池给蓄电池充电，通过采样蓄电池的电压，调整充电方式，避免对蓄电池过充；夜晚，它控制着蓄电池给负载提高电能，防止蓄电池过放，保护蓄电池，最大限度地延长蓄电池的使用寿命，提高太阳能路灯系统的可靠性。由于考虑到制

图 4-3　智能型太阳能路灯控制器

作成本以及工艺技术的限制，传统的太阳能光伏发电自动控制道路照明装置一般只具有道路照明装置的光控和时控功能，不具备对蓄电池过充、过放的保护功能。因此，在传统的太阳能光伏发电自动控制道路照明装置的蓄电池电量过高或过低时，自动控制装置不具有蓄电池自动过充、过放的功能，且传统的太阳能光伏发电自动控制道路照明装置在太阳能电池板为蓄电池的充电过程中，自动控制装置不具有反极保护功能，这样会对蓄电池造成损伤，降低蓄电池的使用寿命。

结合目前太阳能路灯应用中最常出现的——冬季日照不足导致路灯经常欠压断电的情况，以及控制器对蓄电池过充、过放不能有效保护的现象，研发了一款智能控制恒流一体机。与传统太阳能控制器相比，这款智能控制恒流一体机不仅具有道路照明装置的光控和

时控的功能，还具有蓄电池过充、过放保护功能。此外，智能控制恒流一体机还可以自动检测蓄电池的容量比，当蓄电池容量不足时，根据蓄电池的容量亏欠的比例不同，自动输出不同比例的电流，确保太阳能路灯延长放电天数。

（1）智能控制恒流一体机作用原理

智能控制恒流一体机通过将防反极保护器、直流滤波器、高频斩波变流器、反馈模块、光电传感器、时钟模块等元件的合理布置，并结合智能控制恒流一体机专业软件，实现对太阳能光伏发电道路照明系统的时控和光控功能，以及蓄电池自动过充、过放功能。如图4-4所示，为智能控制恒流一体机的作用原理。

① 光控、时控作用原理

通过时钟模块、光电传感器、数据存储器以及微电脑智能控制器的配合，使装置时刻感应外界的时间以及光照强度，当微电脑智能控制器判断外界时间达到存储器中预定的时间，或外界光照强度达到存储器中存储的光照强度数据阈值时，自动驱动道路照明装置进行道路的照明工作，从而实现光控和时控的功能。

此外，该装置还具有3时段设置和3时段宽电流设置，通过对装置进行设置，可将夜间放电分成任意的3个时段，每个时段的时间可以在10～990min之间自行设置，每个时段的输出电流可以在150～4800mA之间自行设置（设置0mA时，该时段为关闭）。深夜，行人车辆较少，对道路照明要求较低，利用3时段设置功能可降低夜晚第2段LED灯的输出电流，也可以选择关闭其中一段时间，从而达到节约电能、节约电池板和蓄电池配置的作用。

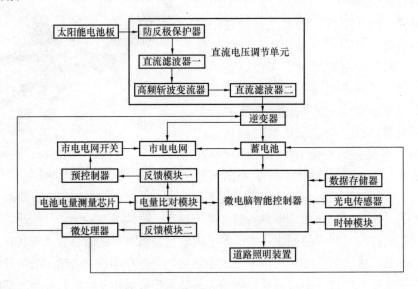

图4-4 智能控制恒流一体机作用原理

② 蓄电池自动过充、过放功能作用原理

当太阳能光伏发电道路照明系统中的蓄电池电量过高时，智能控制恒流一体机通过反馈模块二、微处理器、逆变器、蓄电池的配合，控制逆变器停止对蓄电池的电源输入工作，转而开始对市电电网进行电源输入工作，同时控制蓄电池放电给市电电网，直至蓄电池内电量正常为止，实现对蓄电池自动过放的功能；当蓄电池电量过低时，通过反馈模块一、预控制器、市电电网开关的配合，使市电电网为蓄电池进行供电工作，直至蓄电池内电量正常为止，从而实现对蓄电池自动过充的功能；此外，在太阳能电池板为蓄电池的充电过程中，通过直流电压调节单元中的防反极保护器、直流滤波器一、高频斩波变流器以及直流滤波器二的配合，确定太阳能电池板的直流电压稳定输出，使智能控制恒流一体机具有反极保护的功能。

（2）智能控制恒流一体机优点

① 使用了单片机和专用软件，实现了智能控制。利用蓄电池放电率特性修正的准确放电控制。放电终了电压是由放电率曲线修正的控制点，消除了单纯的电压控制过放的不准确性，符合蓄电池固有的特性，即不同的放电率具有不同的终了电压；

② 具有过充、过放、电子短路、过载保护等全自动控制；以上保护均不损坏任何部件，不烧保险；

③ 该控制器可以通过全功率、半功率等模式控制负载运行，根据客户需求，可实现一定范围内的任意功率，提高了蓄电池的工作时间，从而能保证，在连续 5~6d 阴雨天气的情况下，仍能正常工作；

④ 采用了串联式 PWM 充电主电路，使充电回路的电压损失较使用二极管的充电电路降低近一半，充电效率较非 PWM 高 3%~6%，增加了用电时间；浮充自动控制方式使系统有更长的使用寿命；

⑤ 通过软件与硬件相结合，保证负载以恒定电流、电压工作，从而延长了负载的使用寿命，保证了负载的工作效率；

⑥ 所有控制全部采用工业级芯片，能在寒冷、高温、潮湿环境运行自如。同时使用了晶振定时控制，定时控制精确。

4.2.3　太阳能光伏发电道路照明系统检测

根据上述研究结果，本章选用多晶硅太阳能电池板、胶体铅酸蓄电池、LED 光源、智能型太阳能路灯控制器以及合适的灯杆，将以上组件组装成完整的太阳能光电路灯，并对其进行性能检测，以便检验照明系统的可靠性。按照相关规范，本节对太阳能光电道路照明系统中的关键组件：太阳能电池板、蓄电池、LED 光源和控制器，进行了较为全面的性能检测，下面主要阐述太阳能电池板性能检测过程及检测结果。

按照国家标准《地面用晶体硅光伏组件设计鉴定和定型》（GB/T 9535）规定，对光伏组件需要检测的基本项目为：电性能测试、电绝缘性能测试、湿-冷与湿-热试验、机械荷载试验、冰雹试验。电性能测试为在规定的标准测试条件下对太阳能电池组件的开路电压、短路电流、工作电压、工作电流、最大功率及伏安特性曲线进行测量；电绝缘性能测试目的是测定组件中的载流元件与组件边框之间的绝缘是否良好，测试方法是以 1000V 的直流电压通过组件边框与组件引出线，测量绝缘电阻，要求测试过程中无绝缘击穿，绝缘电阻不小于 50MΩ；湿-冷试验目的是确定组件经受高温、高湿之后以及随后的零下温度影响的能力，湿-热试验的目的是确定组件经受长期湿气渗透的能力，两个试验均需要将组件放置在有自动温度控制、内部空气循环的气候室内，通过设定一定的湿度和温度，监测组件在试验过程中可能出现的短路和断路、外观缺陷以及电性能衰减率等，以确定组件可承受的高温高湿、低温低湿的能力；机械荷载试验的目的是确定组件经受风、雪或冰块等静态荷载的能力。试验需要在组件正反两个表面分别逐步将负荷加到 2400Pa，使其均匀分布，并保持此负荷 1h，若试验过程中组件无间歇断路或漏电现象，没有严重的外观缺陷，电性能衰减率不超过 5%，则组件符合要求；冰雹试验是使冰球从不同角度以一定动量撞击组件，检测组件产生的外观缺陷、电性能衰减率等，以确定组件抗冰雹撞击能力。

1. 电性能测试

（1）光伏组件的电性能参数

光伏组件的电性能参数主要有短路电流、开路电压、峰值电流、峰值电压、峰值功率、填充因子和转换效率等。

① 短路电流（I_{sc}）

将光伏组件的正负极短路，使 $U=0$ 时，此时的电流就是组件的短路电流，短路电流的单位是 A（安培），短路电流随光强的变化而变化。

② 开路电压（U_{oc}）

当光伏组件的正负极不接负载时，组件正负极间的电压就是开路电压，开路电压的单位是 V（伏特）。光伏组件的开路电压随电池片串联数量的变化而变化。

③ 峰值电流（I_{mp}）

峰值电流也叫最大工作电流或最佳工作电流，是指光伏组件输出最大功率时的工作电流。

④ 峰值电压（U_{mp}）

峰值电压也叫最大工作电压或最佳工作电压，是指太阳能电池片输出最大功率时的工作电压，峰值电压的单位是 V（伏特）。

⑤ 峰值功率（P_{max}）

峰值功率又叫最大输出功率或最佳输出功率，是指光伏组件在正常工作或测试条件下的最大输出功率，即峰值电流与峰值电压的乘积：

$$P_{max} = I_{mp} \times U_{mp} \tag{4-4}$$

峰值功率的单位是 Wp（峰瓦，同瓦）。

⑥ 填充因子（FF）

也叫曲线因子，是指光伏组件的最大功率与开路电压和短路电流的乘积的比值：

$$FF = P_{max}/(I_{sc} \times U_{oc}) \tag{4-5}$$

填充因子是评价电池片输出特性好坏的一个重要参数，它的值越高，电池片的光电转换效率越高。光伏组件的填充因子系数一般在 0.5~0.8 之间。

⑦ 转换效率（η）

指光伏组件受光照时的最大输出功率与照射到组件上的太阳能功率的比值。即：

$$\eta = P_{max}/(A \times P_{in})$$

(4-6)

式中　P_{max}——电池组件的峰值功率；

　　　A——电池组件的有效面积；

　　　P_{in}——单位面积的入射光功率，标准条件下为1000W/m²。

（2）检测项目

对于该光伏组件的检测项目为标准测试条件下的性能（辐照度为1000W/m²）、低辐照度下的性能（辐照度为200W/m²）、辐照度为300 W/m²的低辐照度下的性能、辐照度为500 W/m²的低辐照度下的性能。

（3）检测样品

该性能测试的检测样品（图4-5）为多晶硅太阳能电池组件（样品编号：130617-01A）。样品状态：完好；样品外形尺寸：900mm×660mm×25mm；单体电池外形尺寸：156mm×93mm；单体电池串联数量：36个。

（4）检测结果

检测过程中，在环境温度为25℃条件下，使用沈阳合兴检测设备有限公司生产的太阳能应用能效检测系统（型号：JN-76），分别对四种不同辐照度下的太阳能电池组件电性能进行测试，得到了主要的电性能参数，并绘制出相应的伏安特性曲线（图4-6～图4-9）。具体检测结果见表4-4。

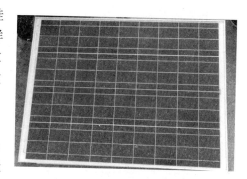

图4-5　太阳能电池板检测样品

表4-4　太阳能电池板检测结果数据表

性能参数 辐照度	有效面积 （m²）	开路电压 U_{OC}（V）	短路电流 I_{SC}（A）	工作电压 U_{mp}（V）	工作电流 I_{mp}（A）	最大功率 P_{max}（W）	填充因子 FF（%）	转化效率 H（%）
200		20.66	1.042	17.38	0.934	16.23	75.36	13.66
300	0.594	21.14	1.553	17.59	1.420	24.98	76.06	14.02
500		21.64	2.565	17.91	2.362	42.29	76.21	14.24
1000		22.466	5.104	18.062	4.782	86.364	75.32	14.54

通过对电性能测试检测结果以及检测所得到的伏安特性曲线进行分析得出，在不同辐照度情况下，太阳能电池组件的填充因子均处于75%～76.5%，而通常填充因子的值为50%～80%。因此检测样品在不同辐照度下，均有较高的填充因子，反映了检测样品具有较高的光电转化效率。此外，通过检测所得的组件电性能参数，计算出了组件光电转化效率，从表4-4可知，测试样品的光电转换效率高于13%，与同类其他太阳能电池组件相比，具有较高的光电转化效率。

2. 其他性能测试

通过对太阳能光伏发电道路照明系统关键组件：太阳能电池板、蓄电池、LED光源

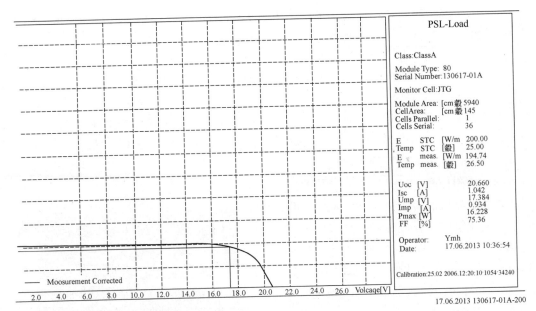

图 4-6　辐照度为 200W/m² 下太阳能电池板检测结果

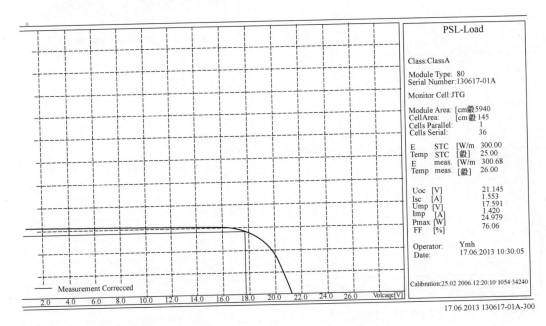

图 4-7　辐照度为 300W/m² 下太阳能电池板检测结果

和控制器等进行了各项性能测试，测试结果均符合国家相关规范的要求，且对于较长时间的雨雪天气，该太阳能光电道路照明系统可保证照明质量和照明时间，对于华北地区冬季较长雨雪天气，有较强的可靠性。

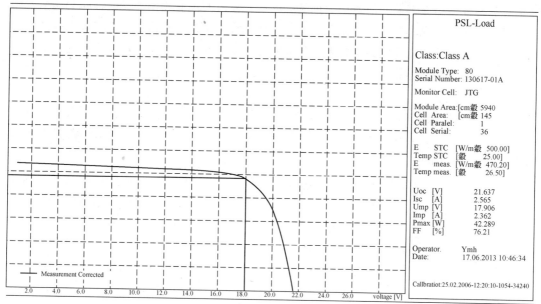

图 4-8 辐照度为 500W/m² 下太阳能电池板检测结果

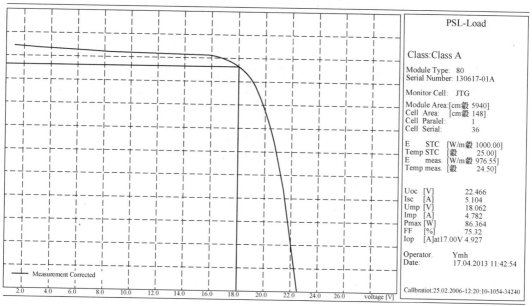

图 4-9 辐照度为 1000W/m² 下太阳能电池板检测结果

4.2.4 太阳能光伏发电道路照明系统施工技术

太阳能光电道路照明系统在华北农村地区还没有得到较为广泛的应用，针对华北农村地区太阳能光电道路照明系统的施工技术和经验相对匮乏，这给太阳能光电道路照明系统在华北农村地区的安装及使用增加了难度。因此，通过对现有太阳能光电道路照明系统施工技术和经验的研究和学习，并结合华北农村地区实际情况，提出了针对华北农村地区太阳能光伏发电道路照明系统施工技术，对太阳能光电道路照明系统在华北农村地区的安装及使用具有重要的指导意义。

（1）地基浇注

① 确定立灯位置；勘察地质情况，如果地表 1.2m 内皆是松软土质，那么开挖深度应增加；同时要确认开挖位置以下没有其他设施（如电缆、管道等），路灯顶部没有长时间遮阳物体，否则要适当更换位置。

② 在立灯具的位置预留（开挖）符合标准的 1.3m 坑；进行预埋件定位浇筑。预埋件放置在方坑正中，PVC 穿线管一端放在预埋件正中间，另一端放在蓄电池储存处（如图 4-10 所示）。注意保持预埋件、地基与原地面在同一水平面上（或螺杆顶端与原地面在同一水平面上，根据场地需要而定），有一边要与道路平行；这样方可保证灯杆竖立后端正而不偏斜。然后以 C20 混凝土浇筑固定，浇筑过程中要不停用震动棒震动，保证整体的密实性，牢固性。

图 4-10　地基浇筑

③ 施工完毕，及时清理定位板上残留泥渣，并以废油清洗螺栓上杂质，对螺栓露出部分用胶纸等塑料制品进行包扎防锈。

④ 混凝土凝固过程中，要定时浇水养护；待混凝土完全凝固（一般 72h 以上），才能进行吊灯安装。

（2）太阳能电池组件安装

① 电池组件的输出正负极在连接到控制器前须采取措施避免短接；

② 太阳能电池组件与支架连接时要牢固可靠；

③ 组件的输出线应避免裸露，并用扎带扎牢；

④ 电池组件的朝向要朝正南，以指南针指向为准。

（3）蓄电池安装（图 4-11）

①　蓄电池置于控制箱内时须轻拿轻放，防止砸坏控制箱；

②　蓄电池之间的连接线必须用螺栓压在蓄电池的接线柱上，并使用铜垫片以增强导电性；

③　输出线连接在蓄电池后在任何情况下禁止短接，避免损坏蓄电池；

④　蓄电池的输出线与电线杆内的控制器相连时必须通过 PVC 穿线管。

图 4-11　蓄电池安放

（4）灯具安装

①　进行各部位组件固定：太阳板固定在太阳板支架上，灯头固定到挑臂上，然后将支架与挑臂固定到主杆，并将连接线穿引到控制箱（电池箱）。

②　灯杆起吊之前，先检查各部位紧固件是否牢固，灯头安装是否端正，光源工作是否正常。然后简易调试系统工作是否正常；松开控制器上太阳板连接线，光源工作；接上太阳板连接线，灯熄灭；同时仔细观察控制器上各指示灯的变化；确保一切正常，方可起吊安装。

③　主灯杆起吊时，注意安全防范；螺丝必须保证紧固牢固；若组件朝阳角度有所偏差，需要将朝阳方向调整为完全朝正南。

④　将蓄电池放进电池箱，按照技术要求将连接线连接到控制器；先接蓄电池，再接负载（光源），最后接太阳板；接线操作时一定要注意各路接线与控制器上标明的接线端子不能接错，正负两极性不能碰撞，不能接反；否则控制器将被损坏。

⑤　调试系统工作是否正常；松开控制器上太阳板连接线，灯亮；接上太阳板连接线，灯熄；同时仔细观察控制器上各指示灯的变化；一切属于正常，方可封好控制箱。

4.2.5　结论

（1）随着全球能源危机的不断加剧，新型清洁能源——太阳能的开发利用将成为今后发展的必然趋势。我国华北地区太阳能资源较为丰富，针对华北农村道路照明还未普及、农村架设电网困难等现实问题，在华北农村地区开展了太阳能光伏发电道路照明系统的研究，为缓解能源危机，提高农村夜晚安全系数，增加农村夜晚娱乐活动等具有重要的现实意义。

（2）太阳能光电道路照明系统主要由太阳能电池组件、智能控制器、蓄电池、光源、灯杆和结构件等组成。通过对系统中关键组件的研究，并结合华北农村地区的实际情况，对太阳能电池组件、智能控制器、蓄电池和光源等组件进行了选型比较，最终确定选用多晶硅太阳能电池板、智能型太阳能路灯控制器、太阳能专用胶体蓄电池、LED 光源，作为华北农村太阳能光电道路照明系统的主要构件。将以上构件组装完成后，对太阳能路灯进行了检测，检测结果均符合国家相关规定，证明可以为华北农村地区提供较为可靠的照明服务。

（3）成熟的施工技术是太阳能光电道路照明系统稳定运行的前提和保障。本章通过对

现有太阳能施工技术的研究总结，并结合华北农村地区的实际情况，完善了包括地基浇筑、太阳能电池组安装、蓄电池安装以及灯具安装的一整套太阳能光伏发电道路照明系统施工技术，对太阳能光电道路照明系统在华北农村地区的安装及使用具有重要的指导意义。

4.3　沼气池冬季综合保温增温技术

随着经济的快速发展，中国的能源需求急剧增长。能源需求的持续增加，加快了化石能源枯竭的速度，化石能源的燃烧产生大量温室气体，改变了全球气候模式，造成极端气候事件频增。在我国，农村能源的需求量在我国能源需求总量中占有较大比重。经济的发展促使农村地区对优质商品能源的需求持续增加，农村地区能源供需矛盾日益突出。与此同时，农村产生的大量禽畜粪便、有机废水及作物秸秆因得不到有效利用而造成资源的浪费。因此，迫切需要寻求适用于农村地区的一种新型能源，缓解能源供需矛盾，改善环境污染问题。

沼气作为一种方便、清洁、高品位的新型能源，在一定温度和厌氧的条件下，可将秸秆、粪便和生活有机废水等经微生物发酵产生可燃气体，供照明、炊事等使用。由于原料丰富、工艺简单、造价低廉，近年来，农村沼气建设得到了政府的高度重视。在政策上，由全国人大相继颁布的《农业法》《节约能源法》《可再生能源法》和《畜牧法》中，都明确指出要加强农村沼气建设，并将农村沼气建设列入《中国 21 世纪议程》《可再生能源中长期发展规划》。中央一号文件中，已连续几年指出要大力普及农村沼气，农业部也相继制定了"十一五""十二五"全国农村沼气发展规划。在资金上，从"六五"期间到 2006 年，国家用于农村沼气建设的投资由每年 4000 万提升至每年 25 亿元，可见国家对农村沼气建设的重视程度。经过国家和政府对农村沼气建设的大力扶持，截止 2015 年，我国农村户用沼气池用户达到了 5000 万户，农村沼气技术也趋于成熟。但由于我国华北地区冬季寒冷，气温、地温低，使得沼气的生产存在产气率低、原料分解率低、沼气使用的综合效益差、使用时间短等较多问题。由于受气候的影响，沼气池冬季一般无法满足户用要求，这种状况在一定程度上限制了华北地区沼气利用技术的推广。本节针对我国华北地区冬季寒冷、沼气池产气量偏低的问题，研究适用于我国华北农村户用沼气池冬季综合增温保温技术，解决了华北农村地区冬季沼气池产气量较低的问题，促进了农村沼气技术在我国华北地区的进一步发展。

4.3.1　冬季沼气池发酵原料配比

为提高沼气池的产气速度和产气率，发酵原料的配比和原料预处理至关重要。发酵原料可就地选取牛粪、羊粪、猪粪、鸡粪等禽畜粪便及人的粪便，草类可选取作物秸秆，沼气池发酵接种物可取自现有沼气池污泥、池塘污泥或生活污泥。

对于新建沼气池，在沼气发酵启动前，应对发酵原料进行预处理。将作物秸秆晒干并粉碎，再与鲜粪加水混合均匀，然后在太阳下暴晒加温数小时后，进行池外堆沤，为保证堆沤所需的温度，可用塑料薄膜对其表面进行覆盖。通常夏季堆沤时间为 3～4d，冬季堆沤时间为 5～7d。当堆内温度达到 45℃，按一定比例加入尿素或碳铵和草木灰一起拌入，并加水搅拌均匀后入池堆沤，池内堆沤应保证原料的松软。池内堆沤时间一般夏季为 2～3d，冬季为 3～4d。然后将热水和接种物加入池内。需要注意的是，投料的适宜温度为 15～25℃，因此，冬季投料应选择中午为宜，若温度过低，则不建议进行投料。

不同配比和浓度的沼气发酵原料对沼气产量有很大影响，本节通过试验分别对不同发酵原料配比和不同发酵液浓度与沼气产量的关系进行了研究，得到了适用于华北农村户用沼气池最适原料配比和最适发酵液浓度，弥补了沼气池冬季产气量较低的缺陷，保障了农户冬季沼气的正常使用，有利于沼气技术在我国华北农村的进一步推广。

1. 不同发酵原料配比与产气量的关系

为了满足沼气发酵微生物对碳素和氮素营养的要求，进行科学配比，综合进料，将富氮有机物和富碳有机物合理搭配，是保证冬季沼气池均衡产气的关键。试验通过改变沼气发酵原料的配比，分析不同发酵原料配比与沼气产量的关系，得到了沼气发酵原料的最适配比。

（1）试验装置：四口 $6m^3$ 圆形水压式沼气池。

（2）接种物：猪粪加骡马粪密封发酵半个月后的培养物，接种量为 30%。

（3）原料配比：不同发酵原料配比试验的原料配比如表 4-5。

表 4-5　不同发酵原料配比

序号	原料配比	原料用量				
		玉米秸秆	猪粪	人粪	骡马粪	菌种
1	50%玉米秸秆＋20%猪粪＋20%人粪＋10%骡马粪	150	188	160	150	200
2	30%玉米秸秆＋30%猪粪＋30%人粪＋10%骡马粪	90	283	240	150	200
3	10%玉米秸秆＋40%猪粪＋40%人粪＋10%骡马粪	30	377	320	150	200
4	45%猪粪＋45%人粪＋10%骡马粪	—	425	360	150	200

注：处理中各原料的百分比含量是按质量计算，原料用量是按自然状态下计算。

（4）装料方法：将玉米秸秆压碎切成 6～10cm 长，和其他原料边加水边拌匀。在池外堆沤一夜后，分三批入池，每层压实 1 尺后，每层上面洒上 2～3 担人粪，直至堆完。池内堆沤 4～5d 后，温度上升到 60～70℃，然后分三次从进、出料口加足人粪和水分。每个沼气池装料量为 $2.5m^3$。

（5）观察项目和方法：

① 产气量：用湿式气体流量计，每天用气之前记录；

② 温度：每天上午 10 点观察依次地温、池温。池温测量点从进出料口向里 1m，向上约 30cm 处，地温测温点为 100cm 处，用半导体多点温度计测定。

（6）试验结果分析（图 4-12）

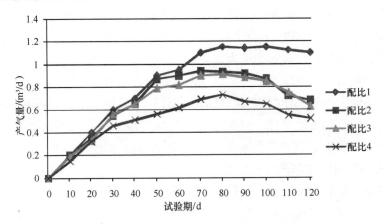

图 4-12　不同发酵原料配比下产气量对比

试验表明，配比 1，即 50％玉米秸秆＋20％人粪＋20％猪粪＋10％骡马粪＋0.3％氮素化肥，在试验中产气量最高为 1.15m³/d，比配比 2、配比 3、配比 4 的产气量高 22％～37％，而且产气高峰维持时间长。产气高峰期过后，产气量不是直线下降，而仍然维持在较高的水平上。原因是发酵原料中既有含碳素多的玉米秸秆，又有含氮素多的人畜粪便，这样合理搭配的综合进料就能保证长时间均衡产气。这种配比适合华北农村地区人畜粪便少而作物秸秆多的实际情况。

2. 不同发酵液浓度与产气量的关系

有机物质是生产沼气的物质基础。沼气发酵中保证足够的营养，保持适宜的发酵液浓度，对于提高产气量，维持长时间的产气高峰是非常重要的。试验按照一定的沼气发酵原料配比，将发酵液配制成五种不同浓度，通过对比五个试验组中产气量的多少，得到沼气发酵液最适浓度。

（1）试验装置：五口 6m³ 圆形水压式沼气池。

（2）接种物：猪粪加骡马粪密封发酵半个月后的培养物，接种量为 30％。

（3）原料配比：30％玉米秸秆＋30％猪粪＋30％人粪＋10％骡马粪。

（4）发酵液浓度：按上述原料配比分别制成浓度为 4％、8％、12％、16％、20％的发酵液，分别投入五口沼气池中，试验期为 120d。

（5）装料方法：将玉米秸秆压碎切成 6～10cm，和其他原料边加水边拌匀。在池外堆沤一夜后，分三批入池，每层压实 1 尺后，每层上面洒上 2～3 担人粪，直至堆完。池内堆沤 4～5d 后，温度上升到 60～70℃，然后分三次从进、出料口加足人粪和水分。每个沼气池装料量为 2.5m³。

（6）观察项目和方法：

① 产气量：用湿式气体流量计，每天早晨用气之前记录；

② 温度：每天上午 10 点依次观察地温、池温。池温测量点从进、出料口向里 1m，向上约 30cm 处，地温测温点为 100cm 处，用半导体多点温度计测定。

（7）试验结果分析（图 4-13）

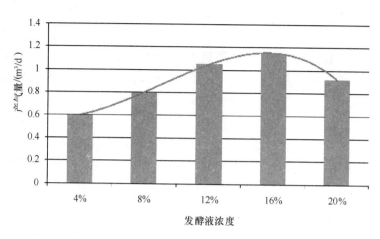

图 4-13　不同发酵液浓度下平均日产气量对比

试验表明，在发酵温度基本一致的情况下，发酵液浓度从 4％提高到 8％、12％，试验期平均日产气量从 0.6m³/d 增加到 0.8m³/d、1.05m³/d，产气量提高了 33％～75％，而发酵液浓度继续增加到 16％、20％，平均日产气量为 1.15 m³/d、0.92 m³/d，当发酵液浓度由 16％增长到 20％，沼气池平均日产气量不但没有增加，随着发酵液浓度的进一步增加，反而有下降的趋势，这一结论也可以从图中所得趋势线得到验证。我国冬季沼气池一般都是在低温条件下进行发酵的，发酵液浓度过高，反而会减少产气量，这是由于高浓度在较低温条件下常常引起有机酸的累积，抑制产甲烷细菌的生长和新陈代谢，从而影响产气量。因此，过高的浓度发酵不利于池温低的北方冬季沼气池。本试验表明一般的冬季沼气池发酵液浓度以 12％～16％为宜。

从华北农村地区实际情况来看：沼气池发酵液浓度一般偏低，都在 10％以下，冬季气温低，在一定温度范围内，适当增加发酵液浓度，可以起到以料补温的作用，同时有利于沼气发酵的顺利进行，以改善冬季供气状况。

4.3.2　沼气池冬季增温保温技术

1. 沼气池冬季增温保温一般技术

针对华北地区冬季寒冷漫长、沼气池产气率低、沼气池易冻裂等问题，本节通过对现有沼气池冬季增温保温技术的研究，总结出适用于农村户用沼气池冬季增温保温的一般技术，包括增加埋深、覆盖保温、塑料棚保温、增加保温材料、生物质发酵增温、电加热增温等。以下对沼气池冬季增温保温一般技术的主要内容进行简要描述。

（1）增加埋深

通常沼气池建池深度为 2m 左右，池顶在地面以下 30cm 左右。考虑到对沼气池的保温、御寒，可将沼气池建池深度增加到 3m 左右，使池顶低于地面 100cm 左右。增加埋深

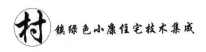

后的沼气池池顶位于冻土以下，可减少沼气池的热损失，达到池体保温的效果。

（2）覆盖保温

在沼气池外侧大于池体直径 20cm 的范围内，覆盖稻草、作物秸秆、棉籽壳等疏松耐寒物质，并在其顶部覆盖塑料薄膜。为增加保温效果，可在塑料薄膜上覆盖一层干土，并用较厚的干土对塑料薄膜边缘进行覆盖，减少冷空气进入薄膜内，避免影响对沼气池的保温效果。对于有条件的农户，还可以在塑料薄膜外围砌筑一道挡风墙，增强对池体的保温效果。为提高沼气池内的温度，还可将沼气池建于猪舍、鸡舍下，既能对沼气池进行保温，提高冬季产气率，又能防止冬季池体冻裂现象的发生。

（3）塑料棚保温

在沼气池上方搭建简易塑料棚，四角可使用竹竿搭建，选用厚度为 0.12mm 的塑料膜，塑料棚面积不宜过小。华北地区冬季雨雪较少，阳光充足，搭建完成的塑料棚可吸收来自太阳的热量，实现对沼气池的增温保温效果。相关文献表明，通过在沼气池上方搭建塑料棚，可使棚内平均地温提高约 15℃。

（4）增加保温材料

通过在沼气池外壁包裹保温材料，减少沼气池与周围土壤的热传递，从而保持沼气池内的温度。保温材料可选择聚苯乙烯泡沫板或聚氨酯泡沫等保温材料。

（5）生物质发酵增温

生物质发酵增温是利用冬季高温堆肥的原理，在沼气池外围挖宽 80～100cm，深 1.2～1.5m 的环形沟，并将禽畜粪便、格荛等填入环形沟中，通过有机质的发酵产热，增加沼气池的温度。还可在冬季到来之前，将粪便、稻草、格荛等直接覆盖在沼气池顶部，并用塑料布覆盖，通过有机质的发酵产热，增加沼气池温度，同时塑料布也可吸收太阳光热，增加地温，提高沼气池冬季产气量。采用生物质发酵增温措施，应每隔 40～50d 进行一次换料，取出一部分老料，加入一部分新料，保证生物质持续发酵，维持沼气池正常产气。

（6）电加热增温

沼气池电加热增温措施是在沼气池外壁包裹一层电热膜，通过将电能转化为热能，增加沼气池内温度，从而提高冬季沼气池产气率。采取电加热措施的沼气池通常需在电热膜外侧包裹一层保温材料，从而达到节约电能、保持沼气池内温度的效果。

2. 沼气池冬季增温保温技术试验研究

本节结合以上对沼气池冬季增温保温一般技术的研究，通过试验将各项技术对沼气池温度提升的实际效果进行对比，并综合各项技术的经济性、难易程度等指标，得到适用于华北农村户用沼气池冬季增温保温的最佳技术。

（1）试验材料

本试验选用 7 个容量均为 6m³ 的圆形水压式沼气池，接种物、发酵原料、发酵工艺、日常管理等均相同。其中，接种物为池塘底泥加入猪粪、骡马粪，密封发酵 20d 后的培养物；发酵原料为秸秆、猪粪及骡马粪，发酵液浓度为 12.5%，C/N 为 24∶1，粪草比为 2.75∶1，加入量为：猪粪 350kg、骡马粪 200kg、秸秆 200kg、接种物 1500kg、水 2300kg（表 4-6）。试验时间为 2014 年 11 月 15 日至 2015 年 3 月 15 日，试验期间每个沼气池均加料 2 次，每次新鲜猪粪 150kg、骡马粪 50kg。7 个沼气池中，6 个采用不同的保温增温措施，1 个不采用任何保温增温措施作对比。

表 4-6　沼气池发酵原料配比

项目	C/N	粪草比（质量）	猪粪（kg）	骡马粪（kg）	秸秆（kg）	接种物（kg）	水（kg）	发酵液浓度（%）	料容（m³）
数量	24∶1	2.75∶1	350	200	200	1500	2300	12.5	5.1

（2）试验方法

6 个试验沼气池分别采取以下增温保温措施：

1 号，采用增加沼气池埋深的方法。该沼气池建池深度为 3m，比其他 6 个沼气池的建池深度深 1m，沼气池建成后，池顶在地面以下 100cm 处，试验地点的冻土深度为 50cm，因此该沼气池池顶位于冻土以下 50cm 处。

2 号，采用覆盖保温法。即在沼气池外侧大于池体 20cm 范围内，将沼气池顶部地表覆土挖去 10cm，并用作物秸秆填充至与周围地面相平。然后在沼气池外侧大于池体 30cm 的范围内，用塑料薄膜进行覆盖，并在塑料薄膜上方覆盖 10cm 厚的表土，塑料薄膜边缘处覆盖 15cm 厚的表土。

3 号，采用简易塑料棚保温法。即在沼气池上方搭建简易塑料棚，四角用细竹竿搭成高 1.5m 的拱形支架，用厚 0.12mm 的塑料薄膜覆盖并用绳子绑扎牢固，简易塑料棚的覆盖范围为沼气池外侧大于池体直径 20cm。

4 号，采用增加保温材料法。即用 5cm 厚聚苯乙烯泡沫板包裹沼气池池体，并用塑料薄膜缠绕聚苯乙烯泡沫板两圈，使保温板与沼气池池体紧密贴合，然后填土压实并与地面相平。

5 号，采用生物质发酵增温法。即在沼气池外围 50cm 处，挖宽 80cm，深 1.5m 的环形沟。将猪粪、骡马粪和秸秆按 1∶1 的比例混合，加水调节至含水率约 60%，在水泥地面上进行堆肥，上部用塑料薄膜覆盖，当发酵料温达到 65℃时，将发酵料填入环形沟内，并压实，上方覆盖 30cm 厚稻壳。试验期间，每隔 30d 对环形沟内生物质换料一次，换料时，取出一部分老料，并加入新料，取出的老料可作为有机肥料。

6 号，采用电加热增温法。即在沼气池外壁包裹一层电加热膜，在电加热膜外层敷设 5cm 厚的聚苯乙烯泡沫板，并用塑料薄膜缠绕聚苯乙烯泡沫板两圈，使保温板与沼气池池体紧密贴合，然后填土压实并与地面相平。

7 号，未加任何保温措施，作为对照。

（3）不同保温措施的用料及投资情况（表 4-7）

（4）测定项目及方法

试验测定项目为沼气池日产气量、沼液 pH 值、地温、增温层料温、沼气池料温。

① 沼气池日产气量：采用 G1.6 民用煤气表每天定点测定，开始测定时，以能点火时开始计算产气量；

② 沼液 pH：用精密试纸测定，每两天测试一次；

③ 温度：采用常规温度计测定，地温、增温层料温、沼气池料温均在每天中午测定一次。其中，低温测试点为地面以下 55cm 处，料温测试点为沼气池料液下出口。

表 4-7　不同保温措施用料及投资情况

试验序号	保温增温措施	材料及数量	每池投资（元）
1	增加埋深	—	—
2	覆盖保温	秸秆 150kg，聚乙烯塑料膜 2kg	30
3	简易塑料棚保温	聚乙烯塑料膜 3kg，细竹竿 20 根	55
4	增加保温材料	聚苯乙烯泡沫板	150
5	生物质发酵增温	粪便 50kg，秸秆 50kg，聚乙烯塑料膜 2kg，稻壳 20kg	70
6	电加热增温	电热膜，聚苯乙烯泡沫板，聚乙烯塑料膜 2kg	350

（5）试验结果分析

试验从 2014 年 11 月 15 日至次年 3 月 15 日，共计运转 121d。

①保温增温措施与产气量的情况

越冬试验期间监测的数据见表 4-8 和表 4-9。

表 4-8　沼气池越冬对比试验温度及产气量汇总表

统计内容	启动期（30d）							运行期（91d）							总计（121d）						
平均地温（℃）	7.8							4.5							6.2						
试验序号	1	2	3	4	5	6	7	1	2	3	4	5	6	7	1	2	3	4	5	6	7
增温层平均温度（℃）	—	10	10.8	9.6	11.2	12.6	—	—	5.8	6.3	5.5	7.9	10.8	—	—	7.9	8.6	7.6	9.6	11.7	—
沼气池平均料温（℃）	8.0	8.9	9.2	9.1	10.1	11.2	6.3	4.9	5.2	5.9	5.0	6.9	10.1	4.0	6.5	7.1	7.6	7.1	8.5	10.7	5.2
日均产气量（m³）	0.87	0.92	1.09	0.98	1.15	1.33	0.81	0.65	0.69	0.71	0.65	0.77	1.29	0.62	0.76	0.81	0.90	0.82	0.96	1.31	0.72

沼气池料温与沼气池的产气量成正比关系，而沼气池周围的地温影响着沼气池料温。华北冬季寒冷，从 11 月中旬到次年 3 月中旬，地温呈下降趋势，地温的不断下降使沼气池料温不断降低，进而影响沼气池中发酵菌的活性，降低沼气池产气率。对沼气池采取冬季增温保温措施，减少沼气池周边温度降低对池内料温的影响，保证沼气池冬季产气量足以维持家庭正常使用。从沼气池越冬对比试验得到的相关数据可以看出，采取相应的增温保温措施，均能提高沼气池内的料温，从而提高沼气产气量。相对于无增温保温措施（7号），增温保温措施 6 号和 5 号可以显著提高沼气池料温和沼气池产气量；而 1 号到 4 号试验均为保温措施，没有对沼气池的增温效果，因此对提高池内料温和增加产气量两方面，较 6 号、7 号两种措施相对较少。1 号到 4 号试验措施中，3 号的提升效果最好，4 号和 2 号的提升效果相近，1 号提升效果最差。

表 4-9　试验数据差异分析表

保温措施	电加热增温 （6 号）		生物质发酵增温 （5 号）		简易塑料棚保温 （3 号）		增加保温材料 （4 号）		覆盖保温 （2 号）		增加埋深 （1 号）		对照 （7 号）
统计项目	均值	对照差异	均值	对照差异	均值	对照差异	均值	对照差异	均值	对照差异	均值	对照差异	均值
沼气池 平均料温（℃）	10.7	5.5	8.5	3.3	7.6	2.4	7.1	1.9	7.1	1.9	6.5	1.3	5.2
日均产气量 （m^3）	1.31	0.59	0.96	0.24	0.90	0.18	0.82	0.10	0.81	0.09	0.76	0.04	0.72

　　通过上述分析得出以下试验结论：a. 农村户用沼气池冬季保温增温技术的效果由好到差依次为：电加热增温、生物质发酵增温、简易塑料棚、增加保温材料、覆盖保温、增加埋深；b. 电加热增温效果好，但投资费用高，且需要消耗较多高品位电能，适用于人口较多、沼气池体积较大的家庭使用；c. 生物质发酵增温能较好地保证冬季沼气池产气量，而且投资较少，后期所需的禽畜粪便、秸秆的发酵原料在农村获取较为方便，是一种较为适用的农村户用沼气池冬季增温保温措施；d. 增加保温材料造价高，效果一般，因此该种措施不宜单独使用，可与电加热增温措施搭配使用，既能减少热能损失，又可节约电能。e. 在实际应用过程中，可将多种增温保温技术叠加使用，如在采用生物质发酵增温的沼气池上方搭建简易塑料棚等，形成沼气池综合增温保温措施，进一步提高沼气池冬季产气量。

　　② 料液的 pH 值（图 4-14）

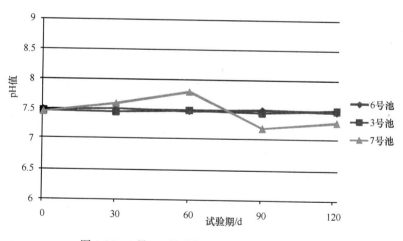

图 4-14　3 号、6 号池与 7 号池料液 pH 值对比

　　根据试验数据统计分析，1 号到 6 号池的料液 pH 值，在试验期间均在 7.5 左右，波动幅度很小。而未采取任何保温措施的 7 号对照池内料液的 pH 在 7～8 之间，波动较大。此外，对试验所产生的沼气进行点燃，1 号至 6 号池的火焰为蓝色，而 7 号对照池的火焰夹杂少许黄色火焰。产生这种现象的原因可能是由于沼气池料温的波动引起发酵微生物的活性变化，进而影响沼气发酵中甲烷的含量。

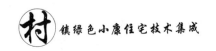

4.3.3 沼气池施工技术

沼气池是一个密闭装置，在建造沼气池时应保证其结构牢固、气密性良好以及不漏水。如果在建池期间没有严格按照施工工序进行施工，很可能影响沼气池气密性，造成沼气流失浪费。如果施工期间对池壁、池底等出现的裂缝没有进行处理，极有可能造成冬季池底冻裂现象。对于采取冬季增温保温措施的沼气池，同样也需要按照工艺要求进行施工，否则可能达不到预期的保温增温效果，造成人力、物力的白白浪费。因此，研究沼气池的施工技术对延长沼气池使用寿命、提高沼气池产气量及保证冬季沼气池产气率具有重要作用。

1. 沼气池选址

沼气池选址应根据多方面综合因素考虑，首先应有利于沼气池进料、出料方便，其次应方便用气，还要考虑住宅的环境卫生。如果农户有猪圈或牛圈，考虑到发酵原料自流进入沼气池，需将厕所、猪圈或牛圈和沼气池三者结合布置。此外，沼气池选址还需考虑便于维护管理，利于环境卫生，不影响居民日常生活为宜。沼气具体池选址要点如下：

(1) 为缩短沼气的输送距离，沼气池应尽量靠近厨房，距离不宜超过 25m。

(2) 沼气池应远离公路与铁路，并避开竹林与树林。

(3) 尽量选择地基好、地下水位较低和背风向阳的地方建池。

(4) 沼气池应当与猪圈、厕所连通修建，做到"三结合"，便于粪便自流入池。

2. 备料

以容积 6m³ 的农村户用沼气池为例，建造该沼气池需水泥 0.9t，砂子 1.8m³，红砖 550 块，规格 1~3cm 的碎石 0.55m³，直径为 30cm 的陶瓷管 2 根，直径为 14mm 的钢筋 1m。为了提高沼气池的抗热、耐酸碱及耐腐蚀性，推荐使用矿渣硅酸盐水泥或火山灰硅酸盐水泥。

3. 放线和挖方

准确放线和合理挖方是沼气池质量保证的前提，放线和挖方施工需严格按照设计图纸进行。首先通过放线确定池体位置，并确定进料口、出料口、溢料口及水压间位置。为提高池体美观度，进料口、出料口和溢料口在平面布局上应在同一条直线上。为防止雨水溢入沼气池，进料口、出料口和溢料口应高出地面，进料口应高出溢料口约 5cm。放线完成后，进行池坑开挖，开挖时应尽量保证坑壁圆直，取土时应由中间向四周开挖。挖坑的深度一般为 2m，若采取增加池深的沼气池保温措施，需挖深 3m 左右。

沼气池池坑开挖过程中，应避免池内积水，如不慎池内出现积水，应采取措施及时排水，防止因积水影响正常施工，甚至造成池底击穿或池底漏水现象。池坑开挖时，如遇地下水位高，池底出现地下水，应在池底挖集水坑，以便排水。开挖时若遇雨天，池内出现积水，需在沼气池最低处打孔，将沼气池内的水引入孔内，再通过水泵抽出池外。若沼气池建池位置较高，在进行池底施工时出现池内积水现象，可在低于沼气池处，挖孔引流，将沼气池内积水排出池外。

4. 池底、池墙施工

沼气池池坑挖好后，需立即进行池底施工，防止因地下水位偏高或雨天雨水入坑造成池内积水，影响沼气池正常施工。作为沼气池的基础，池底承受较多的外来压力，一般采用混凝土整体现浇。底板施工前，需按设计要求将墙基用水平器具找平，然后一道碎石垫层，并用 1:4 的水泥砂浆将碎石缝灌满，然后用水泥：砂子：碎石＝1:3:3 的混凝土浇筑池底，一般厚度为 8～12cm。对于浇筑完毕后池底出现的一些蜂窝面与麻面，可用 1.0:2.5 砂浆压实抹平。

池墙施工以挖好的池壁为外膜，以木模或砖模为内膜浇筑而成。若沼气池建造数量较多，则采用木模；若只建造一个沼气池，一般采用砖模较为经济。池墙浇筑时，采用砖模为内膜，壁厚一般为 6cm，要做到砌一层砖浇筑一层，振捣密实后再砌第二层，一次性浇筑高度不小于 1m，池墙均应浇筑在池底上。池墙浇筑完成后，3～4h 可拆除墙模。

5. 池盖施工

在进行池盖施工前，应先安装好进料口，进料口可采用直径为 200～300mm，长度为 600～1500mm 的陶瓷管或聚乙烯 PVC 管。在坑外安装好木桩，进料口管内穿绳并拴在固定好的木桩上，进料口喇叭口朝上，保证上下垂直，紧贴池壁固定好。进料口插入池内深度拱脚 250～300mm 为宜。池盖可采用单砖拱筑法，尽量选择质量好的砖砌筑拱盖，先用水浸湿，保持外湿内干，用 1:2 水泥砂灰砌筑，砌筑时需注意拱盖弧度。当砌筑池盖收口时，应在拱顶中央安放导气管，导气管直径选择 9～10mm 为宜，插入深度以池内密封层完工后露出 10mm 左右为宜。砌筑池盖收口后，在距池盖中心 0.5m 范围内加固池盖，先在拱顶上抹 2cm 厚的沙灰，沙灰口面用 8 号铁丝绑扎成井字形，铺在池盖中心并抹灰厚 4cm，加固池盖。

6. 沼气池内部密封

沼气池主体采用砖砌和混凝土构成，因此还不能达到所要求的气密性，需要对沼气池采取内部密封措施，使建成后的沼气池达到不漏水、不漏气。沼气池密封层通常指批灰刷浆，沼气池的任何部位，池拱、池墙、池底、进出料管以及水压池都要设置密封层。通常沼气池密封层采用 7 层做法和 3 层做法，即贮气室和池内进、出料管部分采用 7 层做法，池底、池墙、水压间、出料口通道等采用 3 层做法。

（1）7 层做法主要包括以下步骤：

① 基层刷浆。采用 450 号水泥砂浆在池箱内部刷浆，水灰比为 0.3:1。在刷浆过程中遇起泡现象，说明该处干燥，需再次刷浆。

② 底层抹灰。采用 1:2.5 水泥砂浆，厚度 3～10mm，边抹边找平，使池体严密。

③ 素灰层。在底层抹灰后即抹厚度为 1mm 的素灰层。

④ 砂灰层。素灰层施工完成后，抹一层 1:2 水泥砂浆，厚度 0.4cm，抹平压实。

⑤ 抹素灰层。砂灰层抹完后再抹一道纯水泥浆，厚度不超过 1mm。

⑥ 面层抹灰。抹完素灰层后，进行面层抹灰，抹 1:1 细砂浆，厚度 3～4mm 为宜，面层抹灰不能出现砂眼，需反复抹平、压实，以上 6 层施工必须在 12h 内完成。

⑦ 刷素灰浆。面层抹灰结束后，刷素灰浆，每隔 4～8h 刷水泥浆一遍，共刷 3 遍。

其中，第一遍横刷，第二遍竖刷，第三遍横刷。

（2）3层做法主要包括以下步骤：

① 底层抹灰。用1：2.5水泥抹底层，厚度为5mm，与贮气间两层抹灰同步进行，反复抹平、压实。

② 面层抹灰。用1：1水泥细砂抹面层，厚度为4mm，抹光压实。

③ 两层刷灰浆2～3遍，掺入沼气池专用密封胶，可与贮气室刷灰浆同步进行。

沼气池全部施工完毕后，需在平均气温大于5℃条件下自然养护，外露混凝土应加盖草帘并浇水养护，养护时间5～10d左右。养护完毕后沼气池进行试气试压，若检测合格方可进料，2～3d后按技术要求启动点火。

7. 沼气池冬季施工注意要点

沼气池一般由砖和混凝土建造而成，混凝土的强度直接影响到沼气池的质量及使用寿命。而混凝土的强度形成，主要依赖于水泥的水化作用，水泥的水化速度除受混凝土本身组成材料和配合比例的影响外，温度对其水化速度的影响也尤为显著。冬季天气寒冷，温度较低，水结成冰后，体积急剧增加，同时产生很大的膨胀应力，这个膨胀应力通常大于混凝土内部的初期强度值，使混凝土因早期受冻破坏而降低其自身强度。此外，水结成冰，然后再化成水，也会使混凝土内部出现空隙，进而减弱混凝土的密实性和耐久性。因此，根据规定，室外日平均气温连续5d稳定低于5℃时，沼气池混凝土结构工程应采取冬期施工措施，尽量避免因混凝土的早期受冻破坏而造成的沼气池主体使用寿命的降低。

以下是沼气池冬季施工应注意的要点：

（1）调整配合比。合理的配合比可以满足混凝土强度，提高混凝土抗冻性能，降低混凝土空隙率。具体做法如下：

① 宜选用水化热大、早期强度较高的早强硅酸盐水泥。

② 降低水灰比，水灰比宜控制在0.4～0.5之间，适当减少水的用量，增加水泥的用量，确保每立方米混凝土水泥用量大于300kg。

③ 掺入适量的引气剂，从而增加水泥浆的体积，改善拌合物的黏聚性和保水性，降低混凝土内部因水结冰所产生的膨胀应力，提高混凝土的抗冻性。引气剂可选用松香热聚合物，加入量为水泥用量的万分之一。

④ 掺入防冻剂，常用的防冻剂主要有：氯化钠、硝酸钠、硝酸钙盐防冻剂、尿素型防冻剂、亚硝酸钠盐防冻剂等。防冻剂的使用方法和掺入量应参照使用说明书的规定。

（2）加热原材料。首先应保证骨料的洁净，在入冬前对原材料进行遮盖，避免使用表面带有冰雪、冻块的材料。其次，在进行混凝土拌和的过程中，应使用热水进行拌和，先将热水与砂石拌和，然后再加水泥。

（3）运输保温。混凝土宜就地拌和、就地浇注，若施工场地不允许就地拌和，则在水泥运输过程中也需使用毡布或棉被进行包裹，减少热损失。

（4）浇注和养护。浇注时，应确保混凝土入模温度不低于5℃。浇注后的混凝土应及时覆盖，可先用塑料薄膜进行覆盖，然后在其上部覆盖干草、麻袋等保温材料。

4.3.4　沼气池冬季增温保温技术经济效益分析

以农村常用容积为 $6m^3$ 的沼气池为例（图 4-15），对其冬季增温保温技术的经济效益进行分析。该沼气池运行稳定后每日投入新料约 0.02t，其中总固体含量 TS 为 25%，挥发性固体有机物含量 VS 为 20%TS，气体产气率为 $1780m^3/tVS$、$356\ m^3/tTS$。该沼气池冬季增温保温措施采用电加热和增加保温材料综合措施，其中电加热为电热膜加热法，保温材料选用聚苯乙烯泡沫板。

如表 4-10～表 4-12 所示，建造沼气池所需的费用约为 3700 元，采取电加热和增加保温材料综合增温保温措施的 $6m^3$ 沼气池年均产气量约为 $657m^3$，按气体价格 $2.2\ ¥/m^3$ 计，年产气量价值约为 1445 元，除去电加热及沼气泵每年所需的电能，这样一个沼气池年净产气量价值约为 788。若考虑沼气池的维护及修理费用每年 200 元，则建造沼气池所需的成本在沼气池正常使用的第 6 年可被完全抵扣。而实际上，

图 4-15　$6m^3$ 农村户用沼气池

使用沼气池作为生活燃料，每年可节省约 2t 左右的煤，节省燃料费用约为 500 元。若将沼气用作照明使用，每年还可节约电费约 150 元。若将沼气池中的沼渣、沼液作为有机肥料，每年可节省肥料费约 200 元。这样一来，建造沼气池所需的成本在沼气池正常使用的第 3 年即可被收回，在这之后每年可为一个家庭节省约 1450 元的开支。

表 4-10　沼气池建造费用

序号	设备名称	参数	单位	数量	价钱（千元）
1	池体	砖混结构，直径 1.5m，池壁高 1.5m，含加热、保温装置	m^3	6	1.5
2	脱水器	直径 0.2m，高 0.35m	台	2	0.3
3	脱硫器	直径 0.2m，高 0.35m	台	2	0.5
4	废弃燃烧器	—	台	1	0.2
5	沼气泵	功率：100W，流量：$8m^3/h$	台	1	0.3
6	燃气表	额定流量 $2m^3/h$	台	1	0.1
7	工艺管网	管道、配套阀门及连接件	套	1	0.5
8	安装、调试费				0.3
	合计				3.7

表 4-11　沼气池年产气量价位分析

序号	指标名称	参数
1	进料量（t）	0.02
2	总固体量 TS（%）	25

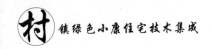

续表

序号	指标名称	参数
3	挥发性固体量 VS（%）	20
4	气体产气率（m³/tVS）	1780
5	气体产气率（m³/tTS）	356
6	额定产气（m³/d）	1.8
7	年产气量（m³）	657
8	气体价格（元/m³）	2.2
9	年产气量价值（元）	1445

表 4-12　沼气池年能耗费用分析（耗电量计算）

序号	耗电设备	功率（kW）	每天运行时间（h）	每天耗电量（kWh）	每年运行天数（d）	每年耗电量（kWh）	价格（元/kWh）	每年耗电量费用（元）
1	沼气泵	0.12	1.5	0.18	365	65.7		72.3
2	电增温			3	150	450	1.1	495
	合计			3.18		515.7		567.3

4.3.5　结论

（1）通过试验得出，华北农村冬季沼气发酵原料的最适配比为 50% 玉米秸秆＋20% 人粪＋20% 猪粪＋10% 骡马粪，最适发酵液浓度为 12%～16%。

（2）农村户用沼气池冬季保温增温技术的效果由好到差依次为：电加热增温、生物质发酵增温、简易塑料棚、增加保温材料、覆盖保温、增加埋深。其中，电加热增温效果好，但造价高；生物质发酵增温更适用于农村户用沼气池；增加保温材料的做法不宜单独使用，一般与电加热增温配合使用。实际应用中，应采用两种或多种增温保温措施叠加的综合增温保温措施。

（3）采取沼气池冬季增温保温措施后，沼气池内温度波动小，对微生物活性影响小，有利于提高沼气中甲烷的含量。

（4）采用保温材料和电加热综合增温保温技术的容积为 6 m³ 的农村户用沼气池，每年可节约燃煤约 2t，节约肥料费 200 元，节省电费 150 元，沼气池的建造费用可在沼气池正常使用的第 3 年被收回，之后沼气池每年可为家庭节省开支约 1450 元，具有良好的经济效益。

第5章　农村垃圾处理与污水处理技术

5.1　农村生活垃圾处理技术

针对农村垃圾的特点，以资源化、减量化为目标，提出分类收集方案，在此基础上开展生物质垃圾堆肥和厌氧消化技术研究以及农村小型垃圾填埋场规范化设计，并开展工程示范研究，为农村生活垃圾处理途径和模式提供参考。

5.1.1　农村垃圾卫生填埋技术

目前我国农村垃圾处理一般实行"户分类—村收集—乡转移—县处理"模式，但是我国多数村庄布局分散，经济欠发达，交通不便，人口密度小，垃圾送县级以上填埋场存在长距离输送、处理成本高的问题。

1. 垃圾收运模式

（1）需填埋垃圾种类

对于我国大多数村镇，根据现阶段经济发展水平，首先要建立低成本垃圾收运处理系统。把能够回收的废品收集起来，把相当部分的有机垃圾就地处理，只是把不能回收、不宜堆肥处理的垃圾（这一部分量不会太大）收集起来或进行简单筛选处理，集中运到规范的填埋场或填埋或堆放处理，是实现低成本垃圾收运处理系统的一条途径。

通过农村生活垃圾源头分置，需要进行卫生填埋的垃圾主要为包装垃圾。根据本节对华北地区农村生活垃圾产生情况调查结果，包装垃圾仅占生活垃圾产生量的 3.08%～12.75%。考虑到垃圾分类的精细程度，垃圾填埋最大量不会超过垃圾总量 20%～30%。

（2）垃圾收运模式

本研究提出基于农村包装垃圾填埋的"户集—组收—村运—村或乡镇处理"模式。根据村庄分布、农村人口和垃圾产生量等特点，因地制宜，建立村镇小型简易生活垃圾填埋场。

在生活垃圾源头分置有效实施的情况下，垃圾运输量和填埋量大为减少，可提高填埋场使用寿命。同时由于餐厨垃圾不进入填埋场，垃圾渗滤液可大大减少；为减少垃圾渗滤液产生量，在生活垃圾卫生填埋时，垃圾中有机成分应低于 10%。

如果农村生活垃圾分类比较彻底，仅包装送垃圾填埋场，垃圾量少、不易产生垃圾渗滤液，送村镇小型简易垃圾填埋场填埋，从技术上分析是可行的。考虑到部分农村比较偏僻，新建村镇小型简易生活垃圾填埋场，还可解决长距离运输到县级规范垃圾填埋场处置成本较高的问题。

村镇生活垃圾清运系统主要是垃圾收集、运输系统，主要利用垃圾清运车将居民、单位、商业和公共场所等产生的垃圾收集并运输至垃圾卫生填埋场进行填埋，达到无害化处理的目的。根据各个村的人口数量、人口密度和人口密集区域的划分合理布置垃圾池和垃圾桶。采用车厢可卸式垃圾运输车对垃圾进行收集和运输，最终将垃圾运至垃圾填埋场。垃圾点的垃圾收集频率为1天1次或几天1次，但应该根据具体情况做出相应调整。在夏季瓜果蔬菜垃圾产量过大，并且由于温度高容易腐败变质，造成污染严重，应保证一天收集一次。垃圾清运车的收集运输线路的设计应该经济合理，满足空载行程最小的要求，尽量使劳动力和设备有效地发挥作用，提高收集效率。

（3）垃圾清运车收集运输线路设计

线路设计的主要问题是收集车辆如何通过一系列的单行线或双行线街道行驶，以使整个行驶距离最小，或者说空载行程最小。

在设计路线时应考虑下列因素：①收集地点和收集频率应与现存的政治和法规一致；②收集人员的多少和车辆类型应与现实条件相协调；③线路的开始与结束应邻近主要道路，尽可能地利用地形和自然疆界作为线路的疆界；④在陡峭地区，线路开始应在道路倾斜的顶端，下坡时收集，便于车辆滑行；⑤线路上最后收集的垃圾桶应离处置场的位置最近；⑥交通拥挤地区的垃圾应尽可能地安排在一天的开始收集；⑦垃圾量大的产生地应安排在一天的开始时收集；⑧如果可能，收集频率相同而垃圾量小的收集点应在同一天收集或同一个旅程中收集。利用这些因素，可以制定出效率高的收集线路。

本项目采用密闭车厢可卸式垃圾运输车对垃圾进行收集并运输至垃圾填埋场。垃圾点的垃圾收集频率根据垃圾的产量及季节为1天1次或几天一次（根据各垃圾点不同情况可灵活调整掌握）。

2. 农村生活垃圾填埋场的设计

（1）填埋场选址选择

垃圾填埋场选址应考虑以下条件：场址应位于夏季主导风向的下风向；场址基础应位于地下水最高丰水位标高至少1.5m以上，以及地下水主要补给区、强径流带之外；如果没有合适的场址，则必须采取人工防渗措施加以弥补；场址基础的岩性最好为黏性土，天然地层的渗透系数达到8.6mm/d以下，并且底层要有一定厚度；场址所处位置应选在工程地质条件稳定的地区，填埋后不产生不均匀沉降，在丘陵地区，三面山冈环绕的低地是填埋场优选的场地；场址应远离村庄，应特别注意避开地质灾害容易发生的地区。

填埋场选址应充分考虑当地地质条件，对于防渗系统和衬层结构的考虑都是为了隔绝填埋物与地下水的影响。当地处平原或地下水埋深浅的地区，必须采取严格的防渗措施和符合要求的衬层结构；当地处高原、戈壁、深山地区，远离地下水层，与地表径流无联通且气候干旱的地区，相应地可以降低选址要求和防渗工程措施。

（2）垃圾填埋场设计及运行管理

村镇生活垃圾填埋场建设与管理，既要考虑村镇地区的经济发展水平差异较大的实际情况，又不失科学地应用垃圾卫生填埋的技术要求，把握好场址选择、工程设计、二次污染防治等方面的技术关键。

根据调研，通过实施垃圾分类收集后，需要填埋的垃圾量大大减少，且不易产生垃圾渗滤液。根据《城市生活垃圾处理及污染防治技术政策》（2000 年 7 月 13 日）《农村生活污染控制技术规范》（HJ 574）《生活垃圾填埋场渗滤液处理工程技术规范（试行）》（HJ 564）《生活垃圾填埋场污染控制标准》（GB 16889）等有关文件的规定和要求，本节拟针对农村特点，设计一套日处理垃圾 10t/d 的农村小型垃圾填埋场标准图纸，并制定垃圾填埋场建设、运行管理规范。

3. 填埋场防渗系统研究

填埋场密封防渗系统是保障填埋场安全稳定运行的重要设施。在填埋场场底及其四周表面铺设防渗衬层（如黏土、膨润土、人工合成的防渗材料等），将垃圾渗滤液封闭于填埋场中，防止渗滤液向周围渗透污染地下水和填埋场气体无控释放，同时阻止周围地下水流入填埋场。

（1）填埋场防渗方式

防渗处理是生活垃圾卫生填埋场建设要考虑的重要因素之一。垃圾填埋后，其中的水分及有机物分解的液体会形成渗滤液，如果渗入地下，将对地下水和周围环境造成严重污染，所以必须采取有效防渗措施防止渗滤液泄漏。在填埋场自然条件达不到《生活垃圾卫生填埋处理技术规范》（GB 50869）规定的天然防渗要求时，应采取相应的工程措施。采用人工的防渗层，切断库区内渗滤液向库外泄漏的通道，彻底杜绝渗滤液的外渗，同时防止地下水向填埋库区渗入，确保垃圾填埋场安全可靠的运作，减少渗滤液产生量，避免造成二次污染。

填埋场的防渗处理包含垂直防渗和水平防渗两种方式。垂直防渗是指防渗层竖向布置，防止垃圾渗滤液向周围渗透污染地下水；水平防渗是指防渗层水平方向布置，防止垃圾渗滤液向下渗透污染地下水。目前水平防渗已成为发达国家普遍采用的填埋防渗方式，也是我国垃圾填埋防渗的发展趋势。

根据填埋场渗滤液收集系统、防渗系统和保护层、过滤层的不同组合，人工防渗系统一般可分为单层衬层防渗系统、复合衬层防渗系统、双层衬层防渗系统、多层衬层防渗系统。

① 单层衬层防渗系统

此防渗系统只有一层防渗层，其上是渗滤液收集系统和保护层，这种类型的衬垫系统只能用在抗损性低的条件下。对于场地低于地下水水位的填埋场，只要地下水流入速率不致造成渗滤液量过多或地下水的上升压力不致破坏衬垫系统，则可采用此系统。

② 复合衬层防渗系统

此防渗系统采用复合防渗层，即由两种防渗材料相贴而形成的防渗层。两种防渗材料相互紧密地排列，提供综合效力。比较典型的复合结构是上层柔性膜，其下为渗透性的黏土矿物质。与单层衬垫系统相似，复合防渗层的上方为渗滤液收集系统，下方为地下水收集系统。研究表明，用黏土和高密度聚乙烯（HDPE）材料组成的复合衬层的防渗效果优于双层衬层的防渗效果。复合衬层的关键是使柔性膜与黏土矿物质层紧密接触，以保证柔性膜的缺陷不会引起沿两者结合面的移动。

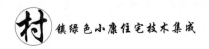

③ 双层衬层防渗系统

此种防渗系统有两层防渗层，两层之间是排水层，以控制和收集防渗层之间的液体或气体。衬层上方为渗滤液收集系统，下方可有地下水收集系统。透过上部防渗层的渗滤液或者气体受到下部防渗层的阻挡而在中间的排水层中得到控制和收集，在这一点上它优于单层衬垫系统，但在施工和衬层的坚固性等方面不如复合衬层系统。

④ 多层衬层防渗系统

多衬层防渗系统，它的原理与双层衬层系统相类似，不同点是上部的防渗层采用的是复合防渗层，防渗层之上为渗滤液收集系统，下方为地下水收集系统。这种类型的衬层结构具有抗损坏能力强、坚固、防渗效果好等优点，但造价高。

具体采用何种防渗系统，则主要取决于填埋场场址的工程地质和水文地质条件。

（2）填埋场防渗方案确定

根据《小城镇生活垃圾处理工程建设标准》（建标 149）第四章第十六条、第十七条，卫生填埋场，填埋库区底部自然黏性土层厚度不小于 2m、边坡黏性土厚度大于 0.5m、且黏性土渗透系数不大于 1.0×10^{-5} cm/s 时，一般采用自然防渗方式。不具备自然防渗条件的填埋场采用人工防渗，在库底及边坡设置防渗层，采用厚度 1mmHDPE 土工膜或 6mmGCL。库底膜上下铺设的土质保护层厚度不小于 0.3m。

按照《城市生活垃圾卫生填埋技术规范》对复合衬里防渗系统的膜下防渗保护层的规定，黏土层厚度应大于 100cm，渗透系数应小于 1.0×10^{-7} cm/s，如不能满足要求需外购黏土或采用钠基膨润土（GCL）替代。

根据提供的场址工程地质与水文地质条件，选择的防渗方案为规范要求的人工防渗。具体要求如下：

① 库区底部复合衬里防渗系统的防渗层结构（表 5-1）

表 5-1　库区底部防渗结构

序号	防渗结构名称	采用材料	厚度
1	土工织物层	300g/m² 织制土工布	—
2	渗滤液导流层	圆砾石、卵石，渗透系数≥10^{-3} cm/s	0.4m
3	膜上保护层	无纺布，规格 600g/m²	—
4	HDPE 土工膜	聚乙烯土工膜	1.0mm
5	膜下防渗保护层	压实黏土，渗透系数≤1.0×10^{-7} cm/s	0.7m
6	基础	场区剥离表层土后的自然层，夯实	—

② 库区边坡复合衬里防渗系统的防渗层结构（表 5-2）

表 5-2　库区边坡防渗结构

序号	防渗结构名称	采用材料	厚度
1	保护土袋	袋装土	—
2	膜上保护层	无纺布，规格 600g/m²	—
3	HDPE 土工膜	聚乙烯土工膜	1.0mm
4	膜下保护层	压实黏土，渗透系数≤1.0×10^{-7} cm/s	0.7m
5	基础	场区剥离表层土后的自然层，夯实	—

（3）防渗膜的铺设要求

由于库区防渗膜的铺设范围很大，设计选用挤压生产的幅宽 8m 的 HDPE 膜。HDPE 膜的铺设设计要满足以下要求：

① 防渗膜的铺设必须平坦、无较大褶皱；

② 膜的搭接必须考虑使用焊缝尽量减少；

③ 在斜坡上铺设防渗膜，其接缝应从上到下，不允许出现斜坡上有水平方向接缝，以避免斜坡上由于滑动力可能在焊缝处出现应力集中；

④ 基础底部的防渗膜应尽量避免埋设垂直穿孔的管道或其他构筑物；

⑤ 边坡必须锚固，推荐采用矩形槽覆土锚固法；

⑥ 边坡与底面交界处不能设焊缝，焊缝不在跨过交界处之内。

（4）库区的底部和边坡处理

① 库区底部的处理：清除所有植被及表层耕植土，并使底部形成纵、横向坡度均≥2% 的整体坡度（坡向垃圾坝），以满足库区地下水导排系统和渗沥液收集系统的布设要求；同时，还要求对基础层进行压实，压实度不小于 93%。

② 库区土质边坡的处理：清除所有植被，并使山坡形成相对整体坡度；平整边坡宜小于 1：2，否则作削坡处理；局部陡坡应缓于 1：1；部位低洼处采用原土回填夯实，夯实密实度大于 90%。

5.1.2　农村垃圾生态处理与资源化利用技术

根据本节的现状调研结果，华北地区餐厨垃圾约占农村生活垃圾的 60%～70%，其有效处置，可大大减少垃圾填埋量。本节农村垃圾生态处理与资源化利用技术主要针对分类后的餐厨垃圾。

目前，餐厨垃圾处置基本有三个发展方向：饲料化、肥料化以及沼气利用。

（1）饲料化

饲料化被认为是相对最有效、最经济的资源化路线，从食品到饲料这条线应该是最短的，能量、资源损失也最小，将餐厨垃圾做成饲料应该是资源化程度最高的一种方式。但是，目前农村家庭养殖的比例越来越小，餐厨垃圾消纳量较小。其做饲料只能运往规模化养殖场，但因为餐厨垃圾在储存以及处理等过程中，容易变质，滋生众多病菌，即使经灭菌处理也难以彻底消除。但是，餐厨垃圾用做饲料存在同源性风险问题，一直没有得到农业部的肯定。

（2）肥料化

餐厨垃圾做肥料，最大的问题在于会对土壤造成损伤，餐厨垃圾中的玻璃等杂物不但会降低土地的肥力，垃圾中过多的盐分更会改变土壤化学元素平衡。目前，这一问题仍然是垃圾肥料化路线的主要障碍。因为这个原因，垃圾处理制成的肥料，多用于园林绿化做营养土等。

（3）沼气利用

目前垃圾的沼气处理有几个难点有待进一步突破，一是发酵过程中的成分平衡，二是沼气产量需要保持稳定，三是沼渣处理。这三者任何一个方面处理不好，都将直接影响后期的沼气质量及运行效果。而目前，垃圾的沼气利用在此并没有很好的解决方案。最可行的方式是将污泥、秸秆以及餐厨垃圾等综合利用进行厌氧发酵生成沼气，不仅可以平衡其中的生物质元素平衡，同时可以实现沼气的稳定供应。目前城市管理实践中，这三者属于不同的部门管辖，各部门也多有自己的处理方式和产沼设置，不好协调。而在农村中，秸秆、畜禽粪便、餐厨垃圾均能实现统一收集和处理，这在农业部推广户用沼气池方面已经得到充分体现。

农村餐厨垃圾与城市餐厨垃圾而言，成分相对简单。适合农村地区的餐厨垃圾处理方法主要分两大类：一是肥料化技术，一是沼气利用技术。

1. 农村有机垃圾堆肥技术研究

餐厨垃圾可进行堆肥处理，堆肥后出料可用作农用肥料、花卉肥料等生态肥或土壤改良剂等。结合农村垃圾的特点，本节拟选用规模小、机械化程度低、投资和运行费用低的农村有机垃圾堆肥技术，包括家庭简易好氧堆肥、传统条形堆垛堆肥和太阳能阳光房堆肥技术。

图 5-1　家庭简易好氧堆肥桶

（1）家庭简易好氧堆肥

① 工艺流程

采用无底塑料桶、木头围栏、铁丝网等将垃圾聚拢，保持通气，堆肥围护材料可就地取材（如木条、树木枝丫、砖石、钢筋或其他材料），详见图 5-1。将落叶、杂草、厨余等有机垃圾，喷水保持湿润，并覆土，顶部可加遮盖物防止淋雨，进行好氧堆肥，使有机废物被细菌、真菌等微生物分解，并最终生成稳定的腐殖质。堆肥时间一般 2～3 个月以上，有机垃圾将被腐熟为深褐色的有机肥，可用作种花种菜底肥。

② 运行参数

宜采用自然通风静态堆肥，可采用简单的堆垛形式或阳光棚发酵槽。堆层高度 1.0～1.2m，堆体底部首先铺 10～15cm 厚的树枝或其他粗糙的高碳含量的材料，以利于通风。堆体表面覆盖约 30cm 的腐熟堆料，减少臭味的扩散及保证堆体内较高的温度，堆制时间 4～6 个月，为促进好氧发酵，在此期间每隔 5d 左右翻动一次。

为保持堆垛热量和水分并保持环境整洁，可采用金属或废木料制作的容器、箱柜或砖砌池体进行堆肥，容器的开口要足够大，允许大量的空气进入。

简易堆肥地点宜选择阴凉或部分可以接受阳光的地点，如在庭院背阴的地方，与房屋保持一定距离。要方便倾倒废弃物和喷淋水；大雨季节不会积水。

③ 环境影响

简易堆肥应防止雨水淋洗产生渗滤液污染环境。庭院堆肥处理要远离水井。由于堆肥过程中会有臭味产生，应远离居民居室。

④ 适用范围

适用于所有村镇地区家庭单独堆肥和各种易于腐败的有机废弃物。与集中、大规模的堆肥系统相比，家庭堆肥具有管理简易、费用低和可实现源头减量化等优点。

（2）传统条形好氧堆肥

① 工艺流程

单独收集的有机垃圾可结合树叶、草进行露天条形堆肥，将垃圾堆为长条形，断面为三角形或梯形，堆高在 1m 左右，端面面积在 $1m^2$ 左右（根据场地情况确定）；堆放形式可参照图5-2；堆肥时间一般 2～3 个月以上；条形堆肥场地可选择田间地头或草地、林地旁。

② 技术参数

图 5-2　农村有机垃圾露天条形堆垛堆肥

堆肥腐熟的好坏，是鉴别堆肥质量的一个综合指标。可以根据其颜色、气味、秸秆硬度、堆肥浸出液、堆肥体积、碳氮比及腐殖化系数来判断。颜色气味：腐熟堆肥的秸秆变成褐色或黑褐色，有黑色汁液，具有氨臭味，用铵试剂速测，其铵态氮含量显著增加。秸秆硬度：用手握堆肥，湿时柔软而有弹性；干时很脆，易破碎，有机质失去弹性。堆肥浸出液：取腐熟堆肥，加清水搅拌后（肥水比例 1∶5～10），放置 3～5min，其浸出液呈淡黄色。堆肥体积：垃圾得到减量，比起始时体积缩小 2/3～1/2。碳氮化：一般为 20～30∶1（以 25∶1 最佳）。腐殖化系数：为 30% 左右。

达到上述指标的堆肥，可以自然风干 3～4 周后作为有机肥直接施用。

③ 运行管理

进行认真的垃圾分类、筛选，控制垃圾的成分，只允许人粪便、厨余废物、作物秸秆、农户散养畜禽粪便以及清扫灰土等进入堆肥场。

气温对堆肥过程有影响，寒冷的天气会降低堆肥物料的温度，使腐熟过程变得缓慢，延长堆肥的时间，同时还可能导致其他问题。

④ 适用条件

适合村镇集体堆肥、集中处理人畜粪便和生活有机垃圾。堆肥是肥效较好的优质有机肥，可施于各种土壤和作物。坚持长期施用，不仅能获得高产，对改良土壤、提高地力，都有显著的效果。

（3）太阳能阳光房堆肥技术

本节拟引进宁波正清环保科技有限公司太阳能垃圾处理技术，建立中试处理装置，处理能力 50kg/d。考察其在华北地区的适用性，为华北地区农村垃圾处理技术选择提供参考（图 5-3）。

① 工作原理

餐厨垃圾等有机垃圾由村集中收集，统一运送至村阳光房处理。该装置利用有机垃圾自身携带菌种或外加菌种对垃圾进行高温好氧消化反应，形成腐熟有机物，以太阳能作为消化反应过程中所需能量来源，对食物性垃圾进行卫生，无害化生物处理，处理周期约

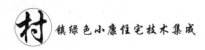
2～3个月，最终形成腐熟的堆肥。当阴雨天或外界气温较低时，能够依靠消化反应过程产生的能量来维持生物反应的正常进行。

② 工艺流程

农村有机垃圾太阳能阳光房堆肥工艺流程如图 5-4 所示。

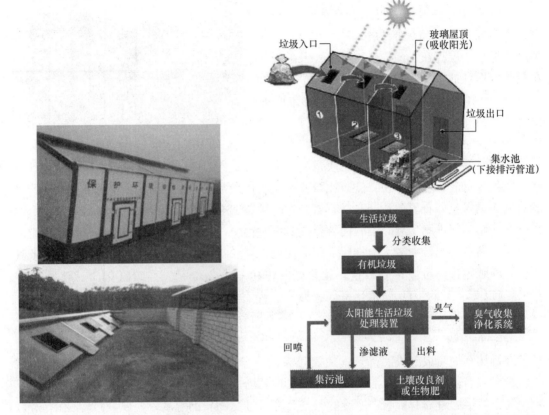

图 5-3　农村有机垃圾太阳能阳光房堆肥装置　　　图 5-4　农村有机垃圾太阳能阳光房堆肥工艺流程图

③ 工程投资估算：2t/d 太阳能垃圾处理装置：48 万元（不含土建价格，土建费用约 3 万元左右）；5t/d 太阳能垃圾处理装置：72 万元（不含土建价格，土建费用约 4 万元左右）。

④ 建设与运行管理

一次性投入少，运行成本低。设施无动力，只需支付保洁员工资。操作简单，普及性强。村保洁员分类后放入垃圾，由太阳光发热促使垃圾发酵分解。

⑤ 适用范围：建设方式灵活，投资少，运行成本低，适用于农村餐厨垃圾小型化处理，可一村一站或一村多站。

⑥ 社会效益

实现垃圾的减量化处理，有效减少了垃圾的直接填埋量，有效提高了垃圾资源利用率；有效提高了垃圾运输效率，降低了运输成本。太阳能垃圾减量化处理与传统垃圾站相比，封闭处理的太阳能垃圾减量化处理过程不会产生二次污染，也不会招来大量蚊蝇，是一种绿色、节能、环保的农村生活垃圾生态处理方式。

⑦ 下一步研究目标

开发专门用于农村太阳能生活垃圾处理站研制的生物制剂，缩短堆肥时间，减少恶臭产生和细菌滋生；开发强制搅拌和好氧通风系统，缩短腐熟时间，提高设备利用率。

2. 农村有机垃圾厌氧消化技术研究

餐厨垃圾可以和人畜粪便、作物秸秆等有机垃圾一起进行厌氧消化，生产清洁能源沼气，渣渣可做有机肥。目前，由于村民畜禽养殖户越来越少，户用沼气池基本难以稳定运行，且维护存在一定的不足，使用率不高。在有条件开展农村餐厨垃圾、畜禽养殖粪便和秸秆收集的农村，进行农村有机垃圾集约化处理工程，建设大型厌氧反应器，回收沼气发电或民用，沼渣做农肥。针对目前高固体厌氧消化反应器存在的不足，本节拟在小试研究的基础上，开发新型厌氧反应器，为农村有机垃圾沼气化利用提供技术参考。

1）华北地区餐厨垃圾理化特性研究

选取华北地区餐厨垃圾中的 12 种典型食物，分别从物理组成、含水率和挥发性固体等角度来表征餐厨垃圾的理化性质，并对单一食物基质进行厌氧发酵产甲烷潜能试验。以考察餐厨垃圾厌氧发酵处理的可生物降解性能，为餐厨垃圾资源化处理提供理论依据。

（1）材料与方法

① 试验材料

餐厨垃圾成分主要由主食、蔬菜、肉类、水果和非有机成分 5 类组成。本试验选取华北地区餐厨垃圾中典型的 12 种食物为研究对象，主食包括小米粥、玉米粥、馒头和米饭；蔬菜包括白菜、菠菜、土豆和白萝卜；肉类包括猪肉和鸡肉；水果包括苹果和梨。试验前用豆浆机将食物充分打碎备用。

接种污泥为取自某淀粉废水处理站厌氧反应器的颗粒污泥，TS 为 10.12%，VS/TS 为 68.70%。

② 试验装置（图 5-5）

BMP 试验是用来评价不同基质产生能源的潜力试验。试验装置示意图如图 5-5 所示，由容积为 150mL 的锥形瓶、250mL 的量筒和 2 个 3.5L 的水箱，以及输液管连接组成。150mL 的锥形瓶作为厌氧发酵罐处于 35℃恒温水浴摇床中，每个厌氧罐盛有 1gTCOD 和 50mL 接种泥，然后用蒸馏水定容至 150mL，用 Na_2CO_3 缓冲溶液调节 pH 在 7.10～7.25 之间。一个水箱盛有 5% 的 NaOH 溶液吸收 CO_2、H_2S 等酸性气体，

图 5-5　试验装置图

所排出的溶液体积可以认为是甲烷的体积。另一个水箱盛有饱和食盐水，所排出的溶液体积可以认为是沼气的体积。所有食物基质一式三份，发酵 20d，分别记录累积甲烷和沼气的产量。

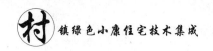

③ 分析方法

食物及接种泥的总固体含量和挥发性固体含量采用标准方法测量得到。化学需氧量（COD）采用微波消解法测定。氨氮（NH_3-N）在420nm波长下采用紫外分光光度计测量得到。挥发性脂肪酸的含量采用岛津 GC-7900 气相色谱仪检测。索氏提取器和凯式定氮法分别用于检测粗脂肪和凯氮含量。蛋白质含量等于凯氮含量乘以 6.25。

（2）结果与讨论

① 食物理化性质分析

餐厨垃圾厌氧发酵有机质主要包括蛋白质、脂肪和碳水化合物，不同食物基质由于有机成分和含量的变化会引起甲烷产率的变化。12 种食物基质的理化性质分析（含水率、TS、VS、TKN、蛋白质、脂肪和碳水化合物）见表5-3。

表 5-3　食物基质理化性质

种类		含水率（%）	TS（%）	干基（%）				
				VS	TKN	蛋白质	脂肪	碳水化合物
主食	小米粥	94.28	5.72	98.13	2.09	13.08	6.54	78.50
	玉米粥	96.43	3.57	99.04	1.23	7.68	3.95	87.41
	馒头	36.41	63.59	95.97	2.10	13.11	1.68	81.18
	米饭	66.52	33.48	97.92	1.38	8.65	0.69	88.58
蔬菜	白菜	94.61	5.39	78.12	4.25	26.56	3.13	48.44
	菠菜	72.97	27.03	64.77	4.73	29.55	3.41	31.82
	土豆	79.86	20.14	92.57	1.58	9.90	0.99	81.68
	白萝卜	79.50	20.50	75.76	2.18	13.64	1.52	60.61
肉类	猪肉	36.03	63.97	98.87	3.97	24.81	69.55	4.51
	鸡肉	60.92	39.08	96.77	9.96	62.26	30.32	4.19
水果	苹果	84.92	15.08	93.33	0.43	2.67	0.67	90.00
	梨	88.11	11.89	90.18	0.29	1.79	0.89	87.50

从表 5-3 中可以看出，12 种食物都含有较高的含水率和丰富的有机物，有机质含量在 64.77%～99.04%（干基）之间，可以为微生物厌氧发酵提高足够的营养。由于碳水化合物很容易被微生物利用，主食和水果的碳水化合物含量较高，有利于释放甲烷气体，其中小米粥蛋白质和脂肪含量高于其他主食，初期产气会较慢，同时玉米粥由于有较多的粗纤维，产气可能会较困难。对于水果而言，糖类是其碳水化合物的主要组成成分，产气较容易。肉类含有丰富的蛋白质和脂肪，其中鸡肉含有较多的蛋白质，猪肉含有较多的脂肪，在这 3 种有机质中，蛋白质分解所产生的沼气中甲烷含量最高，而单位质量蛋白质的产气量在这 3 种有机质中是最低的。相对而言，蔬菜有机物含量最低，可能会导致产甲烷量最少，土豆除外，因为其淀粉含量较高，容易被微生物利用。

② BMP 试验甲烷产量分析（图 5-6）

从图 5-6 中我们可以看出厌氧消化过程中不同食物基质产甲烷快慢的情况。主食中，

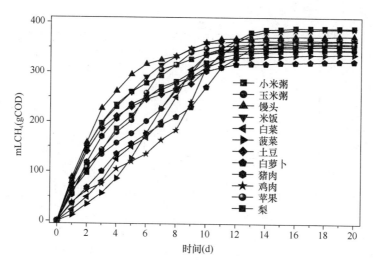

图 5-6　厌氧消化过程中 12 种食物基质累积甲烷产量变化

初始时玉米粥由于含有较多的粗纤维，产气最慢；米饭中碳水化合物最多，因此产气在第 9d 最先达到稳定，而玉米粥和馒头在第 11d 产气开始趋于稳定，小米粥中蛋白质和脂肪相对较高，在第 13d 产气才趋于稳定。蔬菜中，土豆的淀粉含量较丰富，因此产甲烷气体最多最快，但是最后趋于稳定；菠菜在第 5～9d 产气较快，但是其他 3 种蔬菜在初始产气较快，随后产气速率逐渐变慢；白萝卜含有较多的粗纤维，因此同玉米粥产气情况相似，产气最慢和最少。肉类中，由于鸡肉含有较多难分解的蛋白质，在初始阶段其产气比猪肉慢；但是随着蛋白质的分解，在第 10d，鸡肉产甲烷量出现峰值，且累积产气量超过猪肉。对于水果，梨在第 4d 出现产气峰值，而苹果在第 6d 出现峰值，但是苹果产气趋于稳定快于梨。因此，我们得到结论，一般主食和水果产气比蔬菜快，肉类产气最慢，但是含有较多粗纤维的食物，产气最慢和最少。

研究者通常用 COD 或 VS 来表征累积甲烷产量，但是本节的试验结果没有用 COD 表征。Moody 等采用 VS 来表征农业垃圾的生物降解程度，因为高固体物质的 COD 浓度有较大的可变性，所以本节的试验结果用 VS 来表征。

从图 5-7 中我们可以看出，12 种食物厌氧发酵 20d 后累积甲烷产量及比例变化。鸡肉产甲烷量为 374.4mL/gVS，产气最多；其次是猪肉和小米粥，甲烷产气量分别为 352.6 和 342.1mL/gVS；其他食物基质的甲烷产量在 318.5～333.3mL/gVS 之间。主食、蔬菜、肉类和水果的平均甲烷产量分别为 331.2、324.9、363.5 和 327.7mL/gVS。此外，不同食物产生的沼气中，甲烷气体比例各不相同，分布在 51%～58% 之间；其中鸡肉产生的沼气中甲烷产量最多，苹果甲烷比例最少，小米粥和馒头产生的气体中甲烷比例分别为 56.9% 和 56.5%，而剩余的食物基质甲烷比例在 56.9%～56.5% 之间。主要是由于单位质量的有机质中蛋白质含量比例越多，产生的气体中甲烷比例越大。

在华北地区，餐厨垃圾主要由主食和蔬菜组成。根据已有的研究结果，我们假定主

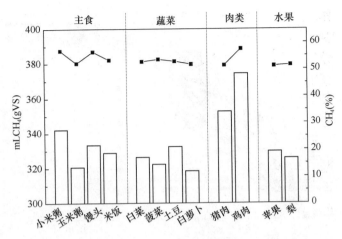

图 5-7　厌氧消化 20d 时 12 种食物基质累积甲烷产量及比例

食、蔬菜、肉类、水果和非有机物的比例分别为 45%、40%、5%、2% 和 8%，那么可以推测每吨餐厨垃圾最多可以产生 328m³ 甲烷（按挥发性固体算）。

③ 发酵液特性分析

从表 5-4 可以看出，SCOD 的降解率在 78.68%～98.48% 之间，白菜降解最少，鸡肉降解最多。主食、蔬菜、肉类和水果的 SCOD 的平均降解率分别为 95.41%、92.14%、97.96% 和 93.36%，因为试验前食物基质已经被充分粉碎，所以 SCOD 的降解是产生甲烷气体的主要原因。同时 TS 和 VS 都有一定程度的降低，但是发酵前后 VS/TS 的比值变化不明显。食物中 TS 含量的降低，主要是由于很少部分非有机质的降解；但是食物中，含有一些难降解和难溶有机物，随着发酵反应的进行逐渐被微生物分解，所以 VS 有一定程度的减少。

在厌氧发酵过程中，氨的含量变化会影响发酵菌的生长，如：*acetate-utilizing methanogenic Archaea*，*hydrogen-utilizing methanogens* 和 *syntrophic bacteria*。研究表明，总氨和氨氮的抑制浓度一般分别为 1.7～5g/L 和 0.4～1g/L。从表 5-4 可以看出试验后蔬菜、鸡肉和馒头发酵液中的 NH_3-N 浓度明显升高，其他发酵液的 NH_3-N 浓度在 60.46～259.8mg/L 之间，试验过程中氨的浓度在正常范围内。

发酵液中的挥发酸（TVFA）成分主要有乙酸、丙酸、丁酸、异丁酸、异戊酸和戊酸，随着发酵的进行，挥发酸浓度会逐渐升高，当丙酸与乙酸的比值超过 1.4 或者乙酸的浓度超过 0.8g/L 会直接导致厌氧发酵的失败。从表 5-4 可以看出发酵后 TVFA 浓度在 141.82～342.11mg/L 之间，厌氧发酵系统没有被酸化。

挥发酸的浓度变化决定了 pH 值的变化，厌氧消化过程对 pH 值的变化较为敏感，通常最适 pH 值在 7.0～7.4 之间。试验中由于发酵系统有机负荷低，使其有较强的缓冲能力，从表 5-4 中可以看出试验后的 pH 值在 7.02～7.35 之间，发酵系统可以满足微生物的生长需要。此外蔬菜、馒头和鸡肉的 pH 值随着发酵反应的进行升高了，可能是由于氨浓度增加量大于有机酸的增加量。

表 5-4　试验前后发酵液特性对比

种类		试验前						试验后					
		TS (g/L)	VS (g/L)	SCOD (g/L)	NH₃-N (mg/L)	TVFA (mg/L)	pH	TS (g/L)	VS (g/L)	SCOD (g/L)	NH₃-N (mg/L)	TVFA (mg/L)	pH 值
主食	小米粥	10.79	9.35	5.52	46.06	74.75	7.12	10.06	9.13	0.16	70.46	150.40	7.31
	玉米粥	13.17	10.73	6.21	34.45	92.19	7.14	11.91	10.57	0.54	89.10	255.46	7.08
	馒头	12.45	10.23	4.36	33.81	88.36	7.21	11.96	9.81	0.22	90.90	342.11	7.23
	米饭	12.14	10.53	4.63	39.57	74.92	7.17	11.00	10.18	0.08	60.46	309.94	7.18
蔬菜	白菜	13.71	9.63	4.55	56.60	66.83	7.16	10.61	9.13	0.97	173.2	340.57	7.15
	菠菜	12.49	9.80	5.68	48.48	78.14	7.20	10.96	9.61	0.20	185.2	233.10	7.33
	土豆	12.82	11.80	5.40	88.67	98.80	7.20	11.98	11.57	0.12	162.9	276.43	7.23
	白萝卜	12.27	9.85	5.23	84.6	92.20	7.20	11.01	9.60	0.23	108.8	292.84	7.03
肉类	猪肉	11.40	9.81	4.68	30.12	83.32	7.18	9.83	9.49	0.12	89.00	306.17	7.30
	鸡肉	13.45	11.05	5.28	22.44	60.69	7.23	11.82	10.82	0.08	259.8	156.16	7.35
水果	苹果	12.12	10.51	6.40	109.8	80.66	7.21	10.61	10.36	0.68	101.7	180.13	7.02
	梨	12.62	10.65	6.03	95.30	92.86	7.20	11.05	10.52	0.16	118.6	141.82	7.14

（3）小结

餐厨垃圾中的食物含有丰富的有机质，试验中 12 种食物有机质含量在 64.77%～99.04%（干基）之间，可以满足厌氧发酵微生物的营养的需求。

由于碳水化合物很容易被微生物利用，主食和水果产气比蔬菜快，肉类产甲烷气体最慢，但是随着蛋白质和脂肪的降解，单位质量肉类产甲烷气体比例最大。

按挥发性固体计算，白萝卜产气最少，鸡肉产气最多，甲烷产量在 318～374mL/g 之间，主食、蔬菜、肉类和水果的甲烷产率分别为 331.2、324.9、363.5 和 327.7mL/gVS，可生化性强，能实现资源的回收和利用。

2）有机垃圾厌氧消化小试研究

我国餐厨垃圾的厌氧消化特性与国外存在一定的差异，其油脂含量较高，油脂降解易产生长链脂肪酸抑制现象。国内关于餐厨垃圾厌氧消化接种比的研究较少。本节拟以餐厨垃圾为发酵底物，设定餐厨垃圾与接种厌氧颗粒污泥的不同接种比例，探究接种比对新鲜餐厨垃圾厌氧消化的影响，以期为下一步餐厨垃圾厌氧消化中试试验提供依据。

（1）材料与方法

① 试验材料

餐厨垃圾取自河北科技大学食堂。收集的新鲜餐厨垃圾首先人工分选出其中的杂物，然后用豆浆机打碎，以保证发酵底物的均质性，搅拌均匀的餐厨垃圾置于 4℃冰箱贮存。接种污泥为取自某淀粉废水处理站厌氧反应器颗粒污泥。

② 试验设计及方法

餐厨垃圾批式试验所用厌氧消化反应器总容积为 6L，有效容积 5L，采用机械搅拌，夹套水浴加热，外用保温棉保温。反应器的搅拌方式为连续搅拌，进样时间 5min，搅拌

图 5-8 餐厨垃圾厌氧消化小试装置

22h，沉淀 110min，出样 5min。搅拌速度为 30r/min。试验装置实物图如图 5-8 所示。将不同餐厨垃圾分别搅拌均匀，接种的厌氧颗粒污泥于接种前先进行中温驯化 2 周左右至不再产气。发酵温度（35±1）℃，使用湿式气体流量计测定沼气日产气量，定期测定沼气产量、甲烷含量和 pH 值，试验持续 15d。

以新鲜餐厨垃圾发酵原料，设定接种比（接种物：底物，按挥发性固体（VS）计）分别为 1∶1、2∶1、3∶1 和 4∶1。发酵底物初始有机负荷（VS）均为 8g/L，将新鲜餐厨垃圾分别根据不同接种比分别添加，补充去离子水至有效容积为 5000mL，每个处理设置 2 个平行。新鲜餐厨垃圾按照接种比为 1∶1、2∶1、3∶1 和 4∶1 的标示为 FW1、FW2、FW3 和 FW4。设定 1 个空白对照，只添加等量的接种污泥，补充去离子水至有效容积为 5000mL。不同接种比的产气量均为去除空白对照后的产气量。

（2）试验结果与分析

① 不同接种比餐厨垃圾厌氧消化每日产气量情况

不同接种比对餐厨垃圾沼气每日产气量的影响情况如图 5-9 所示。

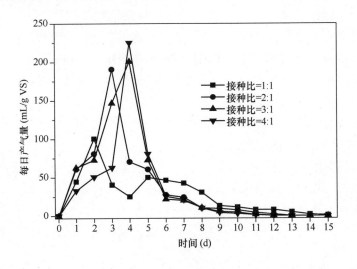

图 5-9 不同接种比对餐厨垃圾沼气每日产气量的影响

由图 5-9 可知，接种比为 1∶1 的新鲜餐厨垃圾（FW1）在第 2d 出现第 1 个产期峰值，为 100.5mL/gVS，之后产气量下降，在第 4d 下降至最低产气率，然后在第 5d 以后日产气量重新开始上升在第 5d 出现 2 个产气峰值，之后逐渐下降在第 11d 以后基本不再产气。接种比为 2∶1、3∶1 和 4∶1 时，新鲜餐厨垃圾（FW2、FW3 和 FW4）在第 3～4d 出现产气峰值，分别为 190.5、200.7 和 225.1mL/gVS，在第 11d 后基本不再产气。

随着接种比的提高，沼气日产气量峰值逐渐提高，产气峰值到达时间提前。消化时间
（T80）即反应器的累积产气率达到总产气量的 80％时所需要的时间，是衡量消化性能和
生物降解速率的重要参数。缩短消化时间意味着在同等时间内能够处理更多的餐厨垃圾并
产生更多的沼气，而无需多余的投入，从而提高反应器的工作效率和经济性。接种比为
1：1时，消化时间是其他接种比的 3 倍以上，随着接种比的增大，消化时间缩短。因而适
宜的接种比有利于缩短消化时间，提高生物降解速率。综上，接种比较低（1：1）时，餐
厨垃圾厌氧消化沼气每日产气在初始阶段受到抑制。提高接种比，有利于产期峰值的提前
和产气持续周期的缩短。

　　② 不同接种比餐厨垃圾厌氧消化产气率和甲烷含量的变化情况

　　不同接种比餐厨垃圾厌氧消化产气率和甲烷含量的变化如图 5-10 所示。

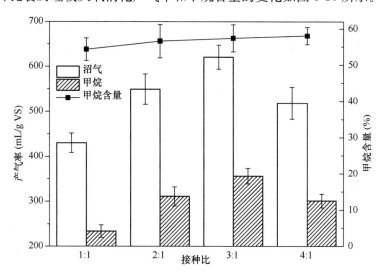

图 5-10　不同接种比对餐厨垃圾沼气产率、甲烷产率和甲烷含量的影响

　　由图 5-10 可知，不同接种比的餐厨垃圾厌氧消化的沼气和甲烷产率均不同。接种比
为 3：1时，新鲜餐厨垃圾的单位 VS 沼气产气率和甲烷产气率分别为 620.8mL/gVS 和
356.2mL/gVS，均高于接种比为 1：1、2：1 和 4：1 的单位 VS 沼气和甲烷产气率，其分
别为 430.3、549.6、518.7mL/gVS 和 233.7、310.9、301.1mL/gVS。

　　接种比为 1：1时沼气和甲烷产率明显低于其他接种比的，可能与初始阶段的产气抑
制有关。Raposo 等在研究接种比对葵花油饼厌氧消化影响批式试验中，设定接种比为3～
0.5，试验结果表明接种比为 3 时产气率最高，这与本试验结果基本一致。然而本试验设
定接种比最高为 4：1时，但该处理组累积产气量较低于接种比为 3：1 的处理组。

　　由图 5-10 也能看出，接种比相同时，新鲜餐厨垃圾厌氧消化所产沼气中的甲烷含量
均在50％～60％之间，差别不大。厌氧消化过程可根据沼气中甲烷含量判断出在消化过
程中占优势的菌群是产酸菌还是产甲烷菌，当产甲烷菌占优势时，甲烷含量一般等于或者
高于50％。本试验中甲烷含量均高于50％，说明餐厨垃圾厌氧消化运行正常稳定，能较
好地被产甲烷菌所适应。

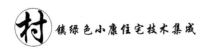
③ 不同接种比餐厨垃圾厌氧消化过程 pH 值的变化

餐厨垃圾厌氧消化过程中 pH 值变化见图 5-11。接种比为 1∶1 的新鲜餐厨垃圾在前 4d 内，pH 值均低于 6.5，在 4d 后 pH 值开始迅速上升，随后基本维持在 7.0～7.6。pH 值变化可引起产甲烷菌生存和代谢途径的剧烈变化，一般情况下反应器的 pH 值应维持在 6.5～7.8。接种比为 2∶1、3∶1 和 4∶1 的处理组 pH 值变化基本在 7.0～7.5。而接种比为 1∶1 的处理组初始阶段 pH 值偏低，与日产气量和甲烷含量较低的规律一致，表明接种比较低导致酸碱缓冲能力较弱，出现了初始阶段的酸化现象，从而导致产甲烷菌活性较低，产气量降低。增加接种量可提高厌氧消化体系对于有机酸的缓冲能力，有效改善厌氧消化过程的稳定性，为产酸和产甲烷提供适宜的 pH 值环境。

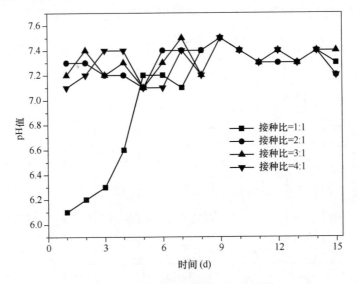

图 5-11　厌氧消化过程中 pH 的变化

④ 不同接种比餐厨垃圾厌氧消化总固体和挥发性固体的去除效果

图 5-12 示出不同接种比餐厨垃圾厌氧消化总固体（TS）和挥发性固体（VS）的去除情况。餐厨垃圾厌氧消化生物降解率基本为 75%～85%，而接种比为 1∶1 的新鲜餐厨垃圾的 TS 降解率较低，为 73.27%，该试验结果与 Liu 的试验结果相似。Liu 在研究水热预处理对于城市有机废弃物的影响中测定，未进行处理的餐厨垃圾 VS 去除率为 87.5%，与该试验结果一致。不同接种率各处理组的 TS、VS 去除率均较高，单因素方差分析得知各处理组之间的 TS、VS 去除率无明显差异（$P>0.05$），这可能是由于餐厨垃圾易于厌氧消化以及发酵时间较长（15d），不同处理组间厌氧降解较为彻底的缘故。

（3）小结

餐厨垃圾接种比为 3∶1 时取得最大产气量，单位 VS 沼气产率和甲烷产率分别为 620.8mL/gVS 和 356.2mL/gVS；接种比为 1∶1 时，餐厨垃圾厌氧消化初始阶段 pH 偏低，出现明显酸化，沼气日产气量和甲烷含量低于高接种比（2∶1～4∶1）。

随着接种比的提高，餐厨垃圾的延滞期和消化时间（T80）逐渐缩短，因而提高接种比可有效缩短产甲烷菌累积周期，提高产气速度，从而提高餐厨垃圾厌氧消化的产气和生

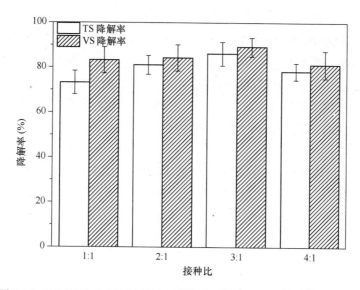

图 5-12　不同接种比餐厨垃圾厌氧消化总固体和挥发性固体的去除效果

物降解效率。

不同接种比餐厨垃圾厌氧消化总固体（TS）和挥发性固体（VS）的去除率均较高，无明显差异（$P>0.05$），基本为 $75\%\sim85\%$。

3）有机垃圾厌氧消化中试研究

搭建 1 个有效容积 240L 厌氧消化中试装置（图 5-13），设计处理垃圾 10kg/d。初步试验运行表明，停留时间 15d，沼气产率达到 400L/kg 垃圾。通过中试研究，进一步优化工艺设计参数和运行控制参数，为其工业化应用提供数据支持。

（一种气流机械双助推内循环式高悬浮固体厌氧消化装置 ZL201310516935.0）

图 5-13　有机垃圾厌氧消化中试装置

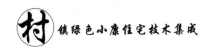

3. 小结

（1）结合农村生活垃圾产生情况，提出规模小、机械化程度低、投资和运行费用低的家庭简易好氧堆肥、传统条形堆垛堆肥和太阳能阳光房堆肥 3 种农村有机垃圾堆肥技术。

（2）针对华北地区农村餐厨垃圾的特点，对餐厨垃圾的 12 种组分的厌氧产甲烷潜能进行了测试，按挥发性固体计算，白萝卜产气最少，鸡肉产气最多，甲烷产量在 318～374mL/g 之间，主食、蔬菜、肉类和水果的甲烷产率分别为 331.2，324.9，363.5 和 327.7mLg^{-1}VS，可生化性较好；

开展了餐厨垃圾厌氧消化小试研究，试验表明餐厨垃圾与污泥接种比为 3:1 时产气量最大，单位 VS 沼气产率和甲烷产率分别为 620.8mL/gVS 和 356.2mL/gVS；

结合专利产品搭建 1 个有效容积 240L 厌氧消化中试装置，日处理垃圾 10kg。初步试验运行表明，停留时间 15d，每千克垃圾沼气产率达到 400L。

5.2　农村污水处理与综合利用技术

华北地区属严重缺水地区，污水处理应尽量与资源化利用结合。根据华北地区各省市的经济发展水平及环境条件，农村污水处理实用技术包括：化粪池、污水净化沼气池、普通曝气池、序批式生物反应器、氧化沟、生物接触氧化池、人工湿地、土地处理、稳定塘等技术。

本节重点研究内容如下：①基于"化粪池+潜流式人工湿地"工艺的庭院式污水处理技术研究；②基于"强化一级处理+生物处理+人工强化生态净化"工艺的分散式处理技术研究。

5.2.1　生物与生态耦合工艺处理农村生活污水试验

生活污水是指农村地区居民在生活过程中产生的污水，主要来源是家庭生活污水，呈现有机物和氮磷浓度较高等特点，生化性一般比较好。但由于生活污水量少、分散、远离排污管网，污水一般不作任何处理直接排入河流湖泊，是造成水体污染的重大隐患。常规的生化处理工艺，由于投资和运行费用过高，且操作复杂，在广大农村地区难以推广应用。因此，研究开发投资少、运行费用低、操作简单的适合农村地区的生活污水处理工艺显得尤为重要。

本研究选择升流式厌氧生物滤池（以下简称 UAF）与潜流式人工湿地（以下简称 SFS）耦合工艺处理农村生活污水，实现对农村生活污水的无动力处理。UAF 是一种简易的厌氧污水处理装置，主要对生活污水中较高的 COD 进行处理，单独的厌氧处理并没有提供对氮、磷等营养元素的去除环境，出水中氮、磷基本没有去除。SFS 是自 20 世纪 70 年代以来迅速发展的污水处理工艺，应用日益普遍，具有低投资、低耗能、低处理成本、易管理等特点，尤其在氮、磷去除方面有着其他污水处理技术不可比拟的优势，其投资运行费用仅为常规二级污水处理厂的 1/10～1/2。UAF 与 SFS 生物生态耦合工艺不仅可以对生活污水中的污染物质进行有效去除，而且可以间接缩小 SFS 面积，同时解决由进水悬浮物过高导致的 SFS 堵塞等问题。本研究利用 UAF 去除生活污水中较高的 COD，利用 SFS 去除生活污水中的氮、磷。考察了耦合工艺在不同 HRT 下对生活污水中污染物的去除效果，并通过对耦合工艺的参数调整，实现生活污水出水中各指标均能稳定达到《城镇污水处理厂污染物排放标准》（GB 18918）一级 A 标准。

1. 材料与方法

（1）试验装置

试验装置如图 5-14 所示。UAF 内径 0.3m，有效容积为 70L，选用悬浮球作为内部填料。SFS 长 1.2m、宽 0.6m、高 1m，总填装高度为 0.85m，有效体积为 0.612m³，填料床层自下而上依次为直径 30~40mm 的砾石、直径 4~8mm 的石英砂和土壤，床层整体平均孔隙率约为 0.4，选用芦苇作为湿地植物，种植密度为 12 株/m²。

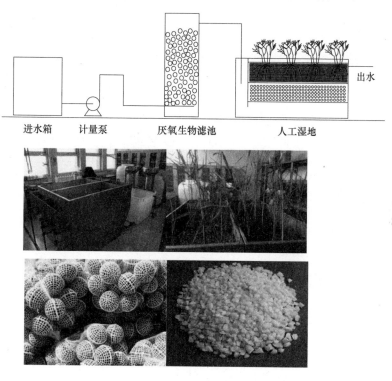

图 5-14　试验装置示意图

（2）试验过程

系统运行时间为 4~10 月，进水均取自河北科技大学中水站校园生活污水，COD 浓度为 250~410mg/L，氨氮浓度为 30~40mg/L，总氮浓度为 40~75mg/L，总磷浓度为 5~7mg/L。

UAF 采用直接启动的方法，接种厌氧污泥与生活污水混合，静态接触 2d，随后在 HRT＝24h 条件下连续进水，待出水水质趋于稳定，则启动完成，进入稳定运行阶段，并逐渐缩短 HRT 为 18h、12h，每个阶段稳定运行时间为 45d。当出水 COD 稳定在一定浓度时，出水进入 SFS 进行处理。SFS 分别在 HRT＝2d、3d、4d 和 5d 的条件下运行，每个阶段稳定运行时间为 30d。UAF 与 SFS 耦合工艺运行条件见表 5-5。

表 5-5　UAF 与 SFS 耦合工艺运行条件一览表

HRT	UAF			SFS			
	12h	18h	24h	2d	3d	4d	5d
运行时间(d)	45	45	45	30	30	30	30
进水 COD 浓度(mg/L)	325.03	310.02	326.43	101.4	104.16	102.51	99.72
进水氨氮浓度(mg/L)	33.62	41.34	33.62	34.65	36.1	36.15	35.48
进水总氮浓度(mg/L)	—	—	—	45.58	46.22	45.86	45.33
进水总磷浓度(mg/L)	—	—	—	6.16	6.04	6.23	6.08

（3）分析项目及测定方法

COD 采用国标法测定。TN 采用 TOC 分析仪（TOC-VCPN. 岛津 . 日本）测定。

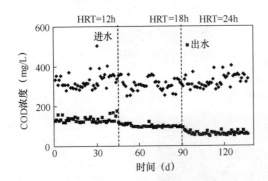

图 5-15　UAF 对 COD 的去除
效果随 HRT 变化图

2. 结果与讨论

（1）UAF 与 SFS 耦合工艺对 COD 的去除效果分析

UAF 对 COD 的去除效果随 HRT 的变化趋势如图 5-15 所示。UAF 进水 COD 浓度范围在 251.9～401.73mg/L 之间波动。在 HRT＝24h 条件下运行时，其出水 COD 浓度平均为 61.95mg/L，去除率平均为 80.88%，去除负荷平均为 0.26kg/m³ · d，此时出水 COD 浓度可以达到较低水平，为提高 UAF 的处理效率，缩短 HRT 继续进行试验研究。在 HRT＝18h 条件下，UAF 出水 COD 浓度平均为 99.85mg/L，去除率平均为 67.51%，去除负荷平均为 0.28kg/m³ · d；在 HRT＝12h 条件下，UAF 出水 COD 浓度平均为 133.84mg/L，去除率平均为 58.53%，去除负荷平均为 0.38kg/m³ · d。可见随着 HRT 的缩短，出水 COD 浓度不断增加，COD 去除负荷也在逐渐升高，但是在 HRT＝24h 时，其出水 COD 浓度较大，不利于 UAF＋SFS 生物生态耦合工艺的后续处理，因此，选用 HRT_UAF＝18h 时出水进入 SFS 进行处理。

HRT_UAF＝18h 时 COD 出水浓度平均为 99.85mg/L，且基本保持稳定，出水进入 SFS 进行处理。SFS 对 COD 的去除效果随 HRT 的变化趋势如图 5-16 所示。SFS 进水 COD 浓度范围在 93.04～117.75mg/L 之间波动。HRT＝2d 时，SFS 出水 COD 浓度平均为 54.88mg/L，去除率平均为 45.57%，未达到《城镇污水处理厂污染物排放标准》（GB 18918）一级 A 标准，延长 HRT 继续进行试验研究。在 HRT＝3d 时，COD 出水浓度平均为 46.84mg/L，去除率平均为 55.13%。可达到《城镇污水处理厂污染物排放标准》（GB 18918）一级 A 标准。

以上结果表明，在 HRT$_{UAF}$ = 18h、HRT$_{SFS}$ = 3d 时，UAF 与 SFS 耦合工艺出水 COD 浓度可达《城镇污水处理厂污染物排放标准》（GB 18918）一级 A 标准。

（2）SFS 对氮的去除效果分析

UAF 进水氨氮平均浓度为 41.34mg/L，出水氨氮平均浓度升高至 45.07mg/L，说明 UAF 阶段不仅对氨氮没有去除，而且 UAF 中有机氮经过水解酸化并转化成氨氮，导致最终出水中氨氮浓度升高，故生活污水中的氨氮应主要依靠 SFS 阶段完成。SFS 对氨氮

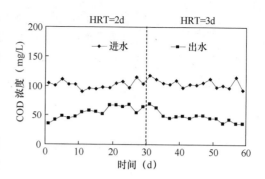

图 5-16　SFS 对 COD 的去除
效果随 HRT 变化图

的去除效果随 HRT 的变化趋势如图 5-17 所示。SFS 进水氨氮浓度范围在 30.59～39.03mg/L 之间，HRT = 2d 时，出水氨氮浓度平均为 15.01mg/L，去除率平均为 56.6%；HRT = 3d 时，出水氨氮浓度平均为 11.08mg/L，平均去除率增加至 69.25%，此时氨氮出水浓度未达到《城镇污水处理厂污染物排放标准》（GB 18918）一级 A 标准，继续延长 HRT 进行试验研究。在 HRT = 4d 时，出水氨氮浓度平均为 10.91mg/L，去除率平均为 69.79%；HRT = 5d 时，出水氨氮浓度平均为 10.43mg/L，去除率平均为 70.54%。根据以上结果可见，单纯依靠延长 HRT 无法明显改善 SFS 对氨氮的处理性能，在 HRT = 3d 后氨氮去除率渐趋稳定在 70% 左右，出水氨氮浓度基本维持在 11mg/L。

UAF + SFS 对总氮的去除效果随 HRT 的变化趋势如图 5-18 所示。进水总氮浓度范围在 41.29～49.87mg/L 之间。HRT = 2d 时，出水总氮浓度平均为 21.33mg/L，去除率平均为 53.07%；HRT = 3d 时，出水总氮浓度平均为 17.54mg/L，去除率平均为 61.01%，此时总氮出水浓度未达到《城镇污水处理厂污染物排放标准》（GB 18918）一级 A 标准，继续延长 HRT 进行试验研究。HRT = 4d 时，出水总氮浓度平均为 17.22mg/L，去除率平均为 62.35%；HRT = 5d 时，出水总氮浓度平均为 16.94mg/L，去除率平均为 62.61%。根据以上结果可知，单纯依靠延长 HRT 无法明显改善 SFS 对总氮的处理性能，在 HRT = 3d 后总氮去除率渐趋稳定在 62% 左右，出水总氮浓度基本维持在 17mg/L 左右。

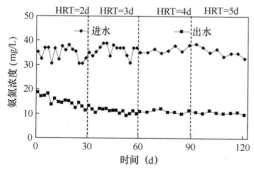

图 5-17　SFS 对氨氮的去除效果
随 HRT 变化图

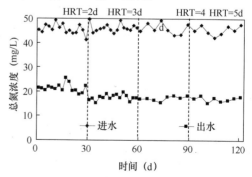

图 5-18　UAF + SFS 对总氮的去除效果
随 HRT 变化图

以上结果表明，在 $HRT_{UAF}=18h$，$HRT_{SFS}=3d$ 时耦合工艺对生活污水中氮的处理性能会有较大程度的提高，随后继续增加 HRT 对处理效果无明显改善，最终出水氨氮、总氮浓度均未达到《城镇污水处理厂污染物排放标准》（GB 18918）一级 A 标准。

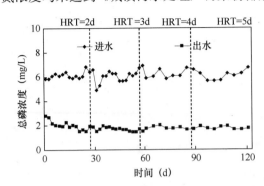

图 5-19　UAF＋SFS 对总磷的去除效果随 HRT 变化图

（3）SFS 耦合工艺对磷的去除效果分析

UAF＋SFS 对总磷的去除效果随 HRT 的变化趋势如图 5-19 所示。进水总磷浓度范围在 4.9～6.93mg/L 之间。HRT＝2d 时，出水总磷浓度平均为 2mg/L，去除率平均为 67.4％；HRT＝3d 时，出水总磷浓度平均为 1.65mg/L，去除率平均为 72.51％，此时总磷出水浓度仍未达到《城镇污水处理厂污染物排放标准》（GB 18918）一级 A 标准，继续延长 HRT 进行试验研究。HRT＝4d 时，出水总磷浓度平均为 1.77mg/L，去除率平均为 71.49％；HRT＝5d 时，出水总磷浓度 1.75mg/L，去除率平均为 71.21％。根据以上结果可知，单纯依靠延长 HRT 无法改善 SFS 对总磷的处理性能，在 HRT＝3d 后总磷去除率渐趋稳定在 71％左右，出水总磷浓度基本维持在 1.7mg/L。

综合以上结果表明，当 $HRT_{UAF}=18h$，$HRT_{SFS}=3d$ 时，UAF 与 SFS 生物生态耦合工艺 COD 出水可达《城镇污水处理厂污染物排放标准》（GB 18918）一级 A 标准，氮、磷出水均未达标，且延长 HRT 对处理效果无改善，可见 SFS 内生物的脱氮除磷效果较差。

（4）UAF 与 SFS 生物生态耦合工艺调整后处理效果分析

SFS 对氮、磷的去除是由植物吸收、微生物去除以及基质的作用共同完成的，而植物的生长状态又对系统内微生物群落的生长环境有很大影响。因此，考虑 $HRT_{UAF}=18h$，$HRT_{SFS}=3d$ 的运行条件下增加 SFS 内芦苇的植株密度至 24 株/m²，植株密度增加后 UAF 与 SFS 耦合工艺对生活污水的处理效果如图 5-20 所示。

由图 5-20（a）可知，SFS 进水（UAF 出水）COD 浓度平均为 111.88mg/L，SFS 出水 COD 浓度平均为 44.07mg/L，耦合工艺对 COD 的去除率平均为 85.55％，COD 进水浓度较之前有所增加，但 COD 出水浓度反而降低，说明增加 SFS 内植株密度对 COD 的去除效果也有一定程度的改善。由图 5-20（b）可知，耦合工艺氨氮进水浓度在 35.32～38.26mg/L 之间，出水氨氮浓度平均为 4.25mg/L，去除率平均为 88.48％；由图 5-20（c）可知，耦合工艺进水总氮在 60.5～73.9mg/L 之间，出水总氮浓度平均为 13.36mg/L，去除率平均为 80.08％。由图 5-20（d）可知，耦合工艺总磷进水浓度在 5.15～6.02mg/L 之间，出水总磷浓度平均为 0.44mg/L，去除率平均为 92.11％。

以上结果表明，增加 SFS 内植株密度至 24 株/m² 后，SFS 内脱氮除磷效果有明显提升，UAF 与 SFS 耦合工艺对 COD、氨氮、总氮、总磷的处理效果均有不同程度改善，且维持在较高水平。UAF 与 SFS 耦合工艺出水各指标均可满足《城镇污水处理厂污染物排放标准》（GB 18918）一级 A 标准。

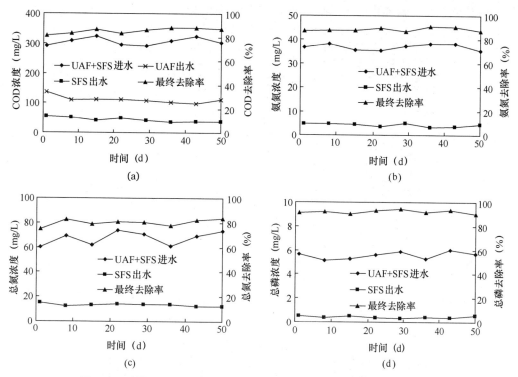

图 5-20　植株密度增加后 UAF 与 SFS 耦合工艺对生活污水的处理效果

3. 试验结论

（1）UAF 与 SFS 耦合工艺是一种开发投资少、运行费用低、操作简单的生活污水处理工艺，可以实现对农村生活污水的高效处理。

（2）在 $HRT_{UAF}＝18h$，$HRT_{SFS}＝3d$ 的条件下，UAF 与 SFS 耦合工艺对农村生活污水中 COD、氨氮、总氮、总磷的去除率分别可高达 85.55%、88.48%、80.08% 和 92.11%；最终出水中 COD、氨氮、总氮、总磷浓度分别为 44.07mg/L、4.25mg/L、13.36mg/L 和 0.44mg/L，均可达稳定达到《城镇污水处理厂污染物排放标准》（GB 18918）一级 A 标准。

（3）UAF 与 SFS 耦合工艺脱氮除磷主要依靠 SFS 阶段完成，通过增加芦苇的植株密度可以明显增强 SFS 内生物的脱氮除磷能力。

5.2.2　庭院式农村污水净化一体化净化装置研制

在"上流式厌氧生物滤池＋潜流式人工湿地"动态试验研究的基础上，本节开发出庭院式农村污水净化一体化净化装置（地埋式）。农户每日产生的废水直接倒入装置内即可，处理后出水可达到《城镇污水处理厂污染物排放标准》（GB 18918）一级 B 标准。

1. 工艺流程

污水净化分为 3 个阶段：（1）污水经筛网、沉淀池和化粪池进行预处理，主要去除悬浮颗粒物和部分有机物。（2）上流式厌氧生物滤池可大幅度去除污水中呈胶体和溶解状态的有机性污染物质。（3）潜流式人工湿地可进一步去除生物滤池未能降解的有机物和氮、

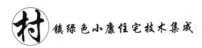

磷等能够导致水体富营养化的可溶性无机物，实现污水达标排放或回用。详见图 5-21。

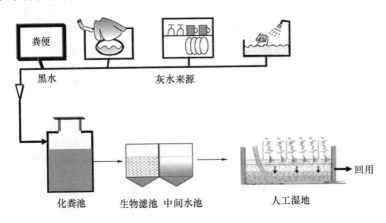

图 5-21　污水处理工艺流程图

2. 试验装置

本试验搭建了一个有效容积为 500L 的试验装置（外形尺寸 600mm × 1200mm × 800mm），见图 5-22。

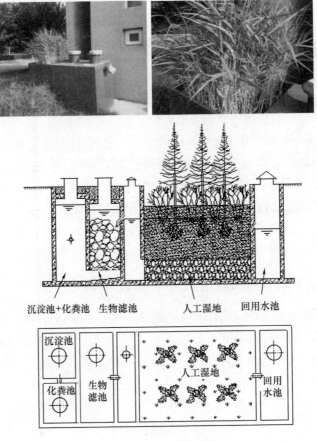

图 5-22　污水处理装置

3. 处理效果

为考察装置的启动及运行特性，将运行过程分为三个阶段，即启动阶段、负荷提高阶段和稳定运行阶段。按照农村生活习惯（早上 8 点、中午 13 点、晚上 20 点）进水，每日进水 3 次，进水比例 1：2：2。

装置运行结果如图 5-23 所示。

启动阶段：主要是利用粪便污水对人工湿地系统进行微生物培养并使芦苇适应试验水质。反应器启动采用连续进水方式，

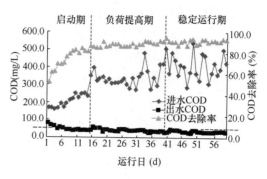

图 5-23　农村污水小型净化装置的运行结果

控制进水量为 50L/d，进水 COD 浓度为 161.8～210.8mg/L。启动期为 15d，然后装置出水 COD 浓度为 41.5～60.8mg/L，COD 去除率在 64.2%～88.1% 之间。

负荷提高阶段：反应器进水 COD 浓度为 272.3～501.6mg/L；进水量慢慢加大，进水量由 50L/d 逐步增至 300L/d，COD 去除率达到 84.4%～94.7%，出水 COD＜50mg/L。负荷提高期共运行 25d。

稳定运行阶段：为进一步考察装置的稳定运行效果显著，自第 41 个运行日起进行了 20d 的稳定运行试验。进水量 250L/d，进水 COD284.2～541.6mg/L、氨氮 18.3～29.5mg/L，出水 COD26.4～45.8mg/L、氨氮 5.3～11.7mg/L，出水水质满足《城镇污水处理厂污染物排放标准》（GB 18918）一级 B 标准，即出水 COD＜50mg/L。

4. 设计参数

设计进水水质：农村生活污水进水 COD300～500mg/L，pH6～9；

设计出水水质：《城镇污水处理厂污染物排放标准》（GB 18918）一级 B 标准；

一体化设备主要设计参数：沉淀池（化粪池）水力停留时间为 24h；厌氧生物滤池水力停留时间为 24h；人工湿地池水力停留时间为 72h。

5. 投资估算

建设一座有效容积为 500L 的农村生活污水庭院式水净化一体化装置（外形尺寸 600mm×1200mm×800mm），工程投资 2500～3000 元，可满足一个 5 口之家使用（按人均排水量 50L/d）（图 5-24）。

图 5-24　农村生活污水庭院式水净化一体化装置

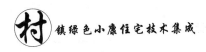

6. 装置工艺特点

本节开发农村生活污水庭院式水净化一体化装置具有如下特点：

① 庭院式污水处理一体化装置可以是地埋式或半地上式，结构简单，施工方便；可以单户使用，也可几家共同使用；② 采用"筛网＋沉淀池＋化粪池＋上流式厌氧生物滤池＋潜流式人工湿地"工艺，可使处理后出水达到回用水水质标准，用于农田灌溉或浇洒庭院植物，节约水资源；③ 采用潜流式人工湿地的占地面积小，可种植的芦苇、菖蒲或花卉等，增加庭院的美观性；④ 一体化装置无裸露水面，不会产生蚊蝇和臭味；⑤本装置处理过程中污水依靠重力自流流动，无动力消耗，管理方便，只需每半年或一年对化粪池进行清掏。

7. 适用范围

适用于布局相对分散、人口规模较小、水量偏低、污水不易集中收集的村庄。可以单户使用，也可几家共同使用。

5.2.3 生物转鼓反应器处理生活污水试验研究

生物转盘法是一种高效的固定生物膜废水处理技术，可以实现氮磷的同步去除，具有净化效率高、微生物浓度高、无污泥膨胀、耐冲击负荷、能耗低和操作简便的优点，广泛应用于染料、市政、食品等污水处理领域。然而生物转盘在实际应用过程中，常常出现生物膜过量生长，阻塞填料孔径，从而降低了生物膜内层氧及底物的传递效率，同时大面积生物膜的脱落使出水中悬浮物浓度增高，导致出水水质恶化。移动床生物膜反应器（MBBR）是现代污水生物处理技术中较为革新的工艺，它使微生物固定生长在1种密度略小于水的轻质漂浮填料上，随水流气流而流化的生物膜工艺，解决了生物转盘反应器需要定期清洗的复杂操作问题，但是相比生物转盘反应器能耗又较高。因此，如何进一步探索和开发新型高效的脱氮工艺，控制生物载体微生物数量和活性成为目前学者关注的热点。

本研究结合生物转盘和MBBR反应器的优势，自制了一套新型的生物转鼓反应器，转鼓的转动带动筒内的填料转动，使得生物填料与反应池中的水进行充分接触混合，提高了水流与生物填料的接触面积，实现了填料上生物膜的双重受力——填料间的摩擦力和填料与废水间的水力剪切力，加快了生物膜的更新速度与膜上氧的传质效率，避免了生物膜老化和结块现象，最终使得废水中的有机物得到高效降解。同时结合后置反硝化理论，通过控制调节转鼓淹没水位和转鼓转速，实现整个装置的好氧、缺氧或厌氧运行，可同时去除废水中的有机污染物、氨氮、磷酸盐。主要考察了新型生物转鼓反应器在污水处理过程中浸没高度比及转速对反应器氧传质能力的影响、流量分配比对后置反硝化脱氮能力及处理效果的影响，旨在优化工艺运行条件，为本工艺在农村生活污水处理推广提供技术支持。

1. 材料与方法

（1）试验装置

图 5-25 所示为本试验所采用的新型填料式—生物转鼓反应器及系统结构图。处理系统采用后置反硝化生物脱氮工艺，包括好氧生物转鼓单元和缺氧生物转鼓单元。反应器池

体及转筒由不锈钢材料制成,转筒内填充悬浮床生物 K3 填料（填充体积比为 80%）,转筒通过转轴由电机驱动,转速范围为 2～16r/min,转筒内壁设置 4 个矩形搅拌片以增加对填料的搅拌强度。好氧反应器沿高程 15cm、20cm、25cm 和 30cm 处分别设置 4 个排水口,对应有效容积分别为 28L、38L、48L 和 58L。缺氧反应器同样可供调节有效容积分别为 24L 和 30L。进水由高位水箱经两个进水口分别配送至好氧反应器和缺氧反应器,并通过流量计来实现对进水流量的定量控制。具体设计参数见表 5-6。

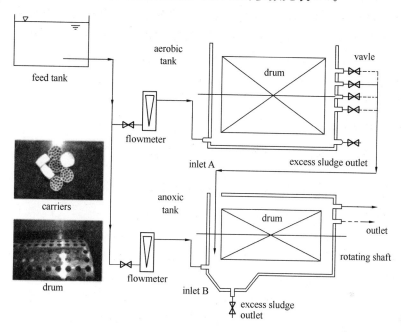

图 5-25　生物转鼓后置反硝化工艺示意图

表 5-6　生物转鼓反应器主要设计参数

名称	主要设计参数
好氧反应器池体	50cm（长）×40cm（宽）×（15, 20, 25, 30）cm（高）
好氧反应器转筒	30cm（直径）×40cm（长）
好氧反应器搅拌片	40cm（长）×5cm（宽）
缺氧反应器池体	50cm（长）×20cm（宽）×（15, 20, 25, 30）cm（高）
缺氧反应器转筒	15cm（直径）×40cm（长）
缺氧反应器搅拌片	40cm（长）×2cm（宽）
开孔	15mm 孔径，25mm 孔间距
转速	2～16r/min
填料填充率	80%

（2）接种污泥与试验用水

反应器接种污泥采用某城市污水处理厂二沉池剩余污泥,污泥浓度分别为 25.0gMLSS/L 和 19.5gMLVSS/L,接种污泥量为反应器体积的 1/10。本试验挂膜启动

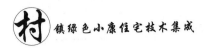

及后续运行均采用模拟生活污水，即采用葡萄糖、NH_4Cl 和 KH_2PO_3 作为碳源、氮源及磷源，溶解于自来水中，并添加钙、镁、铁等微量元素。配水平均 COD 为 (385.0 ± 15) mg/L、NH_4^+-N 为 (38.0 ± 2.5) mg/L 和 TP 为 (3.0 ± 1.5) mg/L。同时投加一定量 $NaHCO_3$ 于模拟污水中，以保持进水 pH 为 $7.0\sim8.0$。

（3）分析化验方法

COD 测定采用微波密封快速消解法；NH_4^+-N、NO_3^--N、NO_2^--N 和 TN 分别采用纳氏试剂分光光度法、紫外分光光度法、N-（1-萘基）-乙二胺分光光度法和过硫酸钾氧化—紫外分光光度法；pH 值测定采用玻璃电极法（FE20，Mettle-Toledo，中国）；DO 测定采用电极法（SG6-ELK，Mettle-Toledo，瑞士）。有机物降解及氨氮硝化活性测定采用比呼吸速率测试法。

（4）试验方案

①氧总体积传质系数（K_L）及动力效率（E_p）的测定方案

在假设完全混合的条件下，氧在气液两相传质过程中，液相中溶解氧浓度随时间的变化符合一级动力学方程：

$$\ln(C_S - C) = -K_L at + 常数 \tag{5-1}$$

式中　$K_L a$——氧的总体积传质系数（1/h）；

　　　C_S——溶解氧饱和浓度（mg/L）；

　　　C——t 时刻溶解氧浓度（mg/L）。

本试验中首先向好氧生物转鼓反应器注入一定量的清水，并调节转鼓的浸没深度依次为 1/3、2/5、1/2、3/5、3/4 和 5/6，通过计算向反应器中投加适量 Na_2SO_3 和催化剂 $CoCl_2$ 以完全去除水中原有的溶解氧。启动转鼓，分别测定转速为 4、8、12 和 16r/min 条件下不同时刻 t 水中溶解氧的浓度 C 以及饱和溶解氧浓度 C_S，得到 $\ln(C_S - C)$ 和 t 的直线关系，其斜率即为氧的总体积传质系数 $K_L a$。

动力效率计算见式（5-2）和式（5-3）：

$$E_L = K_L a C_S V \tag{5-2}$$

$$E_p = \frac{E_L}{N} \tag{5-3}$$

式中　E_L——氧传递效率（kgO_2/h）；

　　　V——好氧反应器有效体积（m^3）；

　　　N——由电功率表（UT71E，中国）测定的电机实际输入功率（kW）；

　　　E_p——氧传递的动力效率（kgO_2/kWh）。

② 流量分配比影响测定方案

本研究采用两点进水的方式控制反应器的运行，流量分配比是影响反应器处理效果的关键参数。在总进水流量为 6L/h 的条件下，好氧反应器进水流量与缺氧反应器进水流量的比值（简称流量比）分别设定为 1:0、4:1、3:1 和 2:1，对应反应器运行的 Phase I～IV 四个阶段。通过分析不同阶段下反应器脱氮的运行效果，得出反应器操作的最佳运行条件。运行过程中，主要用到的计算公式如下：

缺氧生物转鼓反应器进水 $NO_3^- \text{-N}$ 浓度计算公式见式（5-4）：

$$C_{\text{inf,}NO_3\text{-N}} = C_{\text{aer,}NO_3\text{-N}} \times \frac{Q_1}{Q_1 + Q_2} \tag{5-4}$$

缺氧生物转鼓反应器进水 $NH_4^+ \text{-N}$ 浓度计算公式见式（5-5）：

$$C_{\text{inf,}NH_4\text{-N}} = C_{\text{raw,}NH_4\text{-N}} \times \frac{Q_2}{Q_1 + Q_2} + C_{\text{aer,}NH_4\text{-N}} \times \frac{Q_1}{Q_1 + Q_2} \tag{5-5}$$

式中　$C_{\text{inf,}NO_3\text{-N}}$——缺氧反应器进水硝酸盐氮浓度；

$\quad\quad C_{\text{aer,}NO_3\text{-N}}$——好氧反应器出水硝酸盐氮浓度；

$\quad\quad C_{\text{inf,}NH_4\text{-N}}$——缺氧反应器进水氨氮浓度；

$\quad\quad C_{\text{raw,}NH_4\text{-N}}$——原水氨氮浓度；

$\quad\quad C_{\text{aer,}NH_4\text{-N}}$——好氧反应器出水氨氮浓度；

$\quad\quad Q_1$——进入好氧反应器的进水流量；

$\quad\quad Q_2$——进入缺氧反应器的进水流量。

2. 结果与讨论

（1）浸没比及转速对氧转移能力的影响

① 对氧总体积传质系数的影响

污水生物处理过程中，溶解氧对有机物氧化和好氧硝化起着重要作用，充足的溶解氧供应是好氧反应器正常运行的关键。影响氧转移速率的因素众多，如温度、氧分压、搅拌强度、反应器结构、水质特点等。改变搅拌方式、增强搅拌强度可以减少液膜厚度、增加气液接触面积，从而提高氧总体积传质系数、增强氧转移能力。本研究通过调整转鼓转速（4～16r/min）和转鼓浸没高度比（1/3～5/6），测试不同条件下氧总体积传质系数 $K_L a$，试验结果如图 5-26 所示。

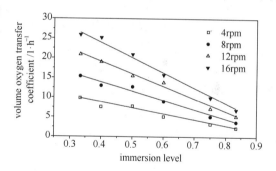

图 5-26　浸没高度比及转速对总体积
传质系数的影响

由图 5-26 可知，在一定浸没高度比条件下，转鼓转速越高，氧总体积传质系数 $K_L a$ 越大。当浸没高度比为 5/6 时，转速从 4r/min 升至 16r/min 过程中，氧总体积传质系数 $K_L a$ 由 2.32h^{-1} 升至 6.89h^{-1}。在浸没高度比为 1/3 时，转速从 4r/min 升至 16r/min 过程中，氧总体积传质系数 $K_L a$ 由 9.85h^{-1} 升至 25.87h^{-1}。这说明，转鼓转速与氧总体积传质系数成正比增长，这与 Courtens 研究结果相似，在清水试验中，RBC 盘片的运动增强了对液体的搅拌程度，从而提高了氧向液相的传输能力。

然而，在 4r/min 条件下，浸没高度比从 1/3 升至 5/6 过程中，$K_L a$ 从 9.85h^{-1} 降至 2.32h^{-1}；在 16r/min 条件下，浸没高度比从 1/3 升至 5/6 过程中，$K_L a$ 从 25.87h^{-1} 降至 6.89h^{-1}。这说明，在一定转速条件下，浸没高度比与氧总体积传质系数 $K_L a$ 呈负相关关系。浸没高度比的增加会降低对水体的搅动程度，氧传质效率受到抑制，导致生物转盘氧

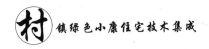

转移能力的下降。

从上述试验结果可以看出，通过调节转速和浸没高度比，填料型-生物转鼓具有从 2.32 到 25.87h⁻¹ 较大幅度的氧总体传质系数，为生物脱氮好氧与缺氧环境的形成提供了理论依据。有研究认为，氧转移的发生除了与气液两相浓度差异相关外，主要依靠液膜的破坏与更新，Kim 等认为这种更新与两相间氧转移速率呈线性增长关系。本研究，利用生物转鼓内充填料的翻动与转鼓本身的旋转对液体造成的紊动克服了液膜的表面张力，增加了液膜的更新速率，从而提高了反应器的氧转移能力。因此，填料型-生物转鼓的供氧方式不仅为附着在载体上暴露于空气中微生物直接供氧，而且为反应器中悬浮及浸没的好氧微生物提供较高的溶解氧环境，为好氧反应器的正常运行提供了理论依据。

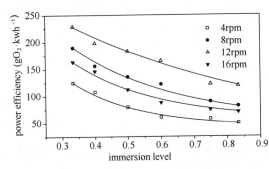

图 5-27　浸没高度比及转速对氧传质动力效率的影响

② 对氧转移动力效率的影响

生物转鼓反应器在运行过程中，较高的转速会增加电耗，增大处理费用；而过低的浸没高度比，则会减小反应器的有效利用容积，增加建设投资。因此考察转速及浸没高度比对动力效率的影响，优化控制参数可以提升反应器利用效率、减少电能消耗、节省投资和运作费用。本试验中转速及浸没高度比对反应器动力效率的影响如图 5-27 所示。

从图 5-27 可以看出，随着转速的提高，动力效率整体上表现出先上升后下降的趋势，在 12r/min 时，动力效率达到最高。浸没比分别为 1/3 和 5/6 时，对应动力效率分别为 228.62 和 119.01gO₂/kWh。在转速为 16r/min 时，因能耗过高而导致动力效率降低。

随着浸没高度比的提高，不同转速下动力效率均降低，这是由氧传质效率降低和能耗增加共同导致的结果。而在浸没比为 1/3 时，尽管动力效率表现出较高水平，但反应器有效利用体积的减少使反应器的处理能力下降，有效利用体积减少。因此，综合考虑好氧生物转鼓反应器最佳转速范围为 4~12r/min，最佳高度浸没比为 1/2~2/3。

（2）流量分配比对反应器运行效果的影响

① 对有机物去除效能的影响

在流量分配比对系统运行效能影响试验研究中，COD 的处理效果如图 5-28 所示，当流量比分别为 1：0、4：1、3：1 和 2：1 时，进水 COD 在 371.43~399.84mg/L，COD 容积负荷为 0.74~0.80kgCOD/（m³·d）。好氧反应器出水 COD 未观察到有明显波动，出水平均值为 28.74mg/L，这可能是填料载体微生物数量充足，反应器处理容量较大，且原水中有机物较易生物降解，在此进水流量条件下，对有机物处理能力达到平衡。

同时，在 Phase I~III 阶段，总出水 COD 均小于 40mg/L，COD 的去除率在 88.13%~96.00% 之间，平均去除率为 91.64%，出水 COD 浓度能够稳定达到《城镇污水处理厂污染物排放标准》（GB 18918）一级 A 排放标准要求。而在 Phase IV，总出水 COD 范围是 36.67~58.64mg/L，略有上升。分析原因，随着缺氧反应器进水分配流量的增加，一方面水力停留时间减少、缺氧反应器有机负荷提高导致有机物处理能力下降，另一方面，来自好氧反应器硝化液比例的减小降低了反硝化对碳源的需求，导致出水 COD 浓度偏高。

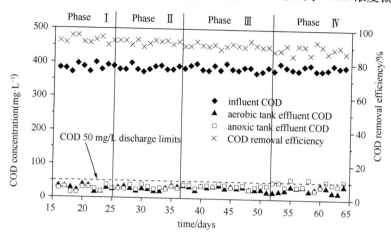

图 5-28　不同流量分配比下进出水 COD 及其去除率变化

② 对硝化作用的影响

好氧生物转鼓反应器进出水氨氮及硝酸盐氮浓度变化如图 5-29（a）所示。Phase Ⅰ～Ⅳ进水氨氮浓度范围为 36.3～39.9mg/L，出水氨氮平均值依次为 2.91、1.99、1.42 和 1.12mg/L，氨氮的去除率分别为 92.4、94.8、96.2 和 97.0%。出水硝酸盐氮平均值依次为 34.49、34.20、32.98 和 33.33mg/L。

可以看出，在 Phase Ⅰ～Ⅳ过程中，流量比增加提高了好氧反应器对氨氮的硝化效果。在不同的流量比下，污水进入好氧反应器折算的 HRT 依次为 4、5、5.3 和 6h，对应好氧反应器 COD 容积负荷依次为 1.16、0.92、0.87 和 0.78kgCOD/（m³·d），逐级减小。这样，在同一反应器内有机负荷降低减小了对自养型亚硝化及硝化细菌的竞争抑制，氨氮降解时间的增加也是硝化速率提高的重要原因。在此运行过程中，反应器溶解氧控制在 3～5mg/L，从而验证在生物条件下反应器供氧效能的稳定性，为好氧反应器正常运行提供了保障。有研究认为，亚硝酸菌对 DO 的亲和力较硝酸菌强，在低 DO 条件下（通常认为 0.5mg/L 以下），硝酸菌增长受抑制更明显，会出现亚硝酸积累现象。本研究，系统硝化产物几乎都是 NO_3^--N，亚硝酸盐累积很少，约为 0.01～0.20mg/L，且氨氮硝化程度较高。这说明搅拌供氧的方式可以为生物膜提供充足的氧气，亚硝酸盐氮被快速氧化为硝酸盐氮，满足好氧反应器对硝化能力的需求。

③ 对反硝化作用的影响

图 5-29（b）所示为不同流量比下进出水氨氮及硝酸盐氮的浓度变化。Phase Ⅰ 阶段流量比为 1∶0，缺氧反应器进水硝酸盐氮浓度为 34.5mg/L，出水硝酸盐氮浓度为 31.0mg/L，反硝化去除率较低。这是由于缺氧段未分流进水，无法提供给反硝化微生物代谢所需的碳源，导致反硝化不能顺利进行。

在 Phase Ⅱ～Ⅳ阶段，按照公式（5-4）计算，进水硝酸盐氮平均值依次为 27.36、

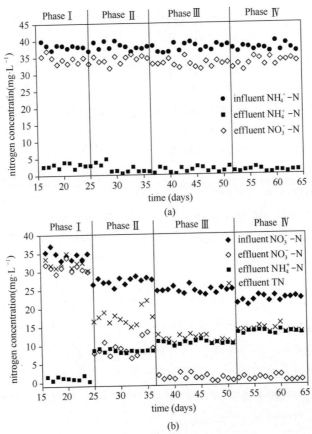

图 5-29　不同流量分配比下氮浓度及其去除率变化

(a) 好氧反应器中进出水氮浓度变化；(b) 缺氧反应器中进出水氮浓度变化

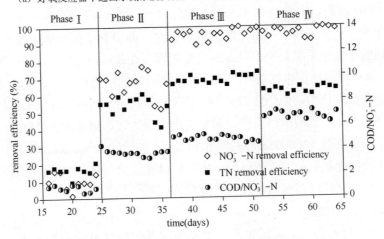

图 5-30　COD/NO_3^--N 对硝酸盐氮去除率及 TN 去除率的影响

24.73 和 22.22mg/L，呈梯度减少趋势。同时，由于缺氧反应器原水分配比例增加，原水中携带的有机污染物质为反硝化提供了可供利用的电子供体，缺氧反应器内进水 COD/NO_3^--N 依次增加（图 5-30），分别为 3.71、4.84 和 6.70。PhaseⅡ出水硝酸盐氮平均值为

9.2mg/L，反硝化去除率为66.34%，在碳源补充不足的情况下，反硝化未能彻底进行。

PhaseⅢ～Ⅳ出水硝酸盐氮平均值为1.06mg/L和0.72mg/L，反硝化去除率为95.69%和96.77%。可见，PhaseⅢ阶段分配进水流量已满足反硝化脱氮对碳源的需求，此时的COD/NO_3^--N为4.84，过多分配进水对反硝化去除率提升不明显，且会增加总出水COD浓度，对出水水质不利。理论上，以甲醇为碳源，氧化$1gNO_3^--N$需要2.86gCOD。而在实际应用中，由于受硝化液携带溶解氧对反硝化过程的限制，最佳COD/NO_3^--N为4～8.3。而以葡萄糖为碳源时，去除TN需4.2gCOD/gTN，最佳碳氮比为6～7。本研究最佳碳氮比为4.84，与上述研究数据基本一致，这说明合理调节流量比是实现最高反硝化去除率的关键控制因素。在实际应用中，因进水可降解性有机物种类不同及水质波动，通过调节流量比来提高原水中有机碳源的利用率，在无需或减少投加商业碳源的条件下获得较高的脱氮效果是可以实现的。

④ 工况优化对反应器脱氮效果的影响

从图5-29（b）及公式（5-5）可以看出，在PhaseⅢ、Ⅳ阶段出水氨氮浓度平均值分别为10.50mg/L和13.27mg/L，出水总氮浓度为11.57mg/L和13.99mg/L，氨氮成为出水总氮组分的主要贡献者。这主要是由于随着进入缺氧反应器流量的增加，原水中所含的氨氮不能向硝态氮转化，导致出水中氨氮含量过高，从而影响反应器出水TN浓度。

针对二次进水氨氮残留的问题，本研究对缺氧反应器的工况进行了调整。将转鼓浸没高度比调整为5/6，同时调节转速为4r/min，保持反应器污水溶解氧在1.0mg/L左右，重新运行PhaseⅢ阶段，连续稳定运行30d，处理效果如图5-31所示。

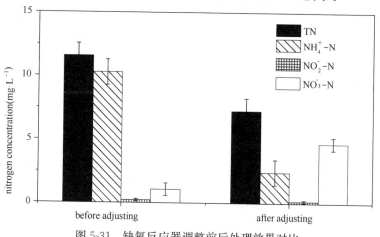

图5-31　缺氧反应器调整前后处理效果对比

由图5-31可见，调整后出水氨氮平均值由10.50mg/L降低至2.42mg/L，同时出水总氮平均值由11.57mg/L降低至7.26mg/L。而出水硝酸盐氮平均值仅上升3.62mg/L，未受到明显的影响。这说明较低浓度的溶解氧由于受到扩散的限制，未对生物膜内部缺氧环境造成破坏，缺氧反应器仍保存较高的反硝化活性，并增加了氨氮的去除能力。因此，适度调控反应器的运行状态，如转鼓浸没比、转速及生物膜厚度等，可以有效协调硝化和反硝化速率，有助于进一步提高TN去除率。

（3）生物量及生物活性

本研究在室温条件下挂膜启动，接种活性污泥初期，有少量活性污泥附着在塑料载体表面。5d后，填料表面出现黏膜状浅黄色的生物膜，之后颜色逐渐加深，呈现黄褐色或灰褐色，并且厚度逐渐加大。启动后期，经超声波振荡洗脱微生物膜，镜检显示生物膜菌胶团结构紧密且数量较多，并先后发现累枝虫、轮虫和草履虫等原生和后生动物。证明填料型-生物转鼓容易实现快速启动运行、挂膜效率较高，且微生物相丰富。在150d的试验运行期间内，仅对生物转鼓反应器排泥两次，其余时间总出水SS浓度小于10mg/L。并推测，填料搅动形成的水力剪切使过多的生物膜以细小悬浮物的形态排出反应器，未观察到生物膜因过厚而导致大面积脱落造成出水悬浮物升高的现象。

在PhaseⅢ运行稳定期间，小试研究测定了好氧生物转鼓填料生物膜的有机物降解活性和硝化活性，研究发现，常温条件下生物膜有机物降解活性和硝化活性平均值分别为58.2mgO$_2$/(gVSS·h)和42.0mgO$_2$/(gVSS·h)。这与Wang在多点进水生物流化床反应器同步硝化反硝化研究中得到的生物膜SOUR数据基本一致，表明生物转鼓反应器生物膜活性满足污水有机物降解及硝化需求。

3. 试验结论

（1）生物转鼓反应器依靠水力搅拌，具有较强的氧传质能力，在一定浸没高度比条件下，转鼓转速越高，氧总体积传质系数K_La越大，而转速相同，浸没高度比与氧总体积传质系数K_La呈负相关。在浸没高度比1/2～2/3、转速4～12r/min条件下，好氧反应器不仅可以保证充分的有效利用容积，并且拥有较高的动力效率。

（2）在流量分配比为1∶0、4∶1、3∶1和2∶1时，好氧区氨氮的平均去除率分别为92.4、94.8、96.2和97.0％，缺氧区反硝化的平均去除率分别为：10.01％、66.34％、95.69和96.77％，随着流量分配比提高反硝化脱氮能力逐渐加强，但由于过高的分配比会导致出水COD及氨氮浓度升高，本研究中最优的流量分配比为3∶1。

（3）在流量分配比为3∶1条件下，将反应器工艺参数调整为：浸没高度比5/6，转速为4转/分钟，溶解氧在1.0mg/L左右。TN去除率明显提升，由69.4％提高至80.9％。

（4）整个运行期间，未观察到载体生物膜过厚而导致出水水质SS升高的现象，反应器运行效果稳定，且生物膜保持较高生物活性，生物膜有机物降解活性和硝化活性平均值分别为58.2mgO$_2$/(gVSS·h)和42.0mgO$_2$/(gVSS·h)。

（5）成果（图5-32）

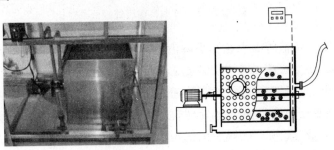

图5-32 授权专利：一种生物转鼓废水处理装置

5.2.4　结论

（1）采用"升流式厌氧生物滤池＋潜流式人工湿地"耦合工艺处理农村生活污水，COD、氨氮、总氮、总磷的去除率分别可高达 85.55％、88.48％、80.08％ 和 92.11％；最终出水中 COD、氨氮、总氮、总磷浓度分别为 44.07、4.25、13.36 和 0.44mg/L，均可达稳定达到《城镇污水处理厂污染物排放标准》（GB 18918）一级 A 标准。

（2）开发出庭院式农村污水净化一体化净化装置（地埋式），采用"格栅＋沉淀池＋化粪池＋升流式厌氧滤池＋潜流式生物滤池"工艺，农户每日产生的废水直接倒入装置内即可，处理后出水可达到《城镇污水处理厂污染物排放标准》（GB 18918）一级 B 标准；无动力消耗，管理方便。

（3）开发出一种新型生物转鼓反应器（ZL 201420548115.X），采用分段进水 A/O 工艺运行，在流量分配比为 3：1 条件下，均可达稳定达到《城镇污水处理厂污染物排放标准》（GB 18918）一级 A 标准。

5.3　农村最佳环境管理实践模式

由于中国农村传统的生产方式与生活习惯普遍以及农村居民环境保护意识不强，农村环保法律法规和制度不完善，农村环保资金投入不足，农村环保基础设施建设严重滞后，农业生产和农村生活污染物使用和排放的能力薄弱，无法可依，无章可循，以致环境负荷日益加大，胁迫程度越来越高。农村环境污染问题已经超过工业污染成为了我国最突出的环境问题。当前，我国农村生产与生活中存在的这些环境问题，已严重威胁到广大农民群众的身体健康，制约了农村经济的进一步发展，这些环境问题如不能得到及时解决，必将影响社会主义新农村建设和全面建设小康社会总体目标的实现。

5.3.1　农村环境污染防治对策

1. 农村最佳环境管理实践体系

农村最佳环境管理实践（BMPs）是指任何能够减少或预防水资源污染的方法、措施或操作程序（包括工程、非工程措施的操作与维护程序），通过运用行政、经济、技术等手段，为减少生活、生产活动对环境造成的潜在污染和危害，确保实现最佳污染防治效果，从整体上达到高水平环境保护所采用的管理活动。工程措施主要为采用分散或集中式污水处理设施、人工湿地等，以拦截、降解污水中污染物；非工程（管理）措施包括规划、农户教育、奖励等形式，促使农民自觉使用廉价的环境友好技术。

结合现状调研，为使农村环境污染治理落到实处，需从政策、管理、技术和环境教育四个方面入手，开展农村垃圾和污水处理模式和环境管理机制研究，构建农村垃圾和污水处理的最佳环境管理实践模式（模型见图5-33）。

农村最佳环境管理实践体系主要内容包括：

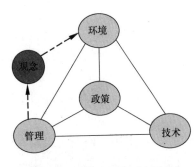

图 5-33 农村最佳环境管理
实践模式模型

（1）政策层面：包括农村面源污染防治技术政策、农村的产业政策、相关的税收政策、农业的补贴政策和土地经营政策。

（2）管理层面：农村的污染物管理、农业废弃物的管理、农村环境的管理系统、规划、法规建设。

（3）技术层面：构建农村面源污染防治技术管理体系，从流域或区域角度系统考虑，解决农村面源污染防治问题

（4）环境教育层面：各级政府应拨付专项资金，支持农村环境保护科学知识的普及。在乡镇"环境保护管理派出所"的统一领导下，各村的"环境保护监督管理员"应负责宣传国家的农村环境保护政策、法规和标准。加强对广大农民进行环境守法教育，促使农民自觉维护村庄生态环境保护。号召村民公众参与，人人自觉保护环境。

2. 农村环境管理机构建设

我国环保系统的最基层是县一级环保机构，少数乡镇设置有环保办公室、环保助理、环保员等环保机构，对于农村生活，却很少涉及。以行政管制为主要手段的管制性环境政策因为农村环保机构的缺少和农村生产、生活方式的特点而失去可操作性。

环境政策的制定和实施都基本上由政府直接操作，使用行政手段进行控制，而这种行政管制手段的实施需要相应的机构、人员及设备，从而带来更多的经济负担。

（1）管理体制建设

村镇生活污染是结构性环境面源污染的主要组成部分。应结合我国村镇实际，构建村镇的环境管理体系，建立乡、村两级基层环境管理机构。

在县级人民政府环境保护行政主管部门的框架下，应实行派出制，在乡、镇人民政府内组建"环境保护管理派出所"；结合我国普遍实行的"村民自治体制"，在行政村的村委会中设立"环境保护监督管理工作站"；在乡、镇、街道辖区内的自然村及居住点，按每五十户人设置一名"环境保护监督管理员"，建立基层环境保护监督管理体系。

乡、村两级环境监督管理机构应负责辖区内的环境保护规划编制和环境执法监督管理。居委会、自然村、居住点的"环境保护监督管理员"应负责本片区的环境执法监督管理。

（2）运行机制建设

乡镇人民政府的"环境保护管理派出所"是乡镇人民政府的环境保护行政主管部门，由县级人民政府批准机构设立和人员编制，在乡镇人民政府的领导下开展环境保护监督管理工作，接受县级人民政府环境保护行政主管部门的业务指导。

行政村的"环境保护监督管理工作站"是村民委员会的环境保护职能部门，其设立和编制由村民代表大会通过，其负责人由村委会主任提名，由村党支部任命。

"环境保护监督管理员"接受行政村"环境保护监督管理工作站"统一领导，按照有关章程行使环境保护监督管理和执法检查职责。

3. 农村环境管理制度

我国农村环境污染治理起步较晚，到"十五"期间起开始重视农村基础设施建设和环境污染治理工作。在新农村建设和农村污染防治方面开展了大量工作。各国农村建设情况见图 5-34。

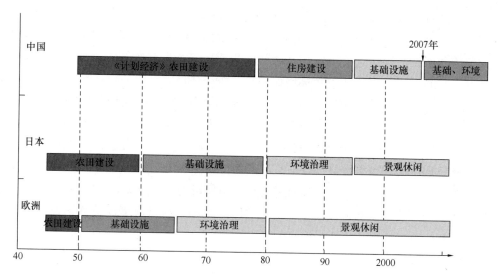

图 5-34 各国农村建设情况

（1）我国现有农村环境污染防治的相关政策、法规标准、指南

① 相关政策及法规

《国家中长期科学和技术发展规划纲要（2006—2020 年）》，国发〔2005〕44 号，2006 年 2 月；

中华人民共和国国务院《国务院关于落实科学发展观加强环境保护的决定》，2005 年 12 月；

原国家环境保护总局《关于增强环境科技创新能力的若干意见》，环发〔2006〕97 号；

国家环境保护总局颁布《国家农村小康环保行动计划》，2006 年 10 月；

国家环境保护总局组织制定《国家环境技术管理体系建设规划》，2007 年 9 月；

国家环境保护总局颁布《关于进一步加强生态保护工作的意见》（环发〔2007〕第 37 号），2007 年 3 月；

国务院办公厅转发国家环保总局等部门制定《关于加强农村环境保护工作的意见》，2007 年 11 月；

国家环境保护总局《全国农村环境污染防治规划纲要（2007—2020 年）》，2007 年 12 月；

《全国农村环境综合整治规划（2010—2015 年）》；

《国民经济和社会发展第十二个五年规划纲要》；

《国家环境保护"十二五"规划》；

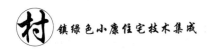
《"十二五"节能减排综合性工作方案》；

《节能减排"十二五"规划》；

《全国农村经济发展"十二五"规划》；

《全国农业和农村经济发展第十二个五年规划》；

《废物资源化科技工程"十二五"专项规划》；

环办〔2010〕136号转发环境保护部办公厅《农村环境综合整治"以奖促治"项目环境成效评估办法（试行）的通知》；

环发〔2009〕48号《中央农村环境保护专项资金环境综合整治项目管理暂行办法》；

国办发〔2009〕11号《关于实行"以奖促治"加快解决突出的农村环境问题的实施方案》；

财建〔2009〕165号《中央农村环境保护专项资金管理暂行办法》；

关于农村地区生活污水排放执行国家污染物排放标准等问题的复函；

关于深化"以奖促治"工作促进农村生态文明建设的指导意见；

环境保护部办公厅《农村环境综合整治"以奖促治"项目环境成效评估办法（试行）的通知》；

农业部关于加快推进畜禽标准化规模养殖的意见；

关于进一步神话畜禽养殖污染防治加快生态畜牧业发展的若干意见；

全国设施农业发展"十二五"规划；

全国畜禽养殖污染防治"十二五"规划；

关于发布《农村环境连片整治技术指南》等五项指导性技术文件的公告；

关于印发《2013年全国自然生态和农村环境保护工作要点》的通知；

《关于引导农村土地经营权有序流转发展农业适度规模经营的意见》；

《京津冀及周边地区秸秆综合利用和禁烧工作方案（2014－2015年）》（发改环资〔2014〕2231号）；

《全国生态保护与建设规划（2013－2020年）》（发改农经〔2014〕22号）；

国务院办公厅关于改善农村人居环境的指导意见；

中华人民共和国环境保护法；

可再生能源发展"十一五"规划；

十大重点节能工程实施意见；

废物资源化科技工程"十二五"专项规划；

关于加强"十二五"中央农村环境保护专项资金管理的指导意见；

全国农业和农村经济发展第十二个五年规划；

国家环境保护"十二五"规划；

关于征求《农村环境质量综合评估技术指南（征求意见稿）》意见的函；

餐厨废弃物资源化利用和无害化处理试点城市实施方案编制指南（发改办环资〔2014〕892号）。

②相关规范、标准、指南

农村生活污染防治技术政策；

农业固体废物污染控制技术导则；

畜禽养殖业污染防治技术政策；

农村生活污染控制技术规范；

农村固体废物污染控制技术规范；

生活垃圾焚烧污染控制标准（GB 18485）；

村庄整治技术规范；

农村沼气"一池三改"技术规范；

农作物秸秆资源调查与评价技术规范；

污水生活污水净化沼气池技术规范；

人工湿地污水处理工程技术规范；

畜禽养殖业污染治理工程技术规范（HJ 497）；

畜禽养殖业污染物排放标准（GB 18596）；

畜禽养殖污染防治最佳可行技术导则；

畜禽场环境质量及卫生控制规范；

畜禽粪便无害化处理技术规范；

畜禽场环境污染控制技术规范；

农药使用环境安全技术导则（HJ 556）；

化肥使用环境安全技术导则（HJ 555）；

农药使用环境安全技术导则（HJ 556）；

城镇污水处理厂运行监督管理技术规范（HJ 2038）；

农村户厕卫生标准；

东北地区农村生活污水处理技术指南；

东南地区农村生活污水处理技术指南；

华北地区农村生活污水处理技术指南；

西北地区农村生活污水处理技术指南；

西南地区农村生活污水处理技术指南；

中南地区农村生活污水处理技术指南；

农村生活污水处理项目建设与投资技术指南；

农村生活垃圾分类、收运和处理项目建设与投资技术指南；

畜禽养殖污染防治项目建设与投资技术指南；

生活垃圾处理技术指南；

农村饮用水水源地环境保护项目建设与投资技术指南（征求意见稿）；

农村环境连片综合整治示范实施方案编制技术要点；

农村饮用水水源地环境保护技术指南（征求意见稿）；

村镇生活污染控制最佳可行技术指南；

城镇污水处理厂运行监督管理技术规范；

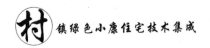

城镇污水再生利用技术指南（试行）；

农村环境质量综合评估技术指南（征求意见稿）；

......

总的来说，目前针对我国农村环境技术管理体系的研究较为零散，农村环境技术管理体系内部各要素、各环节间逻辑关联性不强，研究广度和深度不足，系统性、科学性较差，缺乏实践性和前瞻性，对农村环境管理的技术支撑力度明显不够，严重地影响了农村环境管理政策的实施和环保目标的实现。

（2）我国村镇环境管理的基本制度和政策法规建设

① 制定和完善相关农村环境管理制度、政策法规

村镇排污收费制度。

村镇环境污染治理设施建设制度。

村镇环境污染治理设施运营管理制度。

村镇生活污染防治管理条例。

分区域（流域）的村镇生活污染物排放标准。

村镇生活污染防治技术法规（技术政策、最佳可行技术导则、工程技术规范、设施运行管理技术规范等）。

② 制定污染物排放标准

村镇污染控制的关键因素是选择适合当地经济水平的，符合可持续发展理念的污染防治措施。由于村镇生活污染总量大，分布广，处理技术不同于城市模式。对于限值指标采用城市标准值得商榷。村镇污染集中处理技术由于经济限制因素，为城市集中处理的小型化或者简单形式，因此处理效果可能难以达到排放标准。需要制定村镇污染物防治技术能达到的排放标准。同时该标准也能达到环境状况改善的目的。

制定村镇污染排放标准，首先要对全国村镇污染排放现状监测调查，建立相应的各种技术的排放数据库，从而掌握各类技术应用后的实际效果。在此基础上，根据实际情况推荐全国性或区域性的可行的排放标准。最后依据实际执行的情况，对限值进行合理的调整，形成正式的限值标准。

（3）制定农村环境污染防治规划

县（市）级人民政府应根据社会主义新农村建设的实际进展，结合村庄整治规划科学编制县（市）域村镇农村生活污染治理总体规划、乡镇和村庄建设计划，加强对村镇生活污染控制的规划管理。

村镇生活污染治理规划，应按照城乡统筹、以城带乡，政府引导、农民主体、社会参与，科学规划、因地制宜，分步实施，分类指导、务求实效的原则，充分依托县域小城镇的经济社会发展优势，改善村镇人居环境质量。

村镇生活污染治理，应根据农村地区产生源头分布广，集中处理难的实际，坚持"最低投入，最佳效果"的治理思路，统筹规划县（市）、乡镇、村庄的三级生活污染治理系统，达到优化配置处理设施资源，减少运行成本，提高环境治理的社会效益、经济效益和生态效益。

村镇生活污染治理规划编制，应深入调查研究当地的地形、地貌、地质、气象、水源等生态环境因素和经济发展水平，掌握本地区的农村污染源情况和分布特征，结合当地的农业生产的有利条件，因地制宜编制县（市）、乡镇、村庄污染治理设施建设、运行管理的一体化生活污染治理规划。

村镇生活污染治理规划可参考附件《村镇生活污染治理规划大纲》编制。

4. 农村环境污染治理设施建设模式

根据工业部门已经普通实践的清洁生产和循环经济的原则，应当遵循废物和废水产生的最小化；避免废水大量传输和集中处理；废水与废物的低投资低能耗就地处理；资源循环利用和回收。

农村污水处理设施规模小，数量多，给日常运行、维护与管理带来不便。首先在工艺设计上尽量做到运行操作简单，维护管理少。但必要的日常维护和管理仍然是确保设施运行正常，高效发挥其功能的关键。

应妥善解决村镇生活污染治理基础设施建设资金投入的问题，实行政府补助与村民集资相结合、"以奖促治"的资金筹措办法，各级政府应承担农村环境污染治理资金的主要部分，其比例不低于项目建设总投资的 70％，可以按照中央政府奖励 10％，省、市（地）、县（市）、乡（镇）四级地方政府各自负担 15％，村民集资 30％的办法，统筹污染治理建设资金的投入。

设施建设应贯彻国家对农村环境综合整治资金投入的有关政策，充分发挥政府财政资金的引导作用，按照"设施共建、服务共享"的原则，建立健全村镇环境保护设施建设资金筹措和多渠道协调机制。

积极鼓励、实行吸引社会化建设与运营的投融资模式，有条件的地区可按照"谁投资、谁受益，谁建设、谁运营"的原则，引入市场运作方式，建立村镇环保设施投入和运营的长效机制。

村镇环境污染治理设施必须保证设施建设的质量，应通过招投标方式确定环保设施的设计、施工和监理单位；设计、施工、监理单位应具备国家规定的相应工程设计、施工、监理资质。

村镇环境污染治理设施建设应严格执行国家和地方的有关标准、规范。设施建成后，应按照有关规定切实进行环境保护设施竣工验收，验收合格后方得正式投入运行。

5. 农村环境污染治理设施运行管理模式

为保证村镇生活污染治理设施持续稳定运行，应实行县（市）、乡镇、村庄一体化的运行管理体制。县（市）环境保护行政管理部门，根据有关法律法规的规定，对村镇环境保护设施进行统一监督管理，并根据当地村镇生活污染集中与分散治理的实际情况，建立村镇环境保护设施运行管理制度，组建专业化的运行管理队伍。

村镇环境保护设施的运行维护和管理，应坚持社会化、专业化的原则，配备专门的操作管理人员，负责环境保护设施的日常维护与管理，确保环保设施常年正常运行。环境保护设施的日常维护与管理，应充分发挥乡镇、村庄两级的积极性，利用就近管理的有利条件，吸收当地村民参与设施的运行管理；日常设施运行和维护费用，应根据国家和地方支

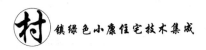

持农村环境综合整治的财政政策予以保证，同时根据当地的实际情况逐步适当收取污染治理费；有条件的地区宜引导和鼓励社会力量参与村镇的环境保护设施运营，逐步实现"服务专业化、运作市场化、管理物业化"。

村镇环境保护设施的运行管理，应建立健全人员培训、岗位责任、运行记录、运行监测报告等制度，制定设施运行操作规程和事故预防与应急措施。

县（市）环境保护行政管理部门应组织对环境保护设施的运行维护和管理人员进行培训。设施运行维护和管理的人员上岗前应经过专业技术培训，持证上岗。

治理村镇生活污染应发挥村民的积极性，通过板报、广播、电视、学习小组等方式，普及相关知识与适用技术，提高村民保护环境的意识，树立生态文明理念，提高村民参与水平。

为加强对环境保护设施运行的监督管理，应制定村规民约，引导村民自主管理，鼓励村民自我服务、相互监督；建立评估和奖惩机制，制定村镇环境保护设施运行考核办法，开展设施运行维护和组织管理的绩效考核评价。

5.3.2 农村垃圾处置模式及最佳环境管理实践

1. 农村垃圾处置模式研究

（1）我国农村生活垃圾污染现状及存在问题

目前，我国农村每年产生约 3 亿吨的生活垃圾，每年有 1.2 亿吨左右的农村生活垃圾露天堆放，全国生活垃圾处理率约占 10% 左右。大部分农村的生活垃圾还普遍处于粗放的无序管理状态，当地基本上是"四无"：无环卫队、无固定的垃圾收集点、无垃圾清运工具、无处理垃圾专用场地。大部分生活垃圾收集采用敞开式收集，运输采用人力车、农用车等非专用垃圾车辆，处理主要采用就近堆放、填坑填塘、露天焚烧、简易填埋等方式。大量生活垃圾无序丢弃或露天堆放，对环境造成严重污染，不仅占用土地、破坏景观，而且还传播疾病，严重污染水环境、土壤和空气以及人居环境，致使村内卫生环境较差甚至恶劣。

目前，我国村镇生活垃圾收运处理设施缺乏、污染严重，在技术、资金和管理方面还存在较大的问题，具体体现在：

① 对农村环保工作的重要性认识不清，没有把环保工作放到一个重要的位置，环保的相关法规和策略在农村不能得到较好的落实。

② 对农村环境保护工作给予的重视不够，尤其对农村环境基础设施建设的资金投入较少。很多地方国家投资建设了污染治理设施，却存在无钱运营和无专业人员管理的问题。

③ 我国农村环境保护工作的相关机构不健全，而且村镇没有专业的环保工作者，监管和执行力度受到严重的影响。

④我国农村环境污染的治理技术相对落后，仅农村沼气技术和推广成效显著，而对污水及生活垃圾等处理无成熟的技术，严重影响了环保工作的开展。

⑤目前我国的农村环境保护工作推进的主要手段是行政手段，但法律法规不健全，使

农村环境污染不能得到有效的控制。

（2）现有生活垃圾分类及存在不足

生活垃圾具有"废物"和"资源"的双重特性。我国《固体废物污染环境防治法》《城市生活垃圾管理办法》和《农村生活污染防治技术政策》等法规文件都把垃圾分类作为重要对策。生活垃圾混合收集和填埋，不仅增大了垃圾中塑料、纸张、金属等废品的回收成本，降低了可用于堆肥的有机物资源化效益，增大垃圾无害化处理难度。同时混合收集增加了填埋量和后续渗滤液处理等问题。因此，实现垃圾分类收集与资源化，是垃圾处理必然措施。

生活垃圾处理首先进行垃圾分类回收利用，其次是堆肥、厌氧发酵等生化技术，然后是焚烧技术，最后才是卫生填埋。常见农村生活垃圾处理流程如图 5-35 所示。在餐厨垃圾中，家庭厨房垃圾多与其他垃圾混合收集，餐饮垃圾目前可实现分类单独收集和处理。总体来说，目前我国城市生活垃圾收集主要以混合垃圾收集为主，其主要处置方式为垃圾卫生填埋。有的城市也针对混合垃圾开展垃圾分拣工作，实现部分垃圾资源化。

图 5-35　常见农村生活垃圾处理流程

垃圾的分类回收，是实现垃圾资源化、减量化的最有效途径之一。在垃圾处理过程中，形成一套完整的垃圾回收处理体系，该体系不仅能使垃圾得到合理的回收、利用、处置，还使人们的垃圾分类意识得到提高。我国多数将城市生活垃圾分为：可回收垃圾、餐厨垃圾、有害垃圾和其他垃圾（不可回收）4 大类。图 5-36 是我国常见分类收集垃圾桶。

华北地区生活垃圾分类存在以下问题：

① 标识混乱

目前人们对于"可回收垃圾"和"不可回收垃圾"的定义尚不清楚或各人对其定义的理解不尽相同。垃圾桶有单桶、双桶、3 桶、多桶式垃圾桶，因此导致实际的分类收集效

图 5-36　我国常见分类收集垃圾桶

果不理想。我国常见垃圾分类标识如图5-37所示。

不可回收垃圾中，含有厨房垃圾、建筑垃圾、废旧塑料等，送垃圾填埋场处理时，垃圾填埋量大，易产生垃圾渗滤液。

② 管理不到位

目前国内对垃圾的后续处理处置尚未建立相应的不同的处理技术与对策，导致即使对垃圾进行了分类收集，也无法在后续的处理处置过程中对其进行区别对待，在垃圾清运过程中又将垃圾合并在一起形成混合垃圾外运处理了。

③ 垃圾分类投放意识不强

目前很多地方设置垃圾分类投放桶，但是人们总是随意投放，也使垃圾分类桶形同虚设。

上述问题在我国城市垃圾分类处理方面一直是一个难题。

图 5-37　我国常见垃圾分类标识

（3）农村生活垃圾分类收集、处置模式研究

根据我国农村现阶段的经济水平和农村特点，农村生活垃圾的出路主要也是卫生填埋场。但是农村村庄分散，垃圾收运困难，无法送入城市垃圾填埋场填埋。因此垃圾分类收集，减少垃圾填埋量，节省填埋用地，十分必要。单纯套用城市生活垃圾的分类、处置及管理方式，不能适应农村生活垃圾处理。

垃圾分类方式必须简单易行，能够被村民接受并有效实施。根据农村生活垃圾的特点，本研究拟将农村生活垃圾分为5类，从源头实现垃圾分置，分类收集，分类处置，具体方法如图5-38所示。

① 废品类可回收垃圾

主要包括废旧金属、废旧塑料、废旧玻璃器皿、废旧书报、废旧衣物、大件垃圾（废旧电器、家具等）等。这部分垃圾回收价值较高。我国废品回收系统是市场化模式，发达国家一般没有这种模式，他们将废品作为垃圾统计。废品可以先让村民分类收集暂存，然后集中送废品收购站，综合利用。

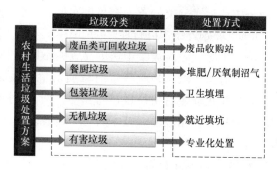

图 5-38　农村生活垃圾分类及处置方式

② 餐厨垃圾

主要包括居民日常生活产生的食物残渣（剩菜、剩饭等）、厨房下脚料（菜根、菜叶等）和果皮等，属于有机垃圾。这部分垃圾有机质含量高，易生物降解，可单独收集，与粪便、秸秆等进行堆肥或厌氧发酵制沼气。

③ 包装垃圾

主要包括轻质包装垃圾，如食物盒、小型纸质包装材料、纸杯、塑料袋、方便面袋、小的饮料瓶/盒（酸奶盒、利乐包）等。对于大多数农村来说不具备进一步分拣的基础，可送垃圾填埋场卫生填埋。有条件的农村，可进一步分拣回收有用物质或进行垃圾焚烧处理。

④ 无机垃圾

主要包括建筑垃圾、燃煤灰渣等，属于惰性垃圾，可就近填坑堆存。

⑤ 有害垃圾

主要包括废旧电池、过期药物、日光灯管、油漆桶、针筒等，这部分垃圾属于危险废物，通过分拣单独存放，送有资质的危险废物处置部门进行专业化处置。

通过垃圾有效分类，可实现垃圾资源化，同时减少垃圾填埋量和占地面积。

（4）农村生活垃圾分类收集处置模式可行性分析

① 垃圾源头分置可操作性

本研究设置的垃圾分类方式简单、明确，农村垃圾分类收集桶只需设置 2 个主要垃圾桶：包装垃圾桶和餐厨垃圾桶。村民对各种垃圾分类容易辨识，可操作性强。有利于垃圾的分类收集，从源头实现固体废物减量化、资源化，并为以后实现固体废物管理的能源化打下基础。

图 5-39　本节设计的垃圾分类收集桶

本节设计的农村垃圾分类收集桶如图 5-39 所示。

② 垃圾分类管理可行性

大多数村镇人口密度小，流动性小，村民思想朴素、生活节奏相对较慢、作息规律，彼此熟悉，沟通和交流多。只要政府组织引导得当，完全可以搞好分类收集和垃圾源头分置。为配合此项工作开展，政府必须加大管理力度，建立补偿机制，提高群众的积极性。确保实现

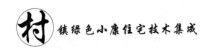

垃圾分类清运，分类处置，避免再次形成混合垃圾。

③ 垃圾处置技术可行性

废品类可回收垃圾集中送废品收购站回收利用，建筑垃圾、燃煤灰渣等无机垃圾近填坑堆存，有害垃圾单独收集送有资质的危险废物处置部门专业化处置，技术和操作上可行。餐厨垃圾属于有机垃圾，与粪便、秸秆等进行堆肥或厌氧发酵制沼气，农村堆肥技术和沼气池技术使用较多，技术可行。包装垃圾回收价值较低，送垃圾填埋场卫生填埋，技术可行。

④ 经济可行性分析

通过垃圾合理分类，只需要购置 2 个盛餐厨垃圾和包装垃圾的垃圾桶，其他垃圾使用废旧编织袋即可，投资较少。而出售废品、垃圾堆肥、厌氧制沼气等方式还可带来一定的经济收益。垃圾填埋量降至原先的 20%～30%，运输成本、填埋成本也大为降低，可以实现"户分类、村收集、村镇处置"的农村生活垃圾分类收集处置，经济效益较为显著。通过生活垃圾源头分置，重点要解决农村餐厨垃圾和包装垃圾的处置问题。上述模式从经济角度分析合理可行。

2. 农村垃圾处置最佳环境管理实践

分类收集，专业化管理。统一规划村庄、乡、镇垃圾收集（回收）站点的设置，建立以家庭进行垃圾分类，村庄收集为基础的垃圾收集（回收）与管理系统。统一设置垃圾收集设施，设置垃圾桶、箱，统一转运，实行垃圾收集专业化管理。

堆肥处理前进行认真的垃圾分类、筛选，控制垃圾的成分，只允许人粪便、厨余废物、作物秸秆、农户散养畜禽粪便以及清扫灰土等进入堆肥场。工艺过程中产生的渗沥液尽量循环使用，不能循环使用的渗沥液统一收集处理，达标排放。工艺过程中产生的臭气集中收集经除臭处理后排放。

村镇生活垃圾填埋场建设与管理，把握好场址选择、工程设计、二次污染防治等方面的技术关键。

厌氧消化制沼气技术要对输气管道、开关、接头等处要经常检修。防止输气管路漏气和堵塞。水压表要定期检查。确保水压表准确反映池内压力变化。要经常排放冷凝水收集器中的积水，以防管道发生水堵。

5.3.3　农村生活污水处理模式及最佳环境管理实践

1. 农村生活污水处理模式研究

考虑到华北地区村落分布、污水收集难易程度和冬季气温较低等特点，农村生活污水处理模式可分为：①庭院式处理模式；②集中式处理模式；③农村连片处理模式。

本节拟开展分散式、集中式农村污水处理模式研究，并开发与之相配套的低成本污水处理技术，实现污水资源化利用。

华北地区农村生活污水处理模式见图 5-40。

2. 农村生活污水处理最佳环境管理实践

1）农村生活污水处理设施的管理

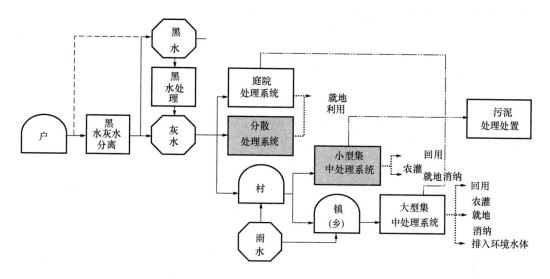

图 5-40　华北地区农村生活污水处理模式

在农村污水收集管道及处理设施建设过程中，均应做好防渗处理，避免污染地下水。

（1）排水系统的维护与管理

应定期对排水系统进行检查和维护，发现堵塞立即疏通。

由于接口处易松动，弯头处易堆积淤泥，应定期检查管道弯头和接口处。室外塑料管道在长期日照下，易产生裂纹，因此布设排水管道时应考虑到其使用寿命，如发现开始产生裂纹，宜进行管道更换。厨房下水道前应安装防堵漏斗，并定期清理上面的残渣，厨余污水应先进入隔油池，防止管道堵塞；浴室排水应安装毛发过滤器，排水管道前需安装防堵细格栅。

雨水排放明渠应定期进行疏通，以免渠道堵塞，雨水溢出；没有混凝土抹面的渠道应注意渠道两岸土体或岩体的稳固性，在多雨地区尽量采用混凝土明渠排放雨水。

（2）散户污水处理设施的运行与管理

散户污水处理设施宜由农户自行看管，包括化粪池的定期清淘、生物处理设施的定期排泥、生态处理单元的植物收割等。但农户缺乏污水处理技术的专业知识，对污水处理设施的运行维护管理水平有限，因此村落或集镇可统一聘请若干专业人员，为农户提供技术指导和专业咨询，对村落或集镇管辖范围内的散户污水处理设施进行定期巡查，巡查周期不宜大于 3 个月。

（3）村庄污水处理站的运行与管理

村庄污水处理站的启动和试运行需要专业人员操作执行，各村庄应专门配备污水站的维护人员对污水处理设施和设备定期维护保养和检修。待系统正常运行后，应将设计和管理手册交给运行方。管理人员应按照手册的要求严格执行，保证污水站的正常运行。应定期对污水处理站的进水和出水进行观察或测定，如进水异常，需及时采取相应措施。污水处理站的设备一旦出现故障，须及时与相关技术人员或生产厂家联系，进行及时维修或更换。污水站产生的剩余污泥宜集中处理。

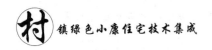

① 预处理设施的运行管理

预处理设施如化粪池和厌氧生物膜反应池的管理主要是防臭和污泥的排放。化粪池和厌氧生物膜池一般建在地下，小型处理单元上面的盖板要紧扣密封池体，防止臭味物质溢出；为方便今后对化粪池或厌氧池进行清渣，中大型处理设施要预留孔洞。化粪池和厌氧池池底沉积污泥是很好的有机肥，可通过管道或泵定期清理，并用于简易堆肥，作为农田或绿化用肥；吸泥时间间隔可为几个月至 2 年。

为保证厌氧发酵前处理区的效率，应每年检查一次气密性，4～8 年进行一次维护。输气管道应经常检查是否漏气和堵塞，发现漏气或使用 5 年后应进行更换。

② 好氧生物处理设施的运行管理

生物处理设施包括接触氧化池、氧化沟技术等，该处理单元的运行维护管理重点为曝气设备，接触氧化池曝气机应能正常供氧，氧化沟的曝气转刷应保证正常运行，一旦出现故障，须及时与相关技术人员或生产厂家联系，进行及时维修或更换。根据感觉出水颜色或浑浊度，可粗略评价好氧生物处理设施是否处于正常运转状态。如出水水质透明度明显下降，悬浮颗粒物增多，则处理设施可能处于非正常运行状态，可能原因有进水水量过大，曝气充氧不足，污泥沉淀效果不好，气温下降等；相应的解决办法为控制进水水量，检查曝气设备是否正产开启，及时排走池底沉积污泥，冬季采取保温措施或降低污水处理量。

③ 生态处理设施运行管理

生态处理设施包括人工湿地和稳定塘等。生态处理设施维护简单，寒冷地区冬季冰冻期停用无需管理，其他季节应进行巡检需定期进行植物收割。

人工湿地生长的植物春夏季生长繁殖，注意控制人工湿地中植物的密度，控制水生植物生长；秋冬季开始枯萎，因此植物枯萎前应及时收割植物地上枝叶，避免植物枯萎后叶片和茎中的氮磷营养物又重新释放到水环境中，造成水体污染。人工湿地运行中必须注意避免堵塞；当污水中悬浮物太高时，人工湿地表层土壤容易堵塞，若万一发生堵塞，则需停止运行，晾干湿地土壤后，再逐渐增加进水量，重新启动人工湿地污水处理设施。

稳定塘中容易生长藻类，藻类过度繁殖会增加出水中的悬浮物（SS）含量；可通过放养浮萍等浮水植物控制藻类生长，再放养鱼鸭控制稳定塘中的浮萍量，使稳定塘保持动态能量平衡，稳定去除污水中的污染物。同时应及时打捞成熟、衰败的水生植物和捕捞鱼类。

北方地区冬季需考虑人工湿地和稳定塘的保温措施，可采用冰、雪或秸秆、芦苇等植物覆盖的方式。为保证冬季的运行效果，应适当延长污水水力停留时间。

2）农村污染防治设施运行模式

有条件的地方建议成立专业化公司，进行污水处理设施区域化统一管理，以保障污水处理设施良好运行和降低运行维护成本。

5.3.4　农村环境教育模式

农村环境教育在农村环境保护中起着先导作用，是事关农村可持续发展大局的基础性工作。农村环境污染治理工作的有效推进,离不开广泛、深入的宣传教育。各级政府与教育部门应转变思想观念,充分认识到农村环境教育对于农村环境保护的重要意义,加大对农村环境教育的经费投入,加强对中小学生和农户的环境教育,健全环境教育法制,保证农村环境教育工作的基本条件,切实推动农村环境教育工作的开展。通过宣传教育,增强农村群众的环保意识,提升农村干部群众的生态文明观念和环境道德水平,充分认识开展农村环境治理工作的重要性和必要性,从而了解、支持和积极参与;通过宣传教育,引导农民群众革除陋习,逐步养成绿色环保的生产、消费及生活方式,并自觉加入到保护环境行列,有效防止农村环境污染,改善农村生态环境质量。

1. 普及农村环境保护知识

各级政府应拨付专项资金,支持农村环境保护科学知识的普及。从中央政府到地方政府,除了尽可能加大资金支持外,还应该营造良好的融资氛围。一方面,明确中央政府、省政府和市政府对农村环境教育的财政支出。在可承受的范围内,加大资金投入,从而建立和健全我国农村中小学的环境教育基础设施,在硬件上保证改变农村中小学教育现状的条件。另一方面,鼓励和引导环境教育书籍等进入农村中小学。除了针对中小学生开展环境教育之外,农村环境教育还要面向广大农户。政府应该扶持环境类企业或组织机构,为其在农村营造良好的市场结构和氛围。第三方面,应通过各种渠道,鼓励各种经济成分进入农村中小学环境教育领域,拓宽政府、社会多元化环境教育投融资渠道,例如可以引导和鼓励企业在环境教育领域做公益慈善事业,给其一定荣誉甚至税费方面的优惠,构造一个良性平台。

2. 开展环境保护政策宣传和环境守法教育

在乡镇“环境保护管理派出所”的统一领导下,各村的“环境保护监督管理员”应负责宣传国家的农村环境保护政策、法规和标准。加强对广大农民进行环境守法教育,促使农民自觉维护村庄生态环境保护。在农村实施环境教育,是一项长期、系统的工程,应充分联系和利用乡土教育资源,抓住农村居民日常生活和生产中存在的环境污染事例,避免空洞、简单的说教,使农村环境教育变得具体而生动,或采取多种形式进行,例如充分利用电视、广播、挂图、标语、宣传墙报、警示牌、宣传小册子、环境科普读物、幻灯、电影、文艺表演以及环保咨询、环保知识有奖问答、环保项目等多种农民喜闻乐见的形式开展生动活泼的环境教育。

3. 宣传和推广农村环境污染防治新技术

推广农业新技术是遏制农村环境污染、节约农村资源的有效手段,应加强指导和实践,通过现代科学技术来减少农业污染、环境破坏和资源浪费。政府部门也应该增加对农民职业教育、业余教育和短期技术培训等方面的投入,利用农闲和其他业余时间定期组织农民进行一些基本的环境知识、环保技能等的短期培训,向农民发布新技术的应用手册和指南,指导农民应用农业新技术,引导农民保护资源,合理使用化学肥料、农药等。

4. 号召和组织村民公众参与

开展环境宣传教育,必须广泛动员群众参与,要把实际工作深入到基层,深入到农村第一线。形成人人自觉保护环境、人人监督破坏环境的不良行为的良好习惯和氛围。垃圾

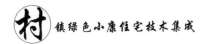

分类收集必须要全民参与，这是实现垃圾分类收集最重要的环节之一。通过报纸、电视等各种媒介进行环保基础知识普及教育，提高公民环保意识，让每一位公民了解保护环境的重大意义及环境与自身的密切关系，政府引导公民合理消费，通过适当的行政手段引导公民进行垃圾分类，鼓励公民自主自愿地参与废物减量及垃圾分类回收活动。

5.3.5 结论

（1）构建基于政策、管理、技术和环境教育的农村环境污染防治最佳环境管理实践体系。提出农村环境管理机构建设、农村环境管理制度建设、农村环境污染治理设施建设及运行管理模式。

（2）分别建立农村垃圾处置和生活污水处理模式和最佳环境管理实践。

（3）提出农村环境教育模式和具体做法。

参考文献

[1] 张神树，高辉. 德国低、零能耗建筑实例解析[M]. 北京：中国建筑工业出版社，2007.

[2] 方东平，杨杰. 美国绿色建筑政策法规及评价体系[J]. 建设科技，2011(6)：54-55.

[3] 林文诗，程志军，任霏霏. 英国绿色建筑政策法规及评价体系[J]. 建设科技，2011(6)：58-60.

[4] 齐安超. 绿色建筑评价体系的研究[D]. 西安：长安大学，2012：42-61.

[5] 张丁丁. 基于生命周期我国绿色住宅建筑评价体系的研究[D]. 北京：北京交通大学，2010：4-15.

[6] 解明镜. 湘北农村住宅自然通风设计研究[D]. 长沙：湖南大学，2009.

[7] 刘晋. 改善重庆农村住宅室内热环境的设计研究[D]. 重庆：重庆大学，2010.

[8] 高元鹏. 寒冷地区农村住宅室内舒适度指标与节能评价技术研究[D]. 天津：天津大学，2011.

[9] 周春艳. 东部地区农村住宅围护结构节能技术适宜性评价研究[D]. 哈尔滨：哈尔滨工业大学，2011.

[10] 扬令. 鄂东北地区农村住宅节能设计研究[D]. 武汉：武汉理工大学，2008.

[11] 董洪庆. 关中农村住宅形态与节能设计研究[D]. 西安：西安建筑科技大学，2009.

[12] 王蕙淋. 夏热冬冷地区生态农宅设计策略的研究——以江西省安义县为例[D]. 南昌：南昌大学，2012.

[13] 张瑞娜. 基于气候适应的北方农村住宅节能设计与技术方法研究[D]. 大连：大连理工大学，2012.

[14] 刘文合. 基于可再生能源利用的农村住宅技术系统设计研究[D]. 哈尔滨：哈尔滨工业大学，2009.

[15] 田卓勋. 寒冷地区农村住宅的被动式太阳能设计建造[D]. 天津：天津大学，2010.

[16] 王凯中. 寒冷地区农村住宅太阳能采暖技术利用[D]. 天津：天津大学，2010.

[17] 陈涛. 湖北地区农村住宅若干节能策略研究[D]. 武汉：华中科技大学，2010.

[18] 唐泉，宣薇. 可再生能源在新农村住宅中的技术运用[J]. 安徽农业科学，2012，40(5)：2862-2863.

[19] 于雷. 空间公共性研究[M]. 南京：东南大学出版社，2005.

[20] 曹海林. 村落公共空间演变及其对村庄秩序重构的意义[J]. 天津社会科学，2005(6).

[21] 周宁. 传统场镇的肌理分析与整合思考[D]. 重庆：重庆大学，2003.

[22] 何兆熊，周铁军. 巴渝地区背山临水型古村镇公共空间形式探究[J]. 四川建筑，2011(4).

[23] 冯健，刘庄. 城乡整体观与区域可持续发展[J]. 山地学报，1999(11).

[24] 张杰，张军民，霍晓卫. 传统村镇保护发展规划控制技术指南与保护利用技术手册[M]. 北京：中国建筑工业出版社，2012.

[25] 赵勇. 中国历史文化名镇名村保护理论与方法[M]. 北京：中国建筑工业出版社，2008.

[26] 费孝通. 中国城乡发展的道路[J]. 中国乡镇企业，2001(6).

[27] 程兴田. 我国城镇化道路与中心镇建设研究[D]. 重庆：四川大学，2005.

[28] 孔祥智. 小城镇建设中土地利用的现状、问题与对策[J]. 农业经济学，2001(3).

[29] 刘盛和，周建民. 西方城市土地利用研究的理论与方法[J]. 国外城市规划，2001(1)：17-19.

[30] 李翅. 土地集约利用的城市空间发展模式[J]. 城市规划学刊，2006(1)：49-55.

[31] 薛俊菲，邱道持，卫欣等. 小城镇土地集约利用水平综合评价探讨——以重庆市北碚区为例[J].

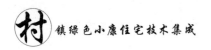

地域研究与开发，2002(12).

[32] 杨细平，张小金. 村庄整治过程中公共设施配置的标准与途径[J]. 规划师，2007(10)：74-78.

[33] 朱俊华. 基于城乡统筹理念的城郊村庄整治规划探析——以广州市番禺区海傍村整治规划为例[J]. 中国高新技术企业，2009(12)：99-100.

[34] 单彦名，赵辉. 北京农村公共服务设施标准建议研究[J]. 北京规划建设，2006(3)：28-32.

[35] 王俊岭，赵辉，单彦名. 北京农村基础设施配置标准研究[J]. 北京规划建设，2006(3)：25-27.

[36] 周志清. 城郊结合区域公共服务设施配置的理论思考[J]. 上海城市规划，2008(2)：7-11.

[37] 费振国，侯军岐. 农村基础设施项目管理体系的构建[J]. 农业经济，2009(9).

[38] 寇艳春. 西安市农村社区基础设施供给制度研究[D]. 西安：陕西师范大学，2007.

[39] 马晓营，土亚男. 大都市地区新农村建设规划探讨——以天津市新农村建设布局规划为例[J]. 城市规划，2009(2).

[40] 张晖. 新农村基础设施建设中存在的问题及对策研究[J]. 小城镇建设，2008(5).

[41] 周金法. 农村社区基础设施供给制度研究——以东阳市为例[D]. 杭州：浙江大学，2005.

[42] 李晓峰. 乡土建筑——跨学科研究理论与方法[M]. 北京：中国建筑工业出版社，2005.

[43] 孙大章. 中国民居研究[M]. 北京：中国建筑工业出版社，2004.

[44] 周昌忠. 中国传统文化的现代性转型[M]. 上海：上海三联书店，2002.

[45] 朱昌廉. 住宅建筑设计原理(第二版)[M]. 北京：中国建筑工业出版社，1999.

[46] 王学军，周彦. 新农村住宅设计与营造[M]. 北京：中国林业出版社，2008.

[47] 王超. 浅议北方新农村住宅设计[J]. 科技风，2008：20-23.

[48] 王向波，武云霞. 在继承中发展——关中传统民居的现代化尝试[J]. 华中建筑，2007(5).

[49] 肖晋川. 住宅的户型结构与功能开发[J]. 建材技术与应用，2001(3)：43-44.

[50] 刘禹，刘熙蔚. 小议居住空间的适应性[J]. 山西建筑，2004(7).

[51] 河北省建设厅. 居住建筑节能设计标准[M]. 北京：中国建材工业出版社，2007.

[52] 清华大学建筑节能研究中心. 中国建筑节能年度发展研究报告[M]. 北京：中国建筑工业出版社，2012.

[53] 侯余波，付祥钊. 夏热冬冷地区窗墙比对建筑能耗的影响[J]. 建筑技术，2001，32(10)：661-663.

[54] 简毅文，江亿. 窗墙比对住宅供暖空调总能耗的影响[J]. 暖通空调，2006，36(6)：1-5.

[55] 郑竺凌，李永红，杨旭东. 北京市农村住宅节能研究[J]. 建筑科学，2008，24(4)：9-14.

[56] 江亿. 中国建筑节能年度发展研究报告2013[D]. 北京：中国建筑工业出版社，2007.

[57] 高建卫，朱能，叶建东. 北京农村地区居住建筑的适用节能措施分析[J]. 天津大学学报：社会科学版，2009(5)：420-423.

[58] 任文强，赵蕾，袁恩泽. 关于农村住宅冬季热环境与节能改造的分析研究[J]. 建筑科学，2011，27(8)：29-32.

[59] 高倩，徐学东. 北方寒冷地区农村住房节能现状分析与节能改造措施[J]. 施工技术：下半月，2011(10)：98-101.

[60] 夏祖宏，顾同曾，周炳章等. 采用加气混凝土制品建造新农村住宅的研究[J]. 墙材革新与建筑节能，2010(7)：22-25.

[61] 徐娅，杨豪中. 新农村住宅环保建筑材料的选用[J]. 安徽农业科学，2011，39(13)：7923-7926.

[62] 李学佳. 加气混凝土砌块在村镇建筑中的应用前景分析[J]. 小城镇建设，2012(5)：76-79.

[63] 张建平. 加气混凝土砌块在建筑中的应用[J]. 工业建筑，1998，28(12)：5-12.

[64] 辜智慧，徐伟，袁艺等. 农村灾害避难场所布局规划评价研究——以四川省小鱼洞镇为例[J]. 灾害学，2011，26(3)：115-119.

[65] 蒋蓉，邱建，陈俞臻. 城乡统筹背景下的县域应急避难场所体系构建——以成都市大邑县为例

[J]. 规划师，2011，27(10)：61-65.

[66] 周晓猛，刘茂，王阳. 紧急避难场所优化布局理论研究[J]. 安全与环境学报，2006，6(8)：118-121.

[67] Joseph Stephen Mayunga. Assessment of public shelter users' satisfaction：Lessons learned from South-Central Texas flood[J]. Natural Hazards Review，2012，13(1)：82-87.

[68] 黄典剑，吴宗之，蔡嗣经等. 城市应急避难所的应急适应能力——基于层次分析法的评价方法[J]. 自然灾害学报，2006，15(1)：52-58.

[69] 王霞，吴沈辉，M. M. Tawana，等. 基于 AHP 法的城市灾害应急能力评价[J]. 山西能源与节能，2009(2)：42-46.

[70] 叶明武. 城市防灾公园布局的综合决策分析与实证研究[D]. 上海：华东师范大学，2008.

[71] Sirisak Kongsomsaksakul，Anthony Chen，Chao Yang. Shelter location-allocation model for flood evacuation planning[J]. Journal of the Eastern Asia Society for Transportation Studies，2005，6：4237-4252.

[72] Luis Alcada-Almeida，Lino Tralhao，Luis Santos，et al. A multi-objective approach to locate emergency shelters and identify evacuation routes in urban areas[J]. Geographical Analysis，2009，41：9-29.

[73] Joao Coutinho-Rodrigues，Lino Tralhao，Luis Alcada-Almeida. Solving a location-routing problem with a multi-objective approach：The design of urban evacuation plans[J]. Journal of Transport Geography，2012，22：206-218.

[74] 陈志宗，尤建新. 重大突发事件应急救援设施选址的多目标决策模型[J]. 管理科学，2006，19(4)：10-14.

[75] 周亚飞，刘茂，王丽，等. 基于多目标规划的城市避难场所选址研究[J]. 测绘学报，2010，10(3)：205-209.

[76] 吴健宏，翁文国. 应急避难场所的选址决策支持系统[J]. 清华大学学报(自然科学版)，2011，51(5)：632-636.

[77] 丁雪枫，尤建新，王洪丰，等. 突发事件应急设施选址问题的模型及优化算法[J]. 同济大学学报(自然科学版)，2012，40(9)：1428-1433.

[78] 苏幼坡，初建宇，刘瑞兴. 城市地震避难道路的安全保障[J]. 河北理工大学学报(社会科学版)，2005，5(4)：191-193.

[79] 左志伟. 新农村背景下县域村镇布局优化与研究[D]. 天津：天津师范大学，2009.

[80] 翟礼生，王文卿，高岱等. 中国省域村镇建筑综合自然区划与建筑体系研究——江苏、贵州和河北三省的理论与实践[M]. 北京：中国建筑工业出版社，1998.

[81] 郭积杰，郭晓明，王宝刚. 四川震灾地区乡镇防灾减灾规划建设调查报告[J]. 小城镇建设，2009(8)：71-73.

[82] 国家统计局. 中国统计年鉴(2007 年)[M]. 北京：统计出版社，2008.

[83] 国家标准化管理委员会. GB 1000-88 中国成年人人体尺寸[S]. 北京：中国标准出版社，1989.

[84] Chu Jianyu，Su Youpo，Yang Fangjuan. The study on classification of emergency shelter and allocation of disaster prevention facilities[J]. International Symposium on Emergency Management，2009：514-517.

[85] Chu Jianyu，Lu Lu，Su Youpo. Technical indexes for planning of disaster-mitigation emergency congregate shelter in villages and small towns[J]. Applied Mechanics and Materials，2013：2735-2738.

[86] 马东辉，郭小东，王志涛. 城市抗震防灾规划标准实施指南[M]. 北京：中国建筑工业出版社，2008.

[87] 沈辉. 住宅中太阳能的应用与研究[D]. 郑州：郑州大学，2007.

[88] 朱洪磊，王庆永. 太阳能在农村住宅建筑节能中的应用研究[J]. 边疆经济与文化，2014，(5)：26-28.

[89] 邓长生. 太阳能原理与应用[M]. 北京：化学工业出版社，2010.

[90] 赵云兵. 寒冷地区农村住宅冬季室内热环境研究[D]. 西安：西安建筑科技大学，2013.

[91] 董文亮. 我国华北寒冷地区建筑太阳能利用系统中存在的问题及对策研究[D]. 天津：天津大学，2012.

[92] 敖三妹. 太阳能与建筑一体化结合技术进展[J]. 南京工业大学学报，2005，27(6)：101-102.

[93] 韦菁. 太阳能热水系统与住宅一体化设计技术方法研究[D]. 天津：天津大学，2007.

[94] 张磊. 与建筑一体化的新型太阳能热水利用装置原理与分析研究[D]. 南昌：江西农业大学，2013.

[95] 谭艳平. 太阳能热水器与建筑一体化设计的研究[D]. 杭州：浙江大学，2005.

[96] 杨燕罡，杨成栋. 太阳能热水器在寒冷地区的应用及大型热水工程的组建[J]. 建筑知识，2002，(6)：37-38.

[97] 陈晓明，罗清海，张锦. 太阳能热水器与居住建筑热水节能[J]. 煤气与热力，2010，(02)：17-21.

[98] 魏凤，吕晓华. 关于太阳能热水器得热量测试方法的探讨[J]. 计量与测试技术，2009，(5)：20-23.

[99] 张波，郑宏，曹丰文. LED光伏路灯系统的研究与设计[J]. 电气传动，2010，(9)：38-40.

[100] 王兆泰. LED光伏路灯系统的研究与设计[J]. 科技创业家，2012，(23)：181.

[101] 刘梁亮. 关于LED光伏路灯系统的开发[J]. 低碳世界，2013，(20)：138-139.

[102] 常小虎. 临汾市沼气池冬季正常产气可行性探讨[J]. 山西农业科学，2003，31(1)：61-63.

[103] 王冰云. 农村沼气问题研究[D]. 泰安：山东农业大学，2007.

[104] 白莉，迟铭书，周雪志，等. 严寒地区户用沼气池冬季使用保温增温技术研究[J]. 建筑科学，2009，25(6)：54-57.

[105] 迟铭书. 东北地区环保沼气池保温增温技术实验研究[D]. 长春：吉林建筑工程学院，2009.

[106] 王艳芹，胡成昌，付龙云. 不同措施对户用沼气池内温度及产气量的影响[J]. 中国沼气，2014，(4)：57-61.

[107] 袁长波，姚利，刘英，等. 北方沼气池越冬技术的分析与探讨[J]. 可再生能源，2010，(5)：132-133.

[108] 李泉临，童有怀，马新. 农村家用沼气池越冬保温措施的试验研究[J]. 农业工程学报，1998，(2)：184-187.

[109] Cortez S, Teixeira P, Oliveira R, Mota M. Rotating biological contactors：a review on main factors affecting performance[J]. Reviews in Environmental Science and Bio/Technology，2008，7(2)：155-172.

[110] Hassard F, Biddle J, Cartmell E, etal. Rotating biological contactors for wastewater treatment – A review[J]. Process Safety and Environmental Protection，2014(0).

[111] Malachova K, Rybkova Z, Sezimova H, etal. Biodegradation and detoxification potential of rotating biological contactor (RBC) with Irpex lacteus for remediation of dye-containing wastewater[J]. Water Research，2013，47(19)：7143-7148.

[112] Sauder L A, Peterse F, Schouten S, etal. Low-ammonia niche of ammonia-oxidizing archaea in rotating biological contactors of a municipal wastewater treatment plant[J]. Environ Microbiol，2012，14(9)：2589-2600.

[113] Šíma J, Pocedi J, Roubí Ková T, etal. Rotating Drum Biological Contactor and its Application for

Textile Dyes Decolorization[J]. Procedia Engineering, 2012, 42: 1579-1586.

[114] Biswas K, Taylor M W, Turner S J. Successional development of biofilms in moving bed biofilm reactor (MBBR) systems treating municipal wastewater[J]. Appl Microbiol Biotechnol, 2014, 98 (3): 1429-1440.

[115] Courtens E N P, Boon N, De Clippeleir H, etal. Control of nitratation in an oxygen-limited autotrophic nitrification/denitrification rotating biological contactor through disc immersion level variation[J]. Bioresource Technology, 2014, 155: 182-188.

[116] Boumansour B E, Vasel J L. A new tracer gas method to measure oxygen transfer and enhancement factor on RBC[J]. Water Research, 1998, 32(4): 1049-1058.

[117] Chavan A, Mukherji S. Dimensional analysis for modeling oxygen transfer in rotating biological contactor[J]. Bioresource Technology. 2008, 99(9): 3721-3728.

[118] Di Palma L, Verdone N. The effect of disk rotational speed on oxygen transfer in rotating biological contactors[J]. Bioresource Technology. 2009, 100(3): 1467-1470.

[119] Mathure P, Patwardhan A. Comparison of mass transfer efficiency in horizontal rotating packed beds and rotating biological contactors [J]. Journal of Chemical Technology &. Biotechnology, 2005, 80(4): 413-419.

[120] Kim B J, Molof A H. The scale-up and limitation of physical oxygen transfer in rotating biological contractors[J]. Water Science &. Technology, 1982, 14(6-7): 569-579.

[121] Henze M, Harremoës P. Characterization of wastewater: effect of chemical precipitation on the wastewater composition and its consequences for biological denitrification[M]. Chemical water and wastewater treatment II, Springer, 1992, 299-311.

[122] Yang S, Yang F. Nitrogen removal via short-cut simultaneous nitrification and denitrification in an intermittently aerated moving bed membrane bioreactor[J]. Journal of Hazardous Materials, 2011, 195: 318-323.

[123] Ivanovic I, Leiknes T O. Impact of denitrification on the performance of a biofilm-MBR (BF-MBR) [J]. Desalination, 2011, 283: 100-105.

[124] Wang B, Wang W, Han H, etal. Nitrogen removal and simultaneous nitrification and denitrification in a fluidized bed step-feed process[J]. Environ Sci (China), 2012, 24(2): 303-308.